国家出版基金项目
NATIONAL PUBLICATION FOUNDATION

"十四五"时期
国家重点出版物出版专项规划项目·重大出版工程

空间科学与技术研究丛书

航天器综合电子系统软件设计技术

SPACECRAFT AVIONICS SYSTEM
SOFTWARE DESIGN TECHNOLOGY

何熊文　詹盼盼　齐　征　程博文　顾　明　等　著

北京理工大学出版社
BEIJING INSTITUTE OF TECHNOLOGY PRESS

内 容 简 介

本书从软件设计和软件开发人员的视角详细阐述了航天器综合电子系统软件的设计方法和思路，自顶向下展示了软件架构的组成，自底向上展示了各层软件构件的设计和实现方法。全书梳理了航天器综合电子系统软件的发展过程和面临的新需求，详细阐述了基于软件构件的航天器综合电子系统软件开发方法，从业务和协议体系结构、软件架构、操作系统、设备驱动程序、中间件层软件构件、应用管理层软件等方面分别给出设计方法和过程，对重要软件构件的实现通过代码予以说明，最后结合工程实际给出软件在航天器中的典型应用，分析其应用效果。书中提供了关键的数据结构和大量的软件构件代码，有助于读者加深对航天器综合电子系统软件设计技术和实现方法的理解。

本书可作为高等院校宇航相关专业学生的教学参考书，也可供从事宇航工程、航天器总体设计、空间数据系统设计、航天器软件设计及有关专业的科技人员参考。

版权专有　侵权必究

图书在版编目（CIP）数据

航天器综合电子系统软件设计技术／何熊文等著. --北京：北京理工大学出版社，2023.2
ISBN 978-7-5763-2207-1

Ⅰ.①航… Ⅱ.①何… Ⅲ.①航天器-应用软件-软件设计 Ⅳ.①V4-39

中国国家版本馆 CIP 数据核字（2023）第 067406 号

责任编辑：武丽娟　　文案编辑：武丽娟
责任校对：刘亚男　　责任印制：李志强

出版发行	／北京理工大学出版社有限责任公司
社　　址	／北京市丰台区四合庄路 6 号
邮　　编	／100070
电　　话	／（010）68944439（学术售后服务热线）
网　　址	／http：//www.bitpress.com.cn
版印次	／2023 年 2 月第 1 版第 1 次印刷
印　　刷	／三河市华骏印务包装有限公司
开　　本	／710 mm×1000 mm　1/16
印　　张	／37.75
字　　数	／576 千字
定　　价	／146.00 元

图书出现印装质量问题，请拨打售后服务热线，负责调换

序 一

在这个充满挑战与机遇的航天时代，我们有幸见证并参与到航天器技术的飞速发展中。随着智能化、网络化程度的日益提升，航天器软件也日趋复杂，传统的软件定制开发模式已难以满足当前和未来的需求，需要寻求新的方法和体系结构来应对这一挑战。《航天器综合电子系统软件设计技术》一书的出版，正是在这样一个背景下，对于推动我国航天软件设计技术发展具有重要意义的一次尝试和总结。

自2019年开始，国防科技工业科技委开始定期组织"八八"论坛，对航天软件复杂度相关技术进行研讨。本书作者也在论坛中提出了一种灵活而统一的"伏羲"综合电子系统软件体系结构，其目的正是为了降低航天软件的复杂性，提高软件的可靠性和开发效率，并为各类智能化应用的开发提供支撑。该体系结构的设计和实现也正是本书的核心所在。

全书内容的安排，从航天器综合电子系统软件的发展背景和研制方法，到体系结构的组成和相互关系，再到各层的详细设计和软件的应用，构成了一个完整的知识体系。这不仅为航天科技工作者提供了宝贵的参考资料，也为相关领域的研究者和学生提供了系统的学习路径。

在此，我希望通过这本书的学习和实践，能够激发更多的科研人员投身于航天软件设计领域，共同推动航天软件设计技术的创新与发展，为实现航天强国梦想贡献力量。

中国工程院院士

国家航天局原局长

序 二

当前，随着信息技术的飞速发展，各领域航天器均开始联网和自主协同工作。作为实现航天器组网和自主管理的核心，航天器综合电子系统正在变得更加智能，并通过软硬件的协同全面支撑空间信息网络的构建。由于综合电子系统硬件逐渐趋向模块化和标准化，航天器的大多数功能主要通过软件来实现，且可以实现灵活扩展和按需定义，综合电子系统软件的架构设计也因而变得至关重要。

在这样的背景之下，本书作者通过多年的研究和工程实践，提出了一种新型的综合电子系统软件架构"伏羲"。该架构通过对多领域综合电子系统软件需求的分析，提取出其中共性的业务和协议形成通用化的软件构件，并通过合理的接口和分层设计将各软件构件形成一个有机的整体，支持灵活组装和配置。尤其值得一提的是，该软件架构支持大量的标准网络协议，可有效支撑航天器之间的互联互通以及航天器内部各不同智能程度设备的互联互通，为未来各类智能化应用的开发奠定良好的基础。

同时，本书也非常注重理论与实践的结合。通过对构件的具体设计以及工程应用方法的阐述，让读者在理论学习的同时，也能对其后续工程应用提供很好的参考。

最后，我要感谢所有参与本书编写的人员，他们的辛勤付出使得这本书得以问世。同时，我也希望广大读者能够充分利用其中的知识，为自己的科研工作和航天事业发展添砖加瓦。

中国工程院院士

前　言

随着航天器技术的发展，其智能化、网络化程度日益提升。例如遥感卫星需要具备自主任务生成和规划、目标识别、多星协同和情报分发等功能，通信导航卫星需要具备自主运行、天基云计算和星间路由等功能，深空探测器需要具备自主任务管理、自主健康管理、自主通信管理、行走机构控制等功能，载人月球探测任务需要构建地月一体化网络并实现自主着陆、自组网等功能。综合电子系统作为航天器的大脑和神经中枢，是实现上述功能的关键系统。

在综合电子系统通用硬件平台的支撑下，航天器智能化、网络化的许多功能主要通过综合电子系统软件实现，这也使得软件日趋复杂。另一方面，随着航天器任务越来越多，新需求不断涌现，而研制周期却不断缩短，对航天器综合电子系统软件的通用性和灵活适应性提出了更高的要求，传统基于不同航天器需求进行软件定制开发的模式已难以适应未来航天任务爆发式增长的需求。因此，如何降低软件的复杂性，保证软件的可靠性，提升软件的开发效率已成为一个现实的问题。国防科技工业科技委于2019年启动八八论坛，由12所、17所、502所共同支持，旨在持续推动航天软件复杂度相关技术的研究，论坛成果已取得了行业共识。

针对上述问题，为了提高航天器综合电子系统软件的通用性和适应性，提升软件可靠性和开发效率，本书通过对各领域航天器综合电子系统软件的通用需求进行分析，提出了综合电子系统业务和协议体系结构，并在此基础上设计了一套全新的"伏羲"综合电子系统软件体系结构，包括操作系统层、中间件层和应用管理层。书中分别对其各层的组成、机理及其之间的相互关系进行深入的分析，对涉及的软件构件设计进行了详细的说明，并对其应用方法结合工程实际加以说明，以求对读者深入、全面和系统地掌握航天器综合电子系统软件设计的相关方法、标准和技术有所帮助。

全书共分4部分，共15章，分别是：第1部分是航天器综合电子系统软件的发展背景和研制方法，共2章，包括绪论、航天器软件研制过程与规范；第2部分是航天器综合电子系统软件的体系结构组成和相互关系，共2章，包括航天器综合电子系统业务和协议体系结构设计、软件体系结构设计；第3部分是航天器综合电子系统软件的各层详细设计，共9章，包括操作系统设计、设备驱动程序设计、中间件的亚网层空间子网构件设计、亚网层星载子网构件设计、传递层构件设计、应用支持层SOIS构件设计、应用支持层PUS构件设计、应用管理层软件设计、软件可靠性设计；第4部分是航天器综合电子系统软件的应用，共2章，包括SEDS在软件体系结构中的应用、综合电子系统软件体系结构的应用。

本书由何熊文、詹盼盼、齐征、程博文、顾明、阎冬、朱剑冰、杨丽君、李佳津、徐明伟等人著，由何熊文、詹盼盼进行统稿。在具体章节内容方面，第1章由何熊文、李佳津撰写；第2章由詹盼盼、何熊文撰写；第3章由何熊文、徐明伟撰写；第4章由何熊文、詹盼盼、徐明伟撰写；第5章由詹盼盼撰写；第6章和第7章由程博文撰写；第8章由阎冬、程博文撰写；第9章由何熊文、詹盼盼、李佳津撰写；第10章由顾明、詹盼盼、齐征、程博文、朱剑冰、何熊文撰写；第11章由齐征、顾明、朱剑冰撰写；第12章和第13章由詹盼盼撰写；第14章由杨丽君撰写；第15章由齐征、何熊文撰写。

本书由孙勇研究员主审，刘崇华研究员、翟君武研究员、王向晖研究员、张红军研究员、徐勇研究员、刘洋、梁秀娟等给本书提出了宝贵意见。本书的许多内容是在中国航天科技集团赵和平研究员带领的航天器综合电子系统研发团队所开展的相关研究工作基础上完成的。本书提出的业务和协议体系结构、"伏羲"综合电子系统软件体系结构得到了栾恩杰院士、姜会林院士、周志成院士、杨宏院士、赵和平研究员、董勇研究员、朱明让研究员等专家的悉心指导，体系结构及其构件在某深空航天器的在轨应用得到了于登云院士、唐玉华研究员、张立华研究员、熊亮研究员、孙骥研究员、汪路元研究员以及深空智能网络单元项目团队的鼎力支持,在某遥感卫星的在轨应用得到了张庆君研究员、郭坚研究员以及综合电子系统项目团队的大力支持。中国航天科技集团周佐新研究员、杜颖研究员、张伟研究员、王大轶研究员、刘志勇研究员等领导对本书涉及的研发项目以及成果在轨应用给予人力、资金等方面的全方位支持。北京理工大学出版社李炳泉副社长、宋肖编辑对本书做了精心的校阅和多方面的帮助。在此,作者一并表示诚挚的谢意。

由于作者水平、专业领域和所从事的工作范围等条件所限,本书难免会有一些疏漏和不足之处,恳请广大读者和专家批评指正。

作 者

目 录

第1章 绪论 … 1
1.1 航天器综合电子系统软件的主要功能 … 1
1.2 航天器综合电子系统软件的发展和演变 … 3
1.3 航天器综合电子系统软件相关研究 … 5
1.3.1 相关协议标准研究 … 5
1.3.2 相关软件标准研究 … 14
1.3.3 航天器软件体系结构研究 … 16
1.3.4 小结 … 18
1.4 未来空间任务对航天器综合电子系统软件的主要需求 … 19

第2章 航天器软件研制过程与规范 … 23
2.1 航天器软件研制的主要任务与特点 … 23
2.1.1 航天器软件研制的主要任务 … 23
2.1.2 航天器软件研制的主要特点 … 24
2.2 软件研制组织与职责 … 26
2.3 航天器软件研制流程 … 27
2.3.1 新研软件研制流程 … 29
2.3.2 沿用软件研制流程 … 31
2.3.3 装订参数修改软件研制流程 … 32
2.3.4 适应性修改软件研制流程 … 33

2.4 航天器软件研制标准 35
  2.4.1 软件管理类标准 35
  2.4.2 软件开发类标准 36
  2.4.3 软件测试类标准 37
  2.4.4 软件质量保证类标准 38
2.5 传统航天器软件开发过程 38
  2.5.1 瀑布模型 39
  2.5.2 增量式模型 40
  2.5.3 原型开发模型 41
2.6 基于构件的航天器综合电子系统软件开发方法 42
  2.6.1 建立综合电子系统软件体系结构的领域工程方法 44
  2.6.2 与型号软件工程的结合方法 45

第3章 航天器综合电子系统业务和协议体系结构设计 49

3.1 概述 49
3.2 业务和协议体系结构总体设计 50
  3.2.1 标准业务和协议分析与选择 50
  3.2.2 业务和协议体系结构设计 52
3.3 SOIS 业务与其他标准的关系 55
  3.3.1 SOIS 与 PUS 业务的关系 55
  3.3.2 SOIS 与 SLS 协议的关系 58
  3.3.3 SOIS 与 SIS 协议的关系 58
3.4 SOIS 各业务之间的联系 59
  3.4.1 命名机制 59
  3.4.2 主要业务关系以及寻址机制 61
3.5 SOIS 业务与硬件间的接口 64
  3.5.1 综合电子系统硬件节点对象分析 65
  3.5.2 综合电子系统硬件节点访问方法 66

第4章 航天器综合电子系统软件体系结构设计　　75

4.1 背景　　75
4.2 软件体系结构设计　　76
4.2.1 总体结构　　76
4.2.2 操作系统层　　78
4.2.3 中间件层　　78
4.2.4 应用管理层　　79
4.3 构件分类　　80
4.4 接口设计　　86
4.4.1 各层接口　　86
4.4.2 构件接口　　86
4.5 软件构件开发及验证方法　　87
4.5.1 构件需求分析　　87
4.5.2 构件概要设计　　89
4.5.3 构件详细设计　　91
4.5.4 构件编码与测试　　92
4.6 软件体系结构应用和运行设计　　92

第5章 星载操作系统设计　　101

5.1 星载操作系统的发展　　101
5.1.1 国外发展情况　　102
5.1.2 国内发展情况　　108
5.2 星载操作系统设计　　109
5.3 操作系统运行过程　　112
5.3.1 BSP配置和初始化　　112
5.3.2 内核初始化及执行过程　　115
5.4 操作系统内核的功能　　116
5.4.1 任务管理　　116
5.4.2 任务调度　　118

5.4.3　任务间同步与通信管理　　122
   5.4.4　内存管理　　125
   5.4.5　中断与异常管理　　127
   5.4.6　时钟管理　　131
  5.5　星载操作系统提供的接口　　131
  5.6　支持多核的星载分时分区操作系统　　133
   5.6.1　设计思路　　134
   5.6.2　多核与分时分区调度　　136
   5.6.3　星载 APP 动态加载　　138

第 6 章　设备驱动程序设计　　140
  6.1　需求分析　　140
  6.2　总体方案设计　　140
  6.3　数据结构设计　　141
  6.4　标准接口设计　　144
   6.4.1　设备创建接口　　144
   6.4.2　设备打开接口　　144
   6.4.3　设备写接口　　145
   6.4.4　设备读接口　　145
   6.4.5　设备配置接口　　146
   6.4.6　设备关闭接口　　146
   6.4.7　设备删除接口　　146
   6.4.8　驱动程序注册接口　　147
   6.4.9　设备注册接口　　147
  6.5　设备驱动管理和实现过程　　148

第 7 章　中间件－亚网层空间子网构件设计　　157
  7.1　概述　　157
  7.2　TC 空间数据链路协议构件设计　　157

- 7.2.1 构件概述 157
- 7.2.2 构件模块结构设计 161
- 7.2.3 构件接口设计 162
- 7.2.4 构件核心数据结构设计 164
- 7.2.5 构件运行设计 165

7.3 AOS 空间数据链路协议构件设计 169
- 7.3.1 构件概述 169
- 7.3.2 构件模块结构设计 172
- 7.3.3 构件接口设计 174
- 7.3.4 构件核心数据结构设计 176
- 7.3.5 构件运行设计 177

第8章 中间件－亚网层星载子网构件设计 190

8.1 概述 190

8.2 包业务构件 191
- 8.2.1 构件概述 191
- 8.2.2 构件模块结构设计 193
- 8.2.3 构件接口设计 195
- 8.2.4 构件核心数据结构设计 198
- 8.2.5 构件运行设计 199

8.3 存储器访问业务构件 205
- 8.3.1 构件概述 205
- 8.3.2 构件模块结构设计 206
- 8.3.3 构件接口设计 208
- 8.3.4 构件核心数据结构设计 213
- 8.3.5 构件运行设计 217

8.4 同步业务构件 221
- 8.4.1 构件概述 221
- 8.4.2 构件模块结构设计 221

8.4.3 构件接口设计 222
8.4.4 构件数据结构设计 224
8.4.5 构件运行设计 224
8.5 1553B 汇聚构件 225
8.5.1 构件概述 225
8.5.2 构件模块结构设计 226
8.5.3 构件接口设计 229
8.5.4 构件核心数据结构设计 232
8.5.5 构件运行设计 234

第9章 中间件-传递层构件 241
9.1 概述 241
9.2 空间包协议构件 241
9.2.1 构件概述 241
9.2.2 构件模块结构设计 243
9.2.3 构件接口设计 245
9.2.4 构件核心数据结构设计 249
9.2.5 构件运行设计 252
9.3 TCP/UDP/IP 构件 256
9.3.1 构件概述 256
9.3.2 构件模块结构设计 260
9.3.3 构件接口设计 262
9.3.4 构件核心数据结构设计 266
9.3.5 构件运行设计 269

第10章 中间件-应用支持层 SOIS 构件设计 276
10.1 概述 276
10.2 消息传输业务构件 277
10.2.1 构件概述 277

	10.2.2	构件模块结构设计	281
	10.2.3	构件核心数据结构设计	285
	10.2.4	构件接口设计	289
	10.2.5	构件运行设计	305
10.3	设备访问业务构件		314
	10.3.1	构件概述	314
	10.3.2	构件模块结构设计	315
	10.3.3	构件接口设计	318
	10.3.4	构件核心数据结构设计	321
	10.3.5	构件运行设计	324
10.4	设备虚拟化业务构件		331
	10.4.1	构件概述	331
	10.4.2	构件模块结构设计	332
	10.4.3	构件接口设计	333
	10.4.4	构件核心数据结构设计	335
	10.4.5	构件运行设计	337
10.5	设备数据池业务构件		340
	10.5.1	构件概述	340
	10.5.2	构件模块结构设计	342
	10.5.3	构件接口设计	346
	10.5.4	构件核心数据结构设计	353
	10.5.5	构件运行设计	357
10.6	时间访问业务构件		366
	10.6.1	构件概述	366
	10.6.2	构件模块结构设计	366
	10.6.3	构件接口设计	366
	10.6.4	构件数据结构设计	369
	10.6.5	构件运行设计	370

第 11 章　中间件 – 应用支持层 PUS 构件设计　372

- 11.1　概述　372
- 11.2　遥控确认业务构件　377
  - 11.2.1　构件概述　377
  - 11.2.2　构件模块结构设计　378
  - 11.2.3　构件接口设计　379
  - 11.2.4　构件核心数据结构设计　382
  - 11.2.5　构件运行设计　382
- 11.3　设备命令分发业务构件　385
  - 11.3.1　构件概述　385
  - 11.3.2　构件模块结构设计　386
  - 11.3.3　构件接口设计　387
  - 11.3.4　构件核心数据结构设计　389
  - 11.3.5　构件运行设计　389
- 11.4　常规/诊断参数报告业务构件　392
  - 11.4.1　构件概述　392
  - 11.4.2　构件模块结构设计　393
  - 11.4.3　构件接口设计　395
  - 11.4.4　构件核心数据结构设计　397
  - 11.4.5　构件运行设计　399
- 11.5　参数统计报告业务构件　402
  - 11.5.1　构件概述　402
  - 11.5.2　构件模块结构设计　403
  - 11.5.3　构件接口设计　404
  - 11.5.4　构件核心数据结构设计　407
  - 11.5.5　构件运行设计　408
- 11.6　在轨监视业务构件　412
  - 11.6.1　构件概述　412
  - 11.6.2　构件模块结构设计　413

11.6.3 构件接口设计 414
  11.6.4 构件核心数据结构设计 416
  11.6.5 构件运行设计 417
 11.7 事件报告业务构件 420
  11.7.1 构件概述 420
  11.7.2 构件模块结构设计 421
  11.7.3 构件接口设计 422
  11.7.4 构件核心数据结构设计 424
  11.7.5 构件运行设计 424
 11.8 事件动作业务构件 427
  11.8.1 构件概述 427
  11.8.2 构件模块结构设计 428
  11.8.3 构件接口设计 429
  11.8.4 构件核心数据结构设计 431
  11.8.5 构件运行设计 431
 11.9 在轨作业定时计划业务构件 435
  11.9.1 构件概述 435
  11.9.2 构件模块结构设计 436
  11.9.3 构件接口设计 437
  11.9.4 构件核心数据结构设计 439
  11.9.5 构件运行设计 440
 11.10 存储器管理业务构件 444
  11.10.1 构件概述 444
  11.10.2 构件模块结构设计 445
  11.10.3 构件接口设计 446
  11.10.4 构件核心数据结构设计 448
  11.10.5 构件运行设计 449

第 12 章 应用管理层软件设计   452
12.1 概述   452
12.2 应用管理层初始化与任务设计   453
12.3 遥测管理进程   455
12.4 遥控管理进程   462
12.5 内务管理进程   468
12.6 热控管理进程   475
12.7 扩展应用进程   480

第 13 章 软件可靠性设计   482
13.1 影响航天器软件的可靠性因素   482
13.2 操作系统层可靠性设计措施   485
13.3 中间件层可靠性设计措施   490
13.4 应用管理层可靠性设计措施   492
13.4.1 共享资源可靠设计   493
13.4.2 在轨维护设计   494
13.4.3 系统功能重置设计   494
13.4.4 抗单粒子翻转特殊设计   495

第 14 章 SEDS 在软件体系结构中的应用   498
14.1 概述   498
14.2 SEDS 标准   499
14.2.1 SEDS 结构   501
14.2.2 SEDS 数据类型   504
14.2.3 SEDS 接口   507
14.2.4 SEDS 构件   508
14.2.5 SEDS 术语字典   511
14.3 SEDS 应用设计   512
14.3.1 顶层设计   513

14.3.2 系统设计 513
14.3.3 具体设计 515
14.4 SEDS 应用示例 516
14.4.1 指令发送过程 516
14.4.2 需要描述的参数及接口 518

第15章 综合电子系统软件体系结构的应用 525

15.1 概述 525
15.2 典型应用 525
15.3 型号特定应用 528
15.3.1 型号特定综合电子系统需求分析 528
15.3.2 型号特定综合电子系统软件体系结构设计 535
15.3.3 型号特定综合电子系统软件配置及测试验证 541
15.3.4 应用场景 547
15.3.5 应用案例分析 548
15.3.6 应用总结 552
15.4 应用效果 552
15.4.1 系统功能的增强 552
15.4.2 软件开发模式的变革 554
15.5 展望 555
15.5.1 应用推广 555
15.5.2 基于模型的航天器软件设计 557

附 录 缩略语 561

索 引 564

第 1 章 绪 论

1.1 航天器综合电子系统软件的主要功能

航天器综合电子系统是航天器的大脑和神经中枢,负责航天器的遥控、遥测、时间管理、内务管理、热控管理、能源管理、解锁与转动机构控制、智能自主管理、网络管理等。一种典型的航天器综合电子系统组成如图 1-1 所示,综合电子系统由系统管理单元(SMU)、若干数据接口单元(SDIU)、高速总线路由器等组成,通过 1553B 总线、SpaceWire 等高速总线等与其他分系统进行连接。

综合电子系统的管理和控制功能是在硬件的支撑下,主要由运行在系统管理单元、数据接口单元、高速总线路由器等星载计算机中的软件完成的。一般而言,系统管理单元负责整个航天器的管理,其主要功能如下。

(1)遥控是地面控制航天器的重要途径,包括星地通信操作、实时指令分发、延时指令分发,为其他应用过程提供数据注入通道等。

(2)遥测是地面获取航天器各种运行状态数据以及遥控操作结果的重要途径。包括遥控确认、设备状态采集、遥测数据组织、参数统计、延时遥测数据存储及回放、数据调度下行等功能。

(3)时间管理用于实现星地时间的同步以及星内各设备之间的时间同步,包括集中校时、均匀校时、时间发布等功能。

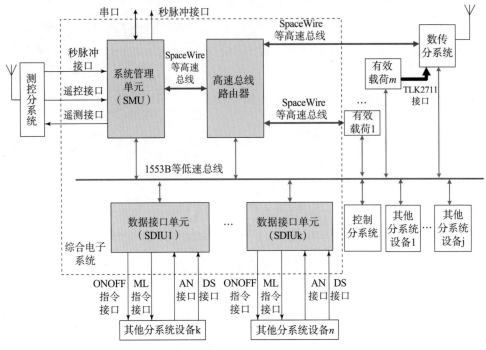

图1-1 一种典型的航天器综合电子系统组成

(4) 内务管理用于实现对航天器的健康管理,包括在轨监视、事件报告、事件动作、存储器管理、在轨维护、重要数据保存与恢复、自测试、系统重构等功能。

(5) 热控管理包括开环控制、闭环控制、故障检测及处置、热控管理参数设置等功能。

(6) 能源管理包括电源调节、功率分配、电量计控制、蓄电池组过温保护等功能。

(7) 解锁与转动机构控制包括火工品起爆控制、天线以及太阳翼等带机构部件的驱动控制等功能。

除了上述通用功能外,不同领域的航天器软件还有特殊的功能,例如自主任务规划、星间网络管理等功能。

数据接口单元的软件功能主要包括遥测数据采集和组织,包括模拟量/温度量/数字量等通道数据采集,组织成空间包,通过总线发往系统管理单元;遥控指令分发,通过总线接收系统管理单元的指令,经由开关指令/存储器加载指令通道发送;内务管理,包括配合系统管理单元进行重要数据保存与恢复、自测试等。高速总线路由器软件主要实现星内 SpaceWire 总线通信与路由。

1.2 航天器综合电子系统软件的发展和演变

航天器综合电子系统软件随着综合电子系统和空间数据系统的发展经历了从简单到复杂的演变,可将发展历程分成以下三个阶段。

第一阶段,早期的航天器按照功能划分成若干个分系统,比如遥控分系统、遥测分系统、程控分系统等,彼此之间很少联系。这一时期器载计算机尚未出现,软件运行在单片机内。软件系统功能和架构比较单一,一般由汇编语言编写,因为没有操作系统的支持,无法实现任务调度和内存管理,只能通过顺序执行和中断实现简单功能,运行流程如图 1-2 所示。受制于芯片处理性能和存储空间,对外接口简单。该阶段技术研究的重点放在电气器件的研发,对软件的需求相对较弱。

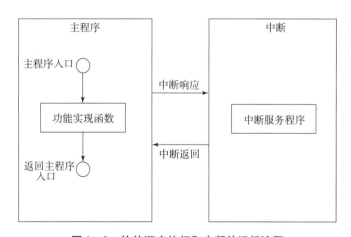

图 1-2 软件顺序执行和中断的运行流程

第二阶段,随着航天器应用的发展,逐渐形成了集遥测、遥控、程控、时间管理、热控等功能为一体的航天器数据管理系统,一般称为数管系统,其组成一般包括核心的中央单元(CTU)、遥控单元(TCU)和远置单元(RTU),通过

1553B 等总线与其他分系统设备互联。这些设备均运行软件，其中 CTU 软件功能较强，其架构包括操作系统和上层应用软件，如图 1-3 所示。操作系统为软件开发提供了大量的应用程序编程接口（API），可以实现任务管理、内存管理、定时器管理、中断管理、任务间同步与通信管理等功能。应用软件一般由遥测管理、遥控管理、时间管理和内务管理等多个进程组成。整个程序运行模式采用抢占和中断的方式，响应时间大幅缩短，灵活性增加，可以适应于不同类型的任务。软件能够根据事先约定的协议格式实现数据处理与解析，提高了使用灵活性和传送能力。该阶段技术研究的重点在满足星载硬件约束条件下的星载操作系统实现与应用软件进程的实现。

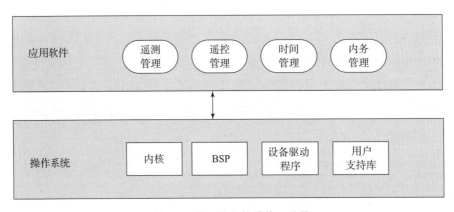

图 1-3　第二阶段软件体系结构

第三阶段，航天器数据管理功能越来越复杂，硬件集成化程度越来越高，软件规模越来越大，航天器数据管理系统演变为综合电子系统，其组成详见图 1-1。航天器综合电子系统软件体系结构为操作系统、中间件与应用软件相结合，如图 1-4 所示。为了缩短软件研制周期，提高开发效率，软件体系结构采用分层的方法，在操作系统与应用软件之间加入中间件，中间件包含了标准业务和协议的通用构件，对上提供统一的接口，使得用户可以通过构件组装快速完成应用软件的开发。用户通过统一的接口协议可以享受高质量的数据服务，提升了航天器的好用易用性，该阶段技术研究的重点在建立统一的分层架构和中间件接口以及基于构件的开发方法。

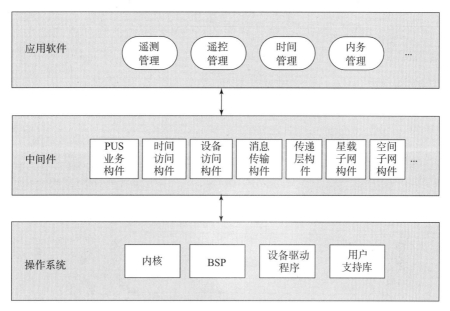

图1-4 第三阶段软件体系结构

1.3 航天器综合电子系统软件相关研究

综合电子系统软件由于涉及星地、星间、星内等接口,与协议设计息息相关。此处将从协议标准、软件标准和软件体系结构三方面的研究动态进行调研和分析。协议涉及的标准包括空间数据系统咨询委员会(CCSDS)和欧洲空间标准化组织(ECSS)制定的协议标准以及互联网工程任务组(IETF)制定的TCP/IP标准。航天器软件标准包括NASA和ESA制定的软件标准。航天器软件比较有代表性的两个架构则是NASA的核心飞行系统(cFS)架构和ESA的空间综合电子开放接口架构(SAVOIR)。

1.3.1 相关协议标准研究

1. CCSDS标准

CCSDS于1982年由世界各主要空间国家发起成立,旨在建立一套既有技术先进性,又能够实现任务间、空间组织间和空间国家间资源共享的空间数据系统标准。该组织分为空间网络互联业务领域（SIS）、空间链路业务领域（SLS）、航天器接口业务领域（SOIS）、任务操作和信息管理业务领域（MOIMS）、交互支持业务领域（CSS）、系统工程（SE）等六大技术领域，截止目前，一共开发了400余份标准建议书，在全球超过1 000个航天器中得到应用。

CCSDS组织架构如图1-5所示。

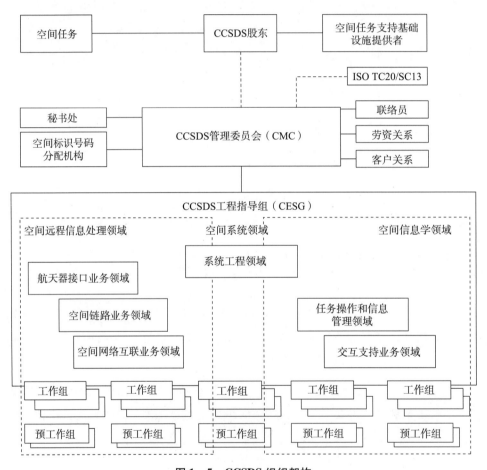

图1-5　CCSDS组织架构

CCSDS的六大技术领域关系如图1-6所示。

CCSDS开发的建议书体系如图1-7所示。

各建议书的含义见表1-1。其中蓝皮书和紫皮书将被ISO直接转为正式的国际标准。

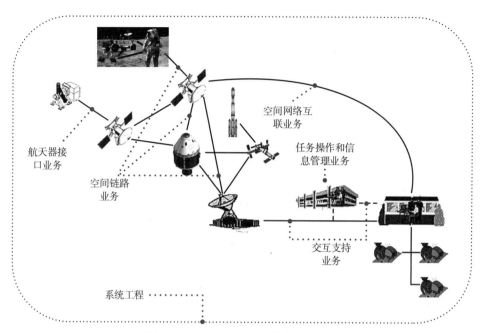

图 1-6　CCSDS 的六大技术领域关系

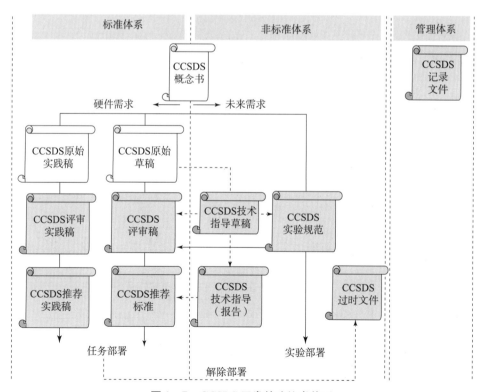

图 1-7　CCSDS 开发的建议书体系

表1-1 CCSDS建议书类型

建议书类型	特性
白皮书（WB）	CCSDS 原始草稿
红皮书（RB）	CCSDS 评审稿
蓝皮书（BB）	CCSDS 推荐标准
绿皮书（GB）	CCSDS 技术指导（含原理性说明、应用或实现指南等）
黄皮书（YB）	CCSDS 记录文件（管理或会议报告）
紫皮书（MB）	CCSDS 推荐实践稿
橘皮书（OB）	CCSDS 实验规范
银皮书（SB）	CCSDS 过时文件

CCSDS 制定的空间通信协议体系包括应用层、传输层、网络层、数据链路层和物理层，如图1-8所示，目前正在开发容延迟网络（DTN）等相关的协议。

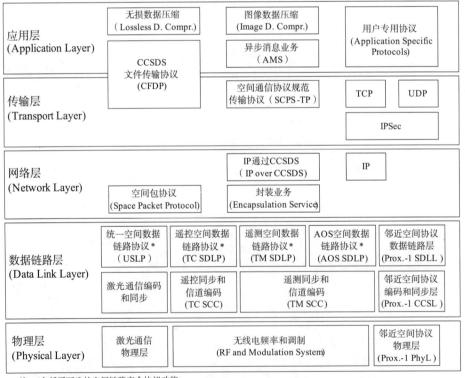

注：*包括了可选的空间链路安全协议功能；
　　** D. Compr. = Data Compression; SDLP = Space Data Link Protocols; Prox.-1 = Proximity-1;
　　SDLL = Space Data Link Layer; CCSL = Channel Coding and Synchronization Layer;
　　PhyL = Physical Layer; SCC = Synchronization and Channel Coding.

图1-8 空间通信协议构成

空间通信协议连接关系如图 1-9 所示。

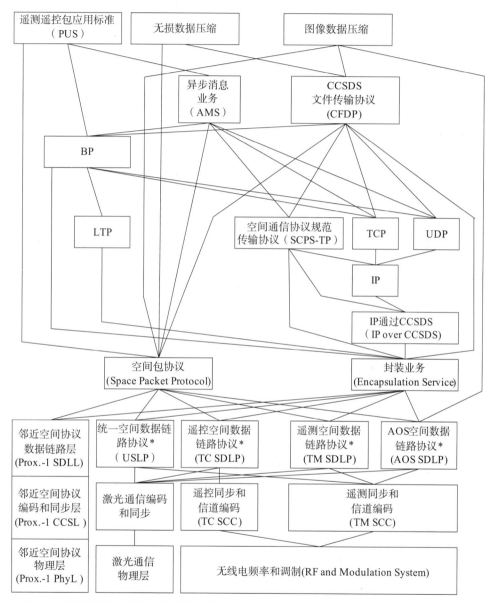

图 1-9　空间通信协议连接关系

CCSDS 制定的航天器内部通信协议体系包含应用层、应用支持层、传递层和亚网层，如图 1-10 所示。目前，CCSDS 在该领域主要的工作是电子数据表单

(SEDS)标准的制定、无线网络规范的研究等。NASA以及中国空间技术研究院(CAST)分别编写相关的软件体系结构橘皮书,目前CAST已于2021年11月正式发布橘皮书《作为CCSDS星载参考架构CAST飞行软件》(CCSDS 811.1 - 0 - 1)。

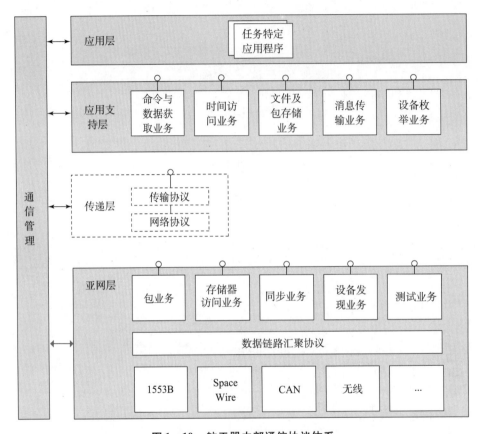

图1-10 航天器内部通信协议体系

由于上述两种协议体系由CCSDS不同的技术领域开发,其相互之间的接口关系尚没有统一的规定,因此,CCSDS近两年也在对包含上述两个领域在内的各领域标准之间的接口关系进行梳理,以完善空间数据系统的体系结构。

CCSDS在空间数据系统中的典型应用有如图1-11~图1-13所示三类配置。

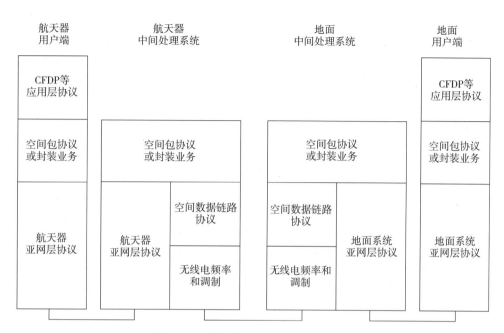

图1-11 基于空间包/封装业务的配置

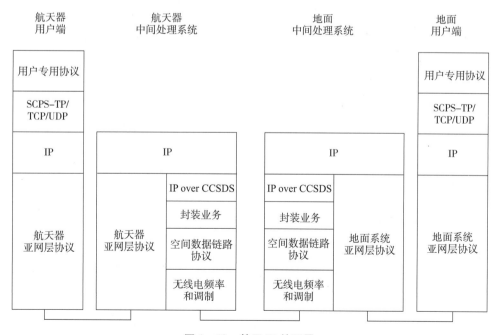

图1-12 基于IP的配置

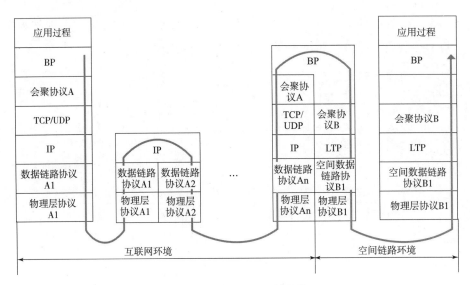

图 1-13 基于 DTN 的配置

2. ECSS 标准

ECSS 于 1993 年成立，制定的航天工程标准包括 E10 系统工程、E20 电子与光学工程、E30 机械工程、E40 软件工程、E50 通信工程、E60 控制工程、E70 地面系统与操作工程。其中 E50 和 E70 系列标准大量采用了 CCSDS 标准，并在此基础上开发了更详细的标准，E50 如图 1-14 所示。例如，ECSS 的包应用标

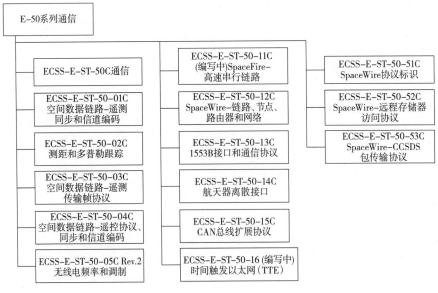

图 1-14 ECSS 标准

准（PUS）就是在 CCSDS 的空间包协议标准基础上进一步规定了包的副导头结构和数据域结构，便于标准化地面和航天器之间的应用层接口。

PUS 标准服务如表 1-2 所示。

表 1-2 PUS 标准服务

服务类型	服务名称	服务类型	服务名称
1	遥控确认服务	11	在轨作业定时计划服务
2	设备命令分发服务	12	在轨监视服务
3	常规/诊断数据报告服务	13	大数据传输服务
4	参数统计报告服务	14	包传送控制服务
5	事件报告服务	15	在轨存储和回收服务
6	存储器管理服务	16	未定义
7	未定义	17	测试服务
8	功能管理服务	18	在轨作业程序服务
9	时间管理服务	19	事件动作服务

PUS 核心的数据结构基于 CCSDS 空间包构建，并对 PUS 遥控包副导头以及 PUS 遥测包副导头格式进行详细规定。

在星内协议方面，ECSS 制定了 ECSS 1553B 协议，进一步规定了在 1553B 总线上提供的服务，对 1553B 总线子地址的定义进行了规范，作为美军标 1553B 协议的补充，对于型号总线协议的规范性有了进一步的提升。

3. IETF 标准

IETF 制定的 TCP/IP 起源于 20 世纪 60 年代末，其架构包含应用层、传输层、网络层和网络接口层，目前已在互联网中广泛应用。由于 IPv4 的地址已分配完毕，IETF 设计了下一代互联网协议 IPv6。在 2012 年 6 月，国际互联网协会举行了世界 IPv6 启动纪念日，全球 IPv6 网络正式启动，Google、Facebook 等多家知名网站开始永久性支持 IPv6 访问。2017 年 11 月 26 日，中共中央办公厅、国务院办公厅印发了《推进互联网协议（第 6 版）》(IPv6)。清华大学围绕 IPv6 的应用开展了大量的研究工作，并且牵头构建了基于 IPv6 的第二代中国教育和科研计算机网（CERNET2）。

目前，各标准组织定义的各类协议大都独立发展，部分协议有融合的趋势，例如 CCSDS 定义了 IP 通过 CCSDS 空间链路（IPoC）协议，用于支持 IP 在 CCSDS 空间数据链路协议上的传输。但目前尚缺乏一个统一的协议架构，将空间网络协议、航天器内部网络通信协议、地面互联网协议融合，不利于未来天地一体化信息网络的构建。

1.3.2 相关软件标准研究

1. NASA 的软件标准

软件工程是美国国家航空航天局（NASA）航天项目和任务支持基础设施的核心能力和关键技术。为此 NASA 建立了完整的软件获取、开发、维护、报废、运营和管理的工程要求。软件工程标准（NPR 7150.2）主要内容有以下几个方面。

（1）软件管理要求。标准规定了软件管理要求，包含软件管理活动从头到尾的定义和控制、软件管理活动与其他组织所需的接口、确定可交付成果、成本估算、跟踪时间表、风险管理、正式和非正式审查以及其他形式的核查等，这些活动的计划管理包含在一个或多个软件或系统计划中。

（2）软件工程（生命周期）要求。标准提供了软件工程生命周期的要求。此项标准不限于特定的软件生命周期模型，无论是使用敏捷方法、螺旋模型、迭代模型、瀑布模型还是任何其他开发生命周期模型，每个模型都有自己的需求、设计、实现、测试、发布到运营、维护和停用要求。尽管此项标准不会对某个软件项目指定特定的生命周期模型，但它可以支持一组标准的生命周期阶段，使用该标准生命周期的不同阶段可以逐渐开发和完善各种产品，从最初的概念到产品的部署，再到最终的退役。

（3）支持软件生命周期要求。标准提供了软件生命周期要求的支持。与开发流程不同，支持流程并非主要针对项目生命周期的特定阶段，而是通常在整个项目或产品生命周期中持续存在。例如，正常的配置管理基线（需求、代码和产品）在整个生命周期中都会持续存在，网络安全也是如此。支持流程是支持整个软件生命周期的软件管理和工程流程，包括软件配置管理、风险管理、同行评审、检查、软件测量以及不合格和缺陷管理。

(4) 软件文档内容要求。标准提供了推荐软件记录的列表。

NASA 软件标准体系是一个包括软件工程和软件产品保证的全流程体系，通过有效地实施软件工程（NPR 7150.2）和软件产保标准（NASA-STD-8739.8），更好地实现软件项目的开发、测试、维护、管理等，从而保证 NASA 航天任务的安全、可靠及成功。

2. ESA 的软件标准

ESA 针对软件工程制定了一系列的指导文件，主要有软件工程标准（ECSS-E-ST-40）和软件产品保证标准（ECSS-Q-ST-80）。图 1-15 展示了不同的软件相关流程中的 ECSS-E-ST-40、ECSS-Q-ST-80 和其他 ECSS 标准。

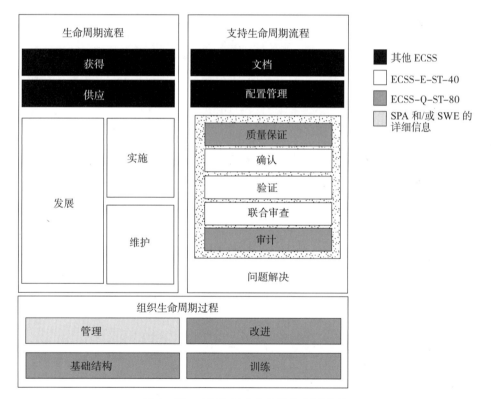

图 1-15 ECSS 标准中的软件相关流程

ESA 的软件工程标准适用于空间系统的所有要素，包括空间段、发射服务段和地面段，涵盖了空间软件工程的所有方面，包括需求定义、设计、生产、验证和确认、转移、操作和维护。

软件工程标准定义了空间软件工程流程的范围及其与管理和产品保证的接口，这些过程在 ECSS 系统的管理 M 和产品保证 Q 分支中进行了明确规定，并详细阐述了它们如何在软件工程流程中应用。该标准反映了空间系统开发中使用的具体方法，以及对软件工程过程的要求。结合 ECSS 标准其他分支中的要求，该标准为空间项目中的软件工程提供了一个连贯而完整的框架。其主要内容涉及软件相关系统要求过程、软件管理流程、软件需求和架构、软件设计与实现、软件验证过程、软件交付和验收流程、软件验证流程、软件操作流程、软件维护流程等。

1.3.3 航天器软件体系结构研究

1. NASA 的 cFS 架构

NASA 于 2005 年开始开发 cFS 架构，主要为了解决不同型号间航天器软件重用的问题。2009 年，该系统在月球勘测轨道器（LRO）卫星中得到在轨应用，并随后应用于多个型号。cFS 架构如图 1-16 所示。

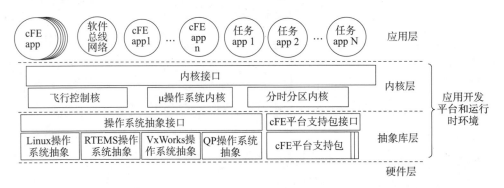

图 1-16 cFS 架构

操作系统抽象层（OSAL）提供对不同操作系统的统一接口，支持 VxWorks、RTEMS、Linux 等操作系统。平台支持包（PSP）层是一个软件库，用于将 cFS 移植到一个特定的处理器模块中运行。核心飞行管理程序（cFE）提供运行时环境以及一组核心的业务构件、工具。应用层提供一个类似应用商店（appstore）的功能，包含完整的星载数据管理程序，具体有任务特定的应用程序以及 cFS 相关程序。

cFS 各构件之间的关系如图 1-17 所示。目前，美国正逐渐把多种 CCSDS 的标准协议如 USLP、DTN 等构件纳入 cFS 的架构中。

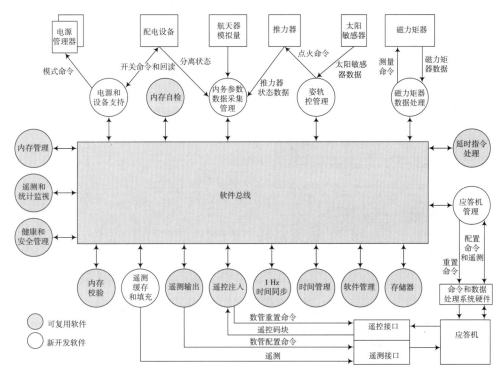

图 1-17 cFS 各构件之间的关系

2. ESA 的 SAVOIR 架构

SAVOIR 的相关工作于 2007 年启动，旨在建立综合电子系统的参考架构，分为 8 个小组开展工作，分别为软件体系结构组、集成模块化综合电子组、传感器和执行机构电气接口组、传感器和执行机构功能接口组、大容量存储组、综合电子网络组、故障检测隔离和恢复组、自动化代码生成组。SAVOIR 的工作分为三个阶段：第一个阶段为概念阶段；第二个阶段为实现阶段；第三个阶段为部署阶段，目前正处于第三个阶段。

SAVOIR 的软件体系架构如图 1-18 所示，该架构支持分时分区，同时应用了 CCSDS、ECSS 的多种标准协议。

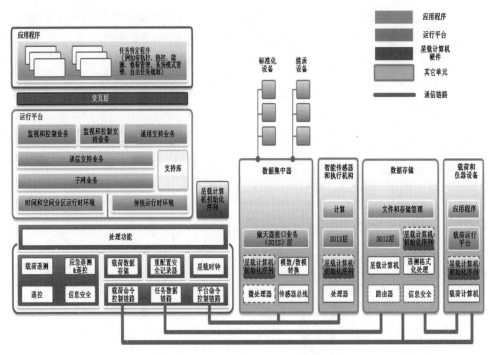

图 1-18 SAVOIR 的软件体系架构

1.3.4 小结

通过上述对航天器协议标准、软件标准、软件体系架构的调研可以看出，未来航天器协议发展趋势如下。

（1）应用更多的 CCSDS 标准，建立空间和星内统一的协议架构。

（2）协议逐渐融合，建立简化高效的信息共享机制。

（3）开发更多的新型协议，如 DTN 网络管理协议、无线通信协议、任务操作与信息管理协议、网络安全协议等。

未来航天器综合电子软件发展趋势如下。

（1）软件需求统一，多领域航天器软件功能进行统一设计。

（2）采用分层结构的通用化软件体系结构，支持"多方联合、并行开发"。

（3）将协议融入软件中，作为软件的重要组成部分，实现产品、服务的标准化。

（4）不同领域软件框架级的复用，提升软件的重用率和开发效率。

1.4 未来空间任务对航天器综合电子系统软件的主要需求

未来空间任务对航天器综合电子系统的智能化、网络化提出了更高的要求，一种智能化航天器综合电子系统的组成如图1-19所示。该组成相比以往综合电子系统增加了星间路由器实现多航天器间高速数据路由，增加了智能信息处理单元实现图像识别和信息融合等功能，系统管理单元由单核处理器升级为多核处理器，性能大幅提升，并与数据接口单元共同构成分布式计算环境，支持任务迁移，高速总线路由器升级为传输速率更高的TTE交换机，支持时间触发以及基于IP的星内高速交换。

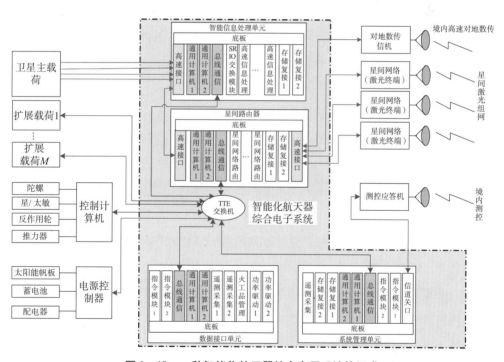

图1-19 一种智能化航天器综合电子系统的组成

在图1-19所示的系统中，软件承担了更重要的功能，其主要需求体现在以下四个方面。

（1）智能自主管理。为了提升航天器的"好用、易用"性，航天器综合电子系统软件除了具备传统功能外，智能自主管理能力需求大幅提升，需要软件具备智能自主任务规划、智能自主健康管理、智能决策、多星协同等功能。例如，为了使航天器更智能化，软件需要具备智能自主任务规划能力。软件可以根据用户发送的高级指令或模糊指令，对指令进行语义解析，自主产生需要观测的目标区域位置数据，综合分析星上能源、存储空间、当前轨道、姿态等约束条件，自主进行任务规划、目标识别、多星协同、情报实时生成和分发，整个过程不需要地面的干预，减少了地面操作次数，节约了信道资源，提升了航天器的易用性。为了确保航天器安全稳定运行，软件需要具备星上自主健康管理能力。综合电子分系统汇集各个分系统产生的大量原始数据，利用数据挖掘技术进行分析处理，对于用户关心的关键参数分等级预报潜在故障和异常，当发生故障时，可以进行故障定位和自主重构和恢复，同时快速下传事件报告通知地面，能大幅度减轻地面在轨管理的运维负担。远距离深空探测要求航天器在地面操控不足和不及时的情况下进行智能决策，可以根据自身状态和环境变化自适应做出最佳应对策略。在实际航天器应用中，多星协同可以观测更广阔的区域和更多元的数据，这需要软件需要具备自主协同规划、任务均衡分配的能力。

（2）空间组网。相较于单个航天器有限的数据处理和信息传输能力，大规模卫星网络是未来航天器的一大发展趋势，这就要求航天器软件需具备可靠传输、动态路由、动态接入、网络管理和网络安全等功能，支持构建天地一体化网络。例如，下一代"北斗"卫星导航系统提出更低的传输时延、更高的传输效率和更大的通信容量发展需求，这就要求航天器软件在标准化的星间接口和协议的基础上，具备多星组网、多星协同工作的能力，同时为了提升星座的信息处理速度，满足高速通信需求，软件需要具备天基云计算能力。未来载人月球探测任务也对航天软件组网能力提出了更高的要求，为了构建地月一体化网络并实现自主着陆、自主探测等任务，软件需要在复杂的空间环境中对多个航天器进行高效调度和协同，实现高效自组网。

（3）星内高速组网。为了适应航天器支撑平台和载荷设备多样化需求，航天器综合电子系统软件需要具备星内高速组网、快速信息融合的功能。因为各个分系统设备之间传输的数据在速率、种类、传输机制方面的不一样，需要软件具有统一的接口和灵活的传输机制，在满足星内高速通信的同时尽可能地降低航天器内部的数据传输开销,实现高性能的星内信息共享和信息融合,更好的支撑未来航天器越来越复杂的任务需求。

(4) 分区隔离和 APP 动态加载。未来新的智能化应用、星群应用、通信服务等需求将由航天器执行,要求功能综合度高、多数功能集中在一台计算机中,对综合电子系统提出了新的要求,航天器综合电子系统的集成化趋势愈加明显,越来越多的软件可能在同一个处理器中运行,为了避免功能高度集中造成的相互影响,需要综合电子软件分时分区隔离,不同等级、不同功能的软件实现空间隔离和时间隔离。综合电子系统软件可以根据用户需求进行定义,实现 APP 动态按需加载,达到一星多用、一星多能。

综上,未来航天器综合电子系统软件的主要技术发展趋势体现在向智能化、网络化、通用化发展,软件体系结构向层次化、标准化及构件化设计方向发展,软件开发模式由传统的手工开发模式向基于体系结构和构件组装的开发模式转变。

参 考 文 献

[1] 赵和平,何熊文,刘崇华,等. 空间数据系统 [M]. 北京理工大学出版社,2018.

[2] 何熊文,徐明伟. 航天器接口业务标准化和软件体系结构现状与发展展望 [J]. 中国航天,2020 (9):29 – 35.

[3] 詹盼盼,曹雅婷,张翠涛,等. 卫星高功能密度综合电子系统设计 [J]. 中国空间科学技术,2020,40 (1):87 – 93.

[4] NPR 7150. 2. NASA Software Engineering Requirements. 2004.

[5] NASA – STD – 8739. 8. SOFTWARE ASSURANCE STANDARD. July 2004.

[6] ECSS – E – ST – 40. Space engineering Software. 2009.

[7] ECSS – Q – ST – 80. Space product assurance Software product assurance. 2009.

[8] CCSDS 811. 1 – O – 1. CAST FLIGHT SOFTWARE AS A CCSDS ONBOARD REFERENCE ARCHITECTURE. November 2021.

[9] CCSDS 130. 0 – G – 3. Overview of Space Communications Protocols [S]. Washington:CCSDS,2014.

[10] CCSDS 850.0 - G - 2. Spacecraft Onboard Interface Services [S]. Washington: CCSDS, 2013.

[11] CCSDS 133.0 - B - 1. Space Packet Protocol [S]. Washington: CCSDS, 2003.

[12] CCSDS 702.1 - B - 1. IP over CCSDS Space Links [S]. Washington: CCSDS, 2012.

[13] ECSS - E - 70 - 41A. Space engineering: ground systems and operations - telemetry and telecommand packet utilization [S]. Noordwijk: ECSS, 2003.

[14] RFC 2460. Internet Protocol Version 6, 1998.

第 2 章 航天器软件研制过程与规范

2.1 航天器软件研制的主要任务与特点

2.1.1 航天器软件研制的主要任务

我国航天器的研制过程一般分为方案阶段、初样阶段和正样阶段共三个阶段。方案阶段主要建立项目管理组织，根据任务要求和技术指标为航天器进行方案设计。初样阶段主要进行初样产品设计、制造、地面试验、系统间的接口对接试验工作。正样阶段主要进行正样产品设计生产、地面测试和飞行试验工作。

航天器软件作为航天器研制的一部分，其研制过程贯穿航天器研制的各个阶段，尤其是在初样阶段和正样阶段。与地面软件研制过程类似，航天器软件的研制过程由一系列的活动组成，分为系统分析与设计、软件需求分析、软件设计、软件实现、软件测试、验收交付和运行维护等主要阶段。由于航天器分为多个分系统，系统级分析与设计可以进一步细分到分系统级。与地面软件研制过程不同的是，航天器软件研制过程需要与航天器研制阶段紧密相关，向航天器研制过程负责，因此需要将航天器软件研制过程与航天器研制各阶段的工作相结合。在航天器研制各阶段，航天器软件研制的主要任务见表 2-1。

表 2-1 航天器研制阶段航天器软件研制的主要任务

航天器研制阶段	航天器软件研制的主要任务
方案阶段	根据初步的系统需求,建立软件原型,确定软硬件功能分配、运行环境、体系结构、信息流、通信和接口,明确初样阶段软件任务要求
初样阶段	根据初样的系统需求,细化软件需求,设计和开发软件产品,完成全面的验证和确认活动,完成验收与交付,使产品的功能、性能、可靠性、安全性等满足初样任务要求,明确正样阶段软件任务要求
正样阶段	根据正样系统需求完善软件设计,对软件产品进行全面的验证与确认,控制软件的技术状态,完成验收与交付,确保软件产品的质量满足飞行试验(或软件交办方)要求

在完成正样阶段软件研制工作后,根据航天器软件后续应用需要,在软件通过考核验证,并确认其达到可以定型的成熟度等级条件要求后,可进行航天器软件定型工作,支持后续任务选用和产品重复生产。经过定型的航天器软件表明产品满足规定的技术要求、具有良好的质量可靠性,可以作为现货产品供用户放心使用。

2.1.2　航天器软件研制的主要特点

航天器软件研制的主要特点如下。

1. 航天器软件运行的硬件环境差异大、资源受限

与通用计算机软件有很大的差别,航天器软件运行在星载计算机中,大多数是以汇编语言和 C 语言为主的嵌入式软件。航天器软件一般用于特定的航天器任务,其运行的硬件环境差异较大,硬件和软件都必须高效设计、协调配合。星载计算机上的硬件接口、总线网络和输入输出等接口类别较多,需要开发多种设备驱动程序。处理器以 32 位微处理器(CPU)、DSP 或单片机为主,程序存储空间和内存空间有限,航天器软件设计需要考虑这些资源限制。

2. 高可靠性

地面对在轨运行的航天器可干预手段较少,一般处于无人可接触的环境中,无法进行设备更改和现场调试、排故或及时更改软件,一旦航天器软件出现故障,可能导致航天器失效,造成巨大的经济损失,甚至对人的生命构成威胁。典型案如"阿里亚娜"5 号火箭发射失败、火星探测器勇气号失效后恢复等。这就要求航天器软件高可靠运行,不仅能够在单粒子效应广泛存在的空间辐照环境中稳定运行,而且具有一定的错误处理能力,能够在出错后识别错误并从错误中恢复,保证航天器任务长期不间断运行。

3. 高实时性

航天器是一个对实时性要求较高的系统,航天器软件对航天器的管理与控制起着重要作用,因此航天器对航天器软件的处理也会有较高的实时性要求。航天器软件被要求能够对外部触发事件及时响应,其处理事件所使用的时间与处理事件获得的正确逻辑结果同样重要,如不能满足系统时间条件,将同样被认为失效。例如,当航天器与火箭分离时,航天器软件需要实时响应星箭分离事件,及时发送指令对航天器的姿态和执行机构进行控制。航天器软件除了采集和传输各设备的遥测数据外,还要处理各种指令和控制数据,在确保数据采集正确有效的前提下,对这些指令和控制数据及时响应。要求上层软件运行的星载操作系统具有较高的实时性,能够及时对外部事件做出响应。

4. 接口与时序复杂

航天器软件大多与整个星载计算机系统中其他组成部分都有联系,普遍具有复杂的接口,不仅需要处理与 FLASH、ROM、RAM、时钟、遥控接口、遥测接口、总线接口、指令接口、内总线接口和 FPGA 控制接口等多种硬件接口之间的关系,还要管理软件内部各进程、中断之间的时序和逻辑关系。航天器软件一般具有比较复杂的流程,管理的对象较多,航天器的很多动作需要航天器软件发出一系列有时序要求的控制指令组合完成,所以在航天器各系统运行时航天器软件呈现复杂的时序关系。

5. 需要专门的开发工具和调试、测试环境

星载计算机软件与硬件往往并行设计、开发和调试测试,由于其外部接口、时序关系复杂,需要多种输入/输出和数据显示,需要一套专门的开发、调试和测试环境,由星载计算机与测试计算机交叉完成。

6. 软件规模呈现不断增长的趋势,开发与测试周期长

航天器软件为航天器提供的功能比重呈现明显增长的趋势。除了传统数据管理和控制功能外,航天器上越来越多的信息处理、任务规划和智能控制等功能现在都要通过软件来实现。航天器上软件的数量越来越多,随着软件实现功能的增多和软件数量的增多,软件的规模和复杂性也越来越高,一个大型航天器上的软件规模已从几万行源代码,逐步发展为几十万、甚至几百万行源代码。同时,作为嵌入式软件的航天器软件,面对复杂的航天器系统,在进行错综复杂的数据管理和精密准确的控制时,软件结构是十分复杂的。航天器研制过程需要经历多个阶段,航天器软件作为航天器的有机组成部分也需要经历多个阶段的研制周期,并根据不同阶段的需求进行迭代形成多个软件版本,因此软件开发与测试需要较长的周期。

7. 研制单位多、协作关系多、进度要求紧

航天器从总体到分系统,从硬件产品到软件产品,参研单位和人员众多,航天器软件的研制与多个分系统硬件产品、软件产品研制单位或人员存在协作关系。如何协调总体需求、分系统需求、软件需求、连接各个分系统和硬件产品的接口与协议,并在各个研制阶段中保持协调一致,是保证航天器软件顺利研制的重要过程。同时,航天器技术难度高,往往需要技术攻关,研制进度紧张,而航天器软件的需求可能在系统需求和关键技术攻关完成后、甚至在部分联试任务完成后才能确定下来,因此航天器软件的研制进度要求紧,需要有效控制研制进度。

针对上述航天器软件及其研制过程的主要特点,为保证航天器软件研制的质量与规范性,需要明确软件研制组织与职责,制定研制流程和标准,明确软件开发过程并不断改进。

2.2 软件研制组织与职责

航天器软件研制组织一般分为软件交办方、软件承制方、软件评测机构。

软件交办方是软件研制任务书或软件研制合同的提出单位或部门。软件交办方的主要职责如下:

(1) 开展并完成航天器软件系统分析与设计;

(2) 提出软件研制任务书及管理要求;

(3) 提出软件安全关键程度等级;

(4) 提出第三方评测的技术要求(或任务书);

（5）参加软件需求分析和配置项测试的正式评审；

（6）组织并开展软件验收和系统测试；

（7）审核软件承制方的产品质量保证能力。

软件承制方是承担软件开发的单位或部门。软件承制方的主要职责如下：

（1）编制软件开发计划、测试计划，并组织实施软件开发、测试和产品保证工作；

（2）建立软件开发和测试环境；

（3）按要求编制软件文档；

（4）实施软件配置管理；

（5）组织阶段评审，配合系统测试和软件验收；

（6）负责软件的维护；

（7）应具备持续改进软件开发过程的能力。

软件评测机构是在技术、机构和经费方面保持独立的软件评测单位，是第三方评测机构，对被测软件产品的质量负责。软件评测机构的主要职责如下：

（1）按相关标准及管理要求开展软件第三方评测；

（2）参与软件重要研制阶段的质量控制活动，提前了解情况；

（3）分析测试需求，编制测试计划，建立测试环境，设计并执行测试用例，提交测试报告，并通过评审；

（4）保护被测软件承制方的知识产权和技术秘密。

2.3 航天器软件研制流程

航天器软件系统在航天器任务确定后开始分析和研制。《航天型号软件工程化要求》标准规定了航天器软件系统的研制流程，分别是软件系统分析与设计阶段、软件系统设计说明评审阶段、软件配置项研制阶段、系统测试阶段、软件出厂评审阶段和运行维护阶段。航天器软件系统的研制流程如图 2-1 所示，其中方框表示航天器软件研制的流程和阶段，椭圆表示质量控制节点，用于对上一阶段的研制工作进行把关和确认。

软件系统分析与设计阶段的主要工作有以下几种。

图2-1 航天器软件系统的研制流程

(1) 在方案阶段,初步确定整个航天器的软件系统组成和待开发的软件配置项,初步明确各分系统间的接口关系。

(2) 在初样阶段,进行软件任务分析和系统策划;根据系统拓扑结构建立整星信息流(包括数据流、指令流及接口关系),规定软件产品代号和软件安全关键等级,确定软件基线状态和软件研制类型,确定软件项目的研制类型和软件规模;进行风险分析,识别并确定危险源,制定系统级安全性与可靠性设计要求。

(3) 在正样阶段,完善航天器软件系统分析与设计工作。

软件配置项研制阶段是航天器软件研制的重要阶段,将在本节重点介绍。软件配置项研制阶段完成后,进入系统测试阶段。在系统测试阶段,软件交办方负责验证软件设计是否满足任务要求,根据系统设计说明的规定,测试软件的功能、性能和接口的正确性。最后一个阶段是运行维护阶段,软件承制方应承担维护任务,包括改正性维护、适应性维护和改善性维护。改正性维护对软件运行中出现的问题进行修改;适应性维护为适应运行环境的改变,对软件进行修改;改善性维护为改善性能和更改或扩充功能,对软件进行修改。

通过软件系统设计说明评审后,就进入软件配置项研制阶段,该阶段工作由软件承制方负责完成。不同的航天器产品包括星载计算机根据航天器任务的特点可以分为新研产品、继承性产品。因此,运行在星载计算机中的航天器软件的成熟度和继承性是不同的,进而导致其研制技术流程和研制内容有所区别,通常将航天器软件研制类型按照继承性或重用程度进行分类。

新研软件未经充分测试和在轨飞行,其质量和可靠性难以保证,需要制定完整的研制技术流程保证新研软件的质量。对于继承和重用的软件,为了满足日益增加的航天研制任务需求,有效缩短软件研制周期,降低软件研制成本,提高软件研制效率,同时保证软件的质量和稳定性,需要制定继承和重用软件的研制技术流程，对软件技术状态进行确认和控制。

因此根据上述相对于基线产品的继承性和重用程度，航天器软件的研制类型通常分为以下四类。

（1）沿用软件（也称为Ⅰ类软件），已完成沿用可行性分析与审批、不加修改即可再次使用的软件。一般要求被沿用的软件完成在轨飞行试验任务并且未发生问题。沿用软件与被沿用软件的硬件环境、外围环境和任务需求一致，或硬件环境、外围环境和任务需求的变化不会对软件沿用产生影响。

（2）装订参数修改软件（也称为Ⅱ类软件），不修改软件可执行代码的内容，仅修改软件装订（配置）参数即可满足任务要求的软件。装订参数通常包括编译时绑定的宏和常量定义，以及固化时写入的配置文件或参数，装订参数的修改不会引起软件二进制机器码中的可执行代码的改动。

（3）适应性修改软件（也称为Ⅲ类软件），根据任务要求进行适应性更改、完善设计的软件。适应性修改软件相对被修改软件仅进行适应性更改，不影响原有软件的体系结构。

（4）新研软件（也称为Ⅳ类软件），不属于上述三类的新研制的软件。

航天器软件研制应根据其特点，选择合适的研制类型，执行相应的研制流程。新研软件的研制流程是一个完整的航天器软件研制技术流程，下面先介绍新研软件的研制流程，并对其研制阶段进行说明。其他三类软件研制流程均是在新研软件的研制流程基础上裁剪或者补充相应的过程，对与新研软件不重复的研制阶段给出说明。研制流程图中的 M 标识表示软件生存周期阶段的工作，Q 标识表示质量控制节点，通常为关键节点的评审，对于生存周期阶段和质量控制节点中的评审过程，不做详细说明。

2.3.1 新研软件研制流程

新研软件的研制流程是航天器软件研制最常见的研制流程，对于新研的航天器软件，需要执行软件研制的全过程。如图 2-2 所示，其研制流程主要包括系统需求分析与设计、软件需求分析、软件设计（概要设计和详细设计）、软件实现、软件测试（单元测试、组装测试、配置项测试）、第三方评测、分系统联试和软件验收交付过程。软件完成分系统联试和第三方评测后，进行软件验收交付。对于安全关键等级较高（一般为 A、B 级）的软件，需要通过第三方评测及评审。

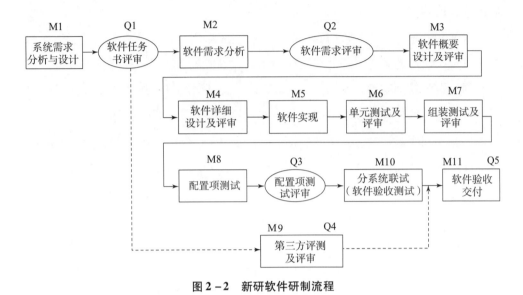

图 2-2　新研软件研制流程

图 2-2 所示的新研软件研制流程各阶段的工作要求主要包括以下几个方面。

（1）系统需求分析与设计：分析系统的需求和组成，分配软件、硬件的功能及软硬件的性能指标，初步确定系统内各分系统间的信息流、控制流、接口和通信协议，确定软件运行环境，明确软件的安全关键等级，形成软件研制任务书。

（2）软件需求分析：确定软件的开发环境，将软件研制任务书中的功能、性能、接口和数据等技术指标细化，完成软件需求规格说明。

（3）软件概要设计：依据软件需求规格说明，逐项分解软件需求，进行软件的体系结构设计。给出各软件部件的功能和性能描述、数据接口描述。设计软件系统的数据结构，给出所需的模型及所采用的算法原理，编写软件概要设计说明。

（4）软件详细设计：将概要设计中的软件部件逐项细化，形成若干软件单元，并对软件单元进一步描述。详细规定软件单元之间的接口，确定软件单元之间的数据流或控制流，确定每个软件单元的输入/输出和处理要求。确定软件单元内算法及数据结构，编写软件详细设计说明。

（5）软件实现：依据详细设计说明以及相应的软件代码编写规范，进行编程。在完成代码编制后，依据编译链接和工程文件的编译选项，在规定的编译环境中进行编译。按照软件设计要求，逐项在调试环境中对软件单元、部件进行调试，排除错误。

（6）单元测试：设计测试用例，建立测试环境，对软件单元源代码进行静态分析，对软件设计文档规定的软件单元的功能、性能、接口等逐项测试，编写软件单元测试报告。

（7）软件组装测试：设计测试用例，建立组织测试环境，对构成软件部件的每个软件单元的单元测试情况进行检查，逐项测试软件设计文档规定的软件部件的功能、性能，完成软件的集成和测试，编写组装测试报告。

（8）配置项测试：也称为确认测试，设计测试用例，依据软件需求规格说明测试全部软件功能需求及相关的设计措施，分析测试结果，编写配置项测试报告。

（9）第三方评测：委托独立的第三方评测机构进行配置项测试。

（10）分系统联试（软件验收测试）：软件交办方应在单机测试或分系统联试中，对软件进行测试，测试软件的功能、性能及软件与所属系统的接口关系。

（11）软件验收交付：按计划完成规定的测试，各类文档齐全，组织软件验收评审。

2.3.2　沿用软件研制流程

沿用软件研制流程如图 2-3 所示。在下达软件任务书后，进行软件沿用可行性分析并进行软件沿用状态复核质量控制，软件参与并完成分系统联试后，进行软件验收交付。

与新研软件相比，沿用软件的研制流程大幅简化，补充了软件沿用可行性分析的研制过程。软件沿用可行性分析对沿用软件进行软件沿用可行性分析，编写软件沿用可行性分析报告。分析沿用软件的运行环境、外围环境、任务书要求与被沿用软件是否一致，对被沿用软件研制过程满足软件工程化要求的情况进行分

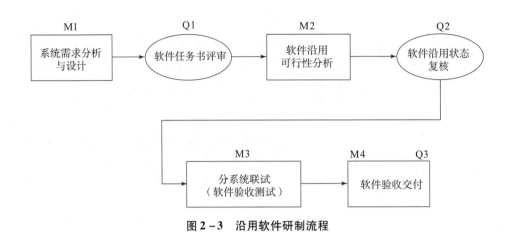

图 2-3　沿用软件研制流程

析和确认。

2.3.3　装订参数修改软件研制流程

装订参数修改软件研制流程如图 2-4 所示。装订参数修改软件与被修改软件的软、硬件及外部接口环境一致，在功能和使用方式上一致。在下达软件任务书后，进行软件更改可行性及影响域分析，通过评审质量控制后，开始软件参数更改实施，并进行软件回归测试。软件参与并完成分系统联试后，进行软件验收交付。对于安全关键等级较高（一般为 A、B 级）的软件，需要通过第三方评测及评审。

图 2-4 所示的装订参数修改软件研制流程补充的工作阶段主要包括以下几个方面：

（1）软件更改可行性及影响域分析：对软件进行软件更改可行性分析及影响域分析，根据任务更改需求，分析更改的可行性，并确定软件更改方案和实现方法，是否影响软件配置项外部接口、内部接口及软件安全性、可靠性等方面。

（2）软件参数更改实施：依据软件更改可行性及影响域分析的结果，对软件中的装订参数进行修改。

（3）软件回归测试：依据软件更改可行性及影响域分析的结果进行测试影响域分析，设计回归测试用例，分析测试结果，完成回归测试。

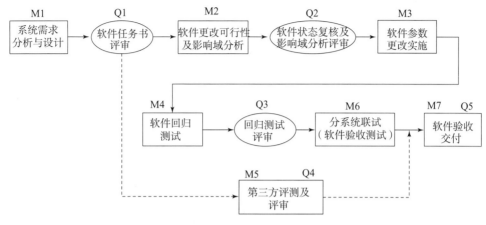

图 2-4　装订参数修改软件研制流程

2.3.4　适应性修改软件研制流程

适应性修改软件研制流程如图 2-5 所示。适应性修改软件与被修改软件在功能和使用方式上一致，相对于被修改软件仅进行适应性修改，不影响原有软件的体系结构。适应性修改软件一般应用于某航天器系列的后续航天器，如由于任

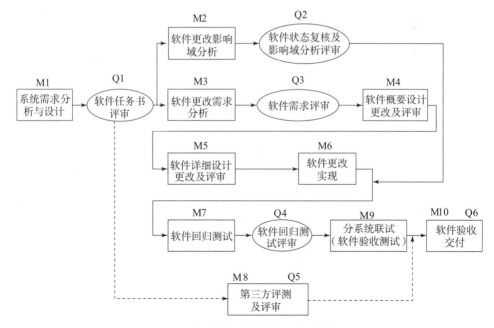

图 2-5　适应性修改软件研制流程

务需求有变化，航天器-2的软件需要在航天器-1的软件上做适应性修改，则执行该研制流程。其研制流程主要包括软件更改影响域分析、软件更改需求分析、软件概要设计更改、软件详细设计更改、软件更改实现、软件回归测试等过程。软件参与并完成分系统联试后，进行软件验收交付。对于安全关键等级较高（一般为A、B级）的软件，需要通过第三方评测及评审。

图2-5所示的适应性修改软件研制流程补充的工作阶段主要包括以下几个方面，其中软件概要设计更改、软件详细设计更改和软件更改实现过程分别与新研软件中的软件概要设计、软件详细设计和软件实现过程基本一致，需要特别注意变化更改的部分。

（1）软件更改影响域分析：对软件进行软件更改影响域分析，根据任务更改需求，确定软件更改方案和实现方法，是否影响软件外部接口、内部接口及软件安全性、可靠性等方面。

（2）软件更改需求分析：依据软件任务书对软件更改的需求进行分析，分析软件功能、性能、接口和数据等技术指标的变化情况，完成软件需求规格说明。

（3）软件概要设计更改：依据软件需求规格说明，逐项分解软件需求，以被修改软件的概要设计为基础，给出各软件部件的功能和性能描述、数据接口描述，尤其是相对被修改软件有变化的部分需要重点说明，编写软件概要设计说明。

（4）软件详细设计更改：将概要设计中的软件部件逐项细化，形成若干软件单元，并对软件单元进一步描述。以被修改软件的详细设计为基础，确定每个软件单元的输入/输出和处理要求，尤其是相对被修改软件有变化的部分需要重点说明，编写软件详细设计说明。

（5）软件更改实现：依据详细设计说明、被修改软件以及相应的软件代码编写规范，进行编程。在完成代码编制后，依据编译链接和工程文件的编译选项，在规定的编译环境中进行编译。按照软件设计要求，逐项在调试环境中对软件单元、部件进行调试，排除错误。

2.4 航天器软件研制标准

航天器软件研制要遵循相关的标准，标准按照级别可以分为国际标准、国家标准、国家军用标准、行业标准、企业标准，航天领域结合航天器软件研制特点形成了行业软件标准，各航天院所也在此标准体系下结合自己的业务特点和管理要求建立了院标和所标。与我国航天器软件研制有关的标准主要包括软件管理类标准、软件开发类标准、软件测试类标准和软件质量保证类标准。针对每一类标准，本节介绍其中的几个重要标准，主要包括与航天器软件研制相关的军用标准和行业标准。

2.4.1 软件管理类标准

GJB5000B—2021《军用软件能力成熟度模型》替代了 GJB5000A—2008，不仅适用于对组织的软件研制能力进行评价，也适用于组织对软件过程进行评估和改进，标准规定了军用软件研制能力成熟度的模型，并规定了软件研制和维护活动中的主要软件管理过程和工程过程的实践。该标准将组织的软件研制能力成熟度由低到高分为 5 个等级，分别是初始级、规范级、全面级、量化级和卓越级。规范及以上等级的组织，应以此标准为依据进行等级评价。

（1）规范级：项目级的精细化规范管理。基于估计和项目特点，开展项目管理活动、基本工程活动及支持活动，具备在同类项目中复制成功经验的能力。

（2）全面级：组织级的全面精细化管理。使用组织资产，全面开展全生存周期项目管理活动、工程活动及支持活动。具备在组织范围内复制成功经验的能力。

（3）量化级：量化分析管理。采用量化分析技术，实现较高的质量和过程绩效量化目标。具备量化分析管理的能力。

（4）卓越级：持续优化管理。通过绩效数据，识别关键问题与共性问题，提升绩效能力。具备自我优化、持续成功的能力。

QJA 30A—2013《航天型号软件工程化要求》标准适用于航天器软件项目的工程化研制与管理工作，它规定了航天型号软件工程化要求，包括组织与岗位职责、技术管理、软件主要研制阶段的工作要求和软件产品保证要求等。

Q/QJA 301—2014《航天型号软件文档管理要求》标准适用于航天器软件开发过程中产生的各类文档,它规定了航天型号软件文档的内容要求、软件文档的编号、软件文档的完整性要求、软件文档的签署规定、软件文档的更改控制、软件文档的归档要求和软件产品数据包管理要求。

Q/QJA 531—2018《航天型号软件配置管理实施细则》标准适用于航天器软件的配置管理实施,它规定了航天型号软件配置管理的一般要求、配置策划、配置标识、配置控制、配置状态纪实、配置审核等实施细则。规定软件配置管理系统应建立"三库",即软件开发库、受控库和产品库,并对其实施管理。

2.4.2 软件开发类标准

QJA 296—2014《航天型号软件系统分析与设计要求》标准适用于航天器软件系统分析与设计工作,规定了航天型号及其分系统的软件系统分析与设计要求。标准从系统层面和分系统层面分别说明了软件系统设计的逻辑架构设计、物理架构设计、开发架构设计、运行架构设计、数据架构设计、安全性和可靠性设计的方法。

QJ3262—2005《高可靠性实时嵌入式软件设计指南》标准适用于航天器软件的需求分析、设计和实现。该标准对航天型号高可靠实时嵌入式软件的需求分析、设计和实现的要求是,用自顶向下、逐步求精的方法将软件需求转换成软件设计。首先应选择恰当的方法对问题进行分析和建模,对于复杂的系统,应将系统划分为子系统。在各子系统中,应遵循一定的标准确定系统中的对象和功能。在使用实时嵌入式操作系统的应用中,需要进一步将大型嵌入式软件系统分解成许多并发任务,并保证任务的可调度性。在确定了系统中的任务之后,下一步要确定组件,即定义信息隐藏模块,其目的是提供更具独立性和可重用性的模块。对于不适用实时嵌入式操作系统的应用场合,可直接确定组件,最后用代码实现组件。

2.4.3 软件测试类标准

QJA300—2014《航天型号软件测试规范》适用于航天器软件研制过程各阶段的测试,规定了航天型号软件的测试要求、测试过程和测试类型。

航天器软件测试依据实施主体分为开发方测试、第三方评测、验收测试和定型测试。航天器软件研制阶段的测试要求见表2-2。对于在轨维护软件的测试,可在软件维护阶段完成。

表2-2 航天器软件研制阶段的测试要求

型号研制阶段	测试类别	测试级别
方案阶段	—	—
初样阶段	开发方测试	单元测试、组装测试、配置项测试、系统测试
初样阶段	第三方评测	配置项测试、系统测试,初样阶段的第三方评测为可选
初样阶段	验收测试	按照被验收软件的级别开展相应级别的测试,如配置项测试、系统测试、系统联试
正样阶段	开发方测试	单元测试、组装测试、配置项测试、系统测试
正样阶段	第三方评测	配置项测试、系统测试
正样阶段	验收测试	按照被验收软件的级别开展相应级别的测试,如配置项测试、系统测试、系统联试
定型阶段	定型测试	配置项测试、系统测试

QJA300—2014还分别说明了开发方测试、第三方评测和验收测试的测试覆盖率要求、测试过程和通过准则,用于指导航天器软件测试过程的具体实施。

QJA 298—2014《航天型号软件验证与确认指南》标准适用于航天器软件的验证与确认工作,规定了航天型号软件验证与确认工作的组织与岗位职责、软件验证与确认过程概述、验证与确认的管理过程以及验证与确认的实施指南。标准规定软件交办方负责提出软件验证与确认要求,监督软件承制方对验证与确认要求的落实情况。软件承制方负责按照软件交办方的相关要求,完成验证与确认工作的策划并监督实施,对软件验证与确认工作的规范性进行监督,为软件验证与确认活动提供必要的支持。航天器软件验证与确认活动分为系统级、分系统级、软件配置项级，分别对系统总体、分系统总体、软件承制方提供的产品进行验证与确认。详细规定了软件研制流程各阶段的研制与确认的步骤和具体实施方式。

2.4.4 软件质量保证类标准

QJ3126A—2008《航天软件产品质量保证要求》标准适用于航天器软件的产品保证工作，规定了航天软件产品保证的组织与岗位职责、过程管理、策划与计划、验证与确认、配置管理、可靠性与安全性保证和风险控制等要求。

在过程管理方面，标准要求软件研制应分阶段进行，软件生命周期一般包括系统需求分析与设计、软件需求分析、概要设计、详细设计、软件实现、单元测试、组装测试、确配置项测试、分系统联试、验收交付和第三方评测等阶段。在策划与计划方面，标准要求制定并实施型号软件产品保证大纲和质量保证计划。在验证与确认方面，要求承制方和软件评测机构应详细记录测试的实施情况，对测试覆盖性和测试有效性进行评估，并给出测试结论。在配置管理方面，承制方应建立开发库、受控库和产品库，并维护受控库和产品库的一致性。在风险控制方面，承制方应在软件需求分析阶段识别软件研制过程中的风险因素，制定风险应对措施。

QJA 642—2018《航天型号软件可靠性与安全性要求》适用于航天器软件的可靠性与安全性工作，规定了航天型号软件研制及运行阶段的可靠性与安全性工作要求。标准分别从系统需求分析与设计阶段、软件配置项研制阶段和软件验收测试阶段说明了航天器软件可靠性与安全性的设计要求、可靠性与安全性的验证要求。

2.5 传统航天器软件开发过程

在软件研制过程中包含一系列基本阶段和活动，形成了软件生存周期。软件生存周期的划分不同形成了不同的软件生存周期模型，也称为软件开发模型。航天器软件承制方根据软件研制任务书中的要求，选择确定一个软件开发模型，依据选定的模型组织软件开发阶段的具体活动，对软件开发过程实施管理。

常用的航天器软件开发模型主要有瀑布模型、增量式模型和原型开发模型等。将软件开发过程的基本阶段、活动映射到软件开发模型中，就形成了航天器软件的具体研制过程。

2.5.1 瀑布模型

瀑布模型如图 2-6 所示。瀑布模型规定了软件生存周期的一些基本阶段和活动，它们按照自上而下、相互衔接的固定顺序。软件研制过程按顺序开展系统需求分析与设计、软件需求分析、软件概要设计、软件详细设计、软件实现和软件测试各阶段的工作。

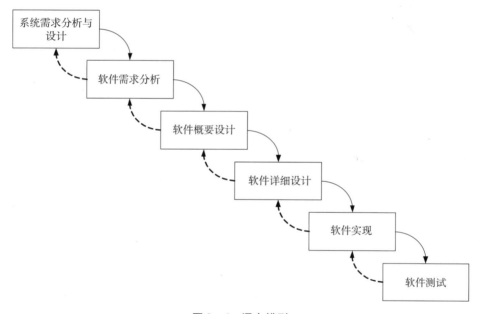

图 2-6 瀑布模型

软件承制方对每阶段的工作要进行认真的审查和确认，只有确保某阶段的目标确实达到后，才能进入下一阶段的工作，如果某一阶段出现问题，为了修正错误，退至上面某一阶段重复进行部分工作以修正错误（如图 2-6 中虚线所示），并从该阶段继续向下进行。这种模型对于软件需求能较快明确的航天器软件开发非常合适。

采用瀑布模型，一个阶段完成产生的里程碑式文档必须经过严格的评审和把关，上一阶段的输出是下一阶段开展工作的输入和依据，上一阶段的工作完成之后才能开展下一阶段的工作。该模型能够保证阶段之间的正确衔接，能够及时发现并纠正开发过程中存在的缺陷，从而使软件达到预期的质量要求。但是如果是前期存在而未被发现的缺陷直到后期才被发现，会导致软件开发过程不断返工，可能影响软件研制进度。

2.5.2 增量式模型

增量式模型如图 2-7 所示。当按顺序完成系统需求分析与设计、软件需求分析和软件概要设计阶段后，软件完整的体系结构设计完成，可以将软件根据大的业务功能划分成若干个子单元，逐个开发。

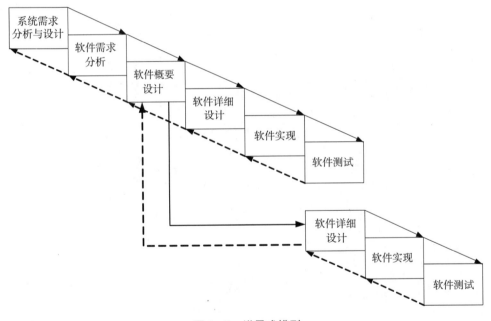

图 2-7 增量式模型

采用增量式模型，软件通过多次发布来交付：首先对第一个子单元开展软件详细设计、软件实现和软件测试等各项工作，完成后交付；然后在此基础上完成第二个子单元的研制工作。每次交付都增加了新的功能，直至完成整个软件的开发工作。增量式模型适用于对需求基本清楚但没有能力或没有必要在现阶段全面开展所有软件功能开发工作的航天器软件。

对于一些大型航天器软件,需要根据航天器的研制进度开展系统联试,在需求确定后,一次性完成所有软件功能并交付是比较困难的。软件承制方可以根据系统功能的优先级从高到低增量式开发:首先开发完成一部分优先级高的功能并交付;然后开发其他部分功能。使用这种模型的好处是在软件开发过程中,不影响软件核心功能的交付和使用。

2.5.3 原型开发模型

原型软件是快速开发一个可以运行的软件或现有的类似功能的软件,它是软件开发过程中,软件的一个早期版本,能够反映最终软件的重要特性,包括重要的功能、性能或接口特性。有些航天器软件具有一定的继承性,不是完成从零开始开发,而是基于一个基线软件开发,这个基线软件可以成为原型软件。

原型开发模型如图 2-8 所示。原型开发方法的基本思想是花费少量代价建立一个基础的可运行的软件版本,通过原型的演进不断适应用户任务改变的需求。

当软件开发人员和用户对要开发的软件系统的需求不是很清楚,需要一个可实际运行的原型(或原型系统),作为软件开发人员和用户学习、研究、试验和确定软件需求的工作平台。原型开发方法既可用于增量式模型也可用于渐进式模型,其在实际应用中一般分为以下步骤。

(1) 快速需求分析:快速确定航天器软件的基本要求。

(2) 快速设计:尽快完成原型系统的设计。

(3) 建立和运行:尽快实现一个可运行的原型系统。

(4) 用户评价原型:验证原型的正确程度,根据用户的新设想,提出全面的修改意见。

(5) 修正和改进原型:修改并确定需求规格说明,再重新构造或修改原型,重复上述步骤,直到原型能够满足用户需求。

(6) 形成软件产品:原型经过不断迭代最终形成软件产品。

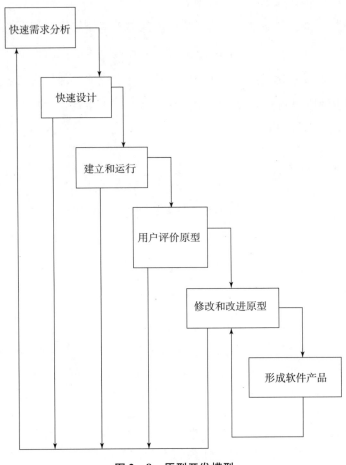

图 2-8 原型开发模型

2.6 基于构件的航天器综合电子系统软件开发方法

随着用户对航天器智能化需求的提高，综合电子系统作为航天器信息管理的中枢，其软件的功能也逐步得到扩展，带来了软件复杂程度的提升，而航天器研制的周期却不断缩短，成本不断降低，可靠性要求逐步增长，给航天器综合电子系统软件的研制带来极大的挑战。

软件复用通过在软件开发过程中避免重复劳动，可以提高软件开发的效率和产品的质量。但是，在航天器应用中，综合电子系统软件的整体复用难度较大，其主要原因如下。

（1）不同领域对综合电子系统的需求差异性较大，如导航领域要求具备自主导航功能，载人领域要求具备应急返回功能，遥感领域要求具备自主任务规划功能，深空探测领域要求综合电子系统具备更强的自主健康管理功能等，对于同一个需求如遥测管理功能，不同领域也有不同的要求。

（2）同一领域不同型号间的需求也存在差异，如载人领域的载人飞船与货运飞船配备的总线终端数量存在差异，综合电子系统要采集的设备数据就会存在差异。

（3）同一个型号的不同航天器需求也存在差异，如通信领域同一个平台的不同航天器，其热控通道配置参数也会存在差异。

尽管由于上述原因，难以实现综合电子软件的整体复用，但软件构件的复用是可行的。软件构件是一个具有规范接口和确定的上下文依赖的组装单元，能够独立部署和被第三方组装。尽管综合电子系统各领域功能存在差异，但也有许多共性，如基础的数据采集、指令发送、总线通信、时间访问等。因此，可以将上述功能中的共性部分予以抽象，形成通用化的业务并开发为通用的软件构件，形成软件构件库。在开发特定领域软件时，可对构件库中的软件构件进行组装，快速形成新的软件，实现软件构件在多领域的复用，提高软件的开发效率。但是，在此过程中，还需要解决航天器软件复用后的可靠性、与型号软件工程如何结合等问题。

基于上述考虑，需要研究基于软件构件的航天器综合电子系统软件开发方法，促进综合电子系统软件的开发模式由传统的手工开发模式向基于体系结构和构件组装的开发模式转变，以降低系统复杂度，提升软件开发效率和质量。

基于体系结构和构件组装的开发方法与地面软件开发中的基于体系结构的构件组装（Architecture – Based Component Composition，ABC）方法思路一致，即将软件体系结构研究和基于构件的软件开发相结合，将软件体系结构引入到软件开发的各个阶段，支持系统组装。在此过程中，分层次的软件体系结构是软件重用的关键。

基于构件的软件开发方法在地面应用中已较为成熟，其开发过程一般包括领域工程和应用工程。将该方法应用到航天器中，形成基于软件构件的航天器综合电子系统软件开发方法，主要需研究和解决航天领域应用的两个核心问题。

（1）如何建立综合电子系统的软件体系结构并识别综合电子系统领域内可复用的软件构件。

（2）基于软件构件的综合电子系统软件开发方法如何与型号软件工程的管理规定相结合，形成符合软件工程要求的开发过程。

下面从两个方面对上述问题的解决方案分别进行说明。

2.6.1 建立综合电子系统软件体系结构的领域工程方法

一种良好的分层结构将有助于实现软件的扩展和移植。对于航天器综合电子系统软件而言，由于涉及的协议较多，采用分层的结构也更利于软件的扩展。另外，应用国际标准通信协议，更利于实现不同领域航天器的协议统一，将这些协议采用通用化的软件构件实现并在各领域复用，可提升软件构件的复用率。

应用领域工程方法可建立航天器综合电子系统软件体系结构并开发可复用的软件构件，其主要步骤如下。

（1）综合电子系统领域需求分析。不同领域软件无法复用的一个很重要的原因是需求的不统一，此处的关键在于寻找出共性的需求，且将可变化的需求通过参数化的形式进行配置。由于通信协议如遥测协议、遥控协议、总线协议等在综合电子系统的需求中占有很大的比重，协议的标准化对于需求的统一有着重要作用。

通过对遥感、通信、导航、载人等多个领域的综合电子系统需求分析，得到各领域的通用功能共7项，对这些通用功能进行进一步分解、抽象和重新聚合，可得到粒度更小的标准业务，形成领域的业务和协议体系结构。由于综合电子系统涉及空间通信和器内通信两类通信协议，为了达到各领域航天器通用的目标，在对功能进行分解的过程中，应用了CCSDS的TC空间数据链路协议（简称TC协议）、高级在轨系统空间数据链路协议（简称AOS协议）、航天器接口业务（SOIS）以及ECSS的PUS协议、1553B总线协议等标准，并且对上述标准中涉及的业务和协议分别进行数据流分析，逐渐细化顶层功能与业务和协议之间的交互关系。一些在不同领域内可能变化的需求全部通过参数的形式进行配置。例如，TC空间数据链路协议各虚拟信道所采用的业务、传送帧最大长度、航天器标识等都可以按需配置。

（2）综合电子系统领域软件体系结构设计。在领域需求分析过程中形成的业务和协议体系结构中实际上已经是一种分层的架构，每一层包含多种业务以及协议。在软件体系结构设计过程中：一方面将上述业务以及协议映射为可重用的软件构件；另一方面将上述软件构件统一划分为中间件层，与操作系统层、应用层一起共同组成整个综合电子系统软件。设计完成的"伏羲"软件体系结构见第4章，该架构中核心为中间件层，层内软件构件包含了 CCSDS、ECSS 的多种标准协议，并通过标准化的接口对应用层提供服务。

2.6.2 与型号软件工程的结合方法

采用基于软件构件的航天器综合电子系统开发方法后，在实际型号应用过程中，还需要与型号中的软件工程管理规定相结合。

在型号软件工程管理规定中，一个型号的软件开发一般包括多个过程，并需交付各过程相关的文档。在采用软件构件后，对应的阶段以及产生的文档也必不可少。因此，将基于软件构件的开发过程与型号软件工程规定的开发过程相结合，可形成基于软件构件的航天器综合电子系统软件开发过程如图 2 - 9 所示。

上述过程主要包含领域工程和应用工程两个方面，领域工程是可复用软件构件的开发过程，应用工程则是在具体型号应用时的软件开发过程。

前面综合电子系统软件体系结构中涉及的方法主要是在领域工程中应用，软件构件开发与验证中设计的方法可在领域工程中通用软件构件的开发以及应用工程中专用软件构件的开发以及系统组装中应用。下面结合软件工程的规定，重点对应用工程的步骤进行描述。

（1）型号特定综合电子系统需求分析、业务和协议选择。由于不同航天器在协议选择、总线选择、业务选择方面存在差异，且硬件配置也存在差异，因此需要依据特定型号需求，从业务和协议体系结构中选择所需的业务以及协议，并且按需进行参数配置，必要时提出型号专用的业务和协议。此处一般需要选择和配置的内容包括硬件接口、遥控上行协议、遥测下行协议、网络层协议、总线数据链路层通信协议、应用支持层业务等。在此过程需产生软件工程中规定的软件

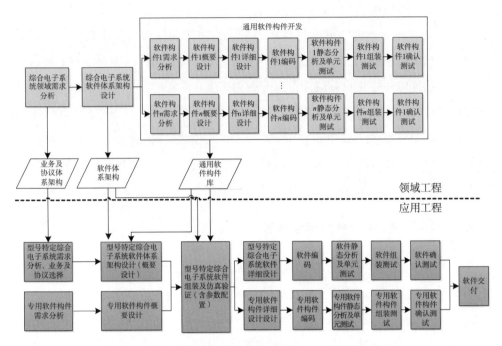

图 2-9 基于软件构件的航天器综合电子系统软件开发过程

需求规格说明，对识别出的专用业务和协议，产生其对应的专用构件需求规格说明。

（2）型号特定综合电子系统软件体系结构设计及构件组装、仿真验证。依据第（1）步的结果，对软件体系结构中业务和协议对应的软件构件进行选择，并裁剪掉不需要的软件构件，增加专用构件并设计与其他通用构件间的接口。此处，专用构件包括热控管理算法构件、任务规划算法构件、积分时间计算算法构件等。对所有通用软件构件以及专用软件构件进行连接组装和参数配置，并在可视化软件构件组装及仿真验证工具的支持下，对系统的信息流、性能进行仿真，必要时修改构件的参数配置以及连接关系，最终形成型号需要的软件概要设计说明。对于专用软件构件，产生其对应的专用构件概要设计说明。

（3）对软件进行详细设计，主要是专用构件以及用于连接各构件的进程等，形成整个软件的软件详细设计说明文档以及专用软件构件的软件详细设计说明文档。

（4）对专用软件构件进行编码、静态分析、单元测试、组装测试和确认测试。对系统中连接专用构件和通用构件后的整个软件进行编码（不含构件）、静态分析（不含构件）、单元测试（不含构件）、组装测试（只进行构件与构件间的组装测试）、确认测试（全部软件）。形成上述过程中所有规定的文档。

（5）软件交付，并完成分系统联试、系统联试、代码走查、第三方评测、落焊及交付等其他软件相关过程。

参 考 文 献

[1] GJB 5000B－2021. 军用软件能力成熟度模型［S］. 北京：国家军用标准出版发行部，2021.

[2] QJA 30A－2013. 航天型号软件工程化要求［S］. 北京：中国航天标准化与产品保证研究院，2013.

[3] QJA 301－2014. 航天型号软件文档管理要求［S］. 北京：中国航天标准化与产品保证研究院，2014.

[4] Q/QJA 531－2018. 航天型号软件配置管理实施细则［S］. 北京：中国航天标准化与产品保证研究院，2018.

[5] QJA 296－2014. 航天型号软件系统分析与设计要求［S］. 北京：中国航天标准化与产品保证研究院，2014.

[6] QJ 3128－2001. 航天型号软件开发规范［S］. 北京：中国航天标准化研究所，2001.

[7] QJ 3262－2005. 高可靠性实时嵌入式软件设计指南［S］. 北京：中国航天标准化研究所，2005.

[8] QJA 300－2014. 航天型号软件测试规范［S］. 北京：中国航天标准化与产品保证研究院，2014.

[9] QJA 298－2014. 航天型号软件验证与确认指南［S］. 北京：中国航天标准化与产品保证研究院，2014.

[10] QJ 3126A－2008. 航天软件产品质量保证要求［S］. 北京：中国航天标准化研究所，2008.

[11] Q/QJA 642－2018. 航天型号软件可靠性与安全性要求［S］. 北京：中国航天标准化与产品保证研究院，2018.

[12] 袁家军. 航天产品工程 [M]. 北京：宇航出版社，2011.

[13] 罗蕾. 嵌入式实时操作系统及应用开发 [M]. 北京：北京航空航天大学出版社，2011.

[14] 王忠贵，刘姝. 航天型号软件工程方法与技术 [M]. 北京：宇航出版社，2015.

[15] 汤铭瑞. 航天型号软件研制过程 [M]. 北京：宇航出版社，1999.

[16] 肖丁，修佳鹏. 软件工程模型与方法 [M]. 北京：北京邮电大学出版社，2014.

[17] 仇雯钰，朱宏涛，杨罗兰，等. 基于GJB5000A的软件技术状态管理方法探讨 [J]. 遥测遥控，2018，39（2）：28–33.

[18] 刘煜，尤海峰. GJB5000A与DO–178B的结合实施方案 [J]. 计算机应用，2013，33（z1）：255–258.

第 3 章
航天器综合电子系统业务和协议体系结构设计

3.1 概述

建立航天器综合电子系统软件体系结构的第一步是通过领域需求分析形成综合电子系统业务和协议体系结构。航天器综合电子系统软件涉及的业务和协议包括 CCSDS、ECSS 以及 IETF 标准等,其体系非常复杂,需要根据应用的需求进行选择。为此,通过对遥感领域、导航领域、通信领域、载人领域、深空领域等多个领域航天器进行需求分析,归纳出综合电子系统软件的通用需求,作为业务和协议体系结构设计的输入。

经分析,综合电子系统软件的通用需求主要包括 7 项顶层功能,分别为遥控、遥测、时间管理、内务管理、热控管理、能源管理、解锁与转动控制。除了这些通用需求外,不同的航天器对综合电子系统还有一些特殊需求,如自主任务规划功能、自主导航功能和星间路由功能、应急返回功能和环控管理功能等。

对于上述需求而言,其具体实现时各顶层功能需采用星地接口协议、星内接口协议,用于与地面或其他设备进行通信。同时各功能也需要一些共性的业务,如遥控、内务管理、热控管理、能源管理等都需要发送指令,遥测、内务管理、热控管理、能源管理都需要获取遥测数据进行判别。遥测、遥控等还需要获取星载时间。对于一些与智能化相关的功能例如自主任务规划、自主决策等也需要获取遥测以及发送指令,且不同功能之间需要进行消息通信以实现协同。

3.2 业务和协议体系结构总体设计

3.2.1 标准业务和协议分析与选择

航天器综合电子系统软件的遥测采集、发送指令、消息通信、时间访问等基础功能可以通过 CCSDS 等标准业务和协议予以实现。

这些基础功能涉及的 CCSDS 领域主要包括 SOIS、SLS、SIS，CCSDS SOIS 定义的分层体系结构能有效屏蔽底层硬件变化对上层带来的影响，并提供一组星内的标准化业务支撑上层应用。CCSDS SLS 以及 SIS 领域的相关业务和协议可提供星地以及星间的通信服务。但是，CCSDS 的上述领域重点关注底层的业务，对于顶层应用如遥控、遥测、内务管理、时间管理、热控管理、能源管理等支持较少，而 ECSS 的遥测和遥控包应用标准（PUS）定义了 16 类业务，将地面和航天器应用层级别的接口进行了标准化，且其业务可以通过组合满足顶层应用的功能，是 CCSDS 的有效补充。ECSS 定义的 1553B 协议也可以与 CCSDS SOIS 领域的亚网层业务结合共同提供链路相关功能。

基于上述考虑，可将 CCSDS SOIS 领域、SLS 领域、SIS 领域的业务与 ECSS 的 PUS 以及 1553B 进行整合，作为综合电子系统业务和协议体系结构的核心。具体到各领域而言，其涉及的一些业务和协议还可进一步进行选择，主要的考虑如下。

（1）CCSDS 空间通信协议由 SLS 领域以及 SIS 领域各工作组开发，按照 CCSDS 空间通信协议参考模型，包含物理层、链路层、网络层、传输层、应用层五层。对各层协议的选择如下。

①物理层协议为射频与调制系统，主要与硬件实现相关。

②CCSDS 在数据链路层中定义了两个子层：数据链路协议子层和同步与信道编码子层。数据链路协议子层一共包括 5 种协议，分别为 TM 空间数据链路协议、TC 空间数据链路协议、AOS 空间数据链路协议、邻近空间数据链路协议和统一空间数据链路协议，由于 AOS 空间数据链路协议定义的业务覆盖了 TM 空间数据链路协议，且国内并未有应用 TM 空间数据链路协议的航天器，在实际应用

时遥测下行可直接应用 AOS 空间数据链路协议。上行一般应用 TC 空间数据链路协议，在涉及有图像、话音上行的航天器如空间站等也可应用 AOS 空间数据链路协议。目前其他协议应用较少，因此综合电子系统系统在 SLS 领域中选用的链路层协议为 TC 空间数据链路协议和 AOS 空间数据链路协议，这些协议与遥测同步和信道编码协议、遥控同步和信道编码协议、通信操作规程（COP-1）配合使用，后续可进一步支持其他协议。

③传输层协议包含 SCPS-TP、LTP、TCP、UDP 等，网络层协议包含空间包协议、封装业务、IP 等，目前应用较多的有传输层的 TCP 和 UDP、网络层的空间包协议、封装业务和 IP，在本业务和协议体系结构中予以采用。

④应用层协议包括 CFDP、无损压缩、图像压缩、BP、AMS 等协议，由于上述协议无损压缩、图像压缩大多与硬件处理相关，CFDP、BP 在航天器中应用较少，因此在综合电子系统业务和协议体系结构中暂未采用。AMS 既可以作为空间通信中的消息传输，也可以应用于星载通信，可实现空间、星内一体化通信，在综合电子系统业务和协议体系结构中予以采用。

（2）CCSDS 星载通信协议主要由 SOIS 领域各工作组开发，按照 CCSDS 的 SOIS 星载参考模型，包含亚网层、传递层、应用支持层三层，对各层协议的选择如下。

①亚网层包含包业务、存储器访问业务、同步业务、设备发现业务、测试业务、总线及离散接口协议。包业务主要用于在一个星载子网上传输多种类型的包，存储器访问业务用于访问设备内的存储器或寄存器，同步业务可提供本地时间，这三个业务在整个业务和协议体系结构中是底层必不可少的支撑性业务。因此，全部予以采用。设备发现业务、测试业务可用于设备的即插即用，并不是必须的业务，综合电子系统业务和协议体系结构中暂时未应用，总线及离散接口协议根据航天器实际需求选用。

②传递层在 SOIS 模型中是可选的，但在综合电子系统业务和协议体系结构中却是必不可少的，主要考虑是将空间通信与星载通信进行融合，同时提供在多种链路上进行数据路由的机制，支持在不同总线上终端之间的设备远程访问、消息传输以及远程存储器访问。

③应用支持层在 SOIS 模型中包含命令与数据获取业务、时间访问业务、消

息传输业务、文件及包存储业务、设备枚举业务。命令与数据获取业务由设备访问业务、设备虚拟化业务、设备数据池业务共三种业务组成，主要用于设备的数据获取以及指令发送。时间访问业务用于获取星上时间。消息传输业务用于航天器内部同一设备内不同应用程序之间、不同设备的应用程序之间的消息通信。文件及包存储业务主要用于文件及包的管理。设备枚举业务主要用于即插即用。由于前三种业务涉及设备访问、时间获取、消息共享等综合电子系统业务和协议体系结构中所具备的基础功能，因此全部予以采用。而文件管理以及即插即用功能在综合电子系统业务和协议体系结构中暂不涉及，因此未采用后两种业务。

④PUS 协议是 CCSDS 协议在应用层上的补充，ECSS 1553B 协议是 CCSDS 协议在链路层上的补充，因此在综合电子系统业务和协议体系结构中也进行了应用。

3.2.2 业务和协议体系结构设计

通过前面对需求的分析、对标准业务和协议的分析，可进一步将需求与业务和协议进行映射，即分析需求中的各通用功能如何通过业务和协议组合完成，各不同的业务以及协议之间的关系如何建立，形成综合电子系统业务和协议体系结构。

各通用功能对业务以及协议的需求映射表见表 3-1。

表 3-1 各通用功能对业务以及协议的需求映射表

序号	系统功能	SOIS 业务和协议	SLS 业务和协议	SIS 业务和协议	ECSS 业务和协议
1	遥测功能	消息传输业务、设备数据池业务、设备访问业务、设备虚拟化业务、时间访问业务、包业务、存储器访问业务、同步业务	TC 空间数据链路协议、COP-1 协议、AOS 空间数据链路协议、空间包协议	异步消息传输业务	PUS 常规/诊断参数报告业务、PUS 参数统计报告业务、PUS 在轨存储和回收、PUS 包传送控制业务、ECSS1553B 协议
2	遥控功能	消息传输业务、设备虚拟化业务、设备访问业务、时间访问业务、包业务、存储器访问业务、同步业务	TC 空间数据链路协议、COP-1 协议、AOS 空间数据链路协议、空间包协议	异步消息传输业务	PUS 遥控确认业务、PUS 设备命令分发业务、PUS 在轨作业定时计划业务、ECSS1553B 协议

续表

序号	系统功能	SOIS 业务和协议	SLS 业务和协议	SIS 业务和协议	ECSS 业务和协议
3	内务管理	消息传输业务、时间访问业务、设备数据池业务、设备虚拟化业务、设备访问业务、包业务、存储器访问业务、同步业务	TC 空间数据链路协议、COP-1 协议、AOS 空间数据链路协议、空间包协议	异步消息传输业务	PUS 事件报告业务、PUS 在轨监视业务、PUS 事件动作业务、PUS 存储器管理业务、ECSS1553B 协议
4	时间管理	时间访问业务、消息传输业务、设备虚拟化业务、设备访问业务、存储器访问业务、同步业务	TC 空间数据链路协议、COP-1 协议、AOS 空间数据链路协议、空间包协议	异步消息传输业务	PUS 时间管理业务、ECSS1553B 协议
5	热控管理	消息传输业务、设备数据池业务、设备虚拟化业务、设备访问业务、包业务、存储器访问业务	TC 空间数据链路协议、COP-1 协议、AOS 空间数据链路协议、空间包协议	异步消息传输业务	PUS 事件报告业务、PUS 在轨监视业务、PUS 事件动作业务、PUS 设备命令分发业务、ECSS1553B 协议
6	能源管理	消息传输业务、设备数据池业务、设备虚拟化业务、设备访问业务、包业务、存储器访问业务	TC 空间数据链路协议、COP-1 协议、AOS 空间数据链路协议、空间包协议	异步消息传输业务	PUS 事件报告业务、PUS 在轨监视业务、PUS 事件动作业务、PUS 设备命令分发业务、ECSS1553B 协议
7	解锁与转动机构	消息传输业务、设备数据池业务、设备虚拟化业务、设备访问业务、存储器访问业务	TC 空间数据链路协议、COP-1 协议、AOS 空间数据链路协议、空间包协议	异步消息传输业务	PUS 事件报告业务、PUS 在轨监视业务、PUS 事件动作业务、ECSS1553B 协议

根据表 3-1 以及对标准业务和协议的分析和选择结果，可得到综合电子系统业务和协议体系结构如图 3-1 所示。

该体系结构主要分为应用层、传递层、亚网层三层。

（1）应用层。包含应用管理层和应用支持层两个部分：

①应用管理层包括遥控、遥测、时间管理、内务管理、热控管理、能源管

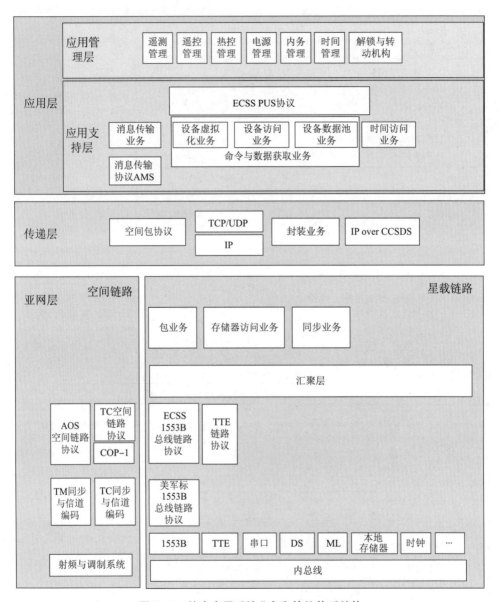

图 3-1 综合电子系统业务和协议体系结构

理、解锁与转动控制等顶层功能,可使用底层的业务组合实现;

②应用支持层包括 SOIS 定义的命令与数据获取业务、时间访问业务、消息传输业务等业务以及 PUS 定义的标准业务。

(2)传递层。传递层将传统的传输层和网络层合并成一层。目前,使用空间包协议和 TCP/UDP/IP，并对空间包协议进行了扩展，在其副导头增加了源/目的地址信息。

（3）亚网层。亚网层包含空间子网和星载子网，提供一系列业务供上层的应用支持层和传递层业务调用。空间链路主要由上行 TC 空间数据链路协议和 COP-1 协议、下行 AOS 空间数据链路协议提供。星载子网包括包业务、存储器访问业务、同步业务。对于每一种链路，可通过相应的汇聚协议以及数据链路层协议，使之能支持子网的标准业务，从而对上层屏蔽底层链路的不同。目前，支持的链路包括 1553B 总线、TTE 总线、串口、ML 接口和 DS 接口等。

上述各层中 SOIS 业务与其他标准之间的关系见 3.3 节，SOIS 业务之间的关系见 3.4 节，SOIS 业务与底层设备之间的关系见 3.5 节。

3.3 SOIS 业务与其他标准的关系

综合电子系统软件涉及的业务和协议体系结构涉及 CCSDS 的 SLS、SIS、SOIS 等多个领域以及 ECSS 的 PUS 协议，本节将重点说明 SOIS 业务与其他领域标准之间的关系，包括 SOIS 与 PUS 业务的关系、SOIS 与 SLS 协议的关系、SOIS 与 SIS 协议的关系。

3.3.1 SOIS 与 PUS 业务的关系

在业务和协议体系结构中，应用了 PUS 中的 13 类业务，包括遥控确认业务、设备命令分发业务、内务和诊断数据报告业务、参数统计报告业务、事件报告业务、存储器管理业务、功能管理业务、时间管理业务、在轨作业定时计划业务、监视业务、包传送控制业务、存储和获取业务、事件动作业务。由于 SOIS 对上层已经提供了一套标准的业务接口，隔离底层不同链路以及协议的差异。因此，在应用 PUS 业务时，可以将 SOIS 作为底层支持业务，使 PUS 业务更关注于其本身的算法处理。

在具体应用时，主要应用 SOIS 应用支持层提供的业务，其用法如下：

（1）应用设备数据池业务完成数据的采集；

（2）应用设备虚拟化业务完成设备指令的发送；

(3）应用消息传输业务完成包的收发；

(4）应用时间访问业务完成星上时间的获取。

下面以 PUS 常规/诊断参数报告业务为例，说明 PUS 业务与 SOIS 业务的关系。

常规/诊断参数报告业务构件维护一组遥测参数表，并根据遥测参数表周期性地产生遥测包。遥测参数表可以在任务前预先设定，并可通过遥控命令在线修改维护。参数报告有两种工作模式，周期模式按照预定的数据采集间隔，持续产生相应的遥测包；过滤模式在每一个数据采集间隔检查相应参数的值，只有当其中一个或多个参数的变化值超过给定阈值时，才产生遥测包。诊断参数报告的机制与常规参数报告一致，只是使用单独的遥测参数表和业务子类型，在出现异常情况时以更高的频率报告相关参数，用于故障诊断。

其中，获取参数值可以使用 SOIS 命令与数据获取业务完成，参数报告的传送可以经由 PUS 包传送控制业务和 SOIS 消息传输业务完成。这里，重点说明 PUS 常规/诊断参数报告业务与 SOIS 命令与数据获取业务的接口关系以及如何配合应用。

SOIS 命令与数据获取业务由设备数据池业务、设备虚拟化业务、设备访问业务组成，针对 PUS 常规/诊断参数报告业务的需求，可以使用命令与数据获取业务的设备数据池业务完成参数的采集。

设备数据池业务共提供 11 种服务原语，常规/诊断参数报告业务与设备数据池业务的原语交互过程如下。

(1）常规/诊断参数报告业务根据预先配置或者地面发送的指令，调用 ADD_ACQUISITION_ORDER.request 原语添加订单，原语中的 Device Value List 对应要监视的参数，Acquisition Interval 对应要监视参数的最快采集周期。

(2）设备数据池业务返回给用户 ADD_ACQUISITION_ORDER.indication，含订单号信息。

(3）常规/诊断参数报告业务根据订单号提交 START_ACQUISITIONS.request，启动订单采集。

(4）设备数据池业务返回给用户 START_ACQUISITIONS.indication，同时启动后台采集过程，后台采集过程可依据订单中设备的属性，应用设备访问业务或设备虚拟化业务的完成数据的采集。

（5）设备数据池业务在采集完成后，若订单中设置了 Asynchronous Acquisition Indication Flag 标识，则通过 ACQUISITION.indication 通知在轨监视业务。

（6）常规/诊断参数报告业务运行周期到后，通过 READ_SAMPLES.request 获取采集的数据样本。

（7）设备数据池业务返回给用户 READ_SAMPLES.indication，提交采集的数据 Samples 以及数据的有效状态 Result Metadata。

（8）常规/诊断参数报告业务根据提交的数据以及有效状态，进行参数的判别以及相应处理。

上述过程中，两个业务进行配合的关键是业务之间参数的转换问题。在步骤（1）中，常规/诊断参数报告业务中的参数标识（Para_id）与设备数据池中使用的设备值清单（Device Value List）如何对应是一个要解决的问题。下面给出一种设计实例供参考。本实例中，将参数标识与工程应用中的参数代号关联，对每个分系统使用单独的参数代号，如使用参数代号 TMSXXX 表示综电分系统的参数。Para_id 可据此进行转换，见表 3-2。

表 3-2　参数标识划分

分系统标识	对应参数通道标识
5 bit（对应 TMS）	11 bit（对应 XXX）

前 5 bit 用于标识各分系统，如综电分系统标识为 0x07，对应参数通道标识 0~63 对应为采集的模拟量通道。因此，可使用 TMS001~TMS64 表示综电分系统的第 1~64 路模拟量通道，其对应的 Para_id 范围为 0x3800~0x3840。

在设备数据池中，Device Value List 由一组标识组成的数组组成，标识包括 16 bit 的设备标识（Device_id）、16 bit 的参数值标识（Value_id）、8 bit 的访问业务类型（Service_type，表示使用设备访问业务或设备虚拟化业务）。在设备数据池中建立一个 Para_id 与 Device Value List 的查找表。当在轨监视业务需要添加要监视的参数时，可通过查表将 Para_id 转化为 Device_id、Value_id、Service_type，并通过 ADD_ACQUISITION_ORDER.request 原语将各参数转换后的一组参数传入 Device Value List。设备数据池业务在后台进行采集时，即可使用 Device_id 和

Value_id 作为底层设备访问业务或设备虚拟化业务的输入参数,完成对设备参数值的获取。

3.3.2 SOIS 与 SLS 协议的关系

在综合电子系统业务和协议体系结构中应用的空间数据链路协议主要包括 TC 空间数据链路协议、AOS 空间数据链路协议、空间包协议,TC 空间数据链路协议、空间包协议配合 ECSS 的 PUS 协议共同完成遥控功能,AOS 空间数据链路协议、空间包协议配合 ECSS 的 PUS 协议共同完成遥测功能,其与 SOIS 的关系主要通过空间包协议实现。

对于遥控而言,其应用过程如下。

(1) TC 空间数据链路协议接收并处理 TC 传送帧,根据传送帧所采用的业务类型将空间包通过 MAPP. indication 或者 VCP. indication 提交到传递层。

(2) 传递层的空间包协议通过 PACKET. request 得到提交的空间包、APID 等信息,再依据 APID 进行路由,通过 PACKET. indication 将空间包提交给用户。此处的用户一类是传递层之上的业务、协议或者其他程序;另一类是需要通过亚网层包业务传送到其他节点,由后续节点进行路由。

对于遥测而言,其应用过程如下。

(1) 用户通过传递层空间包协议的 PACKET. request 请求传送空间包,传入空间包、APID 等参数。

(2) 传递层空间包协议依据 APID 进行路由,得知 APID 目的地为地面时,调用 AOS 空间数据链路协议的 PACKET. request 原语将空间包发送 AOS 空间数据链路协议。

(3) AOS 空间数据链路协议生成传送帧并发往地面。

3.3.3 SOIS 与 SIS 协议的关系

在综合电子系统业务和协议体系结构中应用的空间互联网协议为异步消息传输业务(AMS),该业务作为消息传输业务(MTS)的底层业务,配合 MTS 完成消息传输的功能。

在实际应用过程中,经过对 CCSDS MTS 标准中关于对 AMS 实现裁剪的建议的分析，并考虑到软件实现的复杂度和运行开销，对 AMS 的应用进行了进一步裁剪，主要工作如下。

（1）在整个航天器内不存在一个中心节点，即 AMS 协议中的配置服务器 CS，各注册机之间地位对等，成为无中心分布式网络结构。

（2）由消息传输业务后台维护 MIB 中包含一张用户表和一张信息需求表，用户表包括航天器内全部用户的身份 ID 和通信地址，信息需求表包括期望接收的信息的主题号、信息需求者的身份 ID、信息处理优先级。

（3）在消息传输业务启动时进行管理信息同步，通过向其他设备上的消息传输业务后台发送同步请求，从其他设备获得其用户表和信息需求表的信息，用于同步本地的用户表和信息需求表。

（4）除了初始启动阶段，在各设备之间的消息传输业务后台之间没有周期性的同步信息交换。

3.4　SOIS 各业务之间的联系

在前面描述的业务和协议体系结构，应用了 SOIS 应用支持层的 5 种业务、传递层的空间包协议以及亚网层的三种业务。各层业务以及协议都有相应的命名机制，并且存在关联，如何建立各层业务以及协议之间的关联，是应用 SOIS 业务和协议的一个关键所在。

本章将从以下两个方面进行说明。

（1）命名机制。

（2）主要业务关系以及寻址机制，包含消息传输业务与下层业务关系、命令与数据获取业务与下层业务关系、时间访问业务与下层业务关系、传递层与亚网层业务关系。

3.4.1　命名机制

图 3-2 给出了 SOIS 业务的命名层次关系。

图 3-2 中的主要层次功能描述如下。

（1）在应用管理层，采用 APID 对各应用过程进行区分。

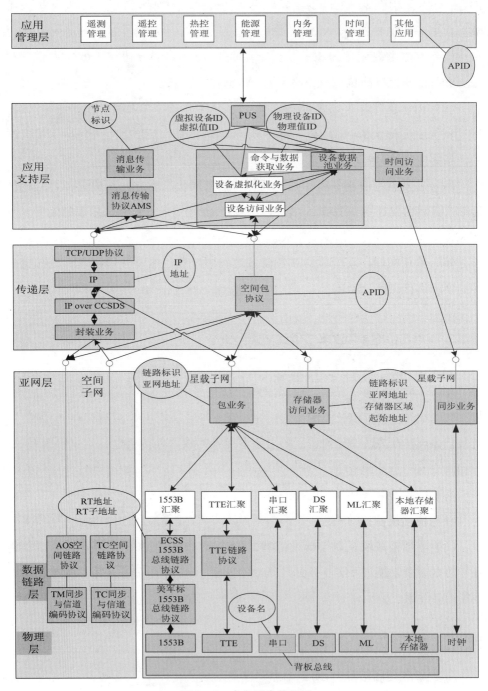

图 3-2 命名层次关系图

(2) 在应用支持层，采用节点标识对消息传输业务的用户进行标识，设备虚拟化业务的主要名称有虚拟设备 ID、虚拟值 ID。设备访问业务的主要名称有物理设备 ID、物理值 ID。实际使用时，消息传输业务的节点标识直接采用 APID 或 IP 地址。对于每一个设备内模块对应的接口都分配了一个物理设备标识和虚拟设备标识，接口内的数据通过物理参数值进行区分。

(3) 在传递层，采用 APID 或 IP 地址进行路由，对于网络上的每个设备分配一个或多个 APID 或 IP 地址。

(4) 在亚网层，包业务具有链路标识、亚网地址等名称。在应用时，链路标识和亚网地址一起构成包业务原语中的 PDSAP 地址。包业务通过链路标识选择对应的汇聚链路，当采用 1553B 总线实现包业务时，由 1553B 总线的汇聚层将亚网地址转化为 RT 地址和 RT 子地址。存储器访问业务具有链路标识、亚网地址、存储器区域、起始地址等名称，其中链路标识、亚网地址对应存储器访问业务的目的地址。由于有传递层，传到亚网层包业务和存储器访问业务的数据包都有源地址和目的地址，所有没有使用包业务的原语中的 PSSAP 地址和存储器访问业务的 MASAP 地址。各设备对应的驱动程序通过设备名进行识别。

3.4.2 主要业务关系以及寻址机制

1. 命令与数据获取业务与下层业务关系

命令与数据获取业务包含设备数据池业务、设备访问业务、设备虚拟化业务。设备数据池业务使用设备访问业务或设备虚拟化业务获取设备数据，设备虚拟化业务使用设备访问对设备进行指令发送或数据获取。

命令与数据获取业务与下层业务关系主要是通过设备访问业务建立。设备访问业务的主要功能如下。

(1) 对用户的设备访问请求中的设备和参数进行识别。

(2) 选择对应的访问业务类型，通过传递层调用下层的访问业务，或将访问请求发给远程设备上的设备访问业务。

(3) 接收访问结果，为用户进行缓存或将结果发送给远程设备上的设备访问业务。

(4) 向用户提交获得的访问结果。

下面重点说明设备访问业务与底层的关系。在设备访问业务建议书中，设备访问业务与下层业务的交互包括包业务以及存储器访问业务。

在综合电子系统业务和协议体系结构中，对设备访问业务的两类DAP进行了进一步细分。

（1）基于包业务的DAP。设备访问业务中的协议引擎通过底层包业务与设备中的协议引擎进行包交换，设备中的协议引擎对设备进行实际操作。该类包括三种类型。

①基于设备主动发包DAP：由设备主动发送包到计算机。典型应用场景是处理器软件采集挂接在DS口的其他分系统设备数据、通过1553B总线采集其他分系统设备（只支持包业务）主动发来的包数据。

②向设备发包DAP：由计算机向设备发送包。典型应用场景是处理器软件向挂接在ML接口的其他分系统设备发送ML指令、向其他分系统总线终端（无应用支持层，只支持包业务）发送包数据等。

③基于远程包访问的DAP：通信双方通过远程设备访问协议进行对等通信，实现远程设备访问。典型应用场景是计算机通过1553B总线基于远程包访问DAP对其他分系统设备的接口进行访问。

（2）基于存储器访问业务的DAP。设备访问业务中的协议引擎确定要读取或写入的存储器位置，并通过底层存储器访问业务进行访问。该类包括两种类型。

①通用存储器访问DAP：计算机通过存储器访问业务直接对存储器进行读/写操作。典型应用场景是处理器模块采集其他模块的内部状态遥测。

②模拟量访问DAP：计算机通过通用存储器访问DAP进行数据采集后需进行数据的过滤后提交用户，典型应用场景是处理器模块采集模拟量采集模块的模拟量数据。

上述过程中，若指令为通过远程设备发出，则第（2）步中设备访问业务得知设备为远程设备时，将设备访问业务的命令组织为空间包，通过传递层传至远程设备访问业务，远程设备访问业务通过传递层接收、解析命令并在本地执行，将执行结果再通过传递层传送至发起方的设备访问业务，后者将结果返回用户。

设备访问业务统一通过传递层与包业务、存储器访问业务进行接口。下面以发送指令为例说明其具体过程。

（1）用户调用设备访问业务的 COMMAND_DEVICE.request 向一个设备发送一条指令，传入参数包括物理设备标识、值标识、数据等。

（2）设备访问业务依据物理设备标识，查表得到设备类型为通过包业务访问的设备，依据物理设备标识和物理参数值标识查表得到对应的设备 APID 等信息，将 APID 以及数据等信息传递给传递层 PACKET.request 原语。

（3）传递层依据 APID 进行路由，将数据通过亚网层包业务发出。

2. 消息传输业务与下层业务关系

消息传输业务产生的 PDU 需要通过下层业务进行传送。在 AMS 标准中，下层传送业务可采用 TCP、UDP、FIFO、vxmq、smmq 等多种协议或机制传送。在综合电子系统业务和协议体系结构中，统一通过传递层进行传送，目前支持空间包协议，后续可进一步扩展。

以消息传输业务的消息发送为例，其与下层业务的交互过程如下。

（1）用户注册并被接收方邀请后，向消息传输业务发送 Send.request，目的地为 APID。

（2）消息传输业务将数据形成 PDU，根据 APID 查表得知目的地应用过程是否为本地，若为本地则直接通过内部缓冲区发送目的地应用过程；若不为本地则将 PDU 与目的地 APID 等参数一同送往传递层；

（3）传递层依据 APID 得到亚网层包业务参数，将数据发往包业务，后者通过处理器间的汇聚链路发往目的地；

（4）目的地通过汇聚层收到数据并发往传递层，传递层再发往消息传输业务，消息传输业务通过 Message.indication 将数据提交到用户。

3. 时间访问业务与下层业务关系

时间访问业务与亚网层的同步业务进行交互，用于获取航天器时间。在具体应用过程中，将时间分为绝对时间和相对时间两种，其中相对时间为在绝对时间基础上减去一个固定的差值。以绝对时间的获取为例，其交互过程如下。

（1）用户调用时间访问业务的 TIME.request 原语。

（2）时间访问业务收到请求后调用同步业务的 TIME.request 原语。

（3）同步业务的 TIME.request 原语调用时钟对应的设备驱动程序获取当前

航天器时间，通过 TIME. indication 将 Time 返回给时间访问业务。

（4）时间访问业务收到 Time 后通过其 TIME. indication 原语将 Time 返回给用户。

除了用于获取航天器时间之外，时间访问业务还提供 ALARM 和 METRONOME 功能，这两种功能可以通过操作系统的定时器提供支持。

4. 传递层与亚网层业务关系

传递层可与亚网层的包业务、存储器访问业务进行交互。

以向 ML 汇聚发送数据为例，传递层与包业务的交互过程如下。

（1）上层业务或协议调用传递层的 PACKET. request 原语发送数据。

（2）传递层依据原语中的参数 APID 进行路由，查表得到其对应的链路标识和亚网地址（对应亚网层包业务的 PDSAP Address 参数）、业务类型、通道、优先级等信息，调用亚网层包业务的 PACKET_SEND. request 原语。

（3）亚网层包业务依据链路标识，查表找到对应的 ML 链路汇聚，调用 ML 链路汇聚的发送接口。

（4）ML 链路汇聚根据预先配置的设备驱动参数，得到设备驱动程序的设备名，将数据通过驱动发出。

以采集模拟量数据为例，传递层与存储器访问业务的交互过程如下。

（1）上层业务（如设备访问业务）将存储器访问业务的读命令组织为包，包中包含命令对应的所有参数，调用传递层的 PACKET. request 原语发送数据。

（2）传递层依据原语中的参数 APID 进行路由，得知为存储器访问业务，将数据传递至存储器访问业务。

（3）存储器访问业务从包中解析出 Memory ID，查表找到对应的设备驱动名，调用设备驱动读取设备数据，并在设备数据返回后，将结果组织为响应包，目的地为设备访问业务，将响应包以及目的地 APID 发往传递层。

（4）传递层依据目的地 APID 将响应包发往设备访问业务。

3.5 SOIS 业务与硬件间的接口

将 SOIS 业务应用到综合电子系统业务和协议体系结构中，如何将 SOIS 业务与综合电子系统硬件平台建立映射关系也非常关键。

SOIS 业务中与硬件相关的主要业务如下。

（1）亚网层的包业务与汇聚层的功能需要由具体的星载链路提供，因此需与体系结构中硬件层中的1553B 总线、DS 接口、ML 接口等建立映射关系。

（2）亚网层的存储器访问业务与存储器相关，因此需与体系结构中硬件层中的存储器接口建立映射关系。

（3）亚网层的同步业务和时间有关，因此需与体系结构中硬件层中时钟接口建立映射关系。

（4）亚网层中的设备访问业务、设备虚拟化业务、设备数据池业务与硬件设备相关，需与航天器中各设备建立映射关系。

本章首先对综合电子系统硬件节点对象进行分析；然后按照节点的分类分别说明对各类节点的访问方法。

3.5.1 综合电子系统硬件节点对象分析

从智能程度看，航天器中通信的节点可分为三类。

（1）智能节点：此类节点具备较强的处理能力，支持完整的协议栈，具备消息处理能力，相互之间可以进行对等通信。协议支持节点订阅某一类感兴趣的数据而无需关心数据的发送者、发布自身的数据而无需关心数据的接收者、向系统的某个节点进行数据发送以及查询等功能。此类节点的典型代表为图 1-1 中的系统管理单元、数据接口单元、控制分系统计算机模块等。

（2）简单智能节点：此类节点的智能程度比智能节点稍低，只支持亚网层业务，具备空间包的处理能力。该类节点可以发送或接收空间包并按照其中的内容进行协议处理。此类节点的典型代表为图 1-1 中的只具备包处理功能的其他分系统设备。

（3）非智能节点：此类节点可以接收、发送原始数据或者空间包，一般由智能节点或简单智能节点进行管理；此类节点的典型代表为图 1-1 中的挂接在 ONOFF、AN、DS、ML 等接口上的其他分系统设备。

下面以第 1 章图 1-1 描述的航天器综合电子系统为例，对上述三类节点进行映射。综合电子系统硬件平台对外部提供的接口如下：

(1) 测控接口：包括遥控接口、遥测接口等；

(2) 指令类接口：包括 ONOFF 指令接口、ML 指令接口等；

(3) 遥测类接口：包括 AN 接口、DS 接口等；

(4) 总线接口：包括 1553B 总线接口等。

SMU 和 SDIU 由于都具有较强的处理能力，其处理器模块可以认为是智能节点，IO 模块可以认为是简单智能节点，连接在 1553B 总线上的其他智能节点如控制分系统计算机可以通过消息传输业务与 SMU 或 SDIU 进行信息交互，简单智能节点通过亚网层包业务与 SMU 或 SDIU 进行信息交互。

通过指令类接口、遥测类接口与 SMU 或 SDIU 的处理器模块进行通信的其他分系统设备可认为是非智能节点，此种情况处理器模块通过设备访问业务经由传递层、包业务、存储器访问业务、设备驱动与之通信。

3.5.2 节将给出综合电子系统硬件节点访问方法。

3.5.2 综合电子系统硬件节点访问方法

1. 智能节点访问方法

以通过 1553B 总线进行通信的两个智能节点为例，其协议配置如图 3-3 所示。

各层协议配置如下。

(1) 应用管理层：智能节点之间的应用过程通过消息传输业务的原语进行消息的订阅、发布、发送等，节点通过 APID 进行区分。

(2) 应用支持层：消息传输业务使用异步消息传输业务（AMS）实现，底层通过空间包协议进行协议数据单元（PDU）的交互。

(3) 传递层：空间包协议对上提供包传输接口，对下应用包业务进行数据在总线等链路上的传输。

(4) 亚网层：包业务经由 1553B 汇聚协议、ECSS 1553B 总线链路协议、美国军用标准 1553B 总线链路协议及物理层协议将数据通过硬件传送。

上述过程中与硬件建立联系的关键是亚网层。由于不同的数据链路具有其特有的数据链路层协议，为了对上层提供统一的接口，需要亚网层包业务对上层应用提供统一的数据包发送接口，以屏蔽底层数据链路的不同，使上层应用无须关

第 3 章　航天器综合电子系统业务和协议体系结构设计

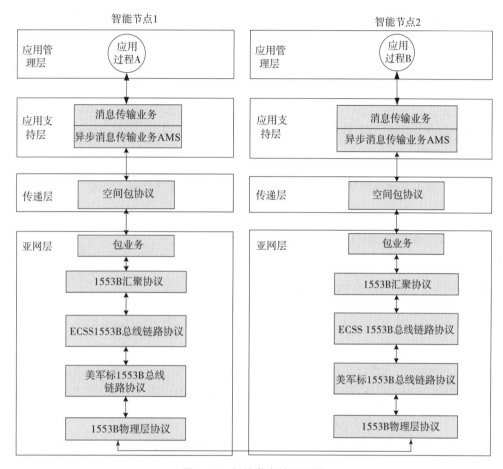

图 3-3　智能节点协议配置

心底层各种异构链路的物理特性、接口特点、传输性能等方面的差异，只需要确定目标地址信息，以及数据传输所需要的服务质量（QoS）需求等信息；再由上层（如传递层）根据目的端设备条件及数据传输要求等实际情况确定将要使用的链路。最后通过汇聚层中的链路将数据发送到目的端或者中间端（如果一跳无法直接到达目的端，可能需要经过多个中间端）。

为了达到通过亚网层包业务屏蔽底层数据链路不同的目的，汇聚层是一个关键所在。由于不同链路采用的协议不同，难以用一种统一的汇聚层协议实现各链路的统一，在具体实现时可以针对不同数据链路分别定义其汇聚层协议。亚网层包业务根据上层传来的子网标识（包含在原语参数 PDSAP 中），选择对应的汇聚层包发送接口,由后者经由设备驱动程序将数据通过星载链路发出。

以 1553B 总线协议为例,可应用 ECSS 定义的 1553B 协议,在此之上加一层汇聚层协议,其目的是增加分段功能,以支持通过 1553B 总线传输最大 64KB 的包。此处主要是为了与空间链路相匹配,TC 空间数据链路协议以及 AOS 空间数据链路协议最大可支持传输 64K 字节的包,若通过星载链路直接路由,则星载链路也需支持该长度。具体实现时,发送端的汇聚层将大长度的数据分割成满足底层 MTU 的发送长度,并提供对应的数据 ID、分段序号等信息,通过设备驱动程序发送。当所有分段到达接收端后,接收端汇聚层再通过设备驱动程序接收这些分段并拼接成为完整的数据包,最后发给上层应用。

2. 简单智能节点访问方法

以通过 1553B 总线进行通信的智能节点与简单智能节点为例,其协议配置如图 3-4 所示,各层协议配置如下。

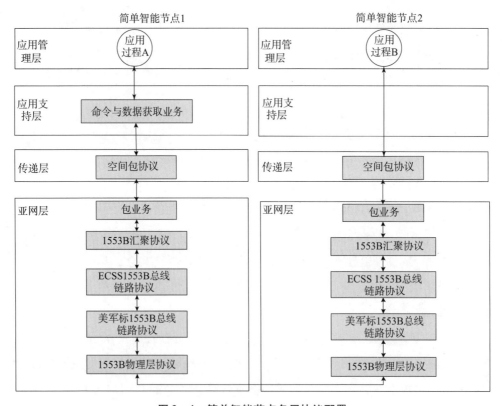

图 3-4　简单智能节点各层协议配置

（1）应用管理层：智能节点的应用过程通过命令与数据获取业务对简单智能节点进行访问。

（2）应用支持层：命令与数据获取业务底层通过空间包协议进行与简单智能节点的交互，如通过设备访问业务向简单智能节点发送一个空间包。

（3）传递层：空间包协议对上提供包传输接口，对下应用包业务进行数据在总线等链路上的传输。

（4）亚网层：包业务经由 1553B 汇聚协议、ECSS 1553B 总线链路协议、美国军用标准 1553B 总线链路协议及物理层协议将数据通过硬件传送。

该过程中命令与数据获取业务中的设备访问业务的设计是关键，在设备访问业务中需建立可访问的简单智能节点列表，表中需配置简单智能节点的访问 DAP。对于本例而言，简单智能节点的访问 DAP 为基于包业务的 DAP，具体包括两种，可根据设备的具体实现方式以及连接方式进行选择。当简单智能节点可主动发送空间包到智能节点时，其 DAP 可配置为基于设备主动发包 DAP，当简单智能节点可接收智能节点的包数据时，其 DAP 可配置为向设备发包 DAP。

3. 非智能节点访问方法

下面以 DS、ML、串口等接口与智能节点进行通信的非智能节点为例，其协议配置如图 3-5 所示，各层协议配置如下。

（1）应用管理层：智能节点的应用过程通过命令与数据获取业务对简单智能节点进行访问。

（2）应用支持层：命令与数据获取业务底层通过空间包协议进行与简单智能节点的交互，如通过设备访问业务向简单智能节点发送一个空间包。

（3）传递层：空间包协议对上提供包传输接口，对下应用包业务、存储器访问业务进行数据在链路上的传输。

（4）亚网层：包业务经由串口、DS、ML 等汇聚协议将数据通过硬件传送。与硬件的交互通过设备驱动程序完成。

对于每一个接口，都需配备相应的设备驱动程序，通过汇聚协议将包业务、存储器访问业务与设备驱动程序建立关联，实现对硬件的访问。

在应用过程中若底层使用包业务，则需配置设备访问业务的设备解析表、空间包协议的路由表、包业务的链路选择表、汇聚层中的设备名。

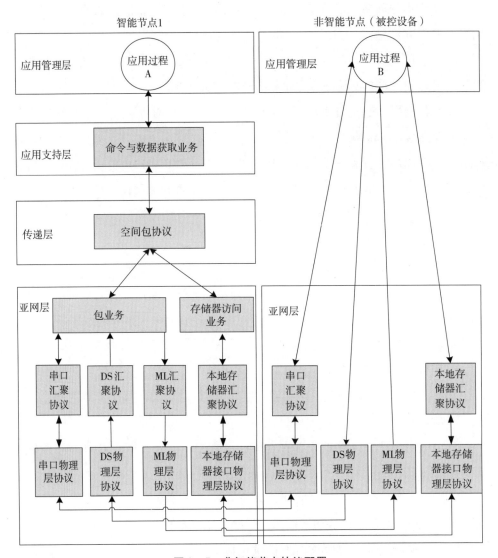

图 3-5 非智能节点协议配置

若底层使用存储器访问业务,则需配置设备访问业务的设备解析表、空间包协议的路由表、存储器访问业务汇聚层中的设备名。

其中存储器访问业务用于对模拟量、指令等接口进行访问。在综合电子系统业务和协议体系结构中,将存储器访问业务根据被访问对象在系统中的物理连接方式,分为以下三类。

(1) 远程访问,即通过星载外总线(如 1553B 总线)或空间链路访问;

（2）本地模块间访问，即通过星载 I/O 总线访问；

（3）模块内访问，即通过本模块 CPU 总线或局部总线（如 CPCI 总线）访问。

其中，远程访问通过传递层配合实现，即上层（如应用支持层）将存储器访问的请求封装为包，其目的地为远程设备存储器访问业务的地址（如 APID），将包传给传递层，传递层将该包路由至远程的存储器访问业务，远程存储器访问业务通过本地模块内访问或模块间访问操作完成存储器访问操作后，将结果封装为包再通过传递层传输至请求发起端。

本地模块间访问以及模块内访问所涉及的接口都配备设备驱动程序，同一类接口可以对应多个设备。

参 考 文 献

[1] 赵和平，何熊文，刘崇华，等。空间数据系统［M］。北京理工大学出版社，2018.

[2] 何熊文，徐明伟。航天器接口业务标准化和软件体系结构现状与发展展望［J］。中国航天，2020（9）：29 – 35.

[3] Spacecraft Onboard Interface Services. Issue 2. Recommendation for Space Data System Standards（Green Book）. CCSDS 850. 0 – G – 2. Washington，D. C. ：CCSDS，December 2013.

[4] Spacecraft Onboard Interface Services—Subnetwork Packet Service. Issue 1. Recommendation for Space Data System Standards（Magenta Book）. CCSDS 851. 0 – M – 1. Washington，D. C. ：CCSDS，December 2009.

[5] Spacecraft Onboard Interface Services—Subnetwork Memory Access Service. Issue 1. Recommendation for Space Data System Standards（Magenta Book）. CCSDS 852. 0 – M – 1. Washington，D. C. ：CCSDS，December 2009.

[6] Spacecraft Onboard Interface Services—Subnetwork Synchronisation Service. Issue 1. Recommendation for Space Data System Standards（Magenta Book）. CCSDS 853. 0 – M – 1. Washington，D. C. ：CCSDS，December 2009.

[7] Spacecraft Onboard Interface Services—Message Transfer Service. Issue 1. Recom-

mendation for Space Data System Standards (Silver Book). CCSDS 875.0 – M – 1 – S. Washington, D. C. : CCSDS, November 2012.

[8] Spacecraft Onboard Interface Services—Device Access Service. Issue 1. Recommendation for Space Data System Standards (Silver Book). CCSDS 871.0 – M – 1 – S. Washington, D. C. : CCSDS, March 2013.

[9] Spacecraft Onboard Interface Services—Device Virtualization Service. Issue 1. Recommendation for Space Data System Standards (Silver Book). CCSDS 871.2 – M – 1 – S. Washington, D. C. : CCSDS, March 2014.

[10] Spacecraft Onboard Interface Services—Device Data Pooling Service. Issue 1. Recommendation for Space Data System Standards (Silver Book). CCSDS 871.1 – M – 1 – S. Washington, D. C. : CCSDS, November 2012.

[11] Spacecraft Onboard Interface Services—Time Access Service. Issue 1. Recommendation for Space Data System Standards (Silver Book). CCSDS 872.0 – M – 1 – S. Washington, D. C. : CCSDS, January 2011.

[12] TC space data link protocol. Issue 3. Recommendation for Space Data System Standards (Blue Book). CCSDS 232.0 – B – 3. Washington, D. C. : CCSDS, September 2015.

[13] AOS space data link protocol. Issue 3. Recommendation for Space Data System Standards (Blue Book). CCSDS 732.0 – B – 3. Washington, D. C. : CCSDS, September 2015.

[14] Space packet protocol. Issue 1. Recommendation for Space Data System Standards (Blue Book). CCSDS 133.0 – B – 1. Washington, D. C. : CCSDS, September 2003.

[15] Asynchronous Message Service. Issue 1. Recommendation for Space Data System Standards (Blue Book). CCSDS 735.1 – B – 1. Washington, D. C. : CCSDS, September 2011.

[16] Space engineering: ground systems and operations – telemetry and telecommand packet utilization. European Cooperation for Space Standardization. ECSS – E – 70 – 41A. Noordwijk: ECSS, January 2003.

[17] Space engineering: interface and communication protocol for MIL – STD – 1553B data bus on board spacecraft. European Cooperation for Space Standardization. ECSS – E – ST – 50 – 13C. Noordwijk: ECSS, November 2008.

[18] TM Synchronization and Channel Coding. Issue 2. Recommendation for Space Data System Standards (Blue Book), CCSDS 131.0 – B – 2. Washington, D. C.: CCSDS, August 2011.

[19] TC Synchronization and Channel Coding. Issue 2. Recommendation for Space Data System Standards (Blue Book), CCSDS 231.0 – B – 2. Washington, D. C.: CCSDS September 2010.

[20] J. Postel. Internet Protocol. STD 5. Reston, Virginia: ISOC, September 1981.

[21] J. Postel. Transmission Control Protocol. STD 7. Reston, Virginia: ISOC, September 1981.

[22] J. Postel. User Datagram Protocol. STD 6. Reston, Virginia: ISOC, August 1980.

[23] TM Space Data Link Protocol. Issue 2. Recommendation for Space Data System Standards (Blue Book), CCSDS 132.0 – B – 2. Washington, D. C.: CCSDS, September 2015.

[24] Space Communications Protocol Specification (SCPS)—Transport Protocol (SCPS – TP). Issue 2. Recommendation for Space Data System Standards (Blue Book), CCSDS 714.0 – B – 2. Washington, D. C.: CCSDS, October 2006.

[25] CCSDS File Delivery Protocol (CFDP). Issue 4. Recommendation for Space Data System Standards (Blue Book), CCSDS 727.0 – B – 4. Washington, D. C.: CCSDS, January 2007.

[26] Proximity – 1 Space Link Protocol—Data Link Layer. Issue 5. Recommendation for Space Data System Standards (Blue Book), CCSDS 211.0 – B – 5. Washington, D. C.: CCSDS, December 2013.

[27] Proximity – 1 Space Link Protocol—Coding and Synchronization Sublayer. Issue 2. Recommendation for Space Data System Standards (Blue Book), CCSDS 211.2 – B – 2. Washington, D. C.: CCSDS, December 2013.

[28] Proximity – 1 Space Link Protocol—Physical Layer. Issue 4. Recommendation for Space Data System Standards (Blue Book), CCSDS 211.1 – B – 4. Washington, D. C.: CCSDS, December 2013.

[29] Lossless Data Compression. Issue 2. Recommendation for Space Data System Standards (Blue Book), CCSDS 121.0 – B – 2. Washington, D. C.: CCSDS, May 2012.

[30] Image Data Compression. Issue 1. Recommendation for Space Data System Standards (Blue Book), CCSDS 122.0 – B – 1. Washington, D. C.: CCSDS, November 2005.

[31] Licklider Transmission Protocol (LTP) for CCSDS. Issue 1. Recommendation for Space Data System Standards (Blue Book), CCSDS 734.1 – B – 1. Washington, D. C.: CCSDS, May 2015.

[32] CCSDS Bundle Protocol Specification. Issue 1. Recommendation for Space Data System Standards (Blue Book), CCSDS 734.2 – B – 1. Washington, D. C.: CCSDS, September 2015.

[33] Communications Operation Procedure – 1. Issue 2. Recommendation for Space Data System Standards (Blue Book), CCSDS 232.1 – B – 2. Washington, D. C.: CCSDS, September 2010.

[34] "Spacecraft Onboard Interface Services Electronic Data Sheets and Dictionary of Terms." Space Assigned Numbers Authority. http://sanaregistry.org/r/sois/.

[35] CCSDS SOIS Electronic Data Sheets and Dictionary of Terms for Onboard Devices and Components. Draft Report Concerning Space Data System Standards (Draft Green Book), CCSDS 870.0 – G – 0. Washington D. C.: CCSDS, June 2017.

[36] Spacecraft Onboard Interface Services—Specification for Dictionary of Terms for Electronic Data Sheets for Onboard Components. Recommendation for Space Data System Practices (Blue Book), CCSDS 876.0 – B – 1. Washington, D. C.: CCSDS, April 2019.

第 4 章
航天器综合电子系统软件体系结构设计

4.1 背景

随着航天技术的不断发展，用户对航天器的好用性、易用性提出了新的需求，航天器综合电子系统作为上述需求的主要实现载体，其智能化、网络化程度需不断加强，同时开发效率以及可靠性也需要不断提升，主要体现在以下几个方面。

（1）航天器的智能化程度也将逐步得到提升，综合电子系统需实现自主任务规划、自主决策、自主健康管理等功能，星载计算机的计算能力支持按需扩展。

（2）航天器具备空间联网能力，并将空间网络与星内网络一体化设计，支持标准协议，屏蔽底层链路、协议的变化对上层应用的影响，实现灵活的信息传输机制，便于多航天器或航天器内部多设备的协同工作，便于用户专注于智能化相关算法的具体实现。

（3）标准化星地操作接口以及星内接口：一方面对地面用户提供操作简便、标准、功能强大的接口，减轻地面操作人员的运控负担；另一方面支持星内接口更换不影响上层应用软件。

（4）为航天器的传统功能如遥控、遥测、内务管理、热控管理、能源管理等提供基础业务，通过业务的组合实现各种功能，从而简化应用软件的开发。

在上述需求背景下，基于第 3 章航天器综合电子系统业务和协议体系结构，设计了综合电子系统软件体系结构,其主要目的如下。

(1) 提供一个软件基础平台,为未来航天器智能化应用、空间网络与星内网络互联提供支撑。

(2) 在增强系统功能的同时,促进航天器软件、航天器设备、地面测试软件的重用,减少重复开发。

(3) 实现开发模式由手工开发向基于软件体系结构和软件构件组装的变革,提高软件开发效率,提升系统的可靠性。

该体系结构可进行适应性裁剪后用于综合电子系统软件中的系统管理单元软件、数据接口单元软件和高速总线路由器软件等。

4.2 软件体系结构设计

4.2.1 总体结构

综合电子系统软件体系结构的设计原则如下。

(1) 分层:通过分层,将复杂问题分解到具体的层次中处理,使之简单化。建立一个分层的体系结构,各层的业务以及业务接口进行标准化,一方面屏蔽底层硬件接口和协议变化带来的影响,使得单层的变化不影响其他层,并支持技术的升级换代。另一方面将一些通用的功能采用标准的业务实现,以提高软件的可重用性。

(2) 操作系统接口标准化:为了支持不同操作系统的更换,综合电子系统软件体系结构采用标准化的操作系统接口。

(3) 驱动程序统一框架:制定设备驱动程序框架,支持综合电子系统各种不同设备类型接口的驱动,并具备可扩展能力,使得软件能适应不同的设备控制需求。

(4) 统一的信息传输机制:基于CCSDS标准和ECSS标准建立一套统一的信息传输机制,实现航天器与地面、航天器内部、航天器间通信一体化以及标准化设计,支持协议的变更和升级,支持上层应用的灵活信息传输。

(5) 标准化的构件以及构件接口:定义标准化的构件以及构件接口,将标准的业务以及协议采用软件构件实现,使得新任务软件的开发可以通过组装标准化的构件以及任务特殊需求构件,达到软件快速开发的目的,从而缩短软件研制周期。在业务和协议构件的设计时,必须要考虑不同项目的不同需求,尽量将项目的共性需求抽象出来,并识别项目的变性需求,采用参数化的设计将其隔离,提高软件构件的灵活性和可重用性。

(6) 标准化的配置描述:基于 CCSDS 的 SEDS 标准,建立系统各种配置参数标准化描述设计与方法。支持系统配置参数、业务配置参数、业务连接关系等信息的描述,从而实现这部分代码的自动生成,来降低开发、集成和测试以及运行成本。

根据上述设计原则,综合电子系统软件体系结构包括操作系统层、中间件层和应用管理层,如图 4 – 1 所示。

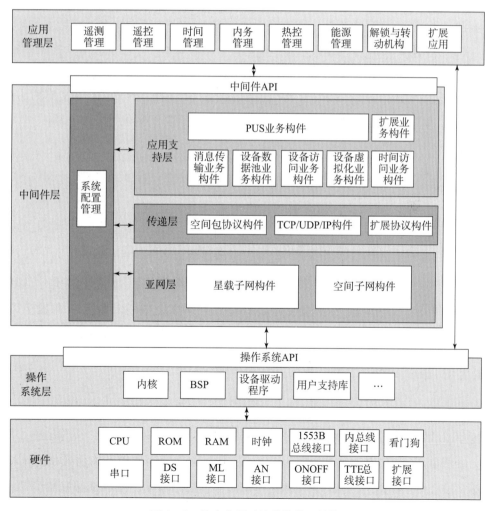

图 4 – 1 综合电子系统软件体系结构

综合电子系统软件体系结构运行的硬件包含各种星载计算机的组件，这是软件运行的基础，主要有 CPU、ROM、RAM、时钟、看门狗、1553B 总线接口、内总线接口、串口、DS 接口、ML 接口、AN 接口、ONOFF 接口和扩展接口等。

操作系统层为底层的支持平台，通过驱动程序框架以及操作系统接口屏蔽了底层硬件以及操作系统的差异。中间件层作为整个软件体系结构的核心，将 CCSDS、ECSS 和 IETF 多种业务和协议纳入其中，并通过软件构件分别予以实现。中间件中的 SOIS 业务构件对星内通信机制进行了标准化，TC 空间数据链路协议以及 AOS 空间数据链路协议实现了星地、星间链路层协议的标准化，PUS 业务构件实现星地应用层协议的标准化，结合传递层的空间包协议构件、IP 协议构件以及应用支持层的消息传输协议构件，可实现航天器与地面、航天器内部、航天器间通信一体化设计。在操作系统层以及中间件层的支撑下，应用管理层的大部分功能都可由底层的通用业务构件组合实现。因此，在上述体系结构的支撑下，用户仅需对各层构件进行选取以及参数配置，并开发满足应用特殊需求的软件与之组装即可，从而达到软件快速开发的目的。

4.2.2 操作系统层

将操作系统的接口进行封装，提供对操作系统的统一应用程序编程接口（Application Program Interface，API）。任何操作系统只要支持这套统一的访问接口，即可应用到综合电子系统中，如此可支持操作系统的更新换代。其组成包括实时操作系统、板级支持包（Board Support Package，BSP）、设备驱动程序、基础函数库等。当需要扩展底层硬件接口时，可通过设备驱动程序的增加予以支持。

4.2.3 中间件层

中间件层是位于操作系统层和应用管理层之间的通用服务系统，具有标准的程序接口和协议，可实现不同硬件和操作系统平台上的数据共享和交互支持。为了使中间件层本身能具有很好的可扩展性，支持技术的更新，在中间件层内部分为三层，每一层都可能通过系统配置管理进行构件的配置，层次划分如下。

(1) 亚网层：处于传递层以下，对上层提供统一的软件接口，以屏蔽底层数据链路的不同，同时提供一组业务构件用于支持上层的构件，包括星载子网构件和空间子网构件两大类。星载子网构件包含多个构件实现 SOIS 定义的包业务、存储器访问业务、同步业务以及链路的汇聚功能。空间子网构件包含 TC 空间数据链路协议构件、AOS 空间数据链路协议构件等。本层中的包业务构件可通过配置支持多种链路汇聚构件的接入及更换，实现链路硬件接口或协议的更换不影响上层。

（2）传递层：包含了 CCSDS 传输层与网络层，用于对传递层以上的业务或用户提供标准接口，用于数据传输。传递层包括空间包协议构件和 TCP/UDP/IP 构件，并支持协议的扩展。

（3）应用支持层：应用支持层提供与航天器平台应用的支持性标准业务。该层构件包括 SOIS 应用支持层构件以及 PUS 构件。其中，SOIS 应用支持层构件主要包括：消息传输业务构件用于为应用管理层的进程提供消息通信服务；设备访问业务、设备虚拟化业务、设备数据池业务分别采用三个构件实现，用于实现对设备和参数的访问；时间访问业务用于访问星载时间。PUS 业务构件聚焦于与航天器综合电子领域功能相关的业务，主要包括：遥控确认业务构件、设备命令分发业务构件、在轨作业定时计划业务构件、存储器管理业务构件、时间管理业务构件、常规/诊断参数报告业务构件、在轨存储和回收业务构件、事件报告业务构件、事件动作业务构件等。

本层的软件构件根据是否周期性运行分为两类：一是只由其他构件或上层软件静态调用的构件，如设备访问业务构件、设备虚拟化业务构件、PUS 设备命令分发业务构件等；二是除静态调用外，还需配套后台进程（进程也称任务）进行周期性处理的构件，如设备数据池业务构件、存储器访问业务构件、TC 空间数据链路协议构件和 AOS 空间数据链路协议构件等均需配套后台进程按照一定周期进行后台调度。

4.2.4 应用管理层

应用管理层为通用功能对应的应用软件，含遥控管理、遥测管理、内务管理、时间管理、热控管理、能源管理、解锁与转动控制等。由于有下层软件的基础业务支持，应用管理层的实现仅需将不同基础业务按照特定的逻辑予以组合。

该层具体实现形式在不同的航天器任务中可能有所不同。在具备多任务操作系统支持的情况下，表现为多个进程，这些进程采用中间件层提供的标准接口进行航天器任务相关的处理，完成航天器任务规定的功能，进程之间采用消息传输业务提供的接口进行消息通信。

4.3 构件分类

中间件层（包括应用支持层、传递层和亚网层）与操作系统层提供的构件分类见表4-1。

表4-1 构件分类表

序号	体系结构分层	所处业务分层	构件分类	软件构件产品名称	构件功能描述
1	操作系统层	操作系统层	操作系统内核	内核调用库	提供操作系统内核功能，包括任务管理、中断管理、内存管理、信号量管理、消息队列管理、定时器管理等
2			用户支持库	数学函数库	提供标准C的math数学库
3				字符串操作函数库	提供标准C的string字符串库
4				双向链表管理构件	提供双向链表的管理，包括初始化、获取节点、添加节点、删除节点等
5				循环缓冲区管理构件	提供循环缓冲区的管理，包括初始化、获取、添加、删除等
6			板级支持包	BM3803板级支持包	提供对BM3803处理器的支持，包括硬件初始化、操作系统引导、时钟及串口驱动等功能
7				ERC32板级支持包	提供对ERC处理器的支持，包括硬件初始化、操作系统引导、时钟及串口驱动等功能
8			设备驱动程序	电压模拟量接口驱动程序	用于获取电压模拟量接口数据

续表

序号	体系结构分层	所处业务分层	构件分类	软件构件产品名称	构件功能描述
9	操作系统层	操作系统层	设备驱动程序	数字量接口驱动程序	用于进行数字量接口数据的获取
10				串行加载指令驱动程序	用于进行串行加载指令的发送
11				开关指令接口驱动程序	用于进行开关指令的发送
12				串口驱动程序	用于进行串口数据的获取及发送
13				时钟接口驱动构件	用于对时钟接口进行管理,包括初始化、时间获取、时间设置等
14				存储器驱动程序	用于对存储器进行访问
15				ARINC659 总线驱动程序	用于对 ARINC659 总线进行管理,包括初始化、总线数据发送、总线数据接收等
16				CPCI 总线驱动程序	用于对 CPCI 总线进行管理,包括初始化、数据发送、数据接收等
17				1553B 总线驱动程序	用于对 1553B 总线进行管理,包括初始化、消息发送、消息接收等
18				TTE 驱动程序	用于对 TTE 进行管理,包括初始化、消息发送、消息接收等

续表

序号	体系结构分层	所处业务分层	构件分类	软件构件产品名称	构件功能描述
19	中间件层	亚网层	空间子网类	TC 空间数据链路协议构件	提供 CCSDS TC 空间数据链路协议的实现
20				AOS 空间数据链路协议构件	提供 CCSDS AOS 空间数据链路协议的实现
21				COP 协议构件	提供 CCSDS COP-1 协议的实现
22			星载子网类	包业务构件	提供 CCSDS SOIS 包业务的实现,用于通过星载子网传输数据到该子网的另一个端点
23				存储器访问业务构件	提供 CCSDS SOIS 存储器访问业务的实现,用于向设备的内存或寄存器读出或写入数据
24				同步业务构件	提供 CCSDS SOIS 同步业务的实现,用于在亚网层向业务用户通知事件
25				1553B 汇聚构件	提供 ECSS 1553B 总线链路协议的实现
26				TTE 汇聚构件	提供 TTE 链路协议的实现
27		传递层	传输协议类	TCP 协议构件	提供地面网络标准 TCP 的实现
28				UDP 协议构件	提供地面网络标准 UDP 的实现
29			网络协议类	IPv4 协议构件	提供地面网络标准 IPv4 协议的实现
30				IPv6 协议构件	提供地面网络标准 IPv6 协议的实现
31				空间包协议构件	提供 CCSDS 空间包协议的实现
32		应用支持层	命令与数据获取类	设备访问业务构件	提供 CCSDS SOIS 设备访问业务的实现,对星内设备进行设备读取、设备写入操作

续表

序号	体系结构分层	所处业务分层	构件分类	软件构件产品名称	构件功能描述
33	中间件层	应用支持层	命令与数据获取类	设备虚拟化业务构件	提供 CCSDS SOIS 设备虚拟化业务的实现，对星内虚拟设备进行指令发送、数据获取操作
34				设备数据池业务构件	提供 CCSDS SOIS 设备数据池业务的实现，可从从设备中获取数据并将其存储在设备池中，以及从设备池中读取数据
35			消息管理类	消息传输业务构件	提供 CCSDS SOIS 消息传输业务的实现，其功能包括：按照特定优先级将消息发送给另一个其他的应用程序；接收来自其他应用程序的下一条消息；按照特定优先级将消息发送给另一个其他的应用程序后，接收来自另一个应用程序的消息应答；多播一个消息到一个已定义分组内的所有应用程序；广播一个消息到航天器内所有的应用程序
36			文件管理类	文件访问业务构件	提供 CCSDS SOIS 文件访问业务的实现，包括打开文件、关闭文件、读取文件、写入文件、扩展到文件、插入到文件、从文件中删除
37				文件管理业务构件	提供 CCSDS SOIS 文件管理业务的实现，包括创建目录、删除目录、重命名目录、锁定目录、解锁目录、在目录中创建文件、从目录中删除文件、从目录中删除所有文件、复制文件、合并两文件、重命名文件、锁定文件、解锁文件、从文件库中找到文件、列出目录内容
38			时间访问类	时间访问业务构件	提供 CCSDS SOIS 时间访问业务的实现，提供给业务用户访问本地时间源的统一接口

续表

序号	体系结构分层	所处业务分层	构件分类	软件构件产品名称	构件功能描述
39	中间件层	应用支持层	通用应用处理类	遥控确认业务构件	提供 PUS 遥控确认业务的实现，对遥控包每个执行阶段的清楚确认，可以从星上接收到执行结束。每个执行阶段如果出现错误，将产生一个错误报告
40				设备命令分发业务构件	提供 PUS 设备命令分发业务的实现，包括 ONOFF 指令分发和 ML 指令分发
41				常规/诊断参数报告业务构件	提供 PUS 常规/诊断参数报告业务的实现，包括定义新的常规事务或者诊断参数报告、删除常规事务或者诊断参数报告、报告生成控制、报告常规事务或诊断参数报告、报告常规事务或诊断参数的采样时间、选择常规事务或诊断参数报告的生成模式、报告未过滤的常规事务或诊断参数、报告常规事务或诊断数据等
42				参数统计报告业务构件	提供 PUS 参数统计报告业务的实现，用于向地面报告一个采样间隔内星上参数的最大值、最小值、平均值和标准偏差值
43				事件报告业务构件	提供 PUS 事件报告业务的实现，用于报告各种事件，如星上故障或异常、星上自主行为、各种操作的正常运行情况等
44				存储器管理业务构件	提供 PUS 存储器管理业务的实现，用于星上不同内存区域（如 RAM 或大容量存储器）的管理，包括对相邻内存区域或几个不相邻内存区域内容进行加载、下卸和检查
45				功能管理业务构件	提供 PUS 功能管理业务的实现，通过一个标准的业务请求用于执行应用进程的功能，这些功能是非标准的，有自己的请求和报告数据结构

续表

序号	体系结构分层	所处业务分层	构件分类	软件构件产品名称	构件功能描述
46	中间件层	应用支持层	通用应用处理类	时间管理业务构件	提供PUS时间管理业务的实现，包括改变时间报告产生频率、时间报告、集中校时、均匀校时等功能
47				包传送控制业务构件	提供PUS包传送控制业务的实现，用于控制遥测源包到地面的传送，可以通过构件对特定业务类型的包进行使能禁止操作
48				在轨作业定时计划业务构件	提供PUS在轨作业定时计划业务的实现，用于进行延时遥控和程控。构件维持一个指令调度表，可以通过构件请求增加指令或者使能/禁止/删除/时移/报告指令调度表中所有指令或一部分指令
49				在轨监视业务构件	提供PUS在轨监视业务的实现，用于监视星上参数。构件维持一个监视清单，在参数变化时产生事件报告。可以通过构件进行增加参数、修改参数监视信息、重置、报告清单信息、使能禁止参数监视等操作
50				在轨存储和回收业务构件	提供PUS在轨存储和回收业务的实现，支持按时间段删除存储数据、按时间段下传存储数据、使能禁止存储等功能
51				事件动作业务构件	提供PUS事件动作业务的实现，该业务可定义一个动作，当给定的事件被监测到时自主执行
52			专用应用处理类	在轨作业程序业务	提供PUS在轨作业程序业务的实现，可以通过构件定义一组能加载到一个应用进程的操作程序，应用进程可以管理这些程序的存储和随后其在地面控制下的执行
53				热控管理专用业务构件	用于进行热控回路闭环控制，与具体算法有关

续表

序号	体系结构分层	所处业务分层	构件分类	软件构件产品名称	构件功能描述
54	中间件层	应用支持层	专用应用处理类	能源管理专用业务构件	用于进行蓄电池充放电控制，与具体算法有关
55				解锁与转动机构专用业务构件	用于进行解锁控制和转动机构控制，与具体算法有关
56				内务管理专用业务构件	用于进行整星健康管理，与型号具体要求有关

4.4 接口设计

4.4.1 各层接口

上述软件体系结构中，每一层对上层都提供标准的接口，层中具体的协议实现，必须符合该层对上层的接口要求，各层的接口如下。

（1）操作系统层接口：包括进程管理接口、中断管理接口、内存管理接口、信号量管理接口、消息队列管理接口、定时器管理接口、IO 接口、用户支持库接口等。

（2）亚网层接口：包括包业务构件接口、存储器访问业务构件接口、同步业务构件接口、TC 空间数据链路协议构件接口、AOS 空间数据链路协议构件接口等。

（3）传递层接口：包括空间包协议接口、TCP/UDP/IP 接口等。

（4）应用支持层接口：包括 PUS 接口、消息传输业务构件接口、设备数据池业务构件接口、设备访问业务构件接口、设备虚拟化业务构件接口、时间访问业务构件接口等。

在实际使用中可以跨层调用，如应用支持层可调用亚网层构件。

4.4.2 构件接口

上述软件体系结构中，中间件各层接口可采用软件构件的形式予以实现。软件构件的具体接口形式可以有多种，包含如下两类。

（1）构件对外提供以下接口：

①构建配置及初始化接口：供其他构件调用，完成构件的初始化及运行时配置。

②功能接口，可供其他构件调用，完成本构件的功能。

（2）构件需要的外部接口，为本构件调用的其他构件接口，通过配置的方式实现。

4.5 软件构件开发及验证方法

本书提出了一种基于动态数据流分析的构件设计方法，贯穿于需求分析、概要设计、详细设计、测试验证的全过程，并将其与构件可视化组装方法相结合，其主要过程如下。

4.5.1 构件需求分析

软件体系结构中识别的构件大多为 CCSDS 标准，而 CCSDS 标准基本都采用原语对协议的接口进行描述，并未说明其具体实现方式。在构件需求分析时，本书设计了一种动态的数据流图，不仅可以表示常规数据流图中描述的静态处理关系，还可表示在源端和目的端软件的动态执行和交互过程。基于此种数据流图，可以在需求阶段通过测试用例的设计对数据流图的正确性进行验证。

该数据流图的主要规则如下。

（1）数据处理过程、数据存储、数据流向、数据表示方法与常规数据流图一致。

（2）在图中增加用带步骤序号 1，2，3，…的粗线镜头，表示执行步骤。

（3）在图中增加步骤执行的地址标识，S 表示步骤在源端执行，D 表示步骤在目的端执行。

（4）在对数据流图的文字描述中，对于每个原语，依据步骤分别描述其前台处理过程，并在必要时按步骤描述软件后台执行过程。

（5）对于数据流图中的每个处理过程，按照输入、处理、输出分别进行描述。

以软件体系结构中的传递层空间包协议构件为例，其数据流图如图4-2所示。

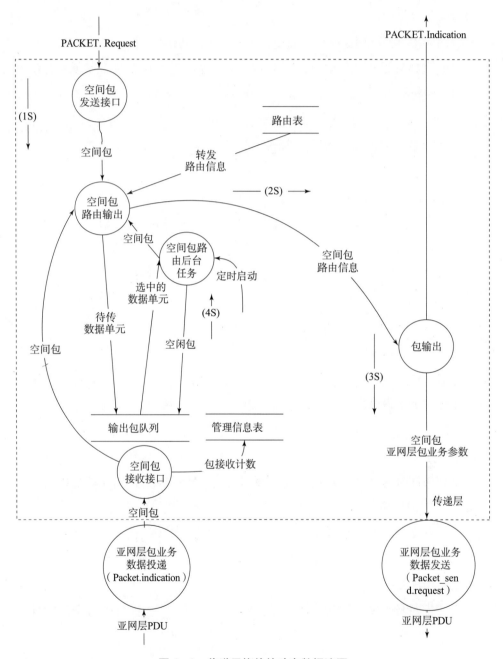

图4-2　传递层构件的动态数据流图

图 4-2 中，(1S)、(2S)、(3S) 为用户通过空间包的 PACKET.Request 原语发送一个空间包到底层的步骤，其描述如下（出于篇幅考虑，此处略去了一些算法、参数以及处理过程的细节）。

源端前台执行过程如下。

（1S）空间包发送接口接受上层用户调用，传入空间包路由输出处理。

（2S）空间包路由输出处理查询路由表得到路由信息，并将空间包连同路由信息传递到包输出，若包输出失败且次数不超过最大次数则将数据放入输出包队列。

（3S）包输出调用低层的亚网层包业务原语发送数据。

源端后台执行过程如下。

（4S）空间包路由后台进程周期性从输出包队列中取出选中的数据单元，提交给空间包路由输出。

PACKET.Indication 为目的端的处理过程，也可采用类似的方法进行描述，此处不再赘述。通过对每个原语或接口进行上述动态数据流图分析并进行迭代后，可形成整个构件的完整数据流图。然后再根据文字描述中对于每个数据的处理过程，构建测试用例，并按照数据流图的执行步骤进行测试用例推演，验证各处理之间的接口是否匹配以及有无遗漏。

上述过程既为后续概要设计提供了输入，也使得基于构件的系统数据流仿真以及构件验证成为可能。

4.5.2 构件概要设计

基于构件需求分析的结果，在构件概要设计过程中的主要步骤如下：

（1）将构件动态数据流中对应的处理过程转化为软件模块；

（2）将构件动态数据流中的数据存储转化为构件内部的数据结构；

（3）将构件动态数据流中构件对外提供的原语以及需要其他构件提供的原语转化为构件对外提供的接口以及所需接口。

上述步骤完成后，构件的概要设计也就基本完成了。但前面提到构件的正确性以及在系统中的适应性问题需要解决。为此，可对构件建立模型，便于在后续有工具支持后，进行可视化组装过程中的构件验证。构件模型至少包含三个侧面。

1）构件接口侧面

用于描述构件的对外接口以及可配置的参数。构件的接口侧面主要包含三类接口，分别为构件配置及初始化接口、构件对外提供接口以及构件需要的外部接口，如图4-3所示。

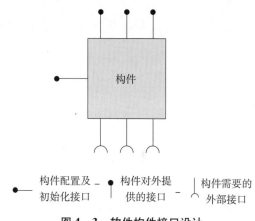

图4-3 软件构件接口设计

构件开发采用了许多面向对象的思想，如类、对象、封装与信息隐藏等，但由于航天器软件目前大多采用非面向对象的C语言开发，因此需要针对C语言进行构件接口的特殊设计。此处采用的方法是用结构体将数据以及接口进行封装，每个业务或协议的构件都具有一个主结构体，类似于面向对象语言C++的类，在实际使用时创建该类型的一个或多个变量进行实例化。接口采用函数指针的形式放入结构体中，并在构件初始化时将其与具体的函数进行挂接。

2）路径侧面

每一层的构件一般对上层提供接口，同时需要下层的接口进行数据的投递，为每个构件建立路径侧面后，构件模型可以数据为驱动，根据输入数据进行路径选择，通过不同的接口传输数据。系统通过构件模型搭建后，可以通过系统的任意一个接口输入数据并仿真运行，得到该数据在系统各设备间，以及设备内部各构件间的数据流。

构件路径侧面的模型可采用多种形式进行表示，一种简化的形式是根据构件的输入参数,按照一定的算法进行选择。

例如,某个输入参数 X 为链路标识,用伪代码表示的选择算法如下:

switch (X)

case 1:

通过输出接口 1 输出

case 2:

通过输出接口 2 输出

default:

通过输出接口 3 输出

3) 性能侧面

该侧面主要是为了验证系统采用构件组装后,由于数据在多个构件甚至多个设备中进行传递,数据在系统中的整体处理时间等性能是否满足要求。

该侧面的具体模型可以基于前面的路径模型,采用对每一条路径设计延时参数的方式,该延时参数既可以采用默认的常量表示,也可采用一定的算法表示。采用算法表示时可以根据输入条件的不同进行更为精确的表示。当系统仿真运行时,数据经过的所有路径延时之和即为数据的处理及转发延时。通过性能侧面的设计,可以通过多种测试用例,测试系统在各种不同输入条件下以及不同构件组装结构下的时间性能。

通过上述构件模型侧面的建立,后续基于软件可视化组装与仿真验证工具,可以在从构件库中选择构件后,对构件的正确性以及适应性进行验证,解决前面所提的构件验证问题,使基于软件构件的可视化组装成为可能。

4.5.3 构件详细设计

在构件详细设计阶段,主要针对构件概要设计过程中形成的模块进行算法和流程设计。传统航天器软件开发过程中大多采用流程图的形式对算法和流程进行描述,此种方式有一个缺点就是流程图可粗可细,当较粗时对编码人员的指导性较差,若编码人员与详细设计人员分离,则编码后的结果可能与设计人员的意图相差甚远。

因此,本书采用了更为精确的伪代码方式对算法和流程进行描述,制定了伪代码规范，并在实践中探索了由第三方只根据详细设计结果进行编码、单元测试、组装测试的开发方式。伪代码规范包含了预定义常量及类型、函数描述、赋值语句、选择语句、循环语句、结束语句、注释、基本函数、逻辑运算的详细规定，并给出了具体的示例，为各软件构件的详细设计提供了规范化的约定。在对第三方提交的代码质量验证结果表明伪代码在进行算法、流程等描述时准确无歧义，可实现设计与编码实现的良好分离。

4.5.4 构件编码与测试

为了提升软件代码易读性，对构件的编码制定了详细的编程风格规范，规定了构件的命名、接口命名、参数命名、注释方式等规范。编码完成后，按照传统的单元测试、组装测试、配置项测试方法对软件构件进行测试。构件间的测试在整个软件组装测试和配置项测试过程中进行测试。

4.6 软件体系结构应用和运行设计

航天器综合电子系统包括 SMU 软件、SDIU 软件和高速总线路由器软件等，上述软件均可基于该体系结构，根据型号应用需求进行剪裁和扩展。一般需进行软件系统设计，对涉及的各软件进行功能分配，同时设计软件间的接口和信息流，定义各软件配置项的安全等级等。对于 SMU 软件、SDIU 软件和高速总线路由器软件而言，一般架构中的操作系统层、中间件层、应用管理层均使用。SMU 由于承担航天器的管理任务，功能相对更强，但必要时也可将任务部分迁移至计算能力相对较弱的 SDIU 中。高速总线路由器软件应用管理层功能相对单一，重点完成网络管理任务。

上述软件在体系结构应用时的主要步骤如下。

（1）进行操作系统选型，只要符合体系结构中操作系统层接口的操作系统均可使用，必要时可以增加操作系统的适配接口。

（2）选择设备驱动程序，并开发设备专用驱动程序。

（3）进行中间件层业务和协议构件的选择和配置，并开发专用构件。

（4）在中间件层框架的基础上，进行中间件进程的适应性修改，并根据需求增加中间件相关进程。

（5）在应用管理层框架的基础上，进行应用进程适应性修改，并根据需求增加应用进程。

（6）将操作系统层、中间件层、应用管理层的软件进行集成和联合编译，具备运行条件。

软件体系结构的运行过程如图4-4所示。

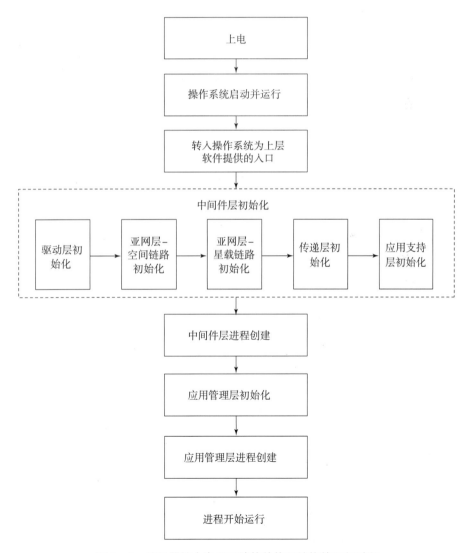

图4-4 航天器综合电子系统软件体系结构的运行过程

上电后操作系统启动并运行,转入操作系统为上层软件提供的入口处,依次执行以下操作。

(1) 中间件层初始化:调用中间件初始化模块初始化中间件,中间件初始化模块会初始化中间件中的各个进程。

(2) 中间件层进程创建:创建并启动中间件层的所有进程。

(3) 应用管理层初始化:调用应用管理层初始化模块初始化应用管理层,应用管理层初始化模块会初始化应用管理层的各个进程。

(4) 应用管理层进程创建:创建并启动应用管理层的所有进程。

(5) 开始运行创建的各个进程。

中间件初始化模块和中间件层进程创建的处理过程示例如下:

(1) 调用驱动层初始化接口 driverInit,该接口完成工作包括如下:

①硬件设备驱动程序初始化,挂接驱动程序,包括 ARINC659、1553、AN、DS、ONOFF、ML、异步串口等驱动程序;

②依据配置表,创建系统的设备,包括 1553、AN1~ANm、DS1~DSn、ON-OFF1~ONOFFk、ML1~MLp、异步串口(m、n、k、p 为系统对应接口的设备个数,m 为每个具有模拟量的板个数,n 为 SMU 应用软件可访问的系统所有 DS 接口的个数,k 为每个具有 onoff 指令输出的板个数,p 为每个具有 ML 指令输出的板个数)。

(2) 调用亚网层–空间链路初始化接口 spdlInit,该接口完成的工作如下:

①调用 AOS 空间数据链路协议构件初始化接口 aosLinkInit 初始化构件实例,根据实际应用需求,可以初始化多个构件实例;

②调用 TC 空间数据链路协议构件初始化接口 tcLinkInit 初始化构件实例。

(3) 调用亚网层–星载子网初始化接口 obdlInit,该接口完成的工作如下:

①调用 1553B 汇聚构件的初始化接口 snDcl1553Init;

②调用 ML 汇聚构件初始化接口 snDclMLInit;

③调用 DS 汇聚构件初始化接口 snDclDSInit;

④调用包业务构件初始化接口 snPsInit 初始化一个子网包业务构件;

⑤调用存储器访问业务构件初始化接口 snMasInit 初始化一个子网存储器访问业务构件;

⑥调用空间包业务构件初始化接口 tpSapInit。

（4）调用传递层初始化接口 tpInit，该接口调用空间包协议初始化接口 spInit 初始化一个空间包协议构件实例、配置路由表。

（5）调用应用支持层初始化接口 appSupportInit，该接口完成的工作如下：

①调用设备访问业务构件初始化接口 dasInit 初始化一个设备访问业务构件实例；

②调用设备虚拟化业务构件初始化接口 dvsInit 初始化一个设备虚拟化业务构件实例；

③调用设备数据池业务构件初始化接口 ddpsInit 初始化一个设备数据池业务构件实例；

④调用时间访问业务构件初始化接口 tasInit 初始化一个时间访问业务构件实例；

⑤调用消息传输业务构件初始化接口 mtsInit 初始化一个消息传输业务构件实例；

⑥创建并启动中间件层的所有进程，结束。

中间件层的进程划分和设计见表 4-2。

表 4-2 中间件层的进程划分和设计

序号	进程（任务）	名称	进程优先级	运行周期/产生机制	调用的构件	备注
1	TC 空间数据链路协议后台进程	TASK_UPLINK	中	遥控中断触发	亚网层 TC 空间数据链路协议构件	SDIU 和高速总线路由器软件不涉及
2	AOS 空间数据链路协议后台进程	TASK_DOWNLINK	中	下行遥测中断周期性触发 (500 ms)	亚网层 AOS 空间数据链路协议构件	SDIU 和高速总线路由器软件不涉及
3	本地存储器访问后台进程	TASK_MEM	中	50 ms	亚网层存储器访问构件	高速总线路由器软件不涉及

续表

序号	进程（任务）	名称	进程优先级	运行周期/产生机制	调用的构件	备注
4	1553B 汇聚后台进程	TASK_1553B	中	50 ms	亚网层 1553B 总线链路汇聚构件	SMU 软件配置为总线控制器（BC）模式，SDIU 和高速总线路由器软件配置为远置终端（RT）模式
5	DS 汇聚后台进程	TASK_DS	中	100 ms	亚网层 DS 汇聚构件	高速总线路由器软件不涉及
6	ML 汇聚后台进程	TASK_ML	中	100 ms	亚网层 ML 汇聚构件	高速总线路由器软件不涉及
7	空间包协议后台进程	TASK_SPACKPACKET	中	100 ms	空间包协议构件	
8	设备数据池业务后台进程	TASK_DDPS	中	100 ms	应用支持层设备数据池构件	高速总线路由器软件不涉及
9	消息传输业务后台进程	TASK_MAMS	中	100 ms	应用支持层消息传输构件	

参 考 文 献

[1] 何熊文．一种航天器综合电子系统业务及协议体系结构设计 [J]．航天器工程．2017，26（1）：71－78．

[2] Spacecraft Onboard Interface Services. Issue 2. Recommendation for Space Data System Standards（Green Book）. CCSDS 850.0－G－2. Washington，D. C.：CCSDS，December 2013.

[3] Spacecraft Onboard Interface Services—Subnetwork Packet Service. Issue 1. Recommendation for Space Data System Standards（Magenta Book）. CCSDS 851.0－

M-1. Washington, D. C.: CCSDS, December 2009.

[4] Spacecraft Onboard Interface Services—Subnetwork Memory Access Service. Issue 1. Recommendation for Space Data System Standards (Magenta Book). CCSDS 852.0-M-1. Washington, D. C.: CCSDS, December 2009.

[5] Spacecraft Onboard Interface Services—Subnetwork Synchronisation Service. Issue 1. Recommendation for Space Data System Standards (Magenta Book). CCSDS 853.0-M-1. Washington, D. C.: CCSDS, December 2009.

[6] Spacecraft Onboard Interface Services—Message Transfer Service. Issue 1. Recommendation for Space Data System Standards (Silver Book). CCSDS 875.0-M-1-S. Washington, D. C.: CCSDS, November 2012.

[7] Spacecraft Onboard Interface Services—Device Access Service. Issue 1. Recommendation for Space Data System Standards (Silver Book). CCSDS 871.0-M-1-S. Washington, D. C.: CCSDS, March 2013.

[8] Spacecraft Onboard Interface Services—Device Virtualization Service. Issue 1. Recommendation for Space Data System Standards (Silver Book). CCSDS 871.2-M-1-S. Washington, D. C.: CCSDS, March 2014.

[9] Spacecraft Onboard Interface Services—Device Data Pooling Service. Issue 1. Recommendation for Space Data System Standards (Silver Book). CCSDS 871.1-M-1-S. Washington, D. C.: CCSDS, November 2012.

[10] Spacecraft Onboard Interface Services—Time Access Service. Issue 1. Recommendation for Space Data System Standards (Silver Book). CCSDS 872.0-M-1-S. Washington, D. C.: CCSDS, January 2011.

[11] TC space data link protocol. Issue 3. Recommendation for Space Data System Standards (Blue Book). CCSDS 232.0-B-3. Washington, D. C.: CCSDS, September 2015.

[12] AOS space data link protocol. Issue 3. Recommendation for Space Data System Standards (Blue Book). CCSDS 732.0-B-3. Washington, D. C.: CCSDS, September 2015.

[13] Space packet protocol. Issue 1. Recommendation for Space Data System Standards

(Blue Book). CCSDS 133.0 – B – 1. Washington, D. C.: CCSDS, September 2003.

[14] Asynchronous Message Service. Issue 1. Recommendation for Space Data System Standards (Blue Book). CCSDS 735.1 – B – 1. Washington, D. C.: CCSDS, September 2011.

[15] Space engineering: ground systems and operations – telemetry and telecommand packet utilization. European Cooperation for Space Standardization. ECSS – E – 70 – 41A. Noordwijk: ECSS, January 2003.

[16] Space engineering: interface and communication protocol for MIL – STD – 1553B data bus on board spacecraft. European Cooperation for Space Standardization. ECSS – E – ST – 50 – 13C. Noordwijk: ECSS, November 2008.

[17] TM Synchronization and Channel Coding. Issue 2. Recommendation for Space Data System Standards (Blue Book), CCSDS 131.0 – B – 2. Washington, D. C.: CCSDS, August 2011.

[18] TC Synchronization and Channel Coding. Issue 2. Recommendation for Space Data System Standards (Blue Book), CCSDS 231.0 – B – 2. Washington, D. C.: CCSDS September 2010.

[19] J. Postel. Internet Protocol. STD 5. Reston, Virginia: ISOC, September 1981.

[20] J. Postel. Transmission Control Protocol. STD 7. Reston, Virginia: ISOC, September 1981.

[21] J. Postel. User Datagram Protocol. STD 6. Reston, Virginia: ISOC, August 1980.

[22] TM Space Data Link Protocol. Issue 2. Recommendation for Space Data System Standards (Blue Book), CCSDS 132.0 – B – 2. Washington, D. C.: CCSDS, September 2015.

[23] Space Communications Protocol Specification (SCPS) —Transport Protocol (SCPS – TP). Issue 2. Recommendation for Space Data System Standards (Blue Book), CCSDS 714.0 – B – 2. Washington, D. C.: CCSDS, October 2006.

[24] CCSDS File Delivery Protocol (CFDP). Issue 4. Recommendation for Space Data

System Standards (Blue Book), CCSDS 727.0 - B - 4. Washington, D. C. : CCSDS, January 2007.

[25] Proximity - 1 Space Link Protocol—Data Link Layer. Issue 5. Recommendation for Space Data System Standards (Blue Book), CCSDS 211.0 - B - 5. Washington, D. C. : CCSDS, December 2013.

[26] Proximity - 1 Space Link Protocol—Coding and Synchronization Sublayer. Issue 2. Recommendation for Space Data System Standards (Blue Book), CCSDS 211.2 - B - 2. Washington, D. C. : CCSDS, December 2013.

[27] Proximity - 1 Space Link Protocol—Physical Layer. Issue 4. Recommendation for Space Data System Standards (Blue Book), CCSDS 211.1 - B - 4. Washington, D. C. : CCSDS, December 2013.

[28] Lossless Data Compression. Issue 2. Recommendation for Space Data System Standards (Blue Book), CCSDS 121.0 - B - 2. Washington, D. C. : CCSDS, May 2012.

[29] Image Data Compression. Issue 1. Recommendation for Space Data System Standards (Blue Book), CCSDS 122.0 - B - 1. Washington, D. C. : CCSDS, November 2005.

[30] Licklider Transmission Protocol (LTP) for CCSDS. Issue 1. Recommendation for Space Data System Standards (Blue Book), CCSDS 734.1 - B - 1. Washington, D. C. : CCSDS, May 2015.

[31] CCSDS Bundle Protocol Specification. Issue 1. Recommendation for Space Data System Standards (Blue Book), CCSDS 734.2 - B - 1. Washington, D. C. : CCSDS, September 2015.

[32] Communications Operation Procedure - 1. Issue 2. Recommendation for Space Data System Standards (Blue Book), CCSDS 232.1 - B - 2. Washington, D. C. : CCSDS, September 2010.

[33] "Spacecraft Onboard Interface Services Electronic Data Sheets and Dictionary of Terms." Space Assigned Numbers Authority. http://sanaregistry.org/r/sois/.

[34] CCSDS SOIS Electronic Data Sheets and Dictionary of Terms for Onboard Devices

and Components. Draft Report Concerning Space Data System Standards (Draft Green Book), CCSDS 870.0 - G - 0. Washington D. C.: CCSDS, June 2017.

[35] Spacecraft Onboard Interface Services—Specification for Dictionary of Terms for Electronic Data Sheets for Onboard Components. Recommendation for Space Data System Practices (Blue Book), CCSDS 876.0 - B - 1. Washington, D. C.: CCSDS, April 2019.

第 5 章
星载操作系统设计

5.1 星载操作系统的发展

最初的航天器软件运行在单片机中,采用顺序编程加中断的方式进行星载计算机管理与航天任务实现。随着航天器软件规模日益增加,星载计算机资源管理与调度越来越困难,这种依靠用户软件直接进行硬件操作、计算机资源管理与调度的方式,难以解决复杂航天器软件的资源冲突和任务阻塞等问题,如图 5-1 所示。因此,需要利用星载操作系统进行统一管理,保证系统的稳定性、可靠性和高质量,并提高航天器软件的开发效率。

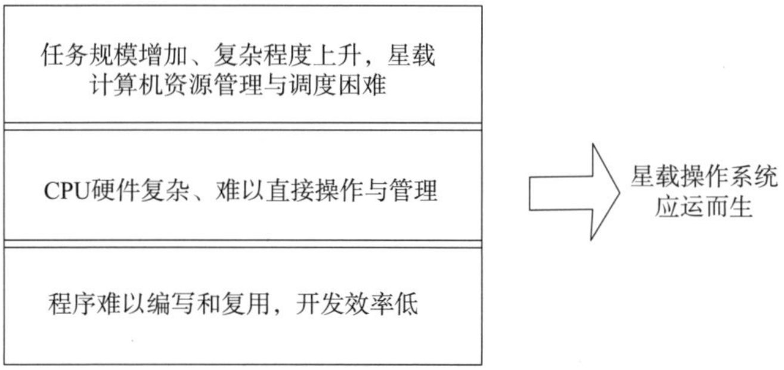

图 5-1 星载操作系统产生的背景

星载操作系统是嵌入式实时操作系统(Real Time Operating System,RTOS),是指运行于星载嵌入式计算机,在确定的时间内对外部事件响应并执行相应功能的一类操作系统。

RTOS已经成功运用在包括航天在内的许多嵌入式领域。1981年，Ready System公司发布了世界上首个实时操作系统产品VRTX32。经过多年的RTOS研究与应用，出现了一些成熟的商用RTOS产品，如VxWorks、Integrity–178B和RTEMS等。美国风河公司（Wind River）的VxWorks操作系统是应用较为广泛的商用实时操作系统，1997年7月在火星表面登陆的"火星探路者"号探测器、2004年的"机遇"号和"勇气"号、2011年11月发射的"好奇"号火星探测车以及2008年5月在火星表面上登陆的"凤凰"号火星探测器上都使用到了VxWorks操作系统。Integrity–178B实时操作系统广泛应用在战斗机等航空航天领域。RTEMS实时操作系统是美国军方为实时导弹系统而研发，具有较好的实时性和稳定性，已在美国和欧洲航空航天领域得到应用。

星载操作系统的主要目标和作用如下。

（1）统一管理星载计算机系统的软硬件资源，减少人工资源分配和干预的程度。使用星载操作系统管理硬件资源包括内存、时钟、中断、异常、串口等接口，屏蔽CPU硬件底层操作；管理和调度软件资源，包括进程、进程间通信、用于同步和互斥的信号量等资源。

（2）合理分配和调度星载计算机的资源，协调星载计算机的各个组成部分，避免多个用户使用同一硬件或软件资源的冲突矛盾问题。

（3）提高航天器软件开发效率，将上层软件任务按照功能划分不同的进程，在一定程度上降低软件耦合度，促进航天器软件分功能模块开发和调试。

（4）为上层软件提供统一的接口，使得上层软件能够较好地开发和移植。

5.1.1　国外发展情况

星载操作系统在国外航天领域广泛应用，并形成了一系列具有代表性的操作系统产品。

1. VxWorks

VxWorks是美国风河公司推出的一个实时操作系统，以其良好的可靠性和卓越的实时性被应用在航空、航天、通信等高可靠及强实时性要求的领域中，如卫星通信、导弹制导、飞机导航等。

  VxWorks 为用户提供了高效的实时多任务调度、中断管理、实时的系统资源以及实时的任务间通信等功能。VxWorks 操作系统在各种 CPU 平台上提供了统一的编程接口和一致的运行特性，尽可能的屏蔽了不同 CPU 之间的底层差异，因此基于该操作系统的应用程序可以在不同 CTU 平台上轻松移植。软件开发人员可以将尽可能多的精力放在应用程序本身，而不必再去关心系统资源的管理。VxWorks 操作系统的结构如图 5 – 2 所示。

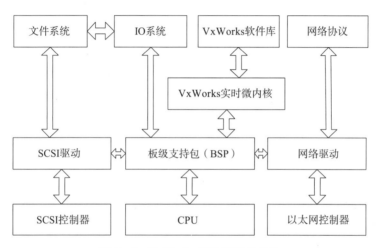

图 5 – 2 VxWorks 操作系统的结构

  VxWorks 系统调用通过函数实现，而没有使用操作系统的软件陷入机制，以此来降低系统调用耗时，加快了任务上、下文切换，并且使任务延迟时间确定。内核是 VxWorks 操作系统的核心部分，支持实时特征：快速切换任务、中断支持、抢占式和时间片轮转调度等，内核的设计降低了系统开销，使得系统对外部事件响应变得快速和确定。系统也提供了高效的任务通信方法，保证各个任务在实时系统下能够协调其他任务。

  2011 年 3 月，Wind River 公司推出的 VxWorks6.9 版本，提供了 64 位运算能力，进一步强化了多核处理能力。VxWorks6.9 提供优化的多核处理器性能，无论是在对称多处理（Symmetric Multiprocessing，SMP）或者非对称处理（Asymmetric Multiprocessing，AMP）的系统配置下均可有效运作。VxWorks6.9 还大大增强了网络连接能力，不但加入了全新的安全防护功能，同时也增加了对 IETF 标准的支持能力。

2014 年 4 月发布的 VxWorks 7 在模块化、安全性、可靠性、可升级性、连接性和图形五大方面进行了大幅改进，实现了内核与文件系统和网络栈等组件的分离。因此，可以随时对单个应用进行更新，无须对整个系统进行改造或者重新测试，从而最大限度地减少了测试和重新认证的工作量，提高了可伸缩性以及迅速适应市场变化的能力。

VxWorks 7 内置了全套安全功能，包括安全数据存储、防篡改设计、安全升级、可信任引导、用户以及策略管理。与推出虚拟化套件组类似，美国风河公司也推出了安全套件组（Security Profile），范围涵盖启动、执行、数据传输以及关闭等过程，可以有效地保护知识产权，防止通过逆向工程进行数据剽窃和破解。无论是在设计时提供底层防恶意代码植入保护，或是开机、运行时防止不受信任代码或恶意操作攻击，甚至是关机之后阻止窃取板载数据，VxWorks 7 都会有相应的应对之策。

2. VxWorks 653

VxWorks 653 是美国风河公司安全关键 ARINC 653 平台（WindRiver Platform For Safety Critical ARINC 653）的一个核心组成部分，VxWorks 653 是嵌入式行业内先进的分区实时操作系统。VxWorks 653 是面向安全关键应用、符合 ARINC 653 和 DO-178B 标准的安全内核版本，为航空航天和军事工业提供了严格的运行平台，特别关注于安全关键应用的可靠性和安全性需求，同时也考虑了应用的可移植性和可重用性，VxWorks 653 体系结构如图 5-3 所示。

VxWorks 653 体系结构具有以下特点。

（1）遵循 ARINC-653-1APEX（Application Executive）接口标准。

（2）提供强大的两级时空域调度器，支持基于 MMU 的空间域保护及虚拟执行环境的时间域保护。

（3）支持 IBLL（independent Build，independent Link，independent Load）。

（4）支持 RTCA DO-178B/EUROCAE ED-12B 认证。

（5）VxWorks 653 平台提供了严格、完整的 ARINC 653 集成化模块航空电子设备基础架构，支持 RTCA DO-178B Level A 认证，可以满足航空、航天等军事

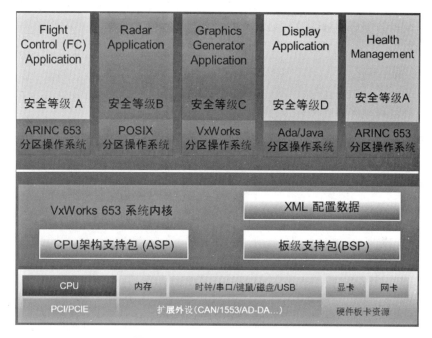

图 5-3　VxWorks 653 体系结构

工业企业的严格需求，有效解决关键级任务的安全性要求。

2009 年，风河公司宣布，NASA 采用 VxWorks 653 作为"战神"1 号（Ares 1）和"战神"5 号（Ares 5）新一代运载火箭飞行控制计算机的 RTOS。VxWorks 653 平台提供了严格的、完整的 ARINC 653 集成化模块航空电子设备基础架构，支持 RTCA DO-178B Level A 认证，可以满足航空、航天等军事工业企业的严格要求，有效解决关键级任务的安全性要求，并实现非关键应用在共享计算平台上的使用。

3. Integrity-178B

Integrity-178B 是 Integrity 家族中最具代表性的嵌入式实时操作系统，由美国 Green Hills 公司开发。Integrity-178B 由于其优越的功能、性能及安全性，广泛应用在航空领域，如 F-16、F-22、F-35 战斗机；也用于民航客机，如空客 A380、波音 787 飞机等。

Integrity-178B 操作系统符合 ARINC 653 标准，支持安全分区隔离，能够满足运行在单一处理器的安全关键应用，特别是不同安全级别的应用系统的苛刻要求。Integrity – 178B 在设计时考虑到安全性和确定性，在实现时通过保证时间和分区的访问控制来达到要求。

Integrity – 178B 采用 MILS（Multiple Independent Levels of Security）结构，如图 5 – 4 所示。在硬件层之上是 Integrity – 178B 的内核，提供给分区应用必要的服务支持，包括空间隔离、分区隔离、资源访问控制和实时性能保证等。内核通过 APEX 接口层对上层提供服务。每个分区应用可以运行在不同的安全级别，极大地提高了系统的适用性和维护能力。

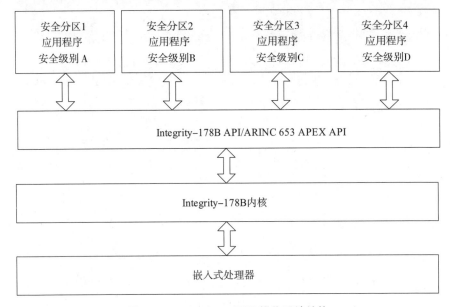

图 5 – 4　Integrity – 178B 操作系统结构

Integrity – 178B 的特点如下。

（1）静态内存分配。为实现高性能及高安全目标，Integrity – 178B 放弃了动态内存分配策略，使内核能够保证在硬实时条件下完成相应的计算。

（2）内存保护。Integrity – 178B 使用内存管理单元（MMU）保护用户程序、驱动程序及分区内部通信访问的有效性，时钟和定时器也被相应的访问权限所保护。

（3）提供两级优化调度器。支持时间分区、空间分区以及分区内、分区间通信。

（4）遵循 ARINC 653 APEX 接口标准。

4. RTEMS

实时多处理器系统（Real-Time Executive for Multi-processor System, RTEMS）是一个开源的嵌入式实时操作系统，由美国军方于 1988 年研发完成，最早用于美国国防控制系统，目前已广泛应用于航空航天、工业、通信、科研等领域。

RTEMS 操作系统支持多种任务调度算法，并且提供了一种可快速响应外部中断以满足事件对时间严格限制的机制，运用简单的内存分配策略，因此系统实时性得到了保证。RTEMS 操作系统使软件开发人员从繁杂的工作中解脱出来，在系统中一个程序中可包含多个任务，并且每个任务都是可控的，逻辑上都在同步执行，多个任务之间的硬件资源管理协调工作由系统组件完成，大大简化了软件开发人员的工作。随着多处理器嵌入式应用系统的普及，RTEMS 提供了简单、灵活的实时多处理器功能，对同构、异构以及混合的多核处理器系统提供了很好的支持。

RTEMS 操作系统采用微内核的结构，如图 5-5 所示。内核在组件层和硬件相关层之间起到了一个桥梁的作用，屏蔽了底层硬件的具体实现，为上层提供服务。

RTEMS 操作系统的特点如下。

（1）多处理器控制：RTEMS 提供多处理器扩展功能，可以协调分布在不同处理器上的任务。RTEMS 支持同构的多处理器，以及异构的混合型多处理器。同构的多处理器控制功能，可以屏蔽多处理器之间的差异，提供给上层应用统一的逻辑全局映像，实现并行优化处理。

（2）面向对象设计：RTEMS 的一个独特之处在于，它是面向对象的实时嵌入式操作系统。在 RTEMS 中，任务、中断、内存等都是对象，RTEMS 提供了大量的对象控制接口，能动态管理这些对象。通过对象管理接口，能缩短程序的代码量和开发周期，提高系统的扩展能力。

（3）多 API 接口支持：RTEMS 提供了多种 API 的接口，除了 RTEMS 本身的 API 外，还提供了 POSIX 接口、pSOS 的 API，这些 API 能让软件设计摆脱对多任务和多处理器控制的底层细节。

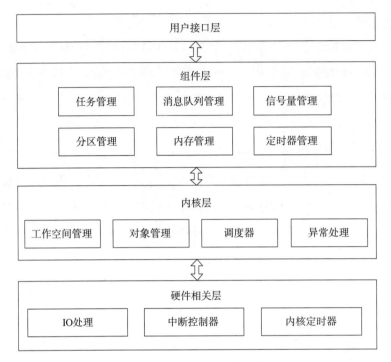

图 5-5 RTEMS 操作系统结构

5.1.2 国内发展情况

我国星载操作系统的研制和应用大致可以分为三代，有代表性的星载操作系统研制单位包括航天五院总体设计部、航天五院502所、神舟软件、成都菁蓉联创、翼辉信息等等，国内还有部分单位将地面商用的操作系统如Linux、麒麟等通过裁剪或修改后应用于航天器。下面以航天五院总体设计部研制的星载操作系统为例说明各代发展的情况。

第一代星载操作系统在20世纪90年代研制，是基于汇编语言的星载操作系统，处理器主要是面向16位的8086处理器，航天器需要实现遥测采集与组帧、遥控解析、指令存储与发送、时间管理、串行总线管理任务，要求这些任务能够并行处理，为此研制了第一代星载操作系统，即基于8086 CPU采用X86汇编语言实现的操作系统。

该操作系统实现了8086处理器资源管理，将软件功能划分为多个任务，实现了简单的任务创建、任务轮转切换管理、静态内存分配、信箱通信和中断管理功能，解决了简单的任务间通信与切换问题，采用时间片轮转的调度方式，实现了航天器软件的多任务处理与基于时间片轮转的调度机制。

第二代星载操作系统是在 2000 年前后研制，我国航天器的星载计算机处理器由 16 位 8086 处理器升级为 32 位 SPARC 处理器。航天器数据管理任务相对原有任务增加，软件规模增加，任务运行模式更加复杂。第一代星载操作系统无法支持 32 位 SPARC 处理器管理，管理的 IO 接口较少，对多任务的调度方式较为单一，无法支持优先级抢占式调度，因此研制了第二代实时多任务星载操作系统。

该操作系统实现了 32 位 SPARC 处理器 TSC695F 的管理，为较大规模星载应用软件提供了统一的软件开发与运行平台，支持多任务管理、消息队列通信、内存管理、时钟管理和中断管理等功能，实现了基于任务优先级的抢占式调度，提高了多任务并行执行能力与实时性。

在 2010 年前后对第二代星载操作系统的功能进行了改进和升级，处理器平台也扩展了 486、AT697、国产 BM3803 等处理器。采用基于微内核的低耦合体系结构设计，实现了星载多任务基于时间片轮转和优先级的抢占式调度，除了原有功能外，扩展实现了信号量、异常管理、多任务浮点计算和基础用户库的功能。

第三代星载操作系统在 2018 年前后研制，星载处理器由单核处理器升级为多核处理器，大规模软件的可靠性安全性问题更加突出，而且在轨灵活扩展需求日益迫切，因此研制了支持多核处理器的分时分区操作系统。相比第二代星载操作系统，支持多核处理器实时调度、分时分区管理、APP 动态加载的功能。采用分时分区管理机制，支持部署多个应用软件在不同的分区运行，分区之间采用隔离保护机制，防止故障蔓延，即使一个应用软件出现问题，也不会影响其他应用软件和整个系统失效。分时机制保证了系统的确定性，对系统运行的资源预先分配，保障分区运行的空间与时间可预测。通过 APP 动态加载技术实现了航天器在轨应用的动态扩展和灵活更新。

本章 5.2 节~5.5 节介绍目前在轨主要使用的第二代星载操作系统设计，5.6 节介绍第三代支持多核的分时分区星载操作系统设计。

5.2 星载操作系统设计

面向航天的嵌入式实时操作系统运行在各种星载计算机中，空间环境由于单粒子效应和总剂量效应的存在，使得其与地面系统相比要复杂恶劣的多，随着航天任务和硬件复杂程度的提升，软件代码规模不断增加，对星载操作系统构成挑战。针对星载计算机硬件平台多种多样、易受空间环境影响、在轨飞行出现故障后难以干预的特点，星载操作系统需要满足以下需求。

（1）满足通用性的要求。为满足不同领域星载计算机的任务要求，星载操作系统需要提供任务管理、中断管理、内存管理、时钟管理和任务间通信管理的功能。

（2）具有独立于硬件平台的灵活的体系结构，能够移植到不同的 CPU 中。

（3）具有较高的实时性，能够支持外部事件快速响应和任务实时调度。

（4）可靠性要求。具有异常处理能力，在出错后识别异常并从异常中恢复，保证星载计算机长期无故障运行。

实时性和可靠性是星载操作系统的重要特性，两者相互影响又相互依赖，将实时性和可靠性两者相结合，采取以下设计思路。

（1）基于微内核的分层设计：参考 VxWorks、Integrity – 178B、RTEMS 等主流 RTOS 的设计思路，将星载操作系统分为硬件抽象层、内核层和用户接口层。硬件抽象层实现硬件配置和驱动。内核层包含微内核和内核扩展模块两部分，将内核功能独立出来成为一个最小内核（微内核），而将其他功能作为内核功能的扩展模块实现，降低系统内核核心功能和其他模块之间的耦合度，以实现系统实时性和可靠性的统一。用户接口层向应用软件提供统一的调用接口和用户支持库。

（2）可靠性策略和措施相分离：可靠性设计分两级实现，在内核层仅提供可靠性策略接口，进行异常事件处理过程中仅进行必要的异常信息保存和恢复，而可靠性处置措施可交给用户接口层实现，由用户选择配置异常处理措施，实现可靠性策略和措施相分离。

按照上述设计思路设计的星载操作系统（Extremely Valuable Time – critical Operating System，EVTOS）的结构如图 5 – 6 所示。

图 5 – 6 中三层的功能描述如下。

（1）硬件抽象层：为星载操作系统提供了特定于星载计算机硬件的板级驱动，可以屏蔽硬件平台的差异，有效保证内核层的独立性和操作系统的移植性。

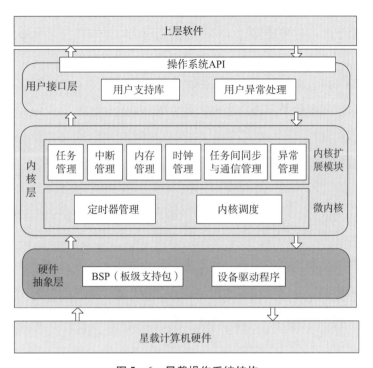

图 5-6　星载操作系统结构

硬件抽象层主要包括 BSP（板级支持包）和设备驱动程序，BSP 主要完成系统和 CPU 的初始化、内核初始化，设备驱动程序主要实现了硬件设备的驱动。

（2）内核层：实现了星载操作系统内核，由微内核和内核扩展模块组成。微内核设计尽可能小，只保留实现操作系统基本功能的模块，而把外围功能的实现放在微内核之外，不仅处理时间较少，而且降低内核出异常的概率，能够起到提高可靠性的作用。微内核包括操作系统处理核心的定时器管理和内核调度，内核扩展模块提供了星载操作系统的主要功能，包括任务管理、中断管理、内存管理、时钟管理、任务间同步与通信管理和异常管理的功能。其中异常管理模块对发生异常时的系统状态进行保存和恢复，用于保证系统的可靠性，该模块留有用户异常处理模块的挂接接口，在保存和恢复中间调用用户异常处理模块支持用户配置的具体异常处理措施。

（3）用户接口层：操作系统 API 用于屏蔽星载操作系统内核的接口，对星载操作系统接口进行统一管理，提供上层软件需要的标准接口和功能，如任务管理、中断管理、内存管理、信号量管理、消息队列管理、定时器管理和 IO 管理等接口，有利于上层软件移植。该层还包括用户支持库和用户异常处理模块。用户支持库提供了操作系统通用库，如数学函数库、字符串操作函数库、双向链表管理和循环缓冲区管理等通用库。用户异常处理模块将发生的异常信息记录到日志系统中并根据异常的类别分别处理，可由用户更改和配置。

5.3 操作系统运行过程

5.3.1 BSP 配置和初始化

星载操作系统如果要正确运行，需要先正确初始化处理器，这部分程序一般是在硬件抽象层通过汇编语言实现的。以 BM3803 处理器为例，系统刚上电或者复位后，对 BM3803 处理器的配置和初始化过程如图 5-7 所示。

图 5-7 中的 12 项内容功能描述如下。

（1）建立异常向量表，该步骤可以在系统刚上电时执行，也可以放在后面的 C 语言函数中执行。异常向量表定义了 256 个（0x00~0xFF）异常向量，每个异常向量包含四条指令，表示各异常处理的入口。当发生 trap 时，程序跳转到异常向量表，首先执行相应异常向量的四条指令，然后跳转到异常处理程序。

（2）初始化 IU 容错寄存器。在系统刚上电或者复位时，需要将%asr16 和%asr17 寄存器清零；对于刚上电或者复位后进入 Trap 0x0（上电复位陷阱）的系统，需要在陷阱首条语句中将%asr16 寄存器清 0。

（3）初始化处理器状态寄存器%psr，初始化窗口无效屏蔽寄存器%wim 为零。

在初始化时，可以将%psr 初始为 0x1FC0，表示禁止使用协处理器、禁止响应中断、处理器处于管理模式、保存最近一次陷阱发生时 S 位的值、禁止陷阱、当前窗口指针为零。

此处先将%wim 寄存器初始化为 0，是为了防止初始化 8 个寄存器窗口时，产生上溢或下溢陷阱。

（4）初始化窗口寄存器的值为 0。窗口寄存器是 REGFILE 中的寄存器，由

第 5 章 星载操作系统设计

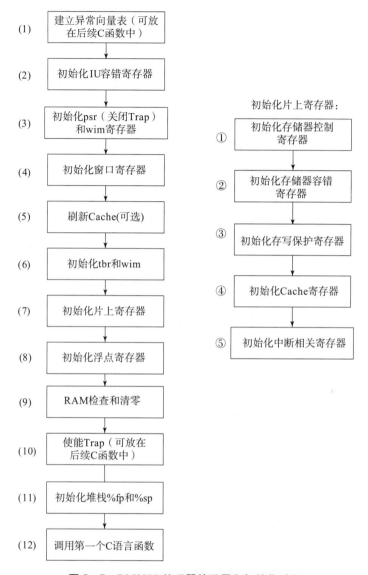

图 5-7　BM3803 处理器的配置和初始化过程

于采用 EDAC 设计,在读取这些寄存器之前,必须先清零,以保证其 32 位数据和 7 位校验位的正确性。窗口寄存器包括:7 个全局寄存器 (%g1~%g7)、8 个旋转寄存器窗口中的局部寄存器 (%l0~%l7)、输入寄存器 (%i0~%i7)、输出寄存器 (%o0~%o7)。

(5) 刷新 Cache,此步骤是可选的。如果需要使用 Cache,则先执行 flush 指令刷新 Cache；如果不使用 Cache，则省略此步骤。

（6）初始化异常基址标志寄存器%tbr 和窗口无效屏蔽寄存器%wim。将%tbr 寄存器初始化为 Trap 向量表的位置，一般设置为 0x0 地址，或者内存中的固定地址（如 0x40001000）。初始化窗口无效屏蔽寄存器%wim，设置最低 8 位的某一位为 1 即可，如设置为 2。

（7）初始化片上寄存器。

①根据硬件存储器使用情况，分别初始存储器控制寄存器 1（0x80000000）和存储器控制寄存器 2（0x80000004）的值。

存储器控制寄存器 1 包括 IO 总线宽度、IO 读/写等待周期、PROM 数据宽度（可由 GPIO 的第 1、0 位配置）、PROM 读/写等待周期的设置。例如，初始化为 0x14589f09，表示：IO 总线宽度为 32、总线准备好使能、总线错误禁能、IO 读/写等待周期为 5、IO 访问使能、PROM 写等待周期为 9、PROM 写使能、PROM 数据宽度为 32 位、PROM 读等待周期为 9。

存储器控制寄存器 2 包括 SDRAM 的设置、SRAM 读写等待周期、SDRAM 使能、SRAM 使能、SRAM bank 大小、SRAM 数据宽度的设置。如初始化为 0x19073，表示：SDRAM 禁能、SRAM 使能、SRAM bank 大小为 2MB、SRAM 读写等待周期为 3、读改写方式使能、SRAM 数据宽度为 32 位。

②初始化存储器容错寄存器 1（0x80000100），初始化存储器容错寄存器 2（0x80000104）、存储器容错寄存器 3（0x80000108）的值为 0。

存储器容错寄存器 1 包括 SRAM 的 5 个 bank 的 EDAC 使能、PROM 的 EDAC 使能（可由 GPIO 的第 2 位配置）、EDAC 写旁路、EDAC 读旁路、测试信息的设置。如初始化为 0xF4000000，表示：SRAM 的 Bank1～Bank4 的 EDAC 使能、PROM 的 EDAC 使能、EDAC 写旁路禁能、EDAC 读旁路禁能（检错且纠错）。

③初始化写保护寄存器 1 和写保护寄存器 2 的值为 0。这两个寄存器上电或者复位后状态不确定，如果不初始化可能触发 RAM 的写保护，导致写 RAM 不正常，因此在写 RAM 前必须初始化这两个寄存器。

④初始化 Cache 寄存器。如果需要打开 Cache，则初始化 Cache 控制寄存器（0x80000014）为 0x81000F，打开指令 Cache、数据 Cache、数据 Cache Snoop 功能、指令 burst 取功能。

⑤初始化中断相关寄存器。分别初始化中断屏蔽寄存器的值为零，屏蔽所有中断；初始化中断强制寄存器的值为零，禁止强制中断；初始化中断请求寄存器为 0xFFFE，清除所有中断。

（8）初始化浮点寄存器。设置浮点状态寄存器%fsr 的值为零，清零所有浮点寄存器%f0~%f31。

（9）RAM 正确性检查和 RAM 清零，在检查和清零过程中需要注意清狗操作，以防硬件看门狗狗咬复位。

（10）使能 Trap。设置%psr 寄存器的"ET"位为 1，此步骤也可放在后续 C 语言函数中调用汇编函数使能 Trap。

（11）初始化堆栈%fp 和%sp，在调用 C 函数之前执行此步骤即可。将堆栈%fp 和%sp 寄存器初始化为内存中的固定地址，如%fp = 0x40200000,%sp = %fp - 0x60，建立 C 语言函数调用的堆栈环境，用于第一个 C 语言函数的调用。

（12）调用星载操作系统的第一个 C 语言函数，转向 C 语言处理。

在第（12）步骤之后，BSP 配置和初始化程序将软件映像搬移到 RAM 中，并跳转到 RAM 中执行。

5.3.2　内核初始化及执行过程

星载操作系统内核的初始化及执行过程如图 5-8 所示，主要包括 BSS 段（未初始化的数据段）清零、异常与中断管理初始化、定时器管理初始化、内核任务及存储空间初始化、任务间同步与通信管理初始化、时钟管理初始化、内存管理初始化和用户支持库初始化，然后跳转到上层软件入口，执行上层软件。

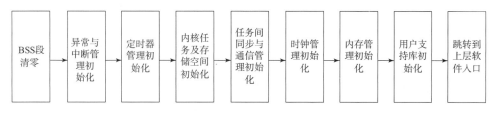

图 5-8　内核的初始化及执行过程

图 5-8 中主要模块功能描述如下。

（1）BSS 段清零：将系统的未初始化的数据段空间的值设置为 0。

（2）异常与中断管理初始化：初始化异常与中断向量表，每个向量跳转到一个标准的异常/中断处理程序，作为"后台"程序，对发生异常时的系统状态进行保存和恢复。

（3）定时器管理初始化：初始 CPU 的定时器，用于设置每个时间片触发一次任务调度。

（4）内核任务及存储空间初始化：创建内核根任务、任务栈空间和中断栈空间，建立多任务环境。

（5）任务间同步与通信管理初始化：初始化信号量和消息队列对象，该部分完成后，可以调用信号量接口创建信号量并使用，调用消息队列接口创建消息队列并使用。

（6）时钟管理初始化：初始化时钟对象，该部分完成后，可以调用时钟管理接口创建定时器并使用。

（7）内存管理初始化：创建内存对象，该部分完成后，可以调用内存管理接口分配或释放内存空间。

（8）用户支持库初始化：初始化用户支持库，该部分完成后，可以调用用户支持库的接口。

（9）跳转到上层软件入口：上层应用软件的入口处，用于调用上层应用软件的第一个函数。

5.4 操作系统内核的功能

本节说明星载操作系统内核的主要功能，包括任务管理、任务调度、任务间同步与通信、内存管理、中断/异常管理和时钟管理。

5.4.1 任务管理

星载操作系统中的任务也称为进程，是资源分配和调度的基本单位，星载操作系统一项重要的工作就是进行任务的管理和调度。

在任务的概念出现之前，计算机程序一般是顺序执行的，操作系统中引入任务主要是用于程序并发执行和系统资源共享。

（1）程序并发执行。程序并发执行过程中，程序的任意两条指令之间都可能因随机事件而产生程序切换，程序的执行不再是绝对的顺序执行，而是执行一个程序段后切换到另一个程序段执行。虽然用户感觉程序段在并发执行，但是对于单核 CPU 而言，任一时刻只有一个程序在 CPU 上执行。为了描述程序段在 CPU 上如何执行、如何切换，在操作系统中引入了任务的概念。

（2）系统资源共享。程序并发执行时，存在一些系统资源被多个程序段共享使用，一些硬件资源如总线、遥控输入接口和遥测输出接口等，也有一些共享数据区存在被多个程序段读写的情况。从宏观上看，这些系统资源被多个程序段共享使用，但是在程序执行过程中，如果某程序段在运行过程中，其他程序不能再访问这些资源，否则会导致资源冲突，只有在某程序段使用完后，另一个程序段才能访问。任务就能很好地解决这个问题，通过任务划分，操作系统和上层软件能够准确知道和分配系统资源，某一个任务访问系统资源时，避免其他任务同时访问，有效实现系统资源共享。

星载操作系统对任务的管理主要有任务创建、任务删除和任务状态改变。为了能够对任务进行管理，引入了上、下文（Context）的概念来描述任务，每个任务都有自己的上、下文。上、下文包括了实时内核管理任务以及处理器执行任务所需要的所有信息，如任务优先级、任务的状态等实时内核所需要的信息，以及处理器的各种寄存器的内容。任务的上、下文通过任务控制块 TCB（Task Control Block）来实现，在上、下文切换过程中，每个任务的上、下文被保存在该任务的任务控制块 TCB 中。

对任务的管理主要通过任务控制块 TCB 中的优先级、队列和状态等参数进行描述。任务的优先级表示任务在处理上的优先程度，优先级越高，表明任务越需要得到优先处理。如航天器中处理飞行状态的任务，就需要具有较高的优先级，一旦执行条件得到满足，应及时执行。任务的优先级分为静态优先级和动态优先级。静态优先级表示任务的优先级被确定后，在系统运行过程中将不再发生变化；动态优先级表示在系统的运行过程中，任务的优先级是可以动态变化的。

任务的队列跟任务的状态有关，任务处于某种状态，操作系统就会将其放入相应状态的队列中管理。在多任务系统中，任务只有在所需资源都获得的情况下才执行。因此，任务拥有的资源情况是不断变化的，任务状态也不断变化。星载操作系统中任务的状态共分为 5 种：运行态、就绪态、阻塞态、延迟态和挂起态。

（1）运行态：处于就绪状态的任务被调度运行、获得 CPU 的控制时，这个任务的状态就处于执行状态。运行态只能从就绪态转化而来，它是就绪态在特殊情况下的一个延伸状态。

（2）就绪态：任务获得了所需的除 CPU 之外的所有资源。当任务延时到时，或者启动一个处于挂起态的任务，或者当一个处于阻塞状态的任务待阻塞的条件满足时，任务进入就绪态。处于就绪态的任务，是可以转为运行态被 CPU 调度执行的，但不一定立即被执行。

（3）阻塞态：当一个任务等待某种资源且不可获得时，这个任务处于阻塞态。任务可能因申请信号量、等待消息等系统调用而进入阻塞态。在获得了等待的资源后，任务可由阻塞态转入就绪态。

（4）延迟态：一个任务睡眠一段时间，即延迟执行一段时间。可通过任务延时系统调用使任务在指定的时间间隔内被挂起。执行这个系统调用的任务在延迟时间间隔到时之前一直处于延迟状态，时间间隔到时后，任务将会恢复为就绪态。

（5）挂起态：通过系统调用将任务挂起，主要用于调试或在一段时间内不再执行某任务而将其设置为挂起态。可通过"任务挂起"系统调用将任务置为挂起状态，通过"任务恢复"系统调用恢复任务的就绪状态。

5.4.2 任务调度

在单核处理器中，任何时候都只有一个任务在 CPU 中执行，如果没有任务可运行，就运行空闲任务执行空操作。CPU 正在执行的任务处于运行态，操作系统的调度程序从任务的就绪队列中选择下一个需要执行的任务。除运行态和就绪状态外，任务还可能处于等待状态（阻塞态、延迟态或挂起态）。例如，任务在需要等待 IO 设备或其他任务提供的数据而数据又还没有到达该任务的情况下，就处于等待状态。

在一定条件下，任务会在不同的状态之间进行转换，称为任务状态转换（Task State Transition）。任务状态转换情况如图 5-9 所示。对于处于就绪态的任务获得 CPU 后，就处于运行态。处于运行态的任务如果被高优先级任务所抢占，任务又会回到就绪态。处于运行态的任务如果需要等待资源，任务会被切换到等待状态。对处于等待状态的任务，如果需要的资源得到满足，就会转换为就绪态，等待被调度执行。

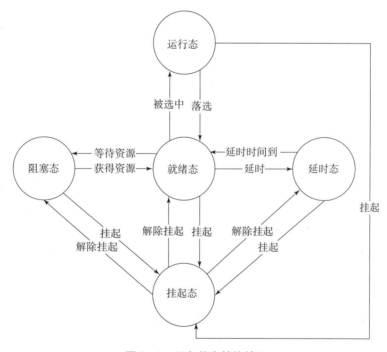

图 5-9　任务状态转换情况

任务调度是特定事件发生时根据系统资源的占用情况对任务状态的统一管理和调配，调度策略往往决定了星载操作系统的特点。星载操作系统通过一个调度程序来实现调度功能，调度程序以函数的形式存在，用来实现操作系统的调度算法，在操作系统内核的多个部分被调用，是在预设的事件下进行的。调度程序被调用的时机，主要包括周期性事件和突发性事件。

（1）周期性事件：以固定时间为周期触发一次调度，也称为时间片调度。

（2）突发性事件：一旦发生这些特定事件，即触发操作系统内核执行一次调度程序。这类事件包括中断服务程序结束、任务执行结束等。

调度程序也是一段程序代码，其执行需要消耗系统时间，如果设计的过于复杂：一方面会占用一定的系统开销，由于调度程序会频繁执行，则可能导致系统开销过大；另一方面会导致用户任务执行状态复杂，对系统的运行情况产生一定的不确定性。因此，调度程序会对系统实时性和性能产生一定影响，在设计调度程序时，通常需要考虑以下因素。

（1）CPU 使用率：调度程序在预设的事件下执行，而不是越频繁越好，也不是随机执行。执行过多导致系统开销增大，正在执行的任务被频繁切换导致系统效率降低，随机执行导致该执行的任务得不到执行，系统吞吐量降低。

（2）任务执行的公平性：要求系统内的所有任务均被公平的调度执行，而不会长期得不到响应。

（3）任务执行的实时性：不同任务的优先级或者紧急程度不同，优先级高的任务应该比优先级低的任务更快执行。

目前，嵌入式实时操作系统的任务调度方法主要有基于优先级的抢占式调度方法和基于时间片的轮转调度方法两种。

（1）基于优先级的抢占式调度。在基于优先级的抢占式调度方法中，每个进程被指定一个优先级，调度采用抢占的方式，如果出现具有更高优先级的任务处于就绪状态时，则当前任务将停止运行，把 CPU 的控制权交给具行更高优先级的任务，使更高优先级的任务得到执行。因此，操作系统实时内核需要确保 CPU 总是被具有最高优先级的就绪任务所占有。这意味着，当一个具有比当前正在运行任务的优先级更高的任务处于就绪状态的时候，实时内核应及时进行任务切换，保存当前正在运行任务的上下文，切换到具有更高优先级的任务的上下文，执行更高优先级的任务。

（2）基于时间片的轮转调度。基于优先级的抢占式调度方法保证了高优先级任务的实时性，但容易导致低优先级的任务长期得不到响应。基于时间片的轮转调度方法可以实现任务轮转调度，把所有就绪任务按先入先出的顺序放入调度队列，称为就绪队列。每当执行任务调度时，调度程序总是选出就绪队列的第一个任务，在 CPU 上运行一个时间片的时间，当时间片用完时，产生时钟中断（也称为时间片中断），调度程序停止任务的运行，把它放入就绪队列的末尾，下一次调度再选出就绪队列的第一个任务执行。基于时间片的轮转调度方法中，当任务运行完一个时间片后，该任务即使还没有停止运行，也必须释放处理器让下一个任务运行，使任务具有平等的运行权利。

为保证任务的实时性和公平性，星载操作系统采用基于时间片的轮转调度和基于优先级的抢占式调度相结合的调度方法，在时间片中断（周期性事件）和特定事件（突发性事件）的触发下执行调度程序，如图 5 – 10 所示。星载操作系统内核调度程序以时间片为周期进行调度，选择就绪队列中优先级最高的任务执行，如果优先级相同，则按照就绪队列的先后顺序执行。

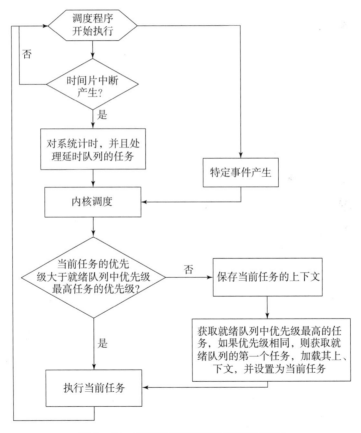

图 5 – 10　星载操作系统任务调度示意图

时间片中断是周期性触发的，如果当前任务（处于运行态的任务）不再执行，需要执行任务切换。首先保存当前任务的上、下文到任务堆栈中；然后从就绪队列中获取优先级最高的任务，如果优先级相同，则获取就绪队列的第一个任务，从该任务的堆栈中加载上下文并且执行。

某些特定事件也能触发星载操作系统重新调度，这些特定事件是指能够引起内核重新调度的事件，包括中断退出、异常处理退出、任务执行结束和由上层软件调用相关函数引发。上层软件调用的能够引发重新调度的函数主要包括任务延时、任务挂起和恢复、信号量获取和释放、消息队列发送和接收等系统调用函数。当这些特定事件发生时，系统会立即执行一次调度程序，而不必等到时间片中断到达时才调度。

特定事件触发的调度方式实现了系统对紧急事件的实时响应，能够保证航天器应用对紧急事件如实时程控指令的快速响应。在星载计算机运行过程中，如果某任务需要处理关键指令，可以在接收关键指令的中断服务程序中释放信号量，通知星载操作系统软件执行一次内核调度，则获取该信号量的任务会被调度执行，而无须一直等待时间片轮转，从而减少了关键事件的调度等待时间。

5.4.3　任务间同步与通信管理

任务是并发运行的，多个任务可能竞争公共资源。在大多数情况下，有些资源在某一时刻仅能被某一个任务使用，并且在使用过程中不能被其他任务中断，这就是任务间的互斥。这些资源主要包括特定的外部设备、共享内存等。包含了使用共享资源的代码不能同时被多个任务调用执行，称为临界区域。如果两个任务同时进入同一临界区域，将会导致意想不到的错误。除了互斥关系，任务间还有同步关系，多个任务通过协同，按照正确的顺序依次执行。

在上层软件中，一项工作的完成往往要通过多个任务或多个任务与多个中断服务程序共同完成，它们之间必须协调好互斥和同步关系，有的还需要传递数据进行通信。星载操作系统一般通过信号量实现任务同步和互斥，通过消息队列实现任务通信。

1. 信号量

信号量主要用于实现任务间的同步与互斥。针对不同类型的问题，星载操作系统提供以下三种信号量机制。

(1) 二进制信号量：状态包含 0 和 1 两种状态，速度最快，只有一个任务释放信号量（将信号量的值置 1）后，其他的任务才可以获取这个信号量（将信号量的值置 0）。主要用于解决任务间的同步问题。

（2）互斥信号量：是一种特殊的二进制信号量，主要用于解决任务间的互斥问题。

（3）计数信号量：可以被多个任务获取直到达到计数信号量的最大设定值，用于保护同一共享资源的多个实例。

信号量有基于优先级的模式和先进先出的模式，如果是基于优先级的模式，则从等待该信号量的任务队列中以优先级从高到低的顺序恢复执行；如果是先进先出的模式，则从等待该信号量的任务队列中按先后顺序恢复执行。

使用互斥信号量实现任务间互斥的应用如图 5-11 所示。任务 1 和任务 2 均使用互斥信号量 sem 保护临界区域的操作，如果当前任务 1 正在执行，即使任务 2 优先级大于任务 1，只有当任务 1 释放互斥信号量 sem 后，任务 2 才能获取互斥信号量 sem 并执行，避免出现任务 1 在执行临界区域操作时，任务 2 抢占执行，也对同一临界区域操作的情况，实现了对临界区域操作的互斥保护。

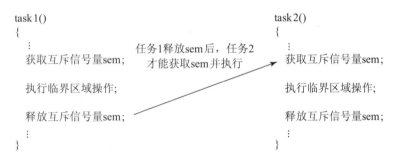

图 5-11 任务间互斥的应用

使用二进制信号量实现任务间同步的应用如图 5-12 所示。只有当任务 1 释放二进制信号量 sem 后，任务 2 才能获取二进制信号量 sem 并执行，确保任务 1 得到某种结果或状态后，任务 2 在任务 1 之后执行。使用二进制信号量实现同步的方法也可以用于中断服务程序与任务之间的同步，即中断服务程序释放二进制信号量后，任务才能获取二进制信号量并执行。

2. 消息队列

消息队列可存放若干消息，提供了一种任务间缓冲通信的方法。发送消息的

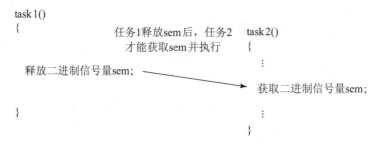

图 5–12 任务间同步的应用

请求将消息放入消息队列，而接收消息的请求则将消息从消息队列中取出。根据消息队列的类型，消息可以放在消息队列的前端，也可以放在消息队列的后端，消息队列中消息的类型和消息的数量可以配置。

消息队列的类型有基于优先级的模式和先进先出的模式，如果是基于优先级的模式，则任务以优先级从高到低的顺序恢复执行；如果是先进先出的模式，则任务按被挂起的先后顺序恢复执行。消息队列数据结构通过以下参数进行控制：参数 maxMsgNum 表示消息队列中能存放的最大消息个数，参数 msgMaxLen 表示每个消息的最大长度，以字节为单位。参数 sTimeout 和 rTimeout 分别定义了发送超时时间、接收超时时间，如果超时得不到响应，则不再将消息送入消息队列或从消息队列中获取消息。

发送方任务向消息队列发送消息的过程是将消息复制一份后放入消息队列中，消息队列存放的是消息的副本。接收方任务从消息队列中获取消息，消息队列将消息复制给接收方任务，并将消息从消息队列中删除。消息队列运行示意图如图 5–13 所示。

可见消息队列收发过程存在两次数据复制，使用消息队列进行通信的消息不宜过大，如果消息过大，使用消息队列进行通信的效率较低。为了提高系统性能，一种解决办法是可以使用指针的方式，即发送方发送给消息队列的消息是指针，而指针指向的消息大小可以是任意的，复制过程也是对指针（4B）的复制，大大减少了复制的数据量，提高运行效率。需要注意的是，使用该方式需要注意指针的保护和有效性。

图 5–13 给出了通过消息队列进行单向数据通信的示例，任务间进行双向数

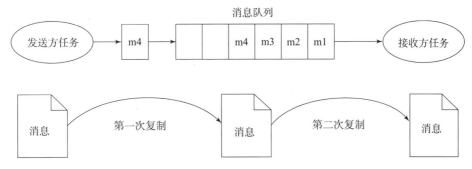

图 5-13 消息队列运行示意图

据通信需要使用两个消息队列，如图 5-14 所示。任务 1 通过消息队列 1 向任务 2 发送消息，任务 2 通过消息队列 2 向任务 1 发送消息。

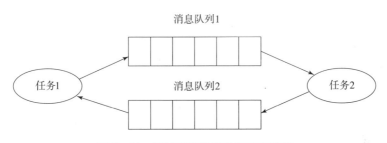

图 5-14 通过消息队列进行双向通信

5.4.4 内存管理

不同操作系统的内存管理方式不同，一般来说，大型操作系统的内存管理方式较为复杂，而对于星载操作系统这类嵌入式实时操作系统，简单的内存管理方式更加实时、可靠。

在有些星载操作系统中，为减少内存分配的时间开销，可采用静态分配的内存管理方式。在静态分配方式中，系统在启动前，所有的任务都获得了所需要的所有内存，运行过程中将不会有新的内存请求。对于这种方式，不需要操作系统进行专门的内存管理操作，适合那些强实时、应用比较简单和任务数量可以静态确定的系统。

使用动态内存分配方式，操作系统可根据用户的实际需要动态的分配内存空间，从可用的空闲内存空间内，划分出一个合适大小的内存空间并分配给它。为实现对空闲内存块的分配和链接，在每个内存块的起始部分，都设置一些用于控制内存分配的信息，以及用于链接内存块的前向指针。在分区尾部设置后向指针，通过前向、后向指针将所有的内存块链成一个双向链表，用于内存块的管理，即内存块的分配和释放。该链表称为空闲内存块链表。

当需要分配内存空间时，系统从空闲内存块链表中找出合适的空闲内存块进行分配。空闲内存块分配后，系统更新空闲内存块链表。为实现动态内存分配，必须按照一定的分配算法从空闲内存块链表中分配空闲内存块给用户。常见的内存分配算法有首次适应算法、循环首次适应算法、最佳适应算法。

（1）首次适应（First Fit）算法。将空闲内存块链表按起始地址递增的顺序排列，分配时从链表头部开始查询，直到找到大小满足的第一个内存块为止。

这种分配算法的特点是优先分配低地址内存块，从而在高地址空间中能保留较大的空闲内存块，有利于满足对内存空间需求大的任务。但由于查找总是从链表头部开始，当前面的空闲区被分割的很小且很多时，其能满足分配要求的可能性也就越小，查找空闲内存块的次数也就越多，分配效率下降。

（2）循环首次适应（Next Fit）算法。为了解决首次适应算法的缺点，给任务分配内存空间时，不再是每次都从链头开始查找，而是从上次找到的空闲内存块的下一个内存块开始查找，直至找到一个能满足要求的空闲分区为止。因此，需设置一个起始查询指针，用于指示下一次开始查找的内存块。

这种分配方式的优点是内存中的空闲内存块分布均匀，减少了查找空闲内存块的系统开销，缺点是缺乏大的空闲内存块供内存空间需求大的任务专门使用。

（3）最佳适应（Best Fit）算法。最佳适应算法要求空闲内存块链表按内存块大小递增的顺序排列，在给任务分配内存空间时，从链表头部开始查询，直到找到大小满足的第一个内存块为止。此方法找到的空闲内存块的大小最接近任务申请量。

这种算法的特点是平均只要查找一半链表便能找到合适的空闲块；分配后所剩余的空闲块很小，难以再利用。

星载操作系统采用静态内存分配和动态内存分配相结合的方式。航天器软件的特点是任务相对确定，在运行过程中，除进行在轨维护会增加少量的任务外，其他任务一般是固定不变的，在初始运行时已经分配好内存块，在运行过程中不会发生变化，这部分采用静态内存分配的方式，这种分配方式高效且可靠。动态内存分配方式的使用频率较少，一般用于在轨维护时动态增加或删除任务，星载操作系统动态内存分配方式采用循环首次适应算法。

5.4.5 中断与异常管理

中断与异常管理功能对星载操作系统的实时性有很大的影响，航天器软件的很多实时性动作是由外部中断事件触发的，如收到遥控注入数据引起的遥控中断、收到星箭分离引起的中断等。

异常管理是星载操作系统这类实时操作系统的重要功能。异常是打断处理器正常运行，使处理器进入一个由特权指令执行的事件。当异常发生时，CPU 能够捕获异常，无条件地挂起当前运行的程序，并转入异常处理代码执行。异常分为同步异常和异步异常。

（1）同步异常。处理器内部事件引起的异常，这些内部事件与处理器指令执行相关。由于执行某些指令使处理器中断正在执行的程序，包括引起程序执行错误的指令和软件异常指令，引起程序执行错误的指令如非法指令、除零和地址未对齐等指令，软件异常指令如 SPARC 处理器中的 ta 指令用于产生一次异常。

（2）异步异常。处理器外部事件引起的异常，这些外部事件是与处理器指令执行不相关的，来源于外部硬件信号。中断是异步异常，由外部硬件信号产生的事件引起。

由于中断管理的重要性，除特别说明外，本章将异常管理与中断管理分成两类进行说明。异常管理和中断管理的设计思路一致，采用向量表跳转的方式实现，并且将异常管理和中断管理分两个层次：第一层是标准的内核处理过程；第二层是用户挂接的具体处理过程。

星载操作系统采用向量的方式处理异常/中断事件，每个向量对应一个异常/中断处理程序，存储处理程序的跳转指令，处理器的所有向量按顺序排列成为向量表。以航天用主流 SPARC 处理器为例，向量表包含 256 个向量，每个向量只有 4 条机器指令，占用 16 B，存储了异常/中断处理程序的跳转指令。中断和异常管理过程就是 CPU 收到中断和异常信号后，程序指针跳转到向量表中对应的向量上，执行异常/中断处理程序的过程。

异常管理分两个层次：内核层的异常管理模块和用户接口层的用户异常处理模块，上述向量表中的异常处理程序就是内核层的异常管理模块，将用户异常处理模块挂接在内核层的异常管理模块的末端。内核层的异常管理模块是"后台"程序，对发生异常时的系统状态进行保存和恢复。当异常发生时，首先保存异常发生时的 CPU 寄存器状态到内存中，然后转向执行用户异常处理模块，执行完毕后再次转向"后台"程序，在异常退出前从内存中恢复 CPU 寄存器状态。

内核层的异常管理模块是对发生异常时的 CPU 上、下文信息进行保存和恢复的过程，对用户不可见。用户接口层的用户异常处理模块是用户可配置和修改的。一般地，用户接口层的用户异常处理模块会保存发生异常的地址等异常信息，并清除异常信息，从异常中恢复星载计算机软件系统的运行。通过上述两级异常管理，不仅可以实现内核层异常管理程序的通用化，而且能够适应不同系统对异常处理的多变性需求，实现了可靠性策略和措施相分离的原则。

中断管理与异常管理过程类似，将中断服务程序挂接在内核层中断管理模块的末端。内核层的中断管理模块是"后台"程序，对发生中断时的系统状态进行保存和恢复。异常管理和中断管理的处理过程如图 5 – 15 所示。

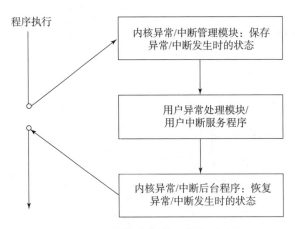

图 5 – 15 异常/中断管理的处理过程

中断的触发是由外部请求引起的，与指令操作无关。以航天广泛使用的 BM3803 处理器来说明中断的硬件触发过程，如图 5 – 16 所示。

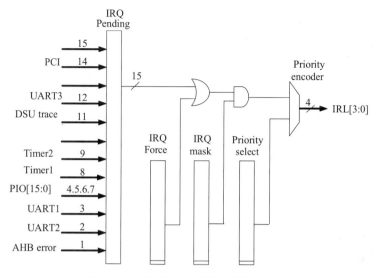

图 5-16 BM3803 处理器中断触发过程

中断产生时，中断请求寄存器中的相应位被置位。中断控制器将当前优先级最高的未屏蔽中断送给处理器的 IU 单元。当 IU 确认中断后，中断请求寄存器的相应位自动清零。

BM3803 处理器的中断列表见表 5-1。

表 5-1 BM3803 处理器的中断列表

中断号	中断类型	中断源	优先级
15	0x1F	unused	17
14	0x1E	PCI 中断	18
13	0x1D	unused	19
12	0x1C	UART3	20
11	0x1B	DSU 跟踪缓冲器	21
10	0x1A	Unused	22
9	0x19	定时器 2	23
8	0x18	定时器 1	24

续表

中断号	中断类型	中断源	优先级
7	0x17	IO 中断 3	25
6	0x16	IO 中断 2	26
5	0x15	IO 中断 1	27
4	0x14	IO 中断 0	28
3	0x13	UART 1	29
2	0x12	UART 2	30
1	0x11	AHB 总线错误	31

BM3803 处理器的异常类型符合 SPARC V8 规范,按照优先级来排列,主要包括的异常见表 5 – 2,当系统进入以下异常时,按照异常管理过程进行处理。

表 5 – 2　BM3803 异常的类型

异常	类型	描述	优先级
reset	0x00	上电复位	1
write_error	0x2b	写错误	2
instruction_access_exception	0x01	无法被纠正的取指错误	3
privileged_instruction	0x03	用户模式下执行特权指令	4
illegal_instruction	0x02	UNIMP 或其他未实现的命令	5
fp_disabled	0x04	不使能 FPU 时执行浮点指令	6
cp_disabled	0x24	不使能协处理器时执行协处理器指令	6
watchpoint_detected	0x0B	探测到观察点	7
window_overflow	0x05	SAVE 进入无效窗口	8
window_underflow	0x06	RESTORE 进入无效窗口	8
register_hardware_error	0x20	检测到不可纠正的寄存器堆错误	9
mem_address_not_aligned	0x07	访问存储器时地址未对齐	10
fp_exception	0x08	FPU 陷阱	11
data_access_exception	0x09	load 指令访问错误	13
tag_overflow	0x0A	Tagged 运算溢出	14
divide_exception	0x2A	被 0 除	15
trap_instruction	0x80 – 0xFF	软件异常指令(TA)	16

5.4.6 时钟管理

星载操作系统时钟管理的一个重要功能是提供时间片功能,一个时间片称为一个 tick,星载操作系统每个时间片执行一次调度。时间片就是对定时器进行设置,定时器计时结束后产生脉冲触发中断而产生的一次"时钟嘀嗒"信号。时间片一般是周期性中断,在初始化时,根据系统时钟设置定时器的计数值。时间片调度功能接口作为内部接口,一般不向用户提供。

在星载操作系统内核中,除了任务调度周期与时间片有关外,与时间片有关的还有:任务等待一段时间后激活、等待信号量的最大时间、获取消息队列中消息的最大等待时间、软件定时器定时与激活等,均是以时间片为单位的。

星载计算机系统中有大量的定时及控制需求,如任务周期性运行、定时触发某个事件、任务延时控制、外部设备接口操作延时控制等。这些都需要使用定时器进行控制,而处理器一般只提供少量的硬件定时器,如 BM3803 处理器包含两个定时器(定时器 1 和定时器 2),因此需要通过有限的硬件定时器建立多个软件定时器,为用户提供时钟管理服务。

软件定时器可以为上层软件提供定时服务,如以 500 ms 为周期广播系统消息、任务 100 ms 运行一次、等待 50 ms 触发一段程序、等待外设准备超时后执行错误处理等。使用软件定时器首先需要创建定时器,然后启动定时器,一旦指定的时间结束,定时器将调用预先配置的定时器中断服务程序,上层软件可以在时间结束前结束该定时器。

5.5 星载操作系统提供的接口

星载操作系统提供的主要接口包括:任务管理接口、任务间同步与通信管理接口(包括信号量接口和消息队列接口)、内存管理接口、中断与异常管理接口和时钟管理接口,见表 5-3。

表 5-3 星载操作系统提供的主要接口

序号	功能分类	接口	说明
1	任务管理功能	任务创建	根据需要分配任务的堆栈空间，并进行初始化；为任务对象分配标识，并创建 TCB；将任务转换到就绪状态，放入就绪队列。该接口返回创建的任务的 ID
2		任务删除	根据任务 ID 删除一个任务，使得指定的任务退出，并且释放堆栈和 TCB 内存资源
3		任务挂起	根据任务 ID 挂起一个任务，使任务的状态为挂起态。如果 task ID 为 0，则挂起调用该函数的任务（本任务）
4		任务恢复	根据任务 ID 恢复一个挂起的任务，该任务的挂起状态被清除，但是其他状态仍然保留
5		任务延时	将一个正在执行的任务延时指定的时间，任务进入延迟态，延迟的时间到后，延迟态被清除，但是其他状态仍然保留
6		任务优先级设置	根据任务 ID，能够改变或者获取该任务的优先级
7	信号量功能	信号量创建	根据传入的类型创建一个信号量，并返回该信号量
8		信号量删除	删除指定的信号量，并释放其占用的空间
9		信号量获取	获取指定的信号量
10		信号量释放	释放指定的信号量
11	消息队列功能	消息队列创建	根据传入的参数创建一个消息队列，并返回该消息队列
12		消息队列删除	删除指定的消息队列，并释放其占用的空间
13		向消息队列发送消息	将消息放入指定的消息队列中。发送消息时，在输入参数中需要指定"消息的紧急程度"，分为普通消息和紧急消息，如果是普通消息，消息按照先进先出或基于任务优先级的方式排队，先送入消息队列的消息最先被任务接收到，后进入消息队列的消息后接收。如果是紧急消息，该函数将消息放入消息队列的队头，最先被任务接收到
14		从消息队列接收消息	从指定的消息队列中取出消息
15		查询消息队列当前消息数	查询指定的消息队列中的消息数量并返回

续表

序号	功能分类	接口	说明
16	内存管理功能	分配内存接口	从系统内存空间中分配一段指定大小的内存
17		释放内存接口	从系统内存空间中释放一段指定的内存
18	中断与异常管理功能	中断挂接接口	用于挂接用户的中断服务程序,当中断发生时,被挂接的用户中断服务程序被执行
19		关中断接口	屏蔽系统的中断,此时如果处理器有中断信号,软件不响应中断
20		开中断接口	使能中断,恢复关中断接口之前的使能中断状态
21		用户异常处理接口	由用户配置和实现,用于异常处理,由内核层的异常管理模块调用
22	时钟管理功能	创建定时器接口	创建一个定时器,并返回。新创建的定时器没有激活,即没有开始计时,也不会触发用户提供的定时器服务程序
23		启动定时器接口	创建定时器后,通过该接口启动定时器,触发定时服务。用户需要提供定时器服务程序和输入参数。定时器是单次触发的方式,即定时器触发后,变为停止状态,不再继续触发,用户可以在定时器服务程序中再次启动,实现周期性触发功能
24		停止定时器接口	使指定的定时器停止工作,用户挂接的定时器服务程序不再被触发,除非定时器被重新启动
25		复位定时器接口	把定时器的值恢复到初始设置的值
26		删除定时器接口	删除指定的定时器,如果定时器还没结束,则停止该定时器后删除

5.6 支持多核的星载分时分区操作系统

随着空间技术及其应用不断深入,航天器软件系统的任务规模和复杂程度不断上升,单核计算机及其软件已逐渐不能满足现有实时运算和星内总线管理任务,更无法与航天器智能化需求相匹配。单核计算机及其软件的发展出现瓶颈,主要面临以下问题。

(1)处理器占用率即将饱和,运算性能需要提升。除了需要完成遥测管理、遥控管理、1553B 总线管理、422 串口管理、时间管理等传统功能外，还需要完成积分时间运算、轨道计算、自主任务规划、星间组网、图像处理等功能，这些功能对处理器的性能要求较高，星载单核处理器及其软件已较难满足任务要求。以遥感卫星为例，积分时间运算、轨道计算、自主任务规划和图像处理已占据处理器较大资源；载人空间站信息系统需对 6 套总线进行管理，总线数量、每套总线的通信数据量相比现有卫星分别增加了 5 倍和 2 倍；小卫星星座组网需对卫星组网和动态路由功能进行处理，保证星间实时通信。上述任务运行使星载单核处理器资源余量不足，难以承担更多任务。

（2）大规模航天器软件的可靠性安全性问题更加突出。航天器软件规模越来越大，软件中的错误难以完全避免，更需要一种安全保护机制，防止上层软件中的一个错误导致整个系统崩溃。

（3）在轨灵活扩展需求更加迫切。当前采用全部软件重新编译后，进行部分或全部软件在轨维护的方式，软件功能扩展受到一定限制。需要一种灵活更新和扩展的方式，使航天器功能升级与扩展更加方便。

在单核处理器时期，处理器的工作频率决定其性能，芯片制造商通过提高主频的方式来提升处理器的性能。然而在半导体工艺发展到一定程度时，随着运行主频的提高，处理器的功耗、片内互连线延迟以及设计复杂度也不断变大，成为限制提升处理器性能的瓶颈。在这种情况下，处理器开始朝着多核方向发展。多核处理器管理和能保证故障隔离的分时分区管理机制逐渐成为星载操作系统研究的重点。

5.6.1 设计思路

支持多核的星载分时分区操作系统需要进行如下设计。

（1）多核处理器实时调度与管理。对高性能多核处理器进行统一管理，保证软件系统的快速处理、实时性和稳定性，提高多核处理器的综合管理效率。

（2）分时分区管理。在没有妥善隔离手段的支持下，不同软件集中在一起实现，单一的软件故障，扩散到整体软件将几乎不可避免。因此，需要在空间和时间上对上层软件实施隔离和保护的分区管理机制，提高星载操作系统的可靠性。

（3）APP（应用软件）动态加载与管理。未来可通过软件来定义航天器功能，由一个模块化、通用化、可重构的硬件平台和各种可加载的 APP 软件组成，要求星载操作系统软件具备 APP 动态加载、多 APP 同时运行的能力，实现航天器的"一星多用、多星共用"，并可以通过软件更新和升级满足不断变化的应用需求。

支持多核的星载分时分区操作系统结构设计如图 5-17 所示，通过多核调度实现对多核处理器的支持，构件化软件中间件为上层软件提供统一的服务。分区管理与通信实现多个分区的管理，包括增加分区、删除分区、调整分区的运行时间以及分区与分区之间收发数据等，分区的运行时间和使用的存储空间需事先配置，分区调度模块实现多个分区按时间运行，防止分区间的干扰。APP 动态加载与管理实现 APP 动态加载、运行与卸载等功能。

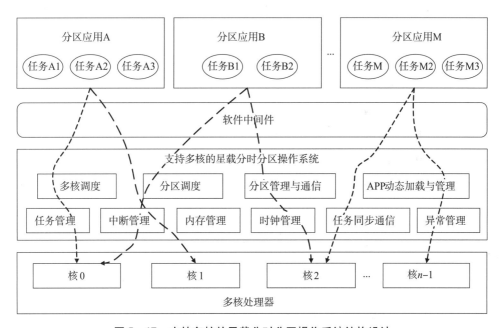

图 5-17 支持多核的星载分时分区操作系统结构设计

星载计算机采用多核处理器可能会对航天器软件的确定性带来一定影响，确定性指当系统输入不变时，经过计算始终将产生不变的输出，并且该输出是可预测的。采用多核处理器可以用较低的功耗获得更好的性能，但是也带来了系统资源、行为和状态的不确定性。在多核系统中，多个并发任务竞争共享资源，操作系统中全局数据的访问状态，以及读写操作执行时间不确定性与返回结果不确定性等问题造成了系统的不确定性。当任务不按照预期顺序执行而被随机调度争用处理器时，容易导致任务长时间阻塞，进而影响任务的处理时间。

航天器软件不仅要求所有的任务在规定时间内完成，还要求部分任务具有严格的顺序性和固定的操作结果，即确定性的需求。星载操作系统采用分时分区管理设计的一个目的是保证这些任务的确定性，因为分区存在着时空隔离可以在一定程度上保证任务之间、资源之间的独立性，减少调度策略的随机性。

通过多分区划分和管理，实现不同分区间的物理隔离和按时间调度，支持分区之间通过特定的通信方法进行分区间通信。在底层支持多核处理器，完成多核处理器实时调度，实现上层分区的多个任务在不同处理器核上的分配与运行。

5.6.2　多核与分时分区调度

为满足航天器软件对实时性和确定性的要求，星载操作系统在调度上需要对分区和任务分配进行确定性配置以及实时性调度算法设计。

为解决多核调度带来的确定性问题，星载操作系统预先进行分区静态配置从而获得确定的分区执行序列，并将具有相关性的任务绑定到相同的处理器上，采用处理器绑定方法来解决分区中的任务在执行过程中对处理器资源的竞争，具有相关性的任务在单个核上的调度是可以确定的。

星载操作系统的分时分区调度采用两级调度机制，如图 5-18 所示。第一级调度是分区调度，采用 ARINC 653 标准中定义的基于时间窗的循环调度算法，将分区的概念和时间窗口的概念结合，一个分区对应一个时间窗口，可配置为若干个时间片。分区调度采用循环调度算法而非抢占式调度算法的原因是，虽然抢占式调度算法可以缩短任务的响应时间、减少 CPU 的空闲时间提高利用率，但却会降低系统运行的确定性，并且分区之间的任务抢占可能会引入新的资源竞争和资源滥用的问题，严重影响系统的实时性。第二级调度是分区内的任务调度，采用基于优先级的抢占式调度方式。

每个分区占有一定数量的时间窗口，每个时间窗口作为分区执行的最小时间单元。初始运行时需要配置分区信息，通过静态配置文件或静态变量配置两种方

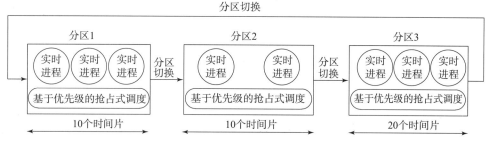

图 5-18　分时分区调度过程示意图

式设置分区配置表，分区配置表包含的属性主要有分区 ID、时间窗口数量、时间窗口剩余数量、任务数量、任务列表、任务亲和性（绑定到哪个处理器核上）、当前执行的任务、分区运行状态、分区连续异常计数和下一个分区等信息。

分区调度器根据分区配置表按顺序构建成尾首相连的分区链表，根据分区链表获取分区的时间窗口和分区信息，按链表中分区的顺序为其分配相应的时间窗口并运行。当分区执行结束后，调度器被唤醒，并判断链表的执行情况，当执行完链表中的最后一个分区时，跳转到链表中的第一个分区循环执行。

对于每个分区，分区调度器为分区分配时间窗口并执行分区中的任务，触发分区内的任务调度程序，采用基于优先级的抢占式调度方式。对于已绑定处理器核的任务，每个处理器核按任务优先级从高到低的优先级顺序执行，对于未绑定处理器核的任务，任务调度程序为其分配处理器核，优先分配到任务链表中任务数量少的处理器核，按该处理器核链表中任务优先级从高到低的优先级顺序执行。

分区间切换需要重点考虑，首先分区切换后要清空每个处理器核的任务就绪队列（即把未执行完的任务设置为阻塞状态），之后将当前分区内的任务放入就绪队列，最后为每个处理器核分配合适的任务执行。

分区调度器在运行过程中进行分区运行情况检测，并设置分区运行状态。当分区内的任务运行超时，说明分区内的任务过多，超出分配的时间，需要重新设计分区内的任务，或者增加分区的时间窗口数量。当分区内的任务执行出错时，分区连续异常计数加 1，当该值大于由用户初始配置的阈值，将该分区从分区链表中删除，切除出错的分区，避免故障扩散。

5.6.3 星载 APP 动态加载

星载 APP 动态加载使星载操作系统能够像手机操作系统一样，灵活加载用户的 APP 软件，实现星载应用重构，有利于实现航天器应用的定制化和功能扩展。

星载 APP 动态加载技术首先将 APP 软件编译链接成可执行文件，文件中包含所有需要重定位数据的地址（虚拟地址）。当要加载某 APP 软件时：首先，由星载操作系统 APP 动态加载与管理器通过内存分配策略得到与 APP 软件所需大小相同的空间，将可执行文件从存储设备载入到内存中；然后，通过重定位的数据，找到该数据所在的位置，把该数据地址减去虚拟的内存地址再加上目标端申请到的空间的首地址，这样就完成了重定位，也就完成了 APP 软件的动态加载过程；最后，把处理器的程序指针指向 APP 软件程序区的首地址，即可运行加载的 APP 软件。

星载 APP 软件编译链接成可执行文件后通过遥控数据上行到星载计算机中，可以作为中间件软件的一个模块或构件被上层软件调用，也可以作为一个独立的分区运行。在新增的 APP 软件成为一个分区并完成分区配置后，分区调度器为其分配新的分区，待当前分区链表最后一个分区执行完成后，将新的分区插入到分区链表尾部且尾首相连，下一次遍历时，从第一个分区开始循环执行。同样地，地面也可以根据分区 ID 找到分区链表中的节点，从分区链表中删除该分区，并从系统中卸载和删除 APP 软件。

参 考 文 献

［1］ 罗蕾．嵌入式实时操作系统及应用开发［M］．北京：北京航空航天大学出版社，2011．

［2］ 程胜，蔡铭．航天高可靠嵌入式实时操作系统原理与技术［M］．北京：宇航出版社，2012．

［3］ 陈向群，杨芙清．操作系统教程［M］．北京：北京大学出版社，2001．

［4］ 张杨，于银涛．VxWorks 内核、设备驱动与 BSP 开发详解［M］．北京：北京邮电出版社，2011．

［5］詹盼盼，齐征，张翠涛，等．支持多核处理器的星载分区操作系统设计［J］．航天器工程，2020，29（1）：47–53．

［6］詹盼盼，郭坚，何熊文，等．一种面向航天的可靠实时操作系统设计［J］．空间控制技术与应用，2016，42（5）：47–52．

［7］徐克，熊智勇，李奎．VxWorks653分区进程间大数据共享方法研究［J］．测控技术，2016，35（11）：98–102．

［8］徐建，杨桦．基于微内核的星载实时操作系统设计与实现［J］．空间控制技术与应用，2011，37（2）：38–43．

第 6 章
设备驱动程序设计

6.1 需求分析

航天器综合电子系统软件设备驱动程序的基本功能是执行对所有设备公共的读写功能,并向上层软件提供一个统一的接口。设备驱动程序应具备如下功能。

(1) 对所有设备提供统一的命名与命名解析机制。

(2) 提供对外设操作的统一接口,使设备类型、设备操作方式以及设备组成方式等所产生的变化不影响上层软件的变化。

(3) 提供对外设的读/写功能,支持阻塞读/写、非阻塞读/写、异步读/写等读/写方式。

(4) 提供对设备的初始化接口。

(5) 提供对设备的配置接口。

(6) 报告 I/O 的执行操作过程以及 I/O 硬件的实际工作状态。

(7) 在发生错误时,执行驱动程序编写者提供的错误处理函数接管系统错误并向上报告。

6.2 总体方案设计

设备驱动程序设计需要解决的主要问题如下。

(1) 根据需求分析的操作原语,完成设备驱动程序接口设计。接口设计符合使用的上、下文环境要求，使得设备类型、设备操作方式以及设备组成方式等所产生的变化不影响上层软件的变化。

（2）完成初始化、读操作、写操作的执行流程设计，重点解决设备驱动程序与操作系统的关系。

（3）分别从设备驱动程序的开发者和使用者角度，对驱动程序内部的执行流程以及与外部使用者相关的执行流程进行说明。

设备驱动程序采用层次化的设计思路，主要设计思路如下。

（1）从分层的设计方法上考虑，设备驱动程序作为访问外部设备的通信接口，需要提供标准的接口，使得驱动程序的变化不影响上层应用程序的变化。

（2）使用操作系统的 IO 框架，对设备驱动程序开发者编写的驱动程序进行管理。

（3）与目标主流的星载操作系统兼容，便于推广使用。

基于上述考虑，设备驱动程序划分为三层。

（1）设备驱动程序统一接口：设备驱动程序标准接口对上提供统一的驱动程序访问接口，并根据操作系统的不同，使用不同操作系统的 IO 框架。

（2）操作系统的 IO 框架：对驱动程序编写者提供驱动程序的注册功能；完成驱动程序统一接口到实际驱动程序的映射。

（3）驱动程序实现体：由设备驱动程序编写者提供，通过中断服务程序、定时器和信号量完成同步/异步读写操作，实现对硬件的操作。

设备驱动程序的体系结构如图 6-1 所示。

6.3 数据结构设计

设备驱动程序需要维护的核心数据结构如下。

1）与设备相关的结构体

与设备相关的结构体定义如图 6-2 所示：

以 1553B 总线为例，1553B 设备的结构体定义如下：

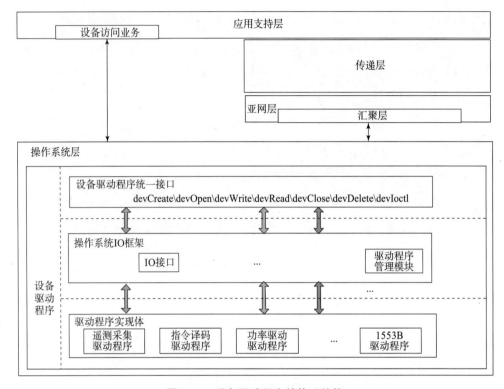

图 6-1 设备驱动程序的体系结构

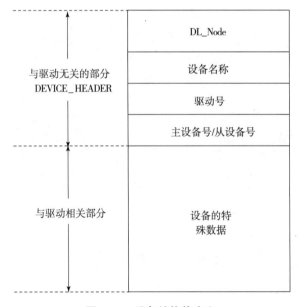

图 6-2 设备结构体定义

```c
typedef struct
{
    DEV_HDR devHdr;/* 设备链表结构体*/
    unsigned int majorNum;
    unsigned int minorNum;
}DEVICE_HEADER;
typedef struct
{
    DEVICE_HEADER deviceHeader;
    unsigned int reg_start_address;     /* 寄存器区起始地址*/
    unsigned int ram_start_address;     /* RAM 区起始地址*/
    unsigned short operation_width;     /* 读写位宽*/
    unsigned int sys_clk;               /* 等待周期数*/
    bool        isOpened;
    bool        isReadable;
    bool        isWritable;
    bool        isClosed;
    unsigned int  writeType;   /* 写方式,阻塞/非阻塞/异步*/
    unsigned int  readType;    /* 读方式,阻塞/非阻塞/异步*/
}DEV_1553B;
```

2）设备列表

设备列表采用双向链表设计，存储设备的结构体信息。设备列表根据设备主号、从号进行存储和查找。

3）驱动程序表

驱动程序表用于提供设备驱动程序编写者提供的驱动程序与操作系统标准 IO 接口的索引关系。主要包括两方面内容。

（1）在设备注册时，将特定设备的驱动程序添加到驱动程序表中，并为其分配一个驱动号。

（2）对驱动程序的使用者，调用标准 IO 接口如 devWrite 时，根据索引号调用特殊的驱动程序接口如 dev1553BWrite。

4）打开设备列表

打开设备列表用于维护已经打开的设备信息，使用双向链表存储打开设备的结构体信息。

6.4 标准接口设计

具备标准通用的访问接口是设备驱动程序支持上层应用软件移植、复用的基础。目前工业界广泛使用的 POSIX 标准最早为美国电气和电子工程师协会（Institute of Electrical and Electronics Engineers，IEEE）为提高 UNIX 操作系统下应用程序的可移植性而提出。在后来的发展过程中，影响力逐步增强，目前星载操作系统在 I/O 接口设计上均遵循 POSIX 标准。这也为接口标准化设计提供思路。

按照 POSIX 标准的定义，航天器设备驱动程序的标准接口主要包括以下几种。

6.4.1 设备创建接口

int devCreate（unsigned int majorNum, unsigned int minorNum, int flags）;

功能说明：

完成设备初始化；

参数说明：

majorNum – 主设备号；

minorNum – 从设备号；

flags – 打开标识；

返回值：

初始化成功/失败标识。

6.4.2 设备打开接口

int devOpen（unsigned int majorNum, unsigned int minorNum, int flags, int mode);

功能说明:

打开一个设备;

参数说明:

majorNum – 主设备号;

minorNum – 从设备号;

flags – 打开标识;

mode – 打开模式;

返回值:

打开成功/失败标识。

6.4.3 设备写接口

int devWrite (int fd, unsigned int * data, unsigned int length);

功能说明:

向指定设备中写入数据;

参数说明:

fd – 打开设备的设备描述符;

data – 待写入数据缓存指针,由驱动程序调用者提供;

length – 实际写入数据长度;

返回值:

写入成功/失败标识。

6.4.4 设备读接口

int devRead (int fd, unsigned int * data, unsigned int length);

功能说明:

向指定设备中读出数据;

参数说明:

fd – 打开设备的设备描述符;

data – 待读取数据缓存指针,由驱动程序调用者提供;

length – 缓存区长度；

返回值：

读出成功/失败标识。

6.4.5 设备配置接口

int devIoctl（int fd，int function，int arg）；

功能说明：

用于完成设备配置。如设置读写起始地址、设置超时时长等；

参数说明：

fd – 打开设备的设备描述符；

function – 操作的功能标识；

arg – 操作参数；

返回值：

操作成功/失败标识。

6.4.6 设备关闭接口

int devClose（int fd）；

功能说明：

关闭设备；

参数说明：

fd – 打开设备的设备描述符；

返回值：

关闭成功/失败标识。

6.4.7 设备删除接口

int devDelete（unsigned int majorNum，unsigned int minorNum）；

功能说明：

删除设备；

参数说明：

majorNum – 主设备号；

minorNum – 从设备号；

返回值：

删除成功/失败标识。

6.4.8 驱动程序注册接口

设备驱动程序提供驱动程序注册接口，用于实现特定设备驱动程序与操作系统的挂接。这些接口如下：

```
Int drvInstall(
    FUNCPTR pCreate,   /* FUNCPTR 表示特定设备驱动函数指针*/
    FUNCPTR pDelete,
    FUNCPTR pOpen,
    FUNCPTR pClose,
    FUNCPTR pRead,
    FUNCPTR pWrite,
    FUNCPTR pIoctl
);
```

功能说明：

将驱动程序编写者的特定设备的驱动程序与操作系统挂接；

参数说明：

特定设备驱动函数指针；

返回值：

设备驱动号。

6.4.9 设备注册接口

int devAdd（unsigned int majorNum，unsigned int minorNum，unsigned int drvNum）

功能说明：

将特定的设备添加到操作系统的设备列表中；

参数说明：

majorNum – 主设备号；

minorNum – 从设备号；

drvNum – 驱动号，由驱动函数注册接口返回；

返回值：

添加成功/失败标识。

6.5 设备驱动管理和实现过程

设备驱动在实际使用时，主要完成以下功能。

（1）通过驱动程序注册接口完成特定设备驱动程序的注册，实现对不同外设驱动程序的统一管理。

（2）提供不同外设的注册、卸载功能，实现对外设的统一管理。

（3）根据外设接口，完成访问接口到具体驱动程序调用的映射。

为实现上述功能，驱动程序在实现上采用三张表存储必要的访问信息。

（1）驱动表：存储各类型外设驱动程序的函数指针。

（2）系统设备表：存储系统中所有的外设信息。

（3）访问设备表：存储当前已打开，正在访问的外设信息。

在使用时，在系统初始化阶段首先完成各外设驱动程序的实现函数以及外部设备的注册，以使驱动程序实现函数和外部设备纳入驱动程序的管理框架下，进行统一管理。完成初始化之后，应用程序即可通过标准接口实现对设备的访问，在这个过程中，驱动程序管理框架实现标准接口到具体外设驱动程序实现函数的映射。当有新的外设需要接入系统时，只需要重复以上步骤，即可支持对新外设的扩展。

在具体实现上，初始化的主要过程如下。

（1）各外设驱动程序实现函数的注册。该过程主要是将各外设驱动程序实现函数的函数指针添加到驱动程序管理框架维护的驱动表。添加成功后，驱动程序管理框架为各外设的驱动程序分配一个驱动号。

（2）各外设的注册。该过程主要将各外设添加到驱动程序管理框架维护的系统设备表中。设备表中维护外设与驱动号（由上述步骤（1）分配）的映射关系，如图6-3所示。通过这种方式，将各外设与其具体的实现函数进行关联。

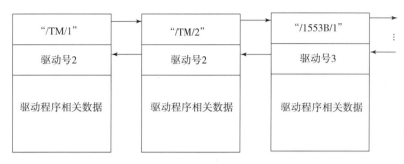

图6-3 设备列表示例

在完成上述初始化过程后，应用程序在使用驱动程序时，首先调用设备打开接口open获得设备句柄，再通过调用读/写接口，即可以完成对外设的访问。以读数据为例，通过驱动程序管理框架实现标准接口与驱动程序具体实现函数的执行流程如图6-4所示。

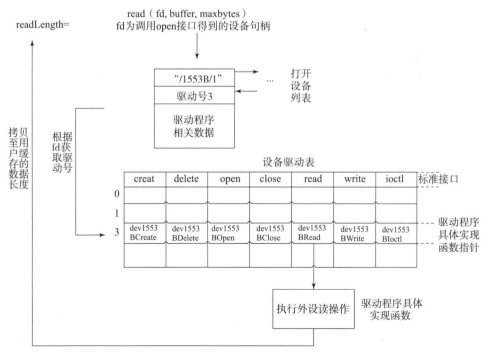

图6-4 驱动程序管理和实现流程

由于受物外设理缓存的限制,在驱动程序在实现上可采用以下两种方式。

(1) 同步读写方式。在这种情况下应用程序需等待当前数据读写操作完成后,才能进行下一次读写操作。

(2) 异步读写方式。在这种情况下,应用程序在调用读/写接口或注册回调函数后,就可以立刻开始做其他事情。由驱动程序保存读/写命令或回调函数,并在后台定时器执行多次分段的读写操作。在这种应用方式下,应用程序的执行与实际的I/O操作是完全异步的,应用程序在启动外设读/写后即可进行后续操作,不必等待外设数据读写完成。

上述方式分别有各自适应的应用场景。同步方式适用于读写数据量比较小的应用场景,如读取上行遥控数据,写下行遥测帧等。异步方式适用于需要有大量数据读写(如读写大容量FLASH存储器)且对实时性要求较高的应用场景。

以指令发送设备为例,该过程采用同步读写方式,在用户应用任务中执行。其使用过程如下。

(1) 编写指令发送设备访问单元的具体实现函数 devInstWrite 如下;

```
    int devInstWrite(dev_ml_t* dev_ml,unsigned char* buf,int buf_length)
    {
        int i,j;
        unsigned char low;
        unsigned short value;
        int copy_times;
        int remain_length;
        j = 0;
        copy_times = buf_length/2;
        remain_length = buf_length % 2;
        /* 按偶数字节写数据*/
        for(i = 0;i < copy_times;i ++ )
        {
```

```
            value = buf[j];
            value = (unsigned short)(value << 8) & 0xff00;
            j++;
            low = buf[j];
            j++;
            value = value|low;
            *(dev_ml -> device_header.biuWriteAddress + i) = value;
        }
    /* 返回写入长度*/
    return buf_length;
    }
```

（2）驱动程序管理器将 devInstWrite 函数添加到设备驱动表中。添加成功后，系统为添加成功的驱动程序分配驱动号 2；并将设备主号 3、设备从号 1 与驱动号 2 添加至设备表中进行存储。

（3）应用程序访问指令发送设备，当使用 devOpen 接口打开设备的主号为 3，从号为 1 的指令发送设备时，驱动程序管理器查询设备表，返回指令发送设备的位置为 1，将该值作为设备句柄返回。

（4）应用程序使用 devWrite 接口，使用设备句柄为 1 的设备发送指令时，驱动程序管理器查询设备表，获取该设备的驱动号为 2，并查询设备驱动表，调用相应的 devInstWrite 函数将指令数据写入外设，完成指令发送过程。

（5）指令发送完毕后，应用程序使用 devClose 接口，使用设备句柄为 1 的设备从设备表中删除，从而关闭指令发送功能。

以 1553B 总线设备为例，由于 1553B 涉及 BC 与多个终端节点之间通信，大多采用异步读写方式，在后台进程中执行。其使用过程如下。

（1）设计 1553B 设备数据结构，通过回调函数执行接收或发送后的处理如下：

```
typedef struct sn_driver_1553b{
```

```c
DEV_HDR header;/* 头*/
unsigned int reg_base_addr;          /* 芯片配置寄存器基址*/
unsigned int ram_base_addr;          /* 芯片 RAM 基址*/
DL_LIST free_list_a;                 /* A 区空闲块链表*/
DL_LIST free_list_b;                 /* B 区空闲块链表*/
DL_LIST send_list_a[MAX_BUS1553_SEND_LIST_NUM];/* 普通待发送块链表,第一个为高,第二个为中,第三个为低*/
DL_LIST send_list_b;                 /* 紧急待发送块链表*/
SEM_ID sem_open;                     /* 打开操作互斥信号量*/
SEM_ID sem_list_a;                   /* A 区链表操作互斥信号量*/
SEM_ID sem_bus_int_area_a;           /* 总线中断二进制信号量,A 区发送完成*/
uint32_t area_b_frame_finished;      /* 当 B 区发送完成时,该值为 YES*/
uint32_t total_free_block_num;       /* 空闲块链表中节点个数*/
uint32_t total_send_block_num;       /* 待发送块链表中节点个数*/
rt_status_t* rt_status_table_p;      /* 指向 RT 状态及编码表的指针*/
uint32_t rt_cnt;                     /* rt 终端个数,包括广播地址*/
bus1553_msg_ctrl_t bus1553_ctrl;     /* 当前发送消息控制*/
bus1553_tm_para_t tm_para;           /* 相关遥测数据*/

block_buffer_item_t* send_block_buffer_a_p[MAX_BUS1553_SEND_BLOCK_NUM_A];/* A 区待发送缓冲区*/
block_buffer_item_t* send_block_buffer_b_p[MAX_BUS1553_SEND_BLOCK_NUM_B];/* B 区待发送缓冲区*/
block_buffer_item_t block_buffer_arr[MAX_BUS1553_BLOCK_NUM];/* 空闲块缓冲区*/
```

```c
} sn_driver_1553b_t;

typedef struct bus1553_tm_para
{
        unsigned char int_cnt;        /* 中断计数*/
        unsigned char err_cnt;        /* 错误计数*/
        unsigned int err_no;          /* 最近一次错误代码*/
        ...
}bus1553_tm_para_t

typedef struct bus1553_msg_ctrl
{
    uint8_t msg_len;                  /* 总线消息data 的数据长度,
即拷贝到总线 RAM 区的数据长度,单位:字数 16 bit*/
    uint8_t msg_format;               /* 总线消息格式*/
    uint8_t rt_addr;                  /* RT 地址*/
    uint8_t rt_subaddr;               /* RT 子地址*/
    uint8_t bus_channel;              /* 通道*/
    uint8_t bus_area;                 /* 区域*/
    uint8_t protocol_id;              /* 协议*/
    uint8_t priority;                 /* 优先级*/
    FUNCPTR func_call_back_p;         /* 回调函数,在总线数据块返回
后被调用*/
    int arg1;                         /* 回调函数参数*/
    int arg2;                         /* 回调函数参数*/
}bus1553_msg_ctrl_t;

typedef struct block_buffer_item
```

```
    {
        DL_NODE node;
        bus1553_msg_ctrl msg_ctrl;
        uint8_t block_segment;           /* 总线消息块段类型,分别为首块\中间块\末块\独立块*/
        uint16_t block_status;           /* 返回的块状态字*/
        uint16_t* back_data_p;           /* 数据回写指针,当数据为 RT->BC 时使用*/
        uint16_t data[BUS_BLOCK_SIZE];   /* 要发送的数据*/
    }block_buffer_item_t;

    typedef struct driver_bus1553_arg
    {
        unsigned int reg_base_addr;      /* 芯片配置寄存器基址*/
        unsigned int ram_base_addr;      /* 芯片 RAM 基址*/
        unsigned int interrupt_num;      /* 中断号*/
        unsigned int buf_cnt;            /* 缓冲区个数*/
        unsigned int task_cycle;         /* 后台进程运行周期,ms 值*/
        unsigned int mtu;                /* 最大传输长度(字节数)*/
        FUNCPTR pkt_receive_callback;    /* 包接收上传回调函数*/
        unsigned int callback_arg1;      /* 包接收上传回调函数参数 1*/
        unsigned int callback_arg2;      /* 包接收上传回调函数参数 2*/
    }driver_bus1553_arg_t;
```

（2）编写 1553B 设备处理函数，包括 driverBus1553open、driverBus1553Close、driverBus1553open、driverBus1553Close、driverBus1553Read、driverBus1553Write、driverBus1553Ioctl 等，以 driverBus1553Write 为例，其具体实现过程如下：

```
int driverBus1553Write(sn_driver_1553b_t* obj_p,char*
buffer,size_t maxbytes)
{
```
判断 maxbytes 是否大于最大传输长度,如果大于则返回错误信息

判断当前是否为广播消息(RT 地址为 31),若是则生成广播消息

判断当前是否为模式消息(RT 子地址为 31),若是则生成模式消息

对于其他消息,则判断 maxbytes。如果 maxbytes 大于 64B,则根据 1553B 协议进行消息分段,生成多条 BC 到 RT 的消息

根据优先级有如下两种处理方法:

优先级为紧急:将数据放入 1553B 总线紧急缓冲区队列,将数据搬移到芯片 B 区,打断 A 区,启动区发送,查询等待 B 区发送完成,恢复 A 区,返回发送结果。

优先级不为紧急:将数据按照优先级放入 1553B 总线其他三个缓冲区队列中一个,直接返回。后台进程调度发送后,如果用户有回调函数,则回调用户设置的回调函数。

}

(3) 调用 drvInstall 接口,将 1553B 驱动函数 driverBus1553open、driverBus1553Close、driverBus1553open、driverBus1553Close、driverBus1553Read、driverBus1553Write、driverBus1553Ioctl 挂接到标准 IO 下。

(4) 调用 devAdd 接口,将 1553B 总线设备添加到设备列表中。

(5) 设计 1553B 总线的后台处理任务,其处理过程为如下。

①当巡检周期到时生成,生成若干条 BC 到 RT 或 RT 到 BC 的消息,通过 devWrite 接口放入 1553B 芯片待发缓冲区;

②当接收到 1553B 总线帧中断时,通过 devRead 接口读取 1553B 芯片消息;

③对读取的消息按类型依次进行处理;

④组织下一个巡检周期的消息,重复步骤①。

参 考 文 献

[1] Colin Walls. EmbeddedSoftware：TheWorks，SecondEdition［M］. Singapore：ElsevierInc.，2014：219 – 220.

[2] Jonathan Corbet，Alessandro Rubini. Linux Device Drivers，Third Edition［M］. America：O'Reilly Media Inc.，2006：59 – 62.

[3] 张杨，于银涛. VxWorks 内核、设备驱动与 BSP 开发详解［M］. 北京：人民邮电出版社，2009.

[4] Standard for Information Technology Portable Operating System Interface（POSIX）Base Specifications［S］，2008.

[5] De – die Y. Design of Multitask Programmer and Task Communication based onVxWorks［J］. OME Information，2010.

第 7 章
中间件 – 亚网层空间子网构件设计

7.1 概述

亚网层包括星载子网和空间子网两部分，本章重点介绍空间子网相关构件的设计实现情况。亚网层空间子网主要用于处理空 – 地链路，其定位在传递层之下，主要完成：①遥控处理：接收地面注入的上行遥控帧并从遥控帧中恢复出空间包交传递层处理；②遥测处理：接收传递层的源包按照 AOS 空间数据链路协议规定，处理成下行遥测帧发送至地面。空间子网的协议包括遥控（TC）空间数据链路协议、遥测（TM）空间数据链路协议、高级在轨系统（AOS）空间数据链路协议、统一空间数据链路协议（USLP）、邻近空间数据链路协议。本章主要以 TC 空间数据链路协议构件以及 AOS 空间数据链路协议构件为例，说明其设计实现情况。

亚网层空间数据链路协议运行环境如图 7 – 1 所示。

亚网层空间子网构件在操作系统设备驱动程序的支持下，完成了亚网层空间子网相关功能。

7.2 TC 空间数据链路协议构件设计

7.2.1 构件概述

TC 空间数据链路协议构件主要按照上行遥控链路协议，完成数据帧格式解

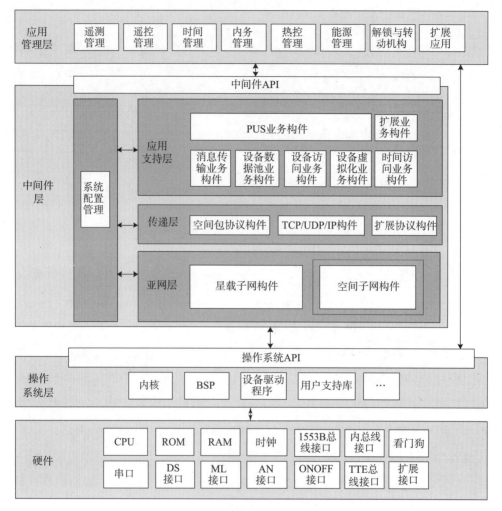

图 7-1 亚网层空间数据链路协议运行环境

析、包提取以及遥控状态应答，处理过程遵守 CCSDS 232.0-B-2 标准 TC 空间数据链路协议。

TC 空间数据链路协议的内部组成分为发送端和接收端两个部分，其中发送端主要由地面处理，本书重点关注星上接收端的处理流程，如图 7-2 所示。

在接收时，全帧接收功能从同步和信道编码子层接收传送帧，对传送帧进行定界，移除发送端同步和信道编码子层为编码而填充的数据后，对传送帧的帧版本号、MCID、帧长、帧差错控制域（若存在）等进行有效性检查，并将检查正确的传送帧送往主信道解多路复用功能。主信道解多路复用功能对传送帧的

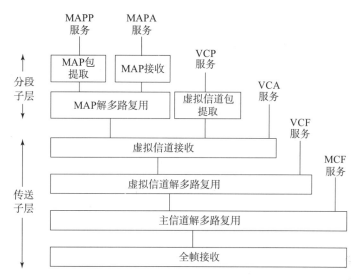

图 7-2 星上遥控接收处理流程

MCID 进行检查，并将 MCID 有效的传送帧路由至虚拟信道解多路复用功能、主信道帧服务的用户（若存在相应的用户）。虚拟信道解多路复用功能对传送帧的 VCID 进行检查，并将 VCID 有效的传送帧路由至虚拟信道接收功能、虚拟信道帧服务的用户（若存在相应的用户）。虚拟信道接收功能执行 COP 中的帧接受和报告机制，对 A 类传送帧的主导头进行帧接受检查，产生相应的报告以便通过通信链路控制字（Communications Link Control Word，CLCW）传回发送端，并将帧数据单元从 B 类传送帧或帧接受检查正确的 A 类传送帧中提取并提交至虚拟信道包提取功能、MAP 解多路复用功能、或虚拟信道访问服务的用户。虚拟信道包提取功能从虚拟信道中的帧数据单元中提取各种可变长度的包，并依据 PVN 发往使用 VCP 服务的用户。MAP 解多路复用功能检查帧数据单元中段头中的 MAP ID，并将 MAP ID 有效的帧数据单元发往 MAP 包提取功能或 MAP 接收功能。MAP 包提取功能从帧数据单元中提取包，依据段头中序列标识进行包组装，然后依据包导头中的 PVN 将包发往使用 MAPP 服务的用户。MAP 接收功能从帧数据单元中提取专用数据，依据段头中序列标识进行组装后发往使用 MAPA 服务的用户。

为支持不同的遥控数据接收，TC 空间数据链路协议提供 7 种服务。

(1) 多路访问点包（MAP Packet，MAPP）服务：用于通过空间链路中一个虚拟信道的特定 MAP 信道传输一个具有 CCSDS 授权包版本号（Packet Version Number，PVN）的包。通过 GMAP ID、PVN 确定一个上层用户的地址。发送端服务用户将包提供给发送端服务提供者，由后者将包加上段头后（必要时进行分段），形成帧数据单元，放入传送帧数据域中传输。接收端服务提供者从帧数据单元中提取和恢复包，依据 GMAP ID、PVN 将其提交至上层用户。

（2）虚拟信道包（Virtual Channel Packet，VCP）服务：用于通过空间链路的一个虚拟信道传输一个或多个具有 CCSDS 授权包版本号的包。通过 GVCID、PVN 确定一个上层用户的地址。发送端用户将包提供给发送端服务提供者，由后者进行包多路复用后形成帧数据单元，放入传送帧数据域中传输，接收端服务提供者从帧数据单元中提取包，依据 GVCID、PVN 将其提交上层至用户。

（3）多路访问点访问（MAP Access，MAPA）服务：用于通过空间链路中一个虚拟信道的特定 MAP 信道传输可变长度的专用数据。发送端用户首先将专用数据提供给发送端服务提供者，后者将数据加上段头后变成帧数据单元（必要时进行分段）；然后放入传送帧数据域中传输。接收端服务提供者从帧数据单元提取和恢复专用数据，依据 GMAP ID 将其提交至上层用户。

（4）虚拟信道访问（Virtual Channel Access，VCA）服务：用于通过空间链路传输可变长度的专用数据。发送端用户将专用数据提供给发送端服务提供者，后者将数据放入传送帧数据域中传输。接收端服务提供者从传送帧中提取专用数据，依据 GVCID 将其提交至上层用户。

（5）虚拟信道帧（Virtual Channel Frame，VCF）服务：用于通过空间链路中一个虚拟信道传输可变长度的传送帧。发送端用户将传送帧提供给服务提供者，后者直接将其与服务提供者创建的其他虚拟信道的传送帧共同进行调度后传送至接收端。接收端服务提供者将收到的传送帧依据 GVCID 提交至上层用户。

（6）主信道帧（Master Channel Frame，MCF）服务：用于通过空间链路中一个主信道传输可变长度的传送帧。发送端用户将传送帧提供给服务提供者，后者直接将其与服务提供者创建的其他主信道的传送帧共同进行调度后传送至接收端。接收端服务提供者将收到的传送帧依据 MCID 提交至上层用户。

（7）通信操作规程（Communications Operation Procedure，COP）管理服务：用于发送端用户对特定虚拟信道的 COP 操作进行管理，包括初始化序列控制服务、终止序列控制服务、恢复序列控制服务、设置帧操作规程等。

在使用时,由于上层协议一般采用空间包或封装包协议,因此 TC 空间数据链路协议构件主要使用了多路访问点包服务、虚拟信道包服务、虚拟信道访问服务以及通信操作规程管理服务接口。

7.2.2 构件模块结构设计

TC 空间数据链路协议构件按照标准约定,由初始化接口、虚拟信道解多路复用、遥控帧定界、遥控帧校验、通信操作规程处理以及 TC 空间数据链路协议后台进程组成。构件结构如图 7 - 3 所示。

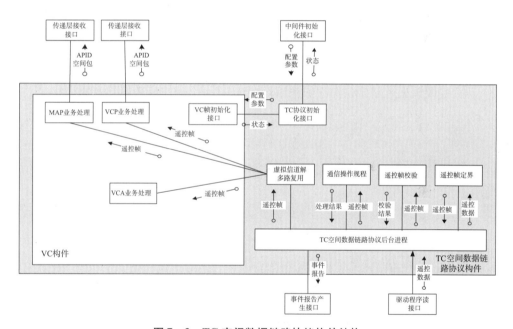

图 7 - 3 TC 空间数据链路协议构件结构

遥控初始化接口主要完成遥控数据接收缓存、遥控帧数据缓存、遥控帧状态缓存清零,在系统初始化时被调用。

遥控帧处理由 TC 空间数据链路协议后台进程完成,主要处理过程包括:从驱动程序中读取遥控数据;对可能包含多个遥控帧的遥控数据进行遥控帧定界;对各个遥控帧的合法性进行校验;按照遥控协议标准的约定,对遥控帧进行处理。按照遥控帧的业务类型进行处理;若为 MAP 业务,则根据遥控帧的帧长字段,将一个或多个遥控帧的数据恢复成空间包,将恢复出的空间包传给传递层处理;若为 VCP 业务,则根据遥控帧的段头字段,将一个遥控帧的数据恢复成空间包,将恢复出的空间包传给传递层处理。若为 VCA 业务,则根据遥控帧的帧长字段,读取 VCA 业务遥控帧数据并将数据保存至 VCA 业务数据缓存。

处理完成的空间包通过传递层路由至各个任务进程执行后续操作。

7.2.3 构件接口设计

TC 空间数据链路协议构件设计了与 TC 空间数据链路协议标准原语对应的接口,将原语中的 request 请求和 indication 指示合并为一个接口,request 请求为接口调用,indication 指示为接口调用后的返回。除了这些原语对应的接口外,还设计了遥控协议初始化接口,用于在使用前完成构件的初始化操作。

1)构件对外提供的接口

TC 空间数据链路协议构件的初始化接口 tcLinkInit 的定义如下:

```
status_t tcLinkInit(
    tc_link_t* tc_link_p,
    const tc_link_config_t* tc_link_config_p
)
```

参数 tc_link_p 表示 TC 空间数据链路协议构件实例指针,tc_link_config_p 表示构件配置参数的结构体指针。

遥控帧的接收处理过程,标准中规定的主要接口如下。

(1) MAPP_Notify. request/indication (GVCID, MAP ID, Packet Version Number, SDU ID, Service Type, Notification Type) 接口,用于将不同遥控帧的恢复出同一个空间包。

(2) VCP_Notify. request/indication (GVCID, Packet Version Number, SDU ID, Service Type, Notification Type) 接口,用于将不同遥控帧的恢复出多个空间包。

(3) VCA_Notify. request/indication (GVCID, SDU ID, Service Type, Notification Type) 接口,用于从一个遥控帧中恢复用户自定义的数据。

由于上行注入的遥控帧类型事先无法确定，因此，遥控帧处理采用统一的处理接口，用于将一个或多个遥控帧的恢复出空间包。遥控帧处理涉及从多个遥控帧中恢复空间包的 MAP 包业务处理，从一个遥控帧中恢复一个或多个空间包的 VCP 包业务处理以及用户自定义数据的 VCA 业务处理。各类处理的统一接口定义如下：

```
status_t tcVcMultiplexHandle(
  tc_vc_t* tc_vc_p,
  uint8_t* buf,
  uint32_t buf_length
)
```

参数 tc_vc_p 表示遥控接收虚拟信道的构件实例指针，buf 表示用于接收遥控数据的缓存指针，buf_length 表示遥控数据缓存的最大长度，该接口在可从 TC 后台进程中调用。

2）构件需要的外部接口

TC 空间数据链路协议构件使用的外部接口包括事件报告产生接口、传递层接收接口。

TC 空间数据链路协议构件接口与标准原语的对应关系见表 7-1。

表 7-1 TC 空间数据链路协议构件接口与标准原语的对应关系

序号	标准原语	构件接口	标准原语内参数与构件参数的对应关系
1	MAP 包请求原语 MAPP_Notify.indication（GVCID，MAP ID，Packet Version Number，SDU ID，Service Type，Notification Type）	status_t tcVcMultiplexHandle（tc_vc_t * tc_vc_p，uint8_t * buf，uint32_t buf_length）	GVCID，MAP ID 与 tc_vc_p 参数对应，用于表示接收并处理遥控帧的虚拟信道，Packet Version Number，SDU ID，Service Type 用于标识接收的空间包版本号、数据单元以及服务类型，在设计时，统一封装为数据缓存，提交给传递层处理。
2	MAP 包指示原语 MAPP_Notify.indication（GVCID，MAP ID，Packet Version Number，SDU ID，Service Type，Notification Type）		

续表

序号	标准原语	构件接口	标准原语内参数与构件参数的对应关系
3	VCP 请求原语： VCP _ Notify. request（GVCID, Packet Version Number, SDU ID, Service Type，Notification Type）		
4	VCP 指示原语： VCP_Notify. indication（GVCID, Packet Version Number, SDU ID, Service Type，Notification Type）		
5	VCA 请求原语： VCA _ Notify. request（GVCID, SDU ID, Service Type, Notification Type）		
6	VCA 包指示原语： VCA_Notify. indication（GVCID, SDU ID, Service Type, Notification Type）		

7.2.4 构件核心数据结构设计

上行遥控通过遥控传送帧完成，不同虚拟信道的遥控帧分别封装了直接指令、密钥或不同类型的注入数据。构件核心数据结构与遥控传送帧格式一致，由帧主导头（5 B）、帧数据域（最大 985 B）和帧差错控制域（2 B）组成，标准数值格式如图 7-4 所示。

主导头（5 B）							最大 1 019 B	
版本号	通过标志	控制命令标志	空闲位	航天器标识	虚拟信道标识	帧长	帧序列号	传送帧数据域	帧差错控制域
2 bit	1 bit	1 bit	2 bit	10 bit	6 bit	10 bit	8 bit	8n bit	16 bit

图 7-4 遥控传送帧标准数据格式

图 7-4 中主要字体的含义如下。

（1）版本号：2 bit，一般为'00'。

（2）通过标志：1 bit，通过标志为'0'表示该传送帧是 A 类传送帧，必须接受帧序列号合法性检验；通过标志为'1'表示该传送帧是 B 类帧，不需要接受帧序列号校验即可通过。

（3）控制命令标志，1 bit，控制命令标志为'0'表示传送帧数据域中包含的是应用数据（D 类），直接指令和注入数据都属于应用数据的范畴；控制命令标志为'1'表示传送帧数据域中包含的是控制命令（C 类），当前定义了两种控制命令：解锁和设置帧序列号 V（R）。解锁控制命令用于将当前遥控接收状态设置为解锁状态；设置帧序列号 V（R）控制命令将特定虚拟通道期待接收的传送帧序列号设置为地面将要传送的下一个 A 类传送帧主导头中的帧序列号。

（4）空闲位：2 bit，一般为'00'。

（5）航天器标识：10 bit，用来区分不同航天器的唯一标识，在航天器整个任务阶段，航天器标识保持不变，为与遥测帧的航天器标识保持一致，建议只用 8 bit。

（6）虚拟信道标识：6 bit，用来标识传送帧数据域中包含的数据类型。

（7）帧长：10 bit，等于传送帧全帧（从帧头第一位到差错控制域最后一位）总字节数减 1。

（8）帧序列号：8 bit，是控制 A 类遥控传送帧的重要参数，地面遥控源端和星上接收端都通过判断帧序列号完成对 A 类遥控传送帧的顺序发送和接收过程，星上接收端为每一个使用中的虚拟通道单独维护一个接收帧序列号 V（R）。

（9）传送帧数据域：12～1 017 B，传送帧数据域共有两种类型的数据，分别是直接指令、注入数据。

（10）差错控制域：16 bit，应用循环冗余编码（CRC）技术，从传送帧主导头的第一个字节至帧数据域的最后一个字节。

7.2.5　构件运行设计

在使用时，首先需要完成 TC 空间数据链路协议构件初始化操作，由中间件统一初始化构件调用，配置遥控数据接收与设备驱动程序的对应关系，遥控初始

化接口模块伪代码如下:

```
    status_t tcLinkInit(tc_link_t* tc_link_p,const tc_link_config_t* tc_link_config_p)
    {
        uint32_t i;
        if tc_link_p 为空
            返回 ERR_TC_LINK_NULL;
        if tc_link_config_p 为空
            返回 ERR_TC_LINK_CONFIG_TABLE_NULL;
        tc_link_p->crc_valid_sig = tc_link_config_p->crc_valid_sig;
        tc_link_p->clcw_link_type = tc_link_config_p->clcw_link_type;
        tc_link_p->msgQ_id = msgQCreate(TC_MAX_MSGQ_NUM,TC_MAX_BUF_LENGTH,MSG_Q_FIFO);
        tc_link_p->dev_fd1 = devOpen(tc_link_config_p->major_num1,tc_link_config_p->minor_num1,0,0);
        tc_link_p->dev_fd2 =
        devOpen(tc_link_config_p->major_num2,tc_link_config_p->minor_num2,0,0);
        if tc_link_p->dev_fd1 或 tc_link_p->dev_fd2 为 ERROR
            返回 ERR_TC_LINK_DEVICE_NULL;
        /* 初始化内部遥测参数 */
        tc_link_p->mib.frame_rec_cnt = 0;
        tc_link_p->mib.frame_ok_cnt = 0;
        tc_link_p->mib.last_frame_status = 0;
        返回 OK;
    }
```

TC 空间数据链路协议构件由 TC 空间数据链路协议后台进程进行统一处理，处理流程如下。

（1）调用操作系统 msgQReceive 接口，读取遥控数据。

（2）遥控帧定界处理过程将遥控数据按照遥控帧格式解析遥控数据中的帧长字段，记录各遥控帧在遥控数据的起始位置。

（3）在完成遥控帧定界处理过程后，COP-1 协议过程对遥控帧根据 COP-1 协议进行处理，调用 AOS 空间数据链路协议的 CLCW 写接口将处理产生的 CLCW 写入 AOS 空间数据链路协议构件。当 COP-1 协议识别该帧的服务类型为 VCA 业务时，调用 VCA 业务回调函数指针处理。

（4）对通信操作规程处理后的遥控帧，由解多路复用过程，根据遥控帧的 VCID，查询帧服务类型配置表，识别该帧为 VCP 业务帧或 MAP 业务帧。若该帧为 VCP 业务帧则送 VCP 业务处理；若该帧为 MAP 包业务帧则送 MAP 包业务处理。

（5）VCP 业务根据包头中的包长字段，取出一个空间包，读取包的 APID 字段，调用传递层的源包接收接口处理。若存在多个源包，则重复执行，直至帧中的数据全部遍历完毕。

（6）MAP 业务处理取遥控帧的段头字段，分起始段、中间段、结束段，依次从遥控帧中提取源包数据并存储，当接收完一个完整的源包后，调用传递层的空间包接收接口处理后退出。

TC 空间数据链路协议后台进程的实现过程如下：

```c
status_t tcFrameProcess(tc_link_t* tc_link_p)
{
    status_t status;
    int32_t rec_len;
    int msgNum;
    int loop;
    uint8_t multi_frame_buf[TC_MAX_BUF_LENGTH];
    uint32_t multi_frame_buf_length;
```

```
        status = OK;
        msgNum = msgQNumMsgs(tc_link_p -> msgQ_id);
        for(loop = 0;loop < msgNum;loop ++ )
        {
            rec_len = msgQReceive(tc_link_p -> msgQ_id,multi_frame_buf,TC_MAX_BUF_LENGTH,WAIT_FOREVER);        /* 通过消息队列接收遥控数据*/
            if(rec_len! = ERROR)
            {
                tc_link_p -> mib. frame_rec_cnt ++ ;
                multi_frame_buf_length = bsByteToShort(&multi_frame_buf[1]);
                status = tcMultiFrameDelimit(tc_link_p,multi_frame_buf,multi_frame_buf_length);        /* 遥控帧定界*/
                if(status == OK)
                {
                    /* 遥控帧校验*/
                    status = tcFrameCheck(tc_link_p,multi_frame_buf);
                    if(status == OK)
                    {
                        tc_link_p -> mib. frame_ok_cnt ++ ;
                    }
                    tc_link_p -> mib. last_frame_status = status;
                }
                if(status! = OK)
                {
```

```
                break;
        }
    }
    返回处理状态；
}
```

7.3 AOS 空间数据链路协议构件设计

7.3.1 构件概述

AOS 空间数据链路协议构件主要按照 CCSDS 高级在轨系统空间数据链路协议，完成源包组帧、虚拟信道调度、遥测帧输出等功能。

CCSDS 高级在轨系统空间数据链路协议提供了 7 种业务。其中 5 种业务（包、位流、虚拟信道访问、虚拟信道操作控制域、虚拟信道帧）是为虚拟信道访问提供的；主信道帧业务为主信道访问提供；插入业务为物理信道上所有帧提供，各类业务的特征见表 7 - 2。

表 7 - 2　AOS 空间数据链路协议所提供的业务特征

业务名	传送类型	业务数据单元	寻址方式
包	异步	包	GVCID + 包版本号
位流	异步或周期	位流数据	GVCID
虚拟信道访问	异步或周期	虚拟信道访问业务数据单元	GVCID
虚拟信道操作控制域	同步或周期	操作控制域业务数据单元	GVCID
虚拟信道帧	异步或周期	传送帧	GVCID
主信道帧	异步或周期	传送帧	MCID
插入	周期	插入业务数据单元	物理信道名

表 7 - 2 中的业务在 AOS 数据链路层的发送端各业务数据按照自上而下的方式分级处理和组织，各层业务处理流程如图 7 - 5 所示，接收端的处理流程与此相反。

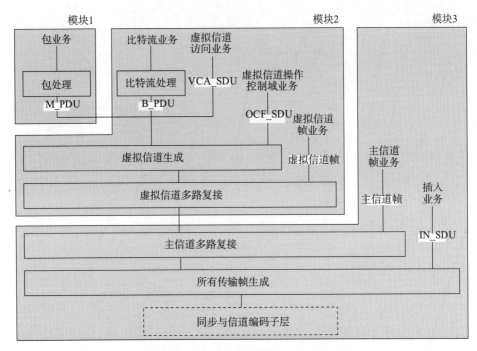

图 7-5 AOS 数据链路层业务处理流程

在上述处理流程中，包处理功能接收长度可变的源数据包，将若干个包拼接成固定长度的 M_PDU（多路协议数据单元），M_PDU 适应传输帧的有效数据域，其内部各数据包通过位置指针和长度进行分辨。

（1）比特流处理功能将长度可变的比特数据码流分段、封装在固定长度的 B_PDU（比特流协议数据单元）中，B_PDU 长度与传输帧的有效数据域相同，BPDU 包头指出其中最后一个有效比特的位置。

（2）虚拟信道生成功能完成传输帧的基本格式构建，在传输帧数据域中应当直接装入一个 M_PDU、B_PDU 或者 VCA_SDU（虚拟信道访问业务数据单元），产生传输帧主导头域，包括每个虚拟信道独立的帧计数。当某个虚拟信道上存在操作控制域业务用户时，在该虚拟信道传输帧的操作控制域中填入一个由用户提供的 OCF_SDU（操作控制域业务数据单元）。

（3）虚拟信道多路复接功能对多个虚拟信道的传输帧进行合路处理，使其在同一个主信道上分时顺序传输，输入的传输帧来自虚拟信道生成功能或者虚拟信道帧业务用户。在无输入帧时，还需要产生空闲帧来保持信道的同步性。

(4) 主信道多路复接功能对同一物理信道上多个主信道的传输帧进行合路处理，使其在物理信道上分时顺序传输。在无输入帧时，主信道多路复接功能产生空闲帧对物理信道进行填充。

(5) 所有传输帧生成功能产生物理信道上全部传输帧的完整格式，包括空闲帧的插入域填充，以及传输帧的错误控制编码。

在使用时，由于上层协议一般采用空间包或封装包协议，因此 AOS 空间数据链路协议构件主要使用了包业务接口。通过将上层数据单元分装到不同的虚拟信道数据单元中，形成 AOS 传送帧下行地面。

AOS 标准中规定的包传送相关原语如下。

PACKET. request/indication（Packet，GVCID，Packet Version Number），将一个包通过确定的虚拟信道传送给接收端用户。

其中，Packet 为符合 CCSDS 包格式的数据单元，GVCID 为全局虚拟信道标志，由传送帧版本号（TFVN）、航天器标识符（SCID）以及虚拟信道标识符（VCID）联合决定，Packet Version Number 用于标识使用包业务的上层协议实体。

应该看到，CCSDS 规定的 AOS 协议的应用方案通常基于系统中只有一条对地传输链路设计，重点关注虚拟信道调度以及源包机制的研究，并未考虑系统有多条链路的场景。随着技术的不断发展，AOS 协议在天地一体的网络化应用背景下，其应用需求也发生着变化，具体体现如下。

(1) 多条空间链路同时并存。以遥感卫星为例，除已有的对地链路外，往往还有 1 到多个对中继卫星的空间链路。从系统上分析，也就是存在多个物理信道。

(2) 不同链路的下行码速率存在差异，同一个链路的码速率可以动态调整，系统需要灵活的适应上述变化。

(3) 各类源包的下行链路的选择更为灵活，具体对某个包而言，可能存在着对地下行、对中继下行以及对地和对中继同时下行的使用需求。

然而，从 AOS 空间数据链路协议本身角度考虑，各业务的寻址通常由传送帧版本号（TFVN）、航天器标识符（SCID）以及虚拟信道标识符（VCID）联合决定。其中传送帧版本号（TFVN）、航天器标识符（SCID）通常为固定值，在任务期间保持不变。在系统中有多条传输链路时，如何进行寻址，标准中并未约定。针对多链路的寻址，一种解决思路是通过 VCID 区分，如对地链路使用 VC0 ~ VC16，对中继链路使用 VC17 ~ VC31。但是，这种方法会导致单个链路可使用的 VCID 的数量减少。当链路数量扩充时，可能出现某条链路的 VC 数量不够用，不利于适应未来任务的扩展。相比而言，需要一种更为灵活的寻址机制，满足多链路的使用需求。

正如本书上面的分析，以 VCID 区分不同链路的寻址机制在实际使用时存在一定的问题。因此，一种可行的解决办法是增加字段用以区分不同的链路。

针对 PACKET. request/indication 原语，增加 Type 字段，扩展原有原语的语义含义。增加字段后的原语如下：

PACKET_Mutiplex. request/indication（Packet、GVCID、Packet Version Number、Type）

其中，Packet、GVCID 以及 Packet Version Number 的字段含义与原有原语定义相同。新增加的 Type 字段为链路标识符，与当前系统的物理信道对应，并预留默认参数（如"0"）用于标识所有链路。

7.3.2 构件模块结构设计

AOS 空间数据链路协议构件的结构图如图 7-6 所示，图中省略了操作系统接口，在后续每个模块的接口描述中进行说明。

图 7-6 中主要接口功能描述如下：

初始化接口主要完成 VC 调度参数初始化、将插入域缓存清零、将操作控制域缓存清零、创建下行数据链路处理任务等。

包发送接口主要接收用户源包组织成为 VCDU 单元，并在下行输出时刻，执行虚拟信道调度，从选中的虚拟信道中选择下行的遥测帧，调动驱动程序接收输出。

虚拟信道调度接口主要完成从多个下行的虚拟信道中，选中下行的虚拟信道输出。

虚拟信道调度设置接口主要完成虚拟信道调度参数更改。

插入域数据写入接口主要完成将用户数据写入遥测帧的插入域字段。

第 7 章 中间件－亚网层空间子网构件设计

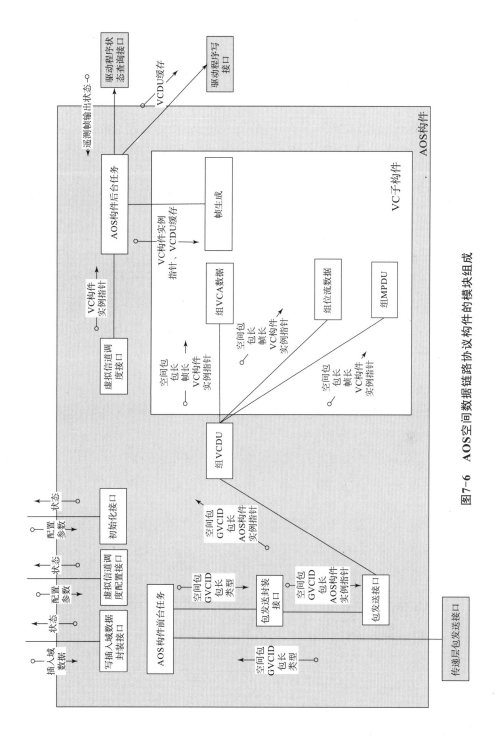

图 7-6 AOS 空间数据链路协议构件的模块组成

7.3.3 构件接口设计

1. 构件对外提供的接口

AOS 空间数据链路协议构件对外提供的接口包括初始化接口、包发送封装接口、帧下行接口、虚拟信道调度配置接口、写插入域数据封装接口。上述接口中帧下行接口为周期性调用接口，其他接口为突发性调用。

在 AOS 空间数据链路协议构件内部，包发送封装接口调用组 VCDU 接口。组 VCDU 接口根据虚拟信道类型的不同，分别调用组 MPDU 接口或组位流数据接口或组 VCA 数据接口。帧下行接口调用主信道调度接口、虚拟信道调度接口、帧生成接口。

AOS 空间数据链路协议构件将协议标准原语中的 request 请求和 indication 指示合并为一个接口，request 请求为接口调用，indication 指示为接口调用后的返回。除了这些原语对应的接口外，还设计了 AOS 空间数据链路协议初始化接口，用于在使用前完成构件的初始化操作。

AOS 空间数据链路协议构件的初始化接口 aosLinkInit 的定义如下：

```
status_t tcLinkInit(
    aos_link_t* aos_link_p,
    aos_link_config_t* aos_link_config_p
)
```

参数 aos_link_p 表示 TC 空间数据链路协议构件实例指针，aos_link_config_p 表示构件配置参数的结构体指针。

AOS 包发送接口的定义如下：

```
status_t aosPacketSend(
    uint16_t gvcid,
    uint8_t* data_p,
    uint32_t buf_length,
    uint32_t type
)
```

参数 gvcid 表示下行的虚拟信道，data_p 用于下行的数据缓存指针，buf_length 表示下行源包的数据长度，type 表示下行的链路类型，与当前系统的物理信道对应。

虚拟信道调度接口主要完成从多个下行的虚拟信道中，选中下行的虚拟信道输出，接口的定义如下：

```
uint16_t aosVcSelector(
    aos_link_t* aos_link_p
)
```

参数 aos_link_p 表示 AOS 空间数据链路协议构件指针。

虚拟信道调度设置接口主要完成虚拟信道调度参数更改，接口的定义如下：

```
status_t aosVcSelectorSet(
    aos_link_t* aos_link_p,
    vc_selector_config_table_t* vc_selector_config_item_p
)
```

参数 aos_link_p 表示 AOS 空间数据链路协议构件指针，vc_selector_config_item_p 表示虚拟信道调度配置项指针。

插入域数据写入接口主要完成将用户数据写入遥测帧的插入域字段，接口的定义如下：

```
status_t frmAosInsertDataSet(
    uint8_t* insert_buf_p,
    uint16_t insert_buf_length,
    uint8_t type
)
```

参数 insert_buf_p 表示插入域缓存指针，insert_buf_length 表示插入域缓存长度，type 表示下行的链路类型，与当前系统的物理信道对应。

2. 构件需要的外部接口

AOS 空间数据链路协议构件使用的外部接口包括传递层发送接口、设备驱动程序接口。

AOS 业务构件的接口与 AOS SPACE DATA LINK PROTOCOL 协议标准中原语的对应关系见表 7-3。

表 7-3 AOS 空间数据链路协议构件的接口与标准原语的对应关系

序号	标准原语	构件接口	标准原语内参数与构件参数的对应关系
1	包发送请求原语 PACKET.request（Packet, GVCID, Packet Version Number）	采用 status_t aosPacketSend（uint16_t gvcid, uint8_t * data_p, uint32_t buf_length, uint32_t type）	GVCID 与构件的 gvcid 参数对应，Packet 和 Packet Version Number 用于区分发送包类型，在设计时，采用包缓存指针 data_p 和长度 buf_length 予以表示，新增 type 字段，支持多个物理信道传输
2	包发送指示原语 PACKET.indication（Packet, GVCID, Packet Version Number）		
3	—	uint16_t aosVcSelector（aos_link_t * aos_link_p）	—
4	—	status_t aosVcSelectorSet（aos_link_t * aos_link_p, vc_selector_config_table_t * vc_selector_config_item_p）	—
5	—	status_t frmAosInsertDataSet（uint8_t * insert_buf_p, uint16_t insert_buf_length, uint8_t type）	—

7.3.4 构件核心数据结构设计

AOS 空间数据链路协议构件核心数据结构与 AOS 传送帧格式一致。AOS 传送帧由同步头、虚拟信道数据单元（VCDU）以及校验和组成。其中 VCDU 由传送帧主导头、插入域、传送帧数据域、传送帧尾四部分组成。VCDU 加上同步头，构成 CADU。完整传送帧结构如图 7-7 所示。

同步头						VCDU主导头		VCDU插入域		VCDU数据区	校验和
同步码	版本号	VCDU标识		虚拟信道计数	标志域		VCDU导头错误校验	星时	其他	多路协议数据单元/位流业务数据单元/专用数据/填充数据	
		航天器ID	虚拟信道ID		回放标识	空					
32 bit	2 bit	8 bit	6 bit	24 bit	1 bit	7 bit	16 bit	64 bit	32 bit	可变	16 bit
4 B	2 B			3 B	1 B		2 B	1 010 B			2 B

图 7-7 AOS 数据帧格式

图 7-7 中各字段的含义如下。

（1）同步码，32 bit，固定为 0x1ACFFC1D。

（2）版本号，2 bit，指明传送帧格式的版本，一般为"01"。

（3）航天器 ID，8 bit，用于识别产生本帧数据的航天器。在航天器整个任务阶段，航天器标识保持不变。

（4）虚拟信道 ID，6 bit，最多同时有 64 个虚拟信道。

（5）虚拟信道计数，24 bit，每个虚拟信道数据单元属于某一个虚拟信道，虚拟信道计数对每个虚拟信道所发送的虚拟信道数据单元分别计数，由 1 开始计数，每发送一个虚拟信道数据单元加 1。

（6）标志域，8 bit。

（7）VCDU 导头错误校验：16 bit。

（8）VCDU 插入域：12 B，一般包含 8 B 星时以及 4 B 其他内容，也可由应用自行定义。

（9）VCDU 数据区：包括多路协议数据单元、位流业务数据单元、填充数据等。

（10）校验和：2 B，采用 CRC16 校验方式。

7.3.5 构件运行设计

在使用时，首先需要完成 AOS 空间数据链路协议构件初始化操作，由中间件统一初始化构件调用，配置 AOS 数据发送与设备驱动程序的对应关系，AOS 空间数据链路协议构件初始化接口模块伪代码如下：

```
    status_t aosLinkInit(const aos_link_t* aos_link_p,aos_link_config_t* aos_link_config_p)
    {
        if 构件实例指针 aos_link_p 为空
        {
            返回错误码 ERR_AOS_LINK_NULL
        }
        if 构件配置实例指针 aos_link_config_p 为空
        {
            返回错误码 ERR_AOS_LINK_CONFIG_TABLE_NULL
        }
        if 帧长 aos_link_config_p -> frame_length 为 FRAME_LENGTH_1024 或 AOS_FRAME_LENGTH_512
        {
        将 aos_link_config_p -> scid,aos_link_config_p -> frame_version,aos_link_config_p -> frame_length,aos_link_config_p -> check_sum_signal,aos_link_config_p -> operate_control_signal 赋值给将 aos_link_p 的对应项。
        /** LDPC 编码仅对帧长为 1024 B 的帧有效*/
        if aos_link_p -> frame_length ==AOS_FRAME_LENGTH_1024
        {
            if(aos_link_config_p -> ldpc_signal ==AOS_LDPC_ENABLE_SIGNAL)
            {
                /** 当 LDPC 编码有效时,帧长减去 LDPC 编码长度*/
```

```
        aos_link_p->frame_length=aos_link_p->frame_length-
aos_link_config_p->ldpc_length;
    }
}

    aos_link_p->frame_length=aos_link_p->frame_length-
4;/*减去传送帧同步头,如 0x1ACFFC1D*/
    aos_link_p->frame_header_length=AOS_VCDU_OFFSET;

    /**VCDU 导头错误校验有效时,计算导头的 RS 编码*/
    ifaos_link_config_p->frame_checksum_signal==AOS_ENA-
BLE_FRAME_HEADER_CHECKSUM_SIGNAL
    {
        aos_link_p->frame_header_checksum_signal=AOS_ENABLE_
FRAME_HEADER_CHECKSUM_SIGNAL;
    }

    aos_link_p->aos_vc_num=aos_link_config_p->vc_config_
table_length;
    for aos_link_config_p->vc_config_table 的每一项
    {
    取 aos_link_config_p->vc_config_table 的每一项赋值给 aos_
link_p->aos_vc 的对应项;
    将 aos_link_p->aos_vc 对应项的 frame_count,frame_count_
cycle_count,packet_remain_size,vcdu_remain_size 赋值为 0;
    将 aos_link_p->aos_vc 对应项的 last_packet_p,last_vcdu_p
赋值为 NULL;
```

将 aos_link_p -> aos_vc 对应项的 vcdu_data_length 赋值为 aos_link_p -> frame_length - AOS_VCDU_OFFSET;
/** 初始化帧队列 */
aos_link_p -> aos_vc[loop_index].vcdu_queue.front = 0;
aos_link_p -> aos_vc[loop_index].vcdu_queue.rear = 0;
aos_link_p -> aos_vc[loop_index].vcdu_queue.queueCnt = 0;

/** 初始化 CLCW 队列 */
aos_link_p -> aos_vc[loop_index].clcw_buf.front = 0;
aos_link_p -> aos_vc[loop_index].clcw_buf.rear = 0;
if aos_link_p -> aos_vc 对应项的 vc_service_type 为 AOS_MPDU_SERVICE
将 aos_link_p -> aos_vc 对应项的 vcdu_data_length 减 2;
if aos_link_p -> aos_vc 对应项的 vc_service_type 为 AOS_BIT_STREAM_SERVICE
将 aos_link_p -> aos_vc 对应项的 vcdu_data_length 减 2;
if aos_link_p -> operate_control_signal 为 AOS_ENABLE_OPERATE_CONTROL_SIGNAL
将 aos_link_p -> aos_vc 对应项的 vcdu_data_length 减 4;
}
/** 初始化 VC 调度器 */
aos_link_p -> aos_vc_selector_num = aos_link_config_p -> vc_selector_config_table_length;
}

AOS 空间数据链路协议构件包发送过程采用前台和后台设计，前台访问过程如下。

（1）AOS 空间数据链路协议包发送接口接受上层用户调用，当有多个发送的链路时，选择对应发送的 AOS 空间数据链路协议构件。

(2) 根据 GVCID，选择下行的 VC，将源包组装成多路协议数据单元（MPDU），存入下行 VC 的 VCDU 的缓存。若下行 VC 的 VCDU 的缓存满，则带错误码退出原语调用。

AOS 空间数据链路协议构件前台任务的实现过程如下：

```
status_t aosFrameGenerate(aos_link_t* aos_link_p,uint8_t vcid,uint8_t* vcdu,uint32_t vcdu_length)
{
    if aos_link_p 为空
            返回错误码 ERR_AOS_LINK_NULL
    取虚拟信道指针 vc = aos_link_p -> aos_vc[索引值]
    /** 组帧头*/
    if(aos_vc_p -> vcdu_queue.queueCnt > 0)
    {
        nElementCount = aos_vc_p -> vcdu_queue.queueCnt;
    }
    else
    {
        semGive(aos_link_p -> sem_id);
        return AOS_VC_EMPTY;
    }
    /** 组帧头*/
    frame_header1 = aos_link_p -> frame_header1 |(aos_vc_p -> vcid);
    frame_header2 = aos_vc_p -> frame_count << 8;
    aos_vc_p -> frame_count = (aos_vc_p -> frame_count + 1);
    if(aos_vc_p -> frame_count > = 0x01000000)
    {
```

```
            aos_vc_p -> frame_count_cycle_count = ( aos_vc_p -> 
frame_count_cycle_count +1)%16;
            aos_vc_p -> frame_count = 0;
    }
    /** 组帧计数循环计数*/
    if(aos_vc_p -> frame_count_cycle_signal == AOS_ENABLE_
FRAME_COUNT_CYCLE)
    {
            value = value |(1 << 7) |( aos_vc_p -> frame_count_cycle_
count & 0x0f);
    }

    frame_header2 = frame_header2 |value;
    /** 组帧头数据*/
    bsShortToByte(frame_header1,&vcdu[0]);
    bsIntToByte(frame_header2,&vcdu[2]);
    /** 组帧头数据*/
    if(aos_link_p -> frame_header_checksum_signal == AOS_EN-
ABLE_FRAME_HEADER_CHECKSUM_SIGNAL)
    {
        vcdu[6] = ( aos_link_p -> rs_code & 0xff00) >> 8;
        vcdu[7] = aos_link_p -> rs_code & 0x00ff;
        frame_offset = frame_offset +2;
    }

    /** 复制插入域数据*/
    for(index = 0;index < AOS_INSERT_DATA_LENGTH;index ++ )
    {
```

```
            vcdu[index + frame_offset] = aos_link_p -> insert_buf
[index];
        }

    /** 记录 VCDU 的偏移量*/
    frame_offset = frame_offset + AOS_INSERT_DATA_LENGTH;
    if(nElementCount > = 2)/* 帧的总个数,有完整的帧且不含空闲
包*/
        {
            vcdu[frame_offset] = aos_vc_p -> vcdu_queue.vcdu[aos_
vc_p -> vcdu_queue.front][0];
            vcdu[frame_offset + 1] = aos_vc_p -> vcdu_queue.vcdu
[aos_vc_p -> vcdu_queue.front][1];
            bcopy(aos_vc_p -> vcdu_queue.vcdu[aos_vc_p -> vcdu_
queue.front] + 4,vcdu + frame_offset + 2,aos_vc_p -> vcdu_data_
length);
             aos_vc_p -> vcdu_queue.front = (aos_vc_p -> vcdu_
queue.front + 1)% MAX_AOS_QUEUE_SIZE;
            aos_vc_p -> vcdu_queue.queueCnt -- ;
            aos_vc_p -> total_remain_size = aos_vc_p -> total_re-
main_size + aos_vc_p -> vcdu_data_length;
        }
    else/** (nElementCount ==0)||(nElementCount ==1 && aos_
vc_p -> last_vcdu_p! = NULL)*/
        {
            if(nElementCount ==0)/* 上层没有包,但有可能有前一帧剩
余的空闲包*/
                {
```

```c
            /** 填充未上一次未下完的空闲包*/
            if(aos_vc_p->last_packet_p!=NULL)
            {
                bcopy(aos_vc_p->last_packet_p,vcdu+frame_offset+2,aos_vc_p->packet_remain_size);
                vcdu[frame_offset]=(aos_vc_p->packet_remain_size & 0x0700)>>8;
                vcdu[frame_offset+1]=aos_vc_p->packet_remain_size & 0xFF;
                idle_packet_buf[4]=((vcdu_length-aos_vc_p->packet_remain_size-6-1)& 0xFF00)>>8;
                idle_packet_buf[5]=((vcdu_length-aos_vc_p->packet_remain_size-6-1)& 0x00FF);
                bcopy(idle_packet_buf,vcdu+frame_offset+2+aos_vc_p->packet_remain_size,aos_vc_p->vcdu_data_length-aos_vc_p->packet_remain_size);
                aos_vc_p->last_packet_p=NULL;
                aos_vc_p->packet_remain_size=0;
            }
            else
            {
                idle_packet_buf[4]=((vcdu_length-6-1)& 0xFF00)>>8;
                idle_packet_buf[5]=((vcdu_length-6-1)& 0x00FF);
                bcopy(idle_packet_buf,vcdu+frame_offset+2,aos_vc_p->vcdu_data_length);
                vcdu[frame_offset]=0x07;
```

```
            vcdu[frame_offset+1]=0xFE;
        }
    }
    else/* 有可能需要填充空闲包*/
    {
        /** 若剩余长度不够填充一个最小空闲包*/
        if(aos_vc_p->vcdu_remain_size==0)
        {
            aos_vc_p->last_packet_p=NULL;
            aos_vc_p->packet_remain_size=0;
        }
        else if(aos_vc_p->vcdu_remain_size<7)
        {
            idle_packet_buf[4]=0;          /* 本次要拷的数据*/
            idle_packet_buf[5]=0;
            aos_vc_p->last_packet_p=short_idle_packet_buf+aos_vc_p->vcdu_remain_size;/* 下一次要拷的长度*/
            aos_vc_p->packet_remain_size=7-aos_vc_p->vcdu_remain_size;
        }
        else
        {
                                    /** 填充一个完成的空闲包*/
            idle_packet_buf[4]=((aos_vc_p->vcdu_remain_size-6-1)&0xFF00)>>8;
```

```
                idle_packet_buf[5] = ((aos_vc_p -> vcdu_re-
main_size - 6 - 1) & 0x00FF);
                aos_vc_p -> last_packet_p = NULL;
    aos_vc_p -> packet_remain_size = 0;
                /** 更新首导头指针*/
                if(aos_vc_p -> last_vcdu_p[0] == 0x07
                    && aos_vc_p -> last_vcdu_p[1] == 0xFF)
                {
                    aos_vc_p -> last_vcdu_p[0] = ((aos_vc_p ->
vcdu_data_length - aos_vc_p -> vcdu_remain_size) & 0x0700) >> 8;
                    aos_vc_p -> last_vcdu_p[1] = (aos_vc_p ->
vcdu_data_length - aos_vc_p -> vcdu_remain_size) & 0xFF;
                }
            }
            /** 更新VCDU队列*/
            vcdu[frame_offset] = aos_vc_p -> vcdu_queue.vcdu
[aos_vc_p -> vcdu_queue.front][0];
                vcdu[frame_offset + 1] = aos_vc_p -> vcdu_
queue.vcdu[aos_vc_p -> vcdu_queue.front][1];
                bcopy(aos_vc_p -> vcdu_queue.vcdu[aos_vc_p ->
vcdu_queue.front] + 4, vcdu + frame_offset + 2, aos_vc_p -> vcdu_
data_length);
                bcopy(idle_packet_buf, vcdu + frame_offset + aos_
vc_p -> vcdu_data_length - aos_vc_p -> vcdu_remain_size + 2, aos_
vc_p -> vcdu_remain_size);
                aos_vc_p -> vcdu_queue.front = (aos_vc_p -> vcdu_
queue.front + 1)% MAX_AOS_QUEUE_SIZE;
                aos_vc_p -> vcdu_queue.queueCnt -- ;
```

第 7 章　中间件 – 亚网层空间子网构件设计

```
            aos_vc_p->last_vcdu_p=NULL;
            aos_vc_p->total_remain_size=aos_vc_p->total_
remain_size+aos_vc_p->vcdu_data_length-aos_vc_p->vcdu_re-
main_size;
            aos_vc_p->vcdu_remain_size=0;
        }
    }

    /** 复制 CLCW 值*/
    if(aos_link_p->operate_control_signal==AOS_ENA-
BLE_OPERATE_CONTROL_SIGNAL)
    {

        clcw_value=aos_vc_p->clcw_buf.clcw[0][0];
        clcw_value=(clcw_value<<8)|aos_vc_p->clcw_
buf.clcw[0][1];
        clcw_value=(clcw_value<<8)|aos_vc_p->clcw_
buf.clcw[0][2];
        clcw_value=(clcw_value<<8)|aos_vc_p->clcw_
buf.clcw[0][3];
    }
    semGive(aos_link_p->sem_id);
    返回错误码:
}
```

在每一个 AOS 下行周期到来时，启动后台处理，执行过程如下。

（1）调用驱动程序查询接口，查询遥测帧的输出状态。若允许输出，则若不允许输出，则退出后台执行过程。

（2）按照 VC 调度策略：选择下行的 VC。

(3) 对该 VC 的 VCDU 缓存按生成的先后顺序取一个下行的 VCDU。

(4) 根据下行 VC 的操作控制域有效标识，若操作控制域有效，则从该帧的 CLCW 缓存中取遥控应答的 CLCW 填入 VCDU 的操作控制域字段。

(5) 根据插入域长度，从插入域缓存中读取数据，填入 VCDU 的插入域字段。

AOS 空间数据链路协议构件后台进程的实现过程如下：

```
status_t aosFrameOutPut(ground_relay_selector_t *
ground_relay_selector_p,aos_link_t* ground_aos_link_p,aos_
link_t* relay_aos_link_p)
{
uint8_t vcdu[1018];
if ground_relay_selector_p 为空
    返回 ERR_GROUND_RELAY_SELECTOR_NULL;
if ground_aos_link_p 为空
    返回 ERR_AOS_LINK_NULL;
if relay_aos_link_p 为空
    返回 ERR_AOS_LINK_NULL;
调度类型 = frmAosGroundRelaySelector(ground_relay_se-
lector_p);
aos_link_t* aos_link_p=NULL;
if 调度类型==GROUND
{
    aos_link_p=ground_aos_link_p;
    vcdu[9]=0x01;
}
else
{
    aos_link_p=relay_aos_link_p;
```

```
            vcdu[9] = 0xff;
    }
    记录 vcid = aosVcSelector(aos_link_p);
    调用 ML 设备驱动程序查询接口 devIoctl,获取返回值;
    if 返回值 == S_DEVICE_ML_ERROR_DEVICE_BUSY
        返回返回值;
    else
    {
        vcid = aosVcSelector(aos_link_p);
        返回值 = 调用 aosFrameGenerate(aos_link_p,vcid,vcdu,1018);
        if 返回值 == OK
            调用 ML 设备驱动程序查询接口 devWrite(aos_link_p -> fd,vcdu,1018);
    }
    返回;
}
```

参 考 文 献

[1] CCDSDS. Communications Operation Procedure – 1. CCSDS 232. 1 – B – 2. Washington, D. C.：CCSDS, 2010.

[2] TC Space Data Link Protocol. CCSDS 232. 0 – B – 2. Washington, D. C.：CCSDS, 2010.

[3] CCSDS. Advanced orbiting systems, networks and data links：architectural specification, CCSDS 701. 0 – B – 3 [S]. Reston, VA：CCSDS, Blue Book, 2001.

[4] CCSDS. AOS space data link protocol, recommendation for space data system standards, CCSDS 732. 0 – B – 2 [S]. Washington：CCSDS, Blue Book. Issue 2, 2006.

第 8 章
中间件－亚网层星载子网构件设计

8.1 概述

亚网层包括星载子网和空间子网两部分，本章重点介绍星载子网相关构件的设计实现情况。亚网层星载子网构件在航天器综合电子系统软件体系结构中位于传递层以下，对上层应用程序屏蔽底层种类繁多的链路所提供的各异的功能，为上层提供一个统一的数据处理和发送接口。亚网层星载子网构件在软件体系结构层次关系中的位置如图 8-1 所示。

亚网层星载子网构件包括业务构件和汇聚构件两类，其中，业务构件主要包括包业务构件、存储器访问业务构件、同步业务构件等；汇聚协议构件包括 1553B 汇聚构件、ML 汇聚构件、DS 汇聚构件、串口汇聚构件等，统一实现了汇聚层、数据链路层相关协议的功能。亚网层业务构件与汇聚协议构件互相配合，在操作系统设备驱动程序的支持下，完成了亚网层星载子网业务的相关功能。

本章将详细介绍亚网层星载子网不同业务的软件构件设计方法，并且以 1553B 为例介绍汇聚构件设计实现情况，其他汇聚构件不再详细叙述。

第 8 章 中间件 – 亚网层星载子网构件设计

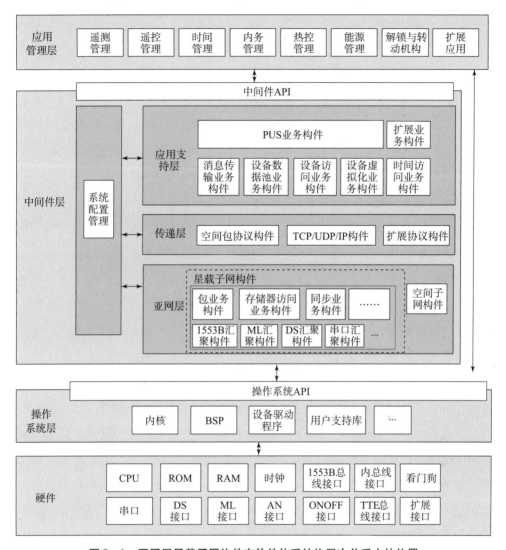

图 8-1 亚网层星载子网构件在软件体系结构层次关系中的位置

▎8.2 包业务构件

8.2.1 构件概述

包业务是亚网层中的一项业务，它的功能是通过下层的数据传输物理链路，将不同长度、优先级和服务质量要求的业务数据单元（Service Data Unit，SDU）

从子网的一端传输到同一个子网的另一端。

随着计算科学和航天信息技术的发展，以及空间业务对信息要求的不断提高，经过航天器获取、存储、处理及传输的数据也由原来单一的数据类型、较小的数据长度，变成了多元的数据类型及多个数量级增长的数据大小，同时，不同业务对可靠性保障、QoS 保障等需求具有较大的差异性。包业务以标准化的接口和处理方式，提升了数据传输过程的灵活性、可靠性和服务保障能力，是解决上述问题的关键技术和重要方式。

包业务主要功能和特点主要包括以下几个方面。

（1）在链路冗余切换能力方面，底层链路多种多样，传输能力千差万别，故障概率也有所不同。一旦某条链路出现故障，无法提供数据传输服务，包业务将进行链路切换，及时将错误信息传递给传递层，然后根据传递层的链路重配置指令，将后续数据通过其他可用链路传输。整个过程只在传递层和亚网层内部进行变化，而应用管理层的用户数据产生端根本没有任何影响，仍继续按照之前指定的数据发送规则发送数据。

（2）在区分服务的能力方面，航天器等空间系统能够支持的业务日益增多，系统中存在种类多样的数据类型，而每种类型的数据对传输性能有不同的要求，有的数据对时延要求极高，必须在特定的时间间隔内传输到目的端才能够被正确接收。由统一的中间件管理程序对不同类型数据指定其优先级，包业务根据待传输数据的优先级关系进行区分服务。对于某些对时间性能要求更高的数据，包业务可以为其预留带宽，保证能够在规定的时刻发送。

（3）在数据自适应传输能力方面，由于底层链路提供的传输能力不同，一次发送可以支持的最大传输单元（Maximum Transfer Unit，MTU）也有所不同，包业务提供数据分段的能力，上层应用程序无须关心底层的 MTU 大小，可以直接按照底层实际物理链路的驱动程序支持的最大数据长度组包下传。包业务在发送端根据数据传输所选择链路的 MTU 进行数据分段并在接收方将分段的数据包重新进行组装后，再发送给上层应用。

（4）在个性化服务质量保障能力方面，不同类型的数据对传输可靠性、时效性等要求有所不同，有些数据对传输可靠性要求较高，如果传输出错，需要发送端重新发送该数据，而有些数据对发送时间要求较高，必须在特定时刻发出。

包业务为这些数据提供个性化的 QoS 保障，能够提供四种类型的 QoS。第一种是尽最大努力的 QoS，该类型服务质量提供非预留、非重传的数据传输，因此，并不保证传输的可靠性和时间性能。该服务质量对待传输的数据按照优先级关系进行服务。第二种是确定的服务质量，该类型服务质量具有重传机制，对数据传输可靠性提供保障。第三种是预留的服务质量，该类型服务质量具有带宽预留的能力，对数据传输的时间确定性提供保障。第四种是保障的服务质量，该类型服务质量同时具有带宽预留、重传的服务能力，既能够保证数据传输的可靠性，又能够保证时间确定性。

包业务的执行过程主要可以分为三个部分：包业务发送过程、包业务接收过程和包错误处理过程。

包业务发送过程的核心操作原语为 PACKET_SEND.request，其主要功能是向目的端的业务用户协议实体发送业务数据单元。

包业务接收过程的核心操作原语为 PACKET_RECEIVE.indication，其主要功能是将接收到的包业务协议数据单元（Protocol Data Unit，PDU）传送给业务用户协议实体。

包错误处理过程的核心操作原语为 PACKET_FAILURE.indication，其主要功能是向源端发送组织好的亚网层回执包，同时将数据接收过程执行结果传送给业务用户协议实体。

随着空间网络等技术的发展，航天器协议也得到了很大的进步，在航天器分层协议体系结构中，每个协议层都增加了很多新的协议。在网络层中，除常规常用的空间包协议外，还增加了如 IP、IP over CCSDS 协议等。目前版本的包业务构件主要面向网络层协议为空间包协议格式的数据，采用 IP 等其他网络层协议格式的数据使用其他针对性的处理方式，在后续包业务构件的升级版本将考虑能够兼容不同类型网络层协议数据，进行统一处理。

8.2.2 构件模块结构设计

包业务构件实现的功能为将源端的业务用户协议实体发送的属性各异的数据，包括数据长度差异、QoS 保障需求差异等，通过包业务标准的业务接口进入包业务处理程序。根据链路标识参数选择指定的汇聚层协议构件完成数据包发送。包业务后续的处理过程，则由具体的汇聚层协议构件实现。

包业务构件主要包含包业务初始化接口和包业务发送接口，以及链路选择功能模块。其中包业务初始化接口由中间件统一初始化构件调用，配置链路标识与汇聚层函数对应关系表等信息，包业务发送接口由上层业务构件调用，与链路选择功能模块共同完成控制信息参数校验和具体汇聚层协议构件选择，其模块结构如图8-2所示。

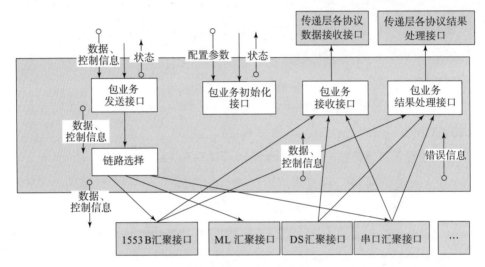

图8-2 包业务模块结构

图8-2中主要接口的功能描述如下。

包业务初始化接口的主要功能是配置链路标识与具体处理函数对应关系，以及与该链路相对应驱动程序设备号。包业务初始化接口在系统初始化状态时被调用，设置相关对应关系及参数值的初始默认状态。

包业务发送接口对接收到的控制信息和数据缓冲区指针的有效性进行校验，如果有验证错误，则返回错误信息码，否则，调用链路选择模块。

链路选择模块验证链路标识是否合法，若不合法则返回错误码后退出，如果通过验证，则根据输入的链路标识参数选择指定的汇聚层接口（如1553B汇聚接口等）完成数据包发送。包业务发送接口仅在有数据需要发送时被调用。

包业务发送过程后续的处理由具体的汇聚层协议构件完成，见8.5节。

包业务接收接口根据接收到的协议标识进行分路处理，查询协议标识与上层处理函数的对应关系表，选择相关联的上层数据接收接口完成数据和相关参数的本地接收。

包业务结果处理接口根据接收到的协议标识进行分路处理，查询协议标识与上层处理函数的对应关系表，选择相关联的上层传送过程结果处理接口完成处理结果的本地接收。

8.2.3 构件接口设计

包业务构件的设计基于包业务标准原语，并根据实现过程的实际需求进行了适当扩展。

包业务构件接口设计按照构件结构设计有对外提供的接口和需要的外部接口两类，对外提供接口是本构件能够对调用者提供的服务接口，需要的外部接口是本构件需要调用的接口。

1) 对外提供的接口

包业务构件对外提供的接口包括包业务初始化接口 snPsInit、包业务发送接口 snPsSend、包业务接收接口 snPsReceive、包业务结果处理接口 snPsSendResultHandle 和上层处理构件注册接口 snPsSapInit。

包业务初始化接口 snPsInit 的定义如下：

```
status_t snPsInit(
sn_ps_config_t* config_p/* 构件配置参数*/
)
```

其中的参数定义如下：

参数 config_p 表示构件配置参数。

包业务发送接口 snPsSend 的定义如下：

```
status_t snPsSend(
uint8_t qos,              /* 服务质量*/
uint8_t priority,         /* 优先级*/
uint8_t channel,          /* 通道参数*/
```

```
uint8_t next_link_id,       /* 链路标识*/
uint8_t protocol_id,        /* 协议标识*/
uint8_t next_sn_address,    /* 下一跳子网地址*/
uint8_t* packet_buffer_p,   /* 包缓冲区指针*/
uint32_t length             /* 数据长度*/
)
```

其中的参数定义如下：

参数 qos 表示服务质量，参数 priority 表示优先级，参数 channel 表示通道参数，参数 next_link 表示链路标识，参数 protocol_id 表示协议标识，参数 next_sn_address 表示下一跳子网地址，参数 *packet_buffer_p 表示包缓冲区指针，参数 length 表示包总长度。

包业务接收接口 snPsReceive 的定义如下：

```
status_t snPsReceive(
uint8_t protocol_id,        /* 协议标识*/
uint8_t qos,                /* 服务质量*/
uint8_t* packet_buffer_p,   /* 包缓冲区指针*/
uint32_t length             /* 数据长度*/
)
```

其中的参数定义如下：

参数 protocol_id 表示协议标识，参数 qos 表示服务质量，参数 *packet_buffer_p 表示包缓冲区指针，参数 length 表示数据长度。

包业务结果处理接口 status_t snPsSendResultHandle 的定义如下：

```
status_t snPsSendResultHandle(
uint8_t protocol_id,        /* 协议标识*/
uint8_t* packet_buffer_p,   /* 包缓冲区指针*/
uint32_t length,            /* 数据长度*/
```

```
    uint32_t send_result        /* 包业务处理结果*/
)
```

其中的参数定义如下：

参数 protocol_id 表示协议标识，参数 * packet_buffer_p 表示包缓冲区指针，参数 length 表示数据长度，参数 send_result 表示包业务处理结果。

上层处理构件注册接口 snPsSapInit 的定义如下：

```
status_t snPsSapInit(
    uint8_t protocol_id,            /* 协议标识*/
    funcp_t func_receive_p,         /* 接收接口函数指针*/
    funcp_t func_result_p,          /* 结果处理接口函数指针*/
    uint32_t para                   /* 上层处理函数参数*/
)
```

参数 protocol_id 表示协议标识，参数 func_receive_p 表示接收接口函数指针，参数 func_result_p 表示结果处理接口函数指针，参数 para 表示上层处理函数参数。

2）需要的外部接口

包业务构件需要的外部接口包括 1553B 汇聚接口 snDcl1553BInterface、传递层各协议数据接收接口 func_receive_p 和传递层各协议结果处理接口 func_result_p。

注：还包含其他汇聚接口，此处仅重点介绍 1553B 汇聚接口。

1553B 汇聚接口 status_t snDcl1553BInterface（dcl_1553b_com_t * obj_p, uint8_t qos, uint8_t priority, uint8_t channel, uint32_t length, uint8_t protocol_id, uint8_t next_sn_address, uint8_t * packet_buffer_p），详见 8.5.3 节。

传递层各协议数据接收接口为 * funcp_t func_receive_p（uint32_t para, uint8_t * packet_buffer_p, uint32_t length, uint32_t qos），详见 9.2.3 节。

传递层各协议结果处理接口 * funcp_t func_result_p（uint32_t para, uint8_t * packet_buffer_p, uint32_t length, uint32_t send_result），详见 9.2.3 节。

包业务标准原语与包业务构件接口的对应关系见表 8-1。

表 8 – 1 标准原语与构件接口的对应关系表

序号	标准原语	构件接口	标准原语内参数与构件参数的对应关系
1	包发送请求 PACKET_SEND.request（PSSAP Address, PDSAP Address, Service Class, Priority, Channel, Data）	status_t snPsSend（uint8_t qos, uint8_t priority, uint8_t channel, uint8_t next_link, uint8_t protocol_id, uint8_t next_sn_address, uint8_t * packet_buffer_p, uint32_t length）	原语中的参数 PSSAP Address 未引入到本构件处理过程，PDSAP Address 对应构件参数 next_sn_address，Service Class 对应构件参数 qos，Priority 对应构件参数 priority，Channel 对应构件参数 channel，Data 对应构件参数 * packet_buffer_p
2	包接收响应 PACKET_RECEIVE.indication（PSSAP Address, PDSAP Address, Service Class, Channel, Data）	status_t snPsReceive（uint8_t protocol_id, uint8_t qos, uint8_t * packet_buffer_p, uint32_t length）	原语中的参数 PSSAP Address、PDSAP Address 未引入到本构件处理过程，Service Class 对应构件参数 qos，Channel 参数在本构件执行前已被解析完成，未带入到本构件中，Data 对应构件参数 * packet_buffer_p
3	包错误响应 PACKET_FAILURE.indication（PSSAP Address, PDSAP Address, Failure Metadata）	status_t snPsSendResultHandle（uint8_t protocol_id, uint8_t * packet_buffer_p, uint32_t length, uint32_t send_result）	原语中的参数 PSSAP Address、PDSAP Address 未引入到本构件处理过程，Failure Metadata 对应构件参数 send_result

8.2.4 构件核心数据结构设计

包业务构件的核心数据结构主要为链路标识与汇聚层处理对应表数据结构和协议标识与传递层处理函数的对应关系表数据结构。

1. 链路标识与汇聚层处理对应表数据结构

链路标识与汇聚层处理对应表数据结构定义见表 8 – 2。

表 8 – 2　链路标识与汇聚层处理对应表数据结构定义

链路标识	实例地址	链路类型
8 bit	32 bit	8 bit

表 8 – 2 中包含的主要参数如下：

（1）链路标识：星载子网链路的唯一标识；

（2）实例地址：表示链路所关联的实例地址；

（3）链路类型：表示链路所属类型。

2. 协议标识与传递层处理函数的对应关系表数据结构

协议标识与传递层处理函数的对应关系表数据结构定义见表 8 – 3。

表 8 – 3　链路标识与汇聚层处理对应表数据结构定义

协议标识	传递层数据接收函数指针	传递层结果处理函数指针	上层处理函数参数
8 bit	32 bit	32 bit	32 bit

表 8 – 3 中包含的主要参数如下：

（1）协议标识：传递层所使用的协议标识；

（2）传递层数据接收函数指针：与传递层协议相关联的接收函数指针；

（3）传递层结果处理函数指针：与传递层协议相关联的结果处理函数指针；

（4）上层处理函数参数：表示上层处理函数相关参数。

8.2.5　构件运行设计

包业务构件顺利运行，首先需要完成包业务初始化操作，由中间件调用，配置链路标识与汇聚层函数对应关系表等信息，包业务初始化接口模块伪代码如下：

```
status_t snPsInit(sn_ps_config_t* config_p)
{
    uint32_t iind,jind,kind;
    if(config_p 为空)
        return ERR_SN_INVALID_POINT_ERROR;
```

```
        g_sn_com_instance.table_length = config_p -> table_
length;
        g_sn_com_instance.start_loc = config_p -> start_loc;
        将 config_p -> sn_ps_con_table 拷贝到 g_sn_com_instance ->
sn_ps_con_table
        /* 挂接本地函数*/
        obj_p -> snPsSend_funcp = snPsSend;
        obj_p -> snPsReceive_funcp = snPsReceive;
        obj_p -> snPsSendResultHandle_funcp = snPsSendResultHandle;
        obj_p -> snPsInit_funcp = snPsInit;
        return OK;
    }
```

由上层业务构件调用包业务发送接口，内部调用链路选择功能模块，进行控制信息及空间包数据传递，包业务发送接口模块伪代码如下：

```
    status_t snPsSend(uint8_t qos,uint8_t priority,uint8_t
channel,uint8_t next_link_id,uint8_t protocol_id,uint8_t next_
sn_address,uint8_t* packet_buffer_p,uint32_t length)
    {
        if(packet_buffer_p 为空)
            return ERR_SN_PS_INVALID_POINTER_ERROR;
        if(length 大于 MAX_SN_PS_PACKET_LENGTH)
            return ERR_SN_PS_INVALID_LEN_ERROR;
        snLinkChoose(qos,priority,channel,protocol_id,next_
link_id,length,next_sn_address,packet_buffer_p);
        return OK;
    }
```

链路选择功能模块伪代码如下：

```c
    status_t snPsLinkChoose(uint8_t qos,uint8_t priority,uint8_
t channel,uint8_t protocol_id,uint8_t next_link_id,uint32_t
length,uint8_t next_sn_address,uint8_t* packet_buffer_p)
    {
        uint8_t link_type;
        dcl_1553b_com_t* this_obj_1553;
        dcl_ml_com_t* this_obj_ml;
        link_type=g_sn_com_instance.sn_ps_con_table[next_link_
id-1].link_type;
        uint32_t this_obj;
        this_obj=g_sn_com_instance.sn_ps_con_table[next_link_
id-1].instance_addr;
        switch(link_type)
        {
        case SN_LINKTYPE_1553B:
        {
            this_obj_1553=(dcl_1553_com_t*)this_obj;
            result=snDcl1553BInterface(this_obj_1553,qos,pri-
ority,channel,protocol_id,length,next_sn_address,packet_buff-
er_p,next_link_id);
        }
            break;
        ……
        default:
            result=ERR_SN_PS_INVALID_LINKCHOOSE_ERROR;
            break;
        }
```

```
        return result;
}
```

在数据接收的过程中，包业务接收接口接收汇聚层协议构件的调用，将数据和相关参数进行传递。包业务接收接口模块伪代码如下：

```
status_t snPsReceive(uint8_t protocol_id,uint8_t qos,uint8_t* packet_buffer_p,uint32_t length)
{
    status_t result;
    funcp_t func_rec_p = NULL;
    funcp_t func_result_p = NULL;
    uint32_t para;
    result = snLocalFuncpGet(protocol_id,&func_rec_p,&func_result_p,&para);
    if((result==OK)&&(func_p!=NULL))
        result = (*func_rec_p)(para,packet_buffer_p,length,qos);
    else
        result = ERR_SN_INVALID_PROTOCOLID;
    return result;
}
```

汇聚协议构件在完成数据接收处理过程后，将处理状态发送给包业务结果处理接口。包业务结果处理接口模块伪代码如下：

```
status_t snPsSendResultHandle(uint8_t protocol_id,uint8_t* packet_buffer_p,uint32_t length,uint32_t send_result)
{
    status_t result;
    funcp_t func_rec_p = NULL;
```

```
        funcp_t func_result_p=NULL;
        uint32_t para;
        result=snLocalFuncpGet(protocol_id,&func_rec_p,&func_result_p,&para);
        if((result==OK)&&(func_p!=NULL))
            result=(*func_result_p)(para,packet_buffer_p,length,send_result);
        else
            result=ERR_SN_INVALID_PROTOCOLID;
        return result;
    }
```

调用包业务构件完成数据的发送，上层应用无须关注底层所使用的具体链路、驱动程序等信息。上层处理构件向包业务构件发送包缓冲区指针，以及服务质量、优先级、通道、链路标识、下一跳子网地址，和包总长度信息。

包业务构件的使用过程如下。

（1）中间件统一初始化构件调用包业务初始化接口模块 snPsInit，配置链路标识与汇聚层函数对应关系表等信息。

（2）上层业务构件调用包业务发送接口模块 snPsSend，完成数据发送过程。

包业务构件在软件中的使用示例如下：

```
    #define SN_PS_START_LINK_ID 2/* 包业务的起始链路地址*/
    #define SN_PS_LINK_ID_1553B SN_PS_START_LINK_ID+0  /* 1553B 链路*/
    #define SN_PS_LINK_ID_UART SN_PS_START_LINK_ID+2    /* 本机串口链路*/
    #define SN_PS_LINK_ID_TM1_ML1 SN_PS_START_LINK_ID+4/* 遥测采集模块1 的 ML1*/
    ……
```

```
#define SN_PS_CONF_TABLE_LEN 11   /* 包业务的起始链路地址 */
#define SN_PS_LINKTYPE_1553B  1
……
#define SN_PROTOCOL_SP  1
#define SN_PROTOCOL_IP  2
sn_ps_config_t g_sn_ps_config;/* 声明包业务构件配置参数 */
/* 设置包业务构件配置参数 g_sn_ps_config */
g_sn_ps_config.start_loc = SN_PS_START_LINK_ID;
g_sn_ps_config.table_length = SN_PS_CONF_TABLE_LEN;
g_sn_ps_config.sn_ps_linktype_convergence_table[SN_PS_CONF_TABLE_LEN]
 = {{SN_PS_LINK_ID_1553B,(uint32_t)(&g_1553_com),SN_PS_LINKTYPE_1553B},
     {SN_PS_LINK_ID_UART,(uint32_t)(&g_uart_com),SN_PS_LINKTYPE_UART},
     ……
}
/* 构件初始化,系统初始化时完成 */
调用 snPsInit(g_sn_ps_config);/* 完成构件初始化,完成参数配置 */
/* 传递层构件需要使用包业务进行数据传递的,进行注册 */
snPsSapInit(SN_PROTOCOL_SP,tpPacketReceive,tpPacketSendResultHandle,&g_sp_com);
/* 接口变量上层业务构件通过查询路由表,或者上层构件通过接口参数传递进行赋值 */
调用 snPsSend(qos,priority,channel,next_link_id,protocol_id,next_sn_address,packet_buffer_p,length);
```

8.3 存储器访问业务构件

8.3.1 构件概述

存储器访问业务是亚网层中的一项业务，它的功能是为空间应用提供更加灵活、可靠、安全的数据访问方式，可以获取、写入或者修改节点中存储器的数据。存储器访问业务构件实现了存储器访问业务的全部功能，并进行了扩展，不仅支持了本地存储器的模块内访问、模块间访问，而且能够支持远程存储器访问。

当前航天器平台处理、存储及传输等基础能力飞速发展，诸如智能信息处理、协同任务规划、星上智能决策等复杂任务，传统需要在地面借助强大硬件资源才能开展的工作可以在航天器内部完成，这些任务的处理往往需要对数据进行频繁的访问和操作，并且对数据访问过程的可靠性保障和服务能力要求较高。存储器访问业务以标准化接口和实现方式，提升了数据访问和操作过程的灵活性、可靠性和服务能力，是解决上述问题的关键技术和重要方式。存储器访问业务主要功能和特点主要包括以下几个方面。

（1）在整星数据读写管理能力方面，航天器存储器类型多种多样，所处位置以及数据读写交互的方式千差万别，对于存储器的管理方式也有所不同。如果用户应用需要操作的存储器为本设备内部其他模块或者属于其他设备，存储器访问业务将根据这个存储器的特点，将读/写指令进行适应性操作，完成用户应用需要的数据操作。整个过程只在亚网层内部进行动作，而应用管理层的用户业务产生端根本没有任何影响，它仍继续按照之前指定的规则完成数据操作。

（2）在数据操作可靠性保障能力方面，不同类型的用户业务数据对读写等操作可靠性等要求有所不同，有些用户应用对数据操作可靠性要求较高，如果数据读写出错，需要数据操作源端重新发送该数据操作命令。存储器访问业务为这些数据操作提供可靠性保障，数据操作目的端在完成数据操作动作后，将事件标识以及数据操作结果发送给数据操作源端。如果数据操作未成功执行，则数据操作源端根据用户应用指定的 QoS 要求，进行数据操作重新执行等一系列操作，并将本次执行结果上传给上层应用进行处理。

存储器访问业务的操作可以分为 5 个部分：读命令发送、读命令接收、写命令发送、读/修改/写命令发送和存储器访问结果接收。

（1）读命令发送的核心操作原语是 READ.request，其主要功能是请求亚网层业务取出存储器指定区域的内容。

（2）读命令接收的核心操作原语是 READ.indication，其主要功能是返回读命令操作要求的存储器数据内容。

（3）写命令发送的核心操作原语是 WRITE.request，其主要功能是请求亚网层业务改变存储器指定区域的内容。

（4）读/修改/写命令发送的核心操作原语是 READ/MODIFY/WRITE.request，其主要功能是在存储器指定区域完成数据读/修改/写的全流程闭环操作。

（5）存储器访问结果接收的核心操作原语是 MEMORY_ACCESS_RESULT.indication，其主要功能是向发出业务请求的用户实体返回写命令或者读/修改/写命令操作结果。

8.3.2 构件模块结构设计

存储器访问业务构件主要包含存储器访问业务初始化接口、存储器访问业务接口，以及包括命令解析模块、优先级处理模块、写入待操作消息队列模块和模块内访问模块在内的功能处理模块。此外，还包括由存储器访问后台进程调用的模块间存储器访问命令执行模块、模块间访问命令队列取消息模块、分段处理模块等功能处理模块。其中，存储器访问业务初始化接口由中间件统一初始化构件调用，配置存储器区域与设备驱动程序的对应关系；存储器访问业务接口由上层业务构件调用，完成存储器读、写、读/修改/写操作，其模块结构图如图 8-3 所示。

图 8-3 中主要接口的功能描述如下。

（1）存储器访问业务初始化接口的主要功能是配置存储器区域与设备驱动程序的对应关系。存储器访问业务初始化接口在系统初始化状态时被调用，设置相关对应关系及参数值的初始默认状态。

（2）存储器访问业务接口模块由上层业务构件调用，对接收到的控制信息

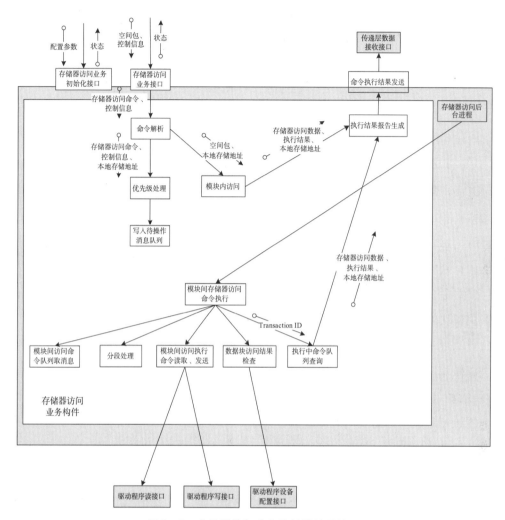

图 8-3　存储器访问业务构件模块结构图

和空间包数据缓冲区指针的有效性进行校验，如果有验证错误，则返回错误信息码，否则，调用命令解析模块。命令解析模块判断存储器访问命令中的存储器标识是否合法，如果不合法，则返回错误。否则，申请本地数据缓冲区。根据存储器标识值，判断该命令属于本地模块内访问还是本地模块间访问。其中，本地模块内数据操作是指 CPU 模块内的存储区域；本地模块间数据操作是指与 CPU 位于同一台设备内部，并且与 CPU 通过内总线（如 CPCI、ARINC 659 等）连接；远程数据操作是指与 CPU 位于不同设备中，并且与 CPU 通过外总线（如 1553B、

CAN 等）连接，可以通过亚网层包业务传递到目标设备后再进行本地存储器访问操作。如果是模块内访问命令，调用模块内访问接口模块；如果是模块间访问命令，调用优先级处理接口模块，写入模块间访问命令队列中。如果本次操作为远程存储器访问，指令源端执行包业务构件发送的相关实现过程，见 8.2 节相关内容。在目的端完成指令数据的接收和处理操作后，在目的端执行本地存储器模块内访问或者本地存储器模块间访问。

（3）模块间存储器访问命令执行模块由存储器访问后台进程周期性循环调用执行，其调用模块间访问命令队列取消息模块，从模块间访问队列按照优先级先后关系，并结合判断命令访问的设备的锁定/开放状态，如果是开放状态，则将该消息取出。将取出的命令消息同时存储在执行中命令队列中；调用分段处理模块，判断命令操作数据的长度，如果该长度大于底层链路驱动程序 MTU，则需要对命令进行分段处理。将经过分段处理的命令存储在模块间访问执行队列；调用模块间访问执行命令读取、发送模块，将经过分段处理的命令从模块间访问执行队列中取出，通过驱动程序发送执行，并将模块间访问执行队列中命令执行进度做相应修改；调用数据块访问结果检查模块，检查模块间命令执行结果，并对模块间访问执行队列中命令执行进度做相应修改，如果某条命令的全部分段命令均执行完成，则需要同时修改执行中命令队列中命令的执行进度；调用执行中命令队列查询模块，轮询执行中队列命令的执行进度，如果该命令为执行完成状态，则调用执行结果报告生成接口，组织完整的执行结果空间包。

8.3.3　构件接口设计

构件接口的设计基于存储器访问业务标准原语，并根据实现过程的实际需求进行了适当扩展。

存储器访问构件有对外提供的接口和需要的外部接口两类，对外提供接口是本构件能够对调用者提供的服务接口，需要的外部接口是本构件需要调用的接口。

1. 对外提供的接口

存储器访问构件对外提供的接口包括存储器访问接口初始化接口 snMasInit、存储器访问接口 snMasPacketHandle 和模块间存储器访问命令执行接口 snMasHandleMain。

存储器访问接口初始化接口 snMasInit 的定义如下：

```
status_t snMasInit(
sn_mas_com_t* obj_p,         /* 构件实例 */
sn_mas_config_t* config_p    /* 构件配置参数 */
)
```

其中的参数定义如下：

参数 obj_p 表示存储器访问业务构件实例，参数 config_p 表示构件配置参数，构件配置参数中包括存储器访问业务 APID、设备配置表。

存储器访问接口 snMasPacketHandle 的定义如下：

```
status_t snMasPacketHandle(
sn_mas_com_t* obj_p,          /* 构件实例指针 */
uint16_t src_apid,            /* 源 APID */
uint8_t* packet_buffer_p,     /* 包缓冲区指针 */
uint32_t length,              /* 包总长度 */
uint8_t priority              /* 优先级 */
)
```

存储器访问接口模块的参数定义如下：

参数 *obj_p 表示构件实例指针，参数 src_apid 表示源 APID，参数 *packet_buffer_p 表示包缓冲区指针，参数 length 表示包总长度，参数 priority 表示优先级。

存储器访问接口针对的是本地模块内访问和本地模块间访问过程，对于远程存储器访问，首先调用包业务发送接口，到达目的端后再执行本地模块内访问/本地模块间访问，包业务发送接口构件详见 8.2.3 节。

模块间存储器访问命令执行接口 snMasHandleMain 的定义如下：

```
status_t snMasHandleMain(
```

```
sn_mas_com_t* obj_p
)
```

其中的参数定义如下：

参数 obj_p 表示存储器访问业务构件实例。

2. 需要的外部接口

存储器访问业务构件需要的外部接口包括传递层空间包接收接口、驱动程序读操作接口和驱动程序写操作接口。

传递层空间包接收接口 tpPacketReceive（uint8_t * packet_buffer_p, uint32_t length, uint32_t qos），详见 9.2.3 节。

驱动程序读操作接口 int devRead（int fd, unsigned char * data, unsigned int length），详见 6.2 节。

驱动程序写操作接口 int devWrite（int fd, unsigned char * data, unsigned int length），详见 6.2 节。

标准原语与构件接口的对应关系见表 8-4。

表 8-4 存储器访问业务标准原语与构件接口的对应关系

序号	标准原语	构件接口	标准原语内参数与构件参数的对应关系
1	存储器读请求 READ.request（MASAP Address, Destination Address, Transaction ID, Memory ID, Start Memory Address, Size, Priority, Channel, Authorisation（optional））	status_t snMasPacketHandle（sn_mas_com_t * obj_p, uint16_t src_apid, uint8_t * packet_buffer_p, uint32_t length, uint8_t priority）	原语中的参数 MASAP Address 对应构件参数 src_apid，Destination Address 未引入到本构件处理过程，Transaction ID 对应构件参数 * packet_buffer_p 中数据域部分 Transaction ID，Memory ID 对应构件参数 * packet_buffer_p 中数据域部分 Memory ID，Start Memory Address 对应构件参数 * packet_buffer_p 中数据域部分数据起始地址，Size 对应构件参数 length，Priority 对应构件参数 priority，Channel 未引入到本构件处理过程，Authorisation 对应构件参数 * packet_buffer_p 中数据域部分 Authorisation

续表

序号	标准原语	构件接口	标准原语内参数与构件参数的对应关系
2	存储器读响应 READ.indication（MASAP Address, Destination Address, Transaction ID, Memory ID, Start Memory Address, Size, Priority, Channel, Data, Result Metadata）	status_t snMasResultReport（sn_mas_com_t * obj_p, uint8_t * packet_buffer_p, uint8_t * read_buf, uint16_t read_len, uint32_t result, uint8_t type）	原语中的参数 MASAP Address、Destination Address 未引入到本构件处理过程，Transaction ID 对应构件参数 * packet_buffer_p 中数据域部分 Transaction ID，MemoryID, Start Memory Address 参数在本构件执行前已被解析完成，未带入到本构件中，Size 对应构件参数 read_len，Priority, Channel 参数在本构件执行前已被解析完成，未带入到本构件中，Data 对应构件参数 * packet_buffer_p 中数据域部分的数据，Result Metadata 对应构件参数 result
3	存储器写请求 WRITE.request（MASAP Address, Destination Address, Transaction ID, MemoryID, Start Memory Address, Size, Priority, Channel, Data, Acknowledge（optional）, Authorisation（optional）, Verification（optional））	status_t snMasPacketHandle（sn_mas_com_t * obj_p, uint16_t src_apid, uint8_t * packet_buffer_p, uint32_t length, uint8_t priority）	原语中的参数 MASAP Address 对应构件参数 src_apid，Destination Address 未引入到本构件处理过程，Transaction ID 对应构件参数 * packet_buffer_p 中数据域部分 Transaction ID，Memory ID 对应构件参数 * packet_buffer_p 中数据域部分 Memory ID，Start Memory Address 对应构件参数 * packet_buffer_p 中数据域部分数据起始地址，Size 对应构件参数 length，Priority 对应构件参数 priority，Channel 未引入到本构件处理过程，Data 对应构件参数 * packet_buffer_p 中数据域部分的数据，Acknowledge 对应构件参数 * packet_buffer_p 中数据域部分 Acknowledge，Authorisation 对应构件参数 * packet_buffer_p 中数据域部分 Authorisation，Verification 对应构件参数 * packet_buffer_p 中数据域部分 Verification

续表

序号	标准原语	构件接口	标准原语内参数与构件参数的对应关系
4	存储器读/修改/写请求 READ/MODIFY/WRITE.request（MASAP Address, Destination Address, Transaction ID, Memory ID, Memory Address, Size, Mask, Priority, Channel, Data, Acknowledge（optional）, Authentication（optional）, Verification（optional））	status_t snMasPacketHandle（sn_mas_com_t * obj_p, uint16_t src_apid, uint8_t * packet_buffer_p, uint32_t length, uint8_t priority）	原语中的参数 MASAP Address 对应构件参数 src_apid, Destination Address 未引入到本构件处理过程, Transaction ID 对应构件参数 * packet_buffer_p 中数据域部分 Transaction ID, Memory ID 对应构件参数 * packet_buffer_p 中数据域部分 Memory ID, Start Memory Address 对应构件参数 * packet_buffer_p 中数据域部分数据起始地址, Size 对应构件参数 length, Mask 对应构件参数 * packet_buffer_p 中数据域部分 Mask, Priority 对应构件参数 priority, Channel 未引入到本构件处理过程, Data 对应构件参数 * packet_buffer_p 中数据域部分的数据, Acknowledge 对应构件参数 * packet_buffer_p 中数据域部分 Acknowledge, Authorisation 对应构件参数 * packet_buffer_p 中数据域部分 Authorisation, Verification 对应构件参数 * packet_buffer_p 中数据域部分 Verification
5	存储器访问结果响应 MEMORY_ACCESS_RESULT.indication（MASAP Address, Destination Address, Transaction ID, Memory ID, Start Memory Address, Size, Result Metadata）	void snMasResultSend（sn_mas_com_t * obj_p, uint16_t src_apid, uint16_t dest_apid, uint8_t * packet_buffer_p, uint32_t length, uint32_t qos）	原语中的参数 MASAP Address 对应构件参数 src_apid, Destination Address 对应构件参数 dest_apid, Transaction ID 对应构件参数 * packet_buffer_p 中数据域部分 Transaction ID, Memory ID, Start Memory Address, Size 参数在本构件执行前已被解析完成, 未带入到本构件中, Result Metadata 对应构件参数 * packet_buffer_p 中数据域部分命令执行结果

8.3.4 构件核心数据结构设计

存储器访问业务构件的核心数据结构主要有存储器访问读命令数据部分数据结构、读命令执行结果报告空间包数据部分、存储器访问写命令数据部分格式、存储器访问读/修改/写命令数据部分格式、MEMORY_ACCESS_RESULT.indication 包数据部分结构、执行中队列\模块间访问命令执行队列数据结构、设备锁定/开放状态表数据结构。

1. 存储器访问读命令数据部分数据结构

存储器访问读命令数据部分数据结构见表 8-5。

表 8-5 存储器访问读命令数据部分数据结构

Transaction ID	预留	Authorisation（可选）	Memory ID	数据起始地址	读取数据长度
16 bit	2 bit	6 bit	8 bit	32 bit	16 bit

表 8-5 中包含的主要参数如下。

（1）Transaction ID：由用户分配的事件 ID。

（2）Authorisation：可选，设置一个密钥值，在远程接收端判断用户是否有权限执行相应的操作。如果没有相应的权限，不会返回相应的数据，并返回错误码。

（3）Memory ID：表示目标节点的存储区域。

（4）数据起始地址：表示在目标节点指定存储区域的起始地址。

（5）读取数据长度：表示在目标节点从起始地址起要读出的数据长度。

2. 读命令执行结果报告空间包数据部分数据结构

读命令执行结果报告空间包数据部分数据结构见表 8-6。

表 8-6 读命令执行结果报告空间包数据部分数据结构

Transaction ID	命令执行结果	数据
16 bit	32 bit	变长

表 8-6 中包含的主要参数如下。

(1) Transaction ID：该值就是存储器访问业务读命令中包含的 Transaction ID。

(2) 命令执行结果：执行结果 0 为执行成功，其他表示不同的错误码。

(3) 数据：变长，即根据存储器访问业务读命令读出的数据。

3. 存储器访问写命令数据部分数据结构

存储器访问写命令数据部分数据结构见表 8-7。

表 8-7 存储器访问写命令数据部分数据结构

Transaction ID	Acknowledge（可选）	Authorisation（可选）	Verification（可选）	Memory ID	数据起始地址	写数据长度	数据
16 bit	1 bit	6 bit	1 bit	8 bit	32 bit	16 bit	变长

表 8-7 中包含的主要参数如下。

(1) Transaction ID：由用户分配的事件 ID。

(2) Acknowledge：可选，表示是否需要通过 Memory_Access_Result. Indication 返回执行结果。

(3) Authorisation：可选，设置一个密钥值，在远程接收端判断用户是否有权限执行相应的操作。如果没有相应的权限，不会返回相应的数据，并返回错误码。

(4) Verification：可选，表示在数据被写入到指定地址之前，是否要进入数据的完整性检验。

(5) Memory ID：表示目标节点的存储区域。

(6) 数据起始地址：表示在目标节点要写入数据的指定存储区域的起始地址。

(7) 写数据长度：表示写命令要写入的数据长度。

(8) 数据：变长，表示在目标节点要写入的数据。

4. 存储器访问读/修改/写命令数据部分格式

存储器访问读/修改/写命令数据部分格式见表 8-8。

第 8 章 中间件 – 亚网层星载子网构件设计

表 8 – 8 存储器访问读/修改/写命令数据部分格式

Transaction ID	Acknowledge（可选）	Authorisation（可选）	Verification（可选）	Memory ID	数据起始地址	操作数据长度	MASK	数据
16 bit	1 bit	6 bit	1 bit	8 bit	32 bit	16 bit	变长	变长

表 8 – 8 中包含的主要参数如下。

（1）Transaction ID：由用户分配的事件 ID。

（2）Acknowledge：可选，表示是否需要通过 Memory_Access_Result. Indication 返回执行结果。

（3）Authorisation：可选，设置一个密钥值，在远程接收端判断用户是否有权限执行相应的操作。如果没有相应的权限，不会返回相应的数据，并返回错误码。

（4）Verification：可选，表示在数据被写入到指定地址之前，是否要进入数据的完整性检验。

（5）Memory ID：表示目标节点的存储区域。

（6）数据起始地址：表示在目标节点要写入数据的指定存储区域的起始地址。

（7）操作数据长度：进行读/修改/写操作的数据长度。

（8）MASK：变长，表示读出的数据中哪些需要被修改。

（9）数据：变长，表示在目标节点要写入的数据。

5. MEMORY_ACCESS_RESULT. indication 包数据部分数据结构

MEMORY_ACCESS_RESULT. indication 包数据部分数据结构见表 8 – 9。

表 8 – 9 MEMORY_ACCESS_RESULT. indication 包数据部分数据结构

Transaction ID	命令执行结果
16 bit	32 bit

表 8 – 9 中包含的主要参数如下。

（1）Transaction ID：该值就是存储器访问业务读命令中包含的 Transaction ID。

（2）命令执行结果：执行结果 0 为执行成功，其他表示不同的错误码。

6. 执行中队列数据结构

执行中队列数据结构见表 8-10。

表 8-10 执行中消息队列数据结构

Transaction ID	分配的存储地址 DM	存储器访问命令 SDU 指针	存储时间	执行进度
16 bit	32 bit	32 bit	6 byte	8 bit

表 8-10 中包含的主要参数如下：

(1) Transaction ID：事件 ID；

(2) 分配的存储地址 DM：本地数据缓冲区指针；

(3) 存储器访问命令 SDU 指针；

(4) 存储时间：表示进入执行中消息队列的时间；

(5) 执行进度：0 表示执行未完成，1 表示执行完成。

7. 模块间访问命令执行队列数据结构

模块间访问命令执行队列数据结构见表 8-11。

表 8-11 模块间访问命令执行队列数据结构

Transaction ID	业务子类型	分配的存储地址 DM	设备驱动程序名	起始地址	数据长度	数据指针	掩码指针	分割标识	存储时间	执行进度
16 bit	8 bit	32 bit	64 bit	32 bit	16 bit	32 bit	32 bit	8 bit	6 byte	8 bit

表 8-11 中包含的主要参数如下：

(1) Transaction ID：事件 ID；

(2) 业务子类型：表示该空间包所适用的 PUS 业务子类型；

(3) 分配的存储地址 DM：本地数据缓冲区指针；

(4) 设备驱动程序名：用于标识该设备驱动程序名称；

(5) 起始地址：操作存储器区域的开始地址；

(6) 数据指针：对于写命令和读/修改/写命令有效，要写入的数据指针；

(7) 掩码指针：对于读/修改/写命令有效，要写入的掩码指针；

(8) 分段标识：其定义见表 8-12；

表 8-12 分段标识含义

比特 0	比特 1	含义
0	1	某一个 Packet ID 上服务数据单元的第一部分
0	0	某一个 Packet ID 上服务数据单元的接续部分
1	0	某一个 Packet ID 上服务数据单元的最后一部分
1	1	没有分段（一个完整的服务数据单元或多个包）

（9）存储时间：表示进入执行中消息队列的时间；

（10）执行进度：低 2 bit 有效，0 表示执行未完成，1 表示执行已完成，2 针对读/修改/写操作，表示读操作完成。

8. 设备锁定/开放状态表数据结构

设备锁定/开放状态表数据结构见表 8-13。

表 8-13 设备锁定/开放状态表数据结构

Memory ID	锁定/开放状态
8 bit	8 bit

表 8-13 中包含的主要参数如下：

（1）Memory ID，存储器标识；

（2）锁定开放状态：低 1 bit 有效，0 表示开放，1 表示锁定。

8.3.5 构件运行设计

存储器访问业务构件顺利运行，首先需要完成存储器访问业务构件初始化操作，由中间件统一初始化构件调用，配置存储器区域与设备驱动程序的对应关系，存储器访问业务初始化接口模块伪代码如下：

```
status_tsnMasInit(sn_mas_com_t * obj_p,sn_mas_config_t * config_p)
    {
        uint32_t err_code = OK;
        if(config_p 为空)
            return ERR_SN_MAS_INVALID_POINT_ERROR;
```

将存储器访问构件初始化配置参数中的变量赋值给存储器访问实例中对应的变量；

初始化 backup_group 全部数据成员，对于每个数组成员，其中的变量赋初值；

将存储器访问实例中 backup_group 的 node 连接组成 free_list；

清空 waiting_list, exe_list, exe_fra_list；

/* 挂接本地函数 */

snMasPacketHandle_funcp = snMasPacketHandle；

snMasInit_funcp = snMasInit；

// 向接口注册接收空间包的回调函数

err_code = tpSapInit(config_p -> apid, snMasPacketHandle, NULL)；

return err_code；

}

由上层业务构件调用存储器访问业务接口，内部调用命令解析模块、优先级处理模块、写入待操作消息队列模块和模块内访问模块在内的功能处理模块。下面将以伪代码的形式展示部分重要的功能处理模块。

存储器访问业务接口模块伪代码如下：

```
status_t snMasPacketHandle(sn_mas_com_t * obj_p, uint8_t priority, uint32_t length, uint8_t * packet_buffer_p)
{
    if(packet_buffer_p 为空)
        return ERR_SN_MAS_INVALID_POINTER_ERROR;
    if(length 大于 MAX_SN_MAS_PACKET_LENGTH)
        return ERR_SN_MAS_INVALID_LEN_ERROR;
    调用命令解析接口 snMasCommandResolve(obj_p, priority, length, packet_buffer_p);
```

```
    return OK;
}
```

命令解析模块伪代码如下：

```
status_t snMasCommandResolve(sn_mas_com_t * obj_p,uint8_t priority,uint32_t length,uint8_t * packet_buffer_p)
{
    uint8_t memoryid;
    uint8_t moduleid;
    uint32_t err_code = OK;
    memoryid = packet_buffer_p[15];
    moduleid = memoryid >> 5;
    if(moduleid 属于模块内访问的范围)
        调用模块内访问接口 err_code = snMasModuleInside(obj_p,packet_buffer_p);
    else
        调用优先级处理接口 err_code = snMasPriHandle(obj_p, priority,length,packet_buffer_p);
    return err_code;
}
```

模块间存储器访问命令执行模块由存储器访问后台进程周期性循环调用执行，其调用模块间访问命令队列取消息模块、分段处理模块、模块间访问执行命令读取发送模块、数据块访问结果检查模块、执行中命令队列查询模块和执行结果报告生成模块。下面将以伪代码的形式展示部分重要的功能处理模块。

模块间存储器访问命令执行模块伪代码如下：

```
status_t snMasHandleMain(dcl_1553b_com_t * obj_p)
{
    uint32_t err_code = OK;
```

```
        调用后台周期信息刷新接口 snMasRefresh(obj_p);
        调用模块间访问命令队列取消息 err_code = snMasMsgGet(obj_p);
        if(err_code!=OK)
                return err_code;
        调用分段处理接口 err_code = snMasDivideHandle(obj_p);
        if(err_code!=OK)
                return err_code;
        调用模块间访问命令读取发送接口 err_code = snMasCommandGet-
Send(obj_p);
        if(err_code!=OK)
                return err_code;
        调用数据块读写结果检查 snMasResultCheck(obj_p);
        调用执行中命令队列查询接口 err_code = snMasExecutingQueue-
Check(obj_p);
        return err_code;
  }
```

调用存储器访问业务构件完成星载存储器数据访问和操作，上层应用使用统一的接口进行操作，无须关注底层不同存储器操作方法的差异性。上层处理构件向存储器业务构件发送包缓冲区指针、优先级和包总长度。

存储器访问业务构件的使用过程如下：

```
    #define APID_SMU_BASE 0x420           /* 设备 APID 起始地址 */
    #define APID_MAS APID_SMU_BASE + 0x11 /* 存储器访问业务 APID 地址 */
    #define MAX_SN_MAS_DEV_NUM 7          /* 存储器设备数量 */
    sn_mas_com_t g_mas1_com;              /* 声明存储器访问业务构件实例 */
```

```
    sn_mas_config_t g_mas1_config;        /* 声明存储器访问业务构件
配置参数 */
    /* 设置存储器访问业务构件配置参数 g_mas1_config */
    g_mas1_config.apid = APID_MAS;
    g_mas1_config.device[MAX_SN_MAS_DEV_NUM]
    ={{41,4,1,0,0},/* 总线通信与时间同步模块主份-1553_REG*/
        {42,4,1,0,0},/* 总线通信与时间同步模块主份-1553_RAM*/
        ……
    };
    /* 构件初始化 */
    调用 snMasInit(g_mas1_com,g_mas1_config);/* 完成构件初始化,
完成参数配置 */
    /* 上层构件通过接口参数传递进行赋值 */
    调用 snMasPacketHandle(g_mas1_com,src_apid,packet_buffer_p,length,priority);
```

8.4 同步业务构件

8.4.1 构件概述

同步业务构件主要为时间码获取、时间码状态维护以及事件管理使用提供统一接口。其中事件管理接口暂未使用。因此，同步构件主要包括的主要功能如下：

（1）时间码获取功能：用于获取系统当前星上时间；

（2）时间码配置功能：用于设置系统当前星上时间。

8.4.2 构件模块结构设计

同步业务构件的结构如图 8-4 所示。图中省略了操作系统接口，在后续每个模块的接口描述中进行说明。

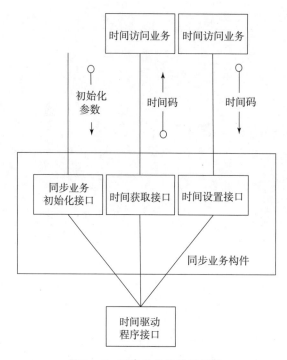

图 8-4 同步业务构件的结构

8.4.3 构件接口设计

同步构件设计了与同步业务原语对应的接口，将原语中的 request 请求和 indication 指示合并为一个接口，request 请求为接口调用，indication 指示为接口调用后的返回。除了这些原语对应的接口外，还设计了同步业务构件的初始化接口，供上层应用或其他业务构件调用。

1. 构件对外提供的接口

同步业务构件的接口包括以下几种。

同步构件初始化接口 ssInit 的定义如下：

```
status_t ssInit(
ss_com_t * ss_com_p,
ss_config_t * ss_config_p
)
```

参数 ss_com_p 表示同步构件实例指针，ss_config_p 表示同步构件配置的参数指针。

时间获取接口 ssGetTime 的定义如下：

```
status_t ssGetTime(
ss_com_t * ss_com_p,
timespec_t * tp_p
)
```

参数 ss_com_p 表示同步构件实例指针，tp_p 表示系统当前的时间码结构体。

时间设置接口 ssSetTime 的定义如下：

```
status_t ssSetTime(
ss_com_t * ss_com_p,
timespec_t * tp_p
)
```

参数 ss_com_p 表示同步构件实例指针，tp_p 表示设置的时间码结构体。

2. 构件需要的外部接口

同步构件使用的外部接口包括设备驱动的时间码接口。

同步构件的接口与同步业务原语的对应关系见表 8 – 14。

表 8 – 14　同步构件的接口与同步业务原语的对应关系

序号	标准原语	构件接口	标准原语内参数与构件参数的对应关系
1	时间请求原语 TIME. request（SYNCSAP Address，Time）	status_t ssGetTime（ss_com_t * ss_com_p, timespec_t * tp_p）	SYNCSAP Address 参数与构件实例指针 ss_com_p 对应，Time 参数与时间码结构体指针 tp_p 对应。
2	时间指示原语 TIME. indication（SYNCSAP Address，Time）		
3	—	status_t ssSetTime（ss_com_t * ss_com_p, timespec_t * tp_p）	—

8.4.4 构件数据结构设计

同步业务构件的核心数据结构主要有操作时间码的设备描述符以及时间码结构体。核心数据结构如下：

```c
typedef struct
{
    uint32_t    dev_fd;
    timespec_t  time;
}ss_com_t;
```

8.4.5 构件运行设计

同步业务构件由时间访问业务构件直接调用执行，时间码获取的访问过程如下：

```
status_t ssGetTime(ss_com_t * ss_com_p,timespec_t * tp_p)
{
    if ss_com_p 为空
        返回 ERR_SS_COM_NULL;
    if tp_p 为空
        返回 ERR_SS_TIME_SPEC_NULL;
    time = devTimeGet();
    ss_com_p->time.second = time->seconds;
    if(time->micro_second >1500)
        return ERR_TIME_OUT_OF_RANGE;
    ss_com_p->time.micro_second = time->micro_second * 16777;
    tp_p->second = ss_com_p->time.second;
    tp_p->micro_second = ss_com_p->time.micro_second;
```

```
        return OK;
    }
```

8.5　1553B 汇聚构件

8.5.1　构件概述

汇聚层协议构件直接对底层相关联的物理链路进行操作和交互，向上屏蔽底层异构链路的差异化，并以统一标准的方式提供服务。亚网层的部分业务功能需要由亚网层构件与汇聚层协议构件共同完成，汇聚层在航天器综合电子软件的层次关系如图 8-1 所示。本节主要以包业务为例对 1553B 汇聚构件进行说明。

1553B 汇聚构件基于 ECSS 1553B 总线链路协议和美军标 1553B 总线链路协议，在此基础上进行功能扩展，与包业务构件共同完成包业务的功能。1553B 汇聚构件主要扩展的功能包括数据自适应分段/组装、QoS 区分服务等，这些扩展功能较大提升了数据发送/接收过程的灵活性和可靠性，能够更好地满足上层应用数据的传输需求。

下面对照包业务的三个执行过程进行说明，即包发送过程、包接收过程和包错误处理过程。在包发送过程中，在包业务构件完成链路选择，调用 1553B 协议汇聚接口后，进行 1553B 协议构件的处理过程。其中的关键操作包括：根据分配的实际物理链路及其配套的协议特征，进行地址转换操作，然后查询地址转换表，将下一跳亚网地址转换为下一跳链路地址；为待传输的数据包生成 Packet ID，唯一标明一个发送的数据包；根据消息类型，将待传输消息置于不同的消息队列中。将待传消息分为突发消息、预留已分配消息以及预留未分配消息三种类型，不同类型消息有差异化的消息队列。其中，待传突发消息队列按照优先级进行排列，优先级相同的消息根据先来后到的顺序排列。待传已分配预留消息队列为面向接收者的待传消息队列，针对每个不同的下一跳链路地址建立一个队列。每次到来一条新的消息：首先根据下一跳链路地址选择合适的待传预留消息队列；然后根据优先级和时间先后插入到消息队列中的合适的位置。待传未分配预留消息队列，将发往不同接受者的未分配预留消息按照优先级由高到低关系存储在同一个队列中。

包业务按照优先级的高低关系从发送列表中取出消息，将消息数据根据链路能够提供的 MTU 进行分段处理，通过给这些分段数据添加协议控制信息，包括包标识、序列标识、顺利计数器、QoS 及包类型标识，保证分段数据从源端到目的端的正确可靠传输。最后，按照实际的数据链路及对应协议协议规定完成发送。

在包接收过程中，构件实现的功能为通过设备驱动程序接收到物理链路总线帧后，调用后台程序对总线帧接收并完成解析，按照帧配置信息提取其中的数据部分。根据数据携带的协议控制信息，判断其在源端是否发生分段处理，如果发生分段，则设置分段接收存储区，将含有相同的包标识的数据分段接收存储。将接收到的分段的数据部分按照序列标识指示的位置和顺序计数器指示的先后顺序进行组装。在完成数据分段组装后，判断协议控制信息中的 QoS 要求，如果为确定的 QoS 或者保障的 QoS 类型，需要对组装过程中出现的错误进行记录（错误码类型：接收超时错误、接收顺序错误、分段接收不完全、校验错误），并组织亚网层回执包。最后，将经过段组装形成的完整业务数据单元（Service Data Unit，SDU）及相关参数传递给接收端上层做进一步处理。

在包错误处理过程中，构件实现的功能为针对服务质量类型为确定的 QoS 或者保障的 QoS 的数据进行可靠性保证，这些数据有较高的可靠性要求，当在接收端发现传输过程出错时，通过亚网层回执将错误码和包标识发送回数据发送端，并通过重传的方式保证数据的正确性和完整性。数据发送端接收到重传的请求，检索已发送列表，将出错信息重新发送。这就要求在发送过程中，需要对这两种服务质量类型的数据进行一定时间周期的保存。除此之外，将接收过程中的执行结果发送给接收端业务用户协议实体，进行传输状态确认和错误统计等。

8.5.2 构件模块结构设计

1553B 协议构件主要包含 1553B 汇聚初始化接口、1553B 汇聚接口，以及包含优先级处理模块和写入待传消息队列模块在内的功能处理模块。此外，还包括由 1553B 汇聚后台进程调用的资源分配取消息模块、数据分段处理模块、组织数据发送帧模块、查询数据帧消息模块、数据帧接收解析模块、数据分段组装模块等功能处理模块。1553B 协议模块结构图如图 8-5 所示。

第 8 章 中间件 – 亚网层星载子网构件设计 ■ 227

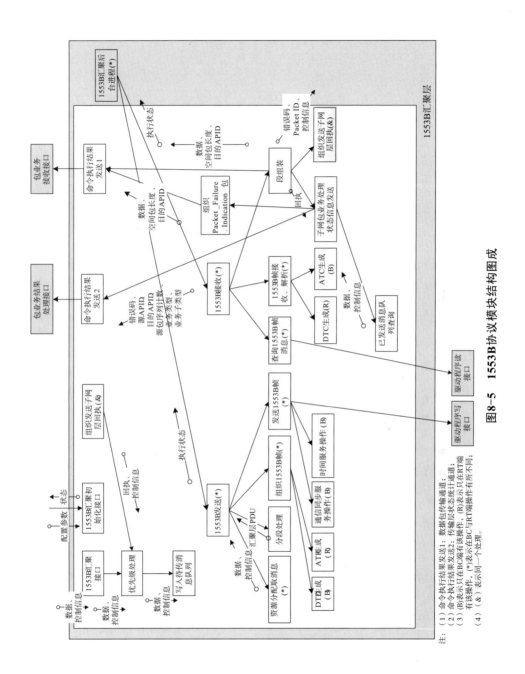

图 8-5 1553B 协议模块结构图组成

注：(1) 命令执行结果发送 1：数据包传输通道；
(2) 命令执行结果发送 2：传输层状态统计通道；
(3) (B) 表示只在 BC 端有该操作，(R) 表示只在 RT 端有该操作，(*) 表示在 BC 与 RT 端操作有所不同；
(4) (&) 表示同一个处理。

1553B 汇聚初始化接口的主要功能是进行 1553B 汇聚初始化，给 1553B 汇聚实例赋初值。1553B 汇聚初始化接口在系统初始化状态时被调用，设置相关参数值的初始默认状态。

1553B 汇聚接口模块由包业务构件调用，判断接收队列状态，若已满则返回错误码后退出，否则调用优先级处理接口，将收到的空间包进行优先级处理。优先级处理模块判断输入的包类型标识参数，如果是发送包类型，则将下一跳子网地址转换为下一跳链路地址。根据通道标识确定该待传消息类型，属于预留已分配、预留未分配还是突发消息类型。如果是预留已分配类型消息，则根据其下一跳链路地址，按照优先级参数存储到相应的面向接受者预留已分配待传消息队列中的适当位置。如果是预留未分配消息，则按照先来后到的顺序存储到预留未分配待传消息队列中。如果是突发消息，则按照优先级参数存储到突发待传消息队列中的适当位置。

1553B 发送模块由 1553B 汇聚后台进程周期性循环调用执行，其调用资源分配取消息模块，根据帧配置信息表中的设置，取出已分配预留消息，根据本帧可传的预留未分配消息数，取出未分配预留消息，获得本次传送帧可供突发消息传送的剩余空间，取出待传突发消息。分段模块判断选出的消息是否需要分段，如果需要分段，则根据其在全部分段中的位置（首段、中间段、末段），设置协议控制信息中序列标识的值；根据其顺序关系设置序列值，对空间包进行校验，并填充校验域，生成包标识，对数据分段的归属进行区分，最后形成汇聚层 PDU。组织 1553B 帧模块，BC 端和 RT 端处理有所不同：在 BC 端，对于突发消息，调用 DTD 生成模块产生 DTD，将分段处理形成的汇聚层 PDU 及 DTD 消息等数据转换成 1553B 消息，将转换后的 1553B 消息组成 1553B 帧，将 1553B 帧存储在发送缓冲区中；在 RT 端，对于突发消息，调用 ATR 生成模块产生 ATR，将分段处理形成的汇聚层 PDU 及 ATR 放在特定子地址缓冲区中。发送 1553B 帧模块，将上一帧周期组好的数从帧发送缓存中取出，调用驱动程序写接口将 1553B 帧发送，释放申请的本地缓冲区。

1553B 接收模块同样由 1553B 汇聚后台进程周期性循环调用执行，其调用查询 1553B 帧消息模块，通过驱动程序将数据搬移到内部缓冲区。1553B 帧接收解析模块：在 BC 端，从获得的 1553B 消息中获取数据部分，得到汇聚层 PDU，对收到的 ATR，调用 ATC 生成模块生成 ATC；在 RT 端，从获得的 1553B 消息中获取数据部分，得到汇聚层 PDU，对收到的 DTD，调用 DTC 生成模块生成 DTC。段组装模块计算汇聚层 PDU 校验值，并与 PDU 中包含的校验值进行比较，生成错误码，检查汇聚层 PDU 接收顺利的连续性和正确性。申请本地数据缓冲区将汇聚层 PDU 按照顺序进行拼接，形成完整的空间包，根据汇聚层 PDU 头部控制信息中的 QoS 决定是否需要调用组织发送回执模块。组织发送回执模块将错误码和包标识组织为回执 SDU，调用优先级处理接口。

8.5.3 构件接口设计

1553B 协议构件接口设计按照构件结构设计有对外提供的接口和需要的外部接口两类，对外提供接口是本构件能够对调用者提供的服务接口，需要的外部接口是本构件需要调用的接口。

1. 对外提供的接口

1553B 协议构件对外提供的接口包括 1553B 汇聚初始化接口 snDcl1553Init、1553B 汇聚接口 snDcl1553BInterface、周期性数据发送接口 snDcl1553BSendMain 和周期性数据接收接口 snDcl1553BReceiveMain。

1553B 汇聚初始化接口 snDcl1553Init 的定义如下：

```
status_t snDcl1553Init
    (
        dcl_1553b_com_t * obj_p,
        dcl_1553_config_t * config_p
    )
```

其中的参数定义如下：

参数 *obj_p 表示 1553B 实例指针，参数 *config_p 表示 1553B 构件初始化配置参数。

1553B 汇聚接口 snDcl1553BInterface 的定义如下：

```
status_t snDcl1553BInterface
    (
```

```
        dcl_1553b_com_t * obj_p,
        uint8_t qos,
        uint8_t priority,
        uint8_t channel,
        uint32_t length,
        uint8_t protocol_id,
        uint8_t next_sn_address,
        uint8_t * packet_buffer_p
    )
```

其中的参数定义如下：

参数 * obj_p 表示 1553B 实例指针，参数 qos 表示 QoS 参数，参数 priority 表示优先级参数，参数 channel 表示通道参数，参数 length 表示空间包长度，参数 protocol_id 表示协议标识，参数 next_sn_address 表示下一跳子网地址，参数 * packet_buffer_p 表示空间包数据缓冲区指针。

周期性数据发送接口 snDcl1553BSendMain 的定义如下：

```
status_t snDcl1553BSendMain
    (
    dcl_1553_com_t * obj_p,
    uint8_t zero_flag
    )
```

其中的参数定义如下：

参数 * obj_p 表示 1553B 实例指针，参数 zero_flag 表示整秒时刻标识。

周期性数据接收接口 snDcl1553BReceiveMain 的定义如下：

```
status_t snDcl1553BReceiveMain
    (
    dcl_1553_com_t * obj_p
    )
```

其中的参数定义如下：

参数 *obj_p 表示 1553B 实例指针。

2. 需要的外部接口

1553B 汇聚构件需要的外部接口包括传递层空间包接收接口、传递层传送过程结果处理接口、驱动程序读操作接口、驱动程序写操作接口和事件报告产生接口。

包业务接收接口 snPsReceive（uint8_t protocol_id，uint8_t qos，uint8_t * packet_buffer_p，uint32_t length），详见 8.2.3 节。

包业务结果处理接口 status_t snPsSendResultHandle（uint8_t protocol_id，uint8_t * packet_buffer_p，uint32_t length，uint32_t send_result），详见 8.2.3 节。

驱动程序读操作接口 int devRead（int fd，unsigned char * data，unsigned int length），详见 6.2 节。

驱动程序写操作接口 int devWrite（int fd，unsigned char * data，unsigned int length），详见 6.2 节。

标准原语与构件接口的对应关系表见表 8-15。

表 8-15 标准原语与构件接口的对应关系表

序号	标准原语	构件接口	标准原语内参数与构件参数的对应关系
1	包发送请求 PACKET _ SEND. request（PSSAP Address，PDSAP Address，Service Class，Priority，Channel，Data）	status _ t snDcl1553BInterface（dcl_1553b_com_t * obj_p，uint8_t qos，uint8_t priority，uint8 _ t channel，uint32 _ t length，uint8 _ t protocol_id，uint8_t next_sn_address，uint8_t * packet_buffer_p）	原语中的参数 PSSAP Address 未引入到本构件处理过程，PDSAP Address 对应构件参数 next_sn_address，Service Class 对应构件参数 qos，Priority 对应构件参数 priority，Channel 对应构件参数 channel，Data 对应构件参数 * packet_buffer_p

续表

序号	标准原语	构件接口	标准原语内参数与构件参数的对应关系
2	包接收响应 PACKET_RECEIVE. indication (PSSAP Address, PDSAP Address, Service Class, Channel, Data)	void snDcl1553BPsResultSend1 (uint8_t protocol_id, uint8_t * packet_buffer_p, uint32_t length, uint32_t qos)	原语中的参数 PSSAP Address、PDSAP Address 未引入到本构件处理过程,Service Class 对应构件参数 qos,Channel 参数在本构件执行前已被解析完成,未带入到本构件中,Data 对应构件参数 * packet_buffer_p
3	包错误响应 PACKET_FAILURE. indication (PSSAP Address, PDSAP Address, Failure Metadata)	status_t snDcl1553B OrganizeReceipt (dcl_1553_com_t * obj_p, uint16_t packetid, uint32_t err_code, uint8_t next_sn_address, uint8_t * dest_buf_p)	原语中的参数 PSSAP Address 未引入到本构件处理过程,PDSAP Address 对应构件参数 next_sn_address,Failure Metadata 对应构件参数 err_code

8.5.4 构件核心数据结构设计

1553B 汇聚构件的核心数据结构主要有 1553B 地址转换表数据结构、待传/已发送消息队列数据结构、包业务 PDU 数据结构、亚网层回执数据结构。

1. 1553B 地址转换表数据结构

1553B 地址转换表数据结构见表 8-16。

表 8-16 地址转换表数据结构

下一跳子网地址	下一跳链路地址
8 bit	8 bit

表 8-16 中包含的主要参数如下:

(1) 下一跳子网地址:目的 APID;

(2) 下一跳链路地址:对应本链路的下一跳地址。

2. 待传/已发送消息队列数据结构

待传/已发送消息队列数据结构见表 8-17。

表 8-17 待传消息队列数据结构

优先级	Channel ID	QoS	数据长度	Packet ID	包类型标识	协议标识	下一跳链路地址	SDU地址指针	记录时间
8 bit	8 bit	8 bit	16 bit	16 bit	8 bit	8 bit	8 bit	32 bit	6 B

表 8-17 中包含的主要参数如下。

(1) 优先级：低 3 bit 有效，值越小表示优先级越高。

(2) Channel ID：前 3 bit 表示 Channel 类型（初步定为常规业务突发：000、预留已分配：001、预留未分配：010、加急业务 011，其他待扩展），后 5 bits 表示目的子地址。

(3) QoS：低 2 bit 有效，00：Best-effort，01：Assured，10：Reserved，11：Guaranteed。

(4) 数据长度：表示待传消息数据长度。

(5) Packet ID：由本地 Packet ID 管理模块生成，用于区分数据包。

(6) 包类型标识：低 1 bit 有效，表明该包属于发送包或者是回执包。

(7) 协议标识：使用 5 bit 用来区分使用的传递层协议。

(8) 下一跳链路地址：表示下一跳的链路地址。

(9) SDU 地址指针：表示待发送数据的地址。

(10) 记录时间：表示进入待传消息队列的时间。

3. 包业务 PDU 数据结构

包业务 PDU 数据结构见表 8-18。

表 8-18 包业务 PDU 数据结构

Packet ID	序列标识	顺序计数器	QoS	包类型标识	协议标识	数据	校验
16 bit	8 bit	8 bit	2 bit	1 bit	5 bit	变长	16 bit

表 8-18 中包含的主要参数如下：

(1) Packet ID：由本地 Packet ID 管理模块负责生成和管理；

(2) 序列标识：对某 Packet ID 的包进行分段。它指出帧中的用户数据在其所属的用户业务数据单元中的顺序位置。序列标志的含义见表 8-19。

表 8-19 序列标识的含义

比特 0	比特 1	含义
0	1	某一 Packet ID 上服务数据单元的第一部分
0	0	某一 Packet ID 上服务数据单元的接续部分
1	0	某一 Packet ID 上服务数据单元的最后一部分
1	1	没有分段（一个完整的服务数据单元或多个包）

（3）顺序计数器：对 Packet ID 的包进行计数。用于顺序控制。该数从 1 开始作为每次传输的起始，到 63 结束，如果超过 63，则继续从 1 开始；如果是 0 则意味着独立包。

（4）QoS：00：Best-effort，01：Assured，10：Reserved，11：Guaranteed。

（5）包类型标识：表示数据包的数据类型，0：发送包；1：回执包。

（6）协议标识：用来区分使用的传递层协议。

（7）数据：需要发送的数据内容。

（8）校验：使用校验算法（如 ISOChecksum 校验和算法），计算出的包括包头和数据部分的校验结果。

4. 亚网层回执数据结构

亚网层回执数据结构见表 8-20。

表 8-20 亚网层回执结构

Packet ID	执行结果错误码
16 bit	32 bit

表 8-20 中包含的主要参数如下：

（1）Packet ID：为接收到的数据包所含的 Packet ID；

（2）执行结果错误码：在目的端对数据包进行接收、处理的过程中的错误信息。

8.5.5 构件运行设计

1553B 汇聚构件顺利运行，首先需要完成构件初始化操作，由中间件统一初始化构件调用，设置相关参数值的初始默认状态，1553B 汇聚初始化接口模块伪

代码如下:

```
    status_t snDcl1553Init(dcl_1553b_com_t * obj_p,dcl_1553_
config_t * config_p)
    {
        if(config_p 为空)
            return ERR_DCL_1553_INVALID_POINTER_ERROR;
        将 1553b 构件初始化配置参数中的变量赋值给 1553b 实例中对应的
变量;
        初始化 backup_group 数据成员;
        将 1553b 实例中 backup_group 的 node 连接组成 free_list;
        初始化实例中变量值;
        ……
        /* 挂接本地函数 */
        obj_p -> snDcl1553BInterface_funcp = snDcl1553BInterface;
        obj_p -> snDcl1553Init_funcp = snDcl1553Init;
        obj_p -> snDcl1553BSendMain_funcp = snDcl1553BSendMain;
        obj_p -> snDcl1553BReceiveMain_funcp = snDcl1553BReceive
Main;
        return OK;
    }
```

然后,由上层业务构件调用 1553B 汇聚接口,内部调用优先级处理模块、写入待传消息队列模块等功能处理模块。下面将以伪代码的形式展示部分重要的功能处理模块。

1553B 汇聚接口模块伪代码如下:

```
    status_t snDcl1553BInterface(dcl_1553b_com_t * obj_p,uint8_
t qos,uint8_t priority,uint8_t channel,uint32_t length,uint8_t
protocol_id,uint8_t next_sn_address,uint8_t * packet_buffer_p)
```

```
    {
        uint8_t pk_type = DCL_1553_PK_TYPE_SEND;
        uint32_t result;
        调用优先级处理接口 result = snDcl1553BPriHandle(obj_p,
qos,priority,channel,length,protocol_id,next_sn_address,pack-
et_buffer_p,pk_type);
        return result;
    }
```

1553B 发送接口模块由 1553B 汇聚后台进程周期性循环调用执行,其调用资源分配取消息模块、数据分段处理模块、组织数据发送帧模块。下面将以伪代码的形式展示部分重要的功能处理模块。

1553B 发送接口模块伪代码如下:

```
    status_t snDcl1553BSendMain(dcl_1553b_com_t * obj_p,uint8_t zero_flag)
    {
        uint32_t result = OK;
......
        result = snDcl1553BMsgGet(obj_p);
        result = snDcl1553BDivideHandle(obj_p);
......
        result = snDcl1553BSend(obj_p);
        return result;
    }
```

1553B 接收接口模块由 1553B 汇聚后台进程周期性循环调用执行,其调用查询数据帧消息模块、数据帧接收解析模块、数据分段组装模块等功能处理模块。下面将以伪代码的形式展示部分重要的功能处理模块。

1553B 接收接口模块伪代码如下:

```
status_t snDcl1553BReceiveMain(dcl_1553b_com_t * obj_p)
{
    uint32_t result = OK;
    result = snDcl1553BMsgCheck(obj_p);
    result = snDcl1553BAssembly(obj_p);
    result = snDcl1553BSendQueueSearch(obj_p);
    return result;
}
```

1553B 汇聚构件调用包业务构件接收接口，实现数据向上层处理构件传递，1553B 汇聚构件数据接收过程伪代码如下：

```
status_t snDcl1553BPsResultSend1(dcl_1553_com_t * obj_p,
uint8_t protocol_id,uint8_t * packet_buffer_p,uint32_t length,
uint32_t qos)
{
    status_t result = OK;
    if(obj_p == NULL)
        return ERR_DCL_1553_INVALID_POINTER_ERROR;
    if(packet_buffer_p == NULL)
        return ERR_DCL_1553_INVALID_POINTER_ERROR;
    result = obj_p -> snPsReceive_funcp(protocol_id,qos,
packet_buffer_p,length);
}
```

1553B 汇聚构件调用包业务构件结果处理接口，实现数据处理过程状态向上层处理构件传递，1553B 汇聚构件结果处理过程伪代码如下：

```
status_t snDcl1553BPsResultSend2(dcl_1553_com_t * obj_p,
uint8_t * packet_buffer_p,uint32_t length,uint8_t protocol_id,
uint32_t status)
```

```c
    {
        status_t result = OK;
        if(obj_p == NULL)
            return ERR_DCL_1553_INVALID_POINTER_ERROR;
        if(obj_p -> snPsSendResultHandle_funcp!= NULL)
            result = obj_p -> snPsSendResultHandle_funcp(protocol_id,packet_buffer_p,length,status);
        return result;
    }
```

1553B 汇聚构件完成包业务通过 1553B 链路实现的数据传输，包业务构件链路选择模块根据链路标识。后台进程周期性调用 1553B 发送接口进行数据发送，调用 1553B 接收接口进行数据接收。

1553B 汇聚构件的使用过程如下：

```c
    #define 1553B_SMU 0                         /* 终端状态,0 表示 SMU */
    #define LINK_ID_1553B 1                     /* 链路标识,1 表示 1553B */
    #define DCL_1553_FRAME_NUM 20               /* 每个时间周期帧数量*/
    dcl_1553_com_t g_1553_com;                  /* 声明 1553B 协议构件实例 */
    dcl_1553_config_t g_1553_config;            /* 声明 1553B 协议构件配置参数 */
    /* 设置 1553B 协议构件配置参数*/
    g_1553_config.rt_status =1553B_SMU;
    g_1553_config.link_id = LINK_ID_1553B;
    g_1553_config.majornum = 4;
```

```
    g_1553_config.minornum=1;
    ……
    g_1553_config.frame_config[DCL_1553_FRAME_NUM]
    ={{0,0,{},0,0,MAX_DCL_1553_MSG_NUM,{0}},{1,0,{{1,1,0,1,2,
64},{2,1,1,2,8,64},{3,1,1,3,7,30}},0,0,MAX_DCL_1553_MSG_NUM,
{0}},
    {2,0,{},0,0,MAX_DCL_1553_MSG_NUM,{0}},{3,0,{},0,0,MAX_DCL_
1553_MSG_NUM,{0}},
    ……
    };
    ……
    /* 构件初始化 */
    调用 snDcl1553Init(g_1553_com,g_1553_config);   /* 完成构件
初始化,完成参数配置 */
    /* 包业务构件调用时传递参数 */
    调用 snDcl1553BInterface(g_1553_com,qos,priority,channel,
length,protocol_id,next_sn_address,packet_buffer_p);
```

参 考 文 献

[1] 赵和平,何熊文,刘崇华,等. 空间数据系统 [M]。北京:北京理工大学出版社,2018.

[2] 阎冬,陶涛,顾明,等. CCSDS 存储器访问业务在航天器综合电子系统中的应用研究 [J],航天器工程,2020,29 (2):89-94.

[3] 阎冬,程博文,何熊文. CCSDS 子网包业务在航天器综合电子系统中的应用研究 [J],航天器工程,2015,24 (6):59-63.

[4] 何熊文,徐明伟. 航天器接口业务标准化和软件体系结构现状与发展展望 [J],中国航天,2020 (9):29-35.

[5] CCSDS. Spacecraft Onboard Interface Services – Subnetwork Packet Service [S],

CCSDS 851.0 - M - 1, December 2009.

[6] CCSDS. spacecraft onboard interface services - subnetwork memory access service [S], CCSDS 852.0 - M - 1, December 2009.

[7] CCSDS. Spacecraft Onboard Interface Services [S], CCSDS 850.0 - G - 2, December 2013.

[8] ECSS. Interface and Communication protocol for MIL - STD - 1553B Data Bus Onboard Spacecraft [S], ECSS - E - ST - 50 - 13C, November 2008.

[9] Notebaert O., Gunes S., Shi J., et al. Application of the MilBus extension standard (ECSS - E - ST - 50C) [C]. Proceedings of 12th Conference on Data Systems in Aerospace, Paris: ESA, 2012.

[10] 何熊文, 朱剑冰, 程博文, 顾明, 阎冬. 星载标准接口业务在航天器中的应用方法 [J], 航天器工程, 2015, 24 (6): 52 - 58.

第 9 章

中间件 – 传递层构件

9.1 概述

传递层包括传输层和网络层。传输层主要功能是在网络层的服务质量不能满足要求时，提升服务质量，网络层的主要功能是为用户提供整个空间数据系统中的路由服务。传递层的构件包括空间包协议构件和 TCP/UDP/IP 构件，并支持后续协议扩展，其在软件体系结构中的位置如图 9 – 1 所示。

9.2 空间包协议构件

9.2.1 构件概述

空间包是空间数据系统中使用历史最长的用户数据单元形式，至今仍广泛地应用在空间数据系统中。空间包协议构件是将上层应用过程的数据封装成空间包，根据空间包路由机制，将包输出给下一层通过空间链路传送。

本节的空间包协议构件主要功能如下：

（1）空间包初始化：对外地转发路由进行配置，并初始化管理信息表和输出包队列；

（2）空间包发送：上层请求通过传递层发送一个空间包到目的地；

（3）空间包投递：传递层向上层投递一个空间包；

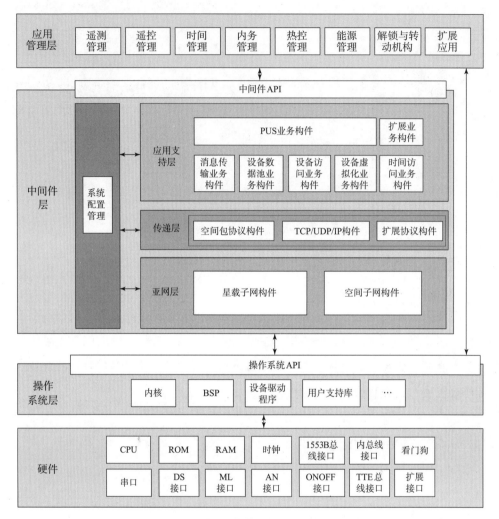

图 9-1 传递层在软件体系结构中的位置

（4）亚网传送过程结果处理：处理底层亚网的传送结果；

（5）传递层访问点配置：对本地路由表进行配置。

空间包协议构件提供的原语如下。

（1）空间包发送原语 PACKET.request：用于用户请求发送一个空间包。

（2）空间包投递原语 PACKET.indication：用于向用户提交一个接收的空间包。

空间包协议构件支持对多种星载总线链路、空间链路以及本地处理链路的选择，支持路由的动态配置。实现星地、星内通信的一体化设计，支持数据在本地链路、空间链路以及星载子网的路由，能够以路由表的方式预先判断待传递数据的目的地址和所采用的链路，通信双方不必明确了解对方所处的位置、采用的链路，因此链路更换更加方便灵活，显著提高航天器综合电子系统数据传输机制的灵活性。通过路由表的设计，实现数据在多种不同总线网络的路由，提升系统的组网能力，方便信息的网络化交互。

9.2.2 构件模块结构设计

空间包协议构件封装了空间包协议的接口，对下可与 TC 空间数据链路协议以及 AOS 空间数据链路协议、亚网层包业务、亚网层存储器访问业务等连接，对上可支持应用支持层业务。空间包协议构件模块结构设计如图 9 – 2 所示。

空间包协议构件使用的外部接口包括亚网层包业务发送接口、AOS 包业务发送接口、用户注册的接口以及操作系统的信号量管理、双向链表管理、内存拷贝接口。

在空间包协议构件内部，空间包发送接口、空间包接收接口、空间包路由后台进程都调用空间包路由输出接口。空间包路由后台进程调用包获取、空间包路由输出、包释放接口。空间包路由输出接口调用本地包对应函数指针查询接口。

下面对图 9 – 2 中的每个模块进行介绍。

（1）空间包协议构件初始化接口由传递层初始化接口调用，进行空间包协议构件初始化，配置路由表。对于每一个空间包协议构件实例都需进行初始化，只调用一次。

（2）空间包发送接口由上层用户调用，用于发送一个空间包。

（3）空间包接收接口由低层用户调用，向传递层传递一个底层的空间包。

（4）空间包路由输出由空间包发送接口、空间包接收接口、空间包后台路由接口调用，进行空间包路由。

（5）包路由查询依据包 APID 获得包路由信息。

（6）包输出由空间包路由调用，将包通过对应的链路输出。

（7）本地包对应函数指针查询依据包 APID 查找对应的函数指针。

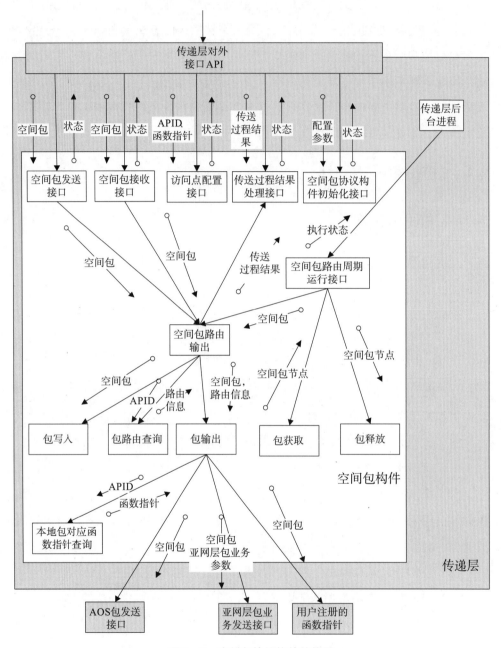

图 9-2 空间包协议构件结构图

(8) 包写入是向输出包队列中写入一个包。

(9) 空间包路由后台进程接口被传递层后台进程定时触发调用,进行空间包路由。

（10）包获取是从输出包队列中获取一个包。

（11）包释放被空间包路由后台进程接口调用，将使用后的包释放，将包节点放入空闲链表。

（12）传送过程结果处理接口由低层用户调用，向传递层发送源包传送结果。

（13）访问点配置接口由其他层调用，向传递层注册一个回调函数，用于接收包。

（14）传递层后台进程接口由中间件调用，进行传递层初始化。

9.2.3 构件接口设计

空间包协议构件设计了与空间包协议原语对应的接口。

1. 对外提供的接口

空间包协议构件对外提供的接口包括初始化接口 spInit、空间包路由后台进程接口 spRouteTaskMain_funcp、空间包发送接口 spPacketSend_funcp、空间包接收接口 spPacketReceive_funcp、传送过程结果处理接口 spPacketSendResultHandle_funcp、访问点配置接口 spSapInit_funcp。上述接口中的空间包路由后台进程接口为周期性调用接口，其他接口为突发性调用。

空间包协议构件初始化接口 spInit 的定义如下：

```
status_t spInit
    (
    sp_com_t * obj_p,
    sp_config_t * config_p
    )
```

参数 obj_p 表示指向构件实例的指针，config_p 表示配置参数，类型为 sp_config_t。

空间包路由后台进程接口 spRouteTaskMain_funcp 的定义如下：

```
status_t spRouteTaskMain_funcp
    (
```

```
                sp_com_t * obj_p
                )
```

参数 obj_p 表示指向构件实例的指针。

空间包发送接口 spPacketSend_funcp 的定义如下：

```
status_t spPacketSend_funcp
(
sp_com_t * obj_p,
uint16_t src_apid,
uint16_t dest_apid,
uint8_t * packet_buffer_p,
uint32_t length,
uint32_t qos
)
```

参数 obj_p 表示指向构件实例的指针。src_apid 表示源 APID。dest_apid 表示目的 APID。packet_buffer_p 表示包缓冲区指针。length 表示包总长度，单位为字节数。qos 表示数据传输服务质量。

空间包接收接口 spPacketReceive_funcp 的定义如下：

```
status_t spPacketReceive_funcp
(
sp_com_t * obj_p,
uint8_t * packet_buffer_p,
uint32_t length,
uint32_t qos
)
```

参数 obj_p 表示指向构件实例的指针。packet_buffer_p 表示包缓冲区指针。length 表示包总长度，单位为字节数。qos 表示数据传输服务质量。

传送过程结果处理接口 spPacketSendResultHandle_funcp 的定义如下：

```
status_t spPacketSendResultHandle_funcp
(
sp_com_t * obj_p,
sp_err_record_t * err_record_p
)
```

参数 obj_p 表示指向构件实例的指针。err_record_p 表示错误记录结构体指针。

访问点配置接口 spSapInit_funcp 的定义如下：

```
status_t spSapInit_funcp
(
sp_com_t * obj_p,
uint16_t apid,
void * func_p,
int32_t para
)
```

参数 obj_p 表示指向构件实例的指针。apid 表示应用过程标识。func_p 表示函数指针，其原型为 status_t func_p（uint32_t para，uint16_tsrc_apid，uint8_t * packet_buffer_p，uint32_t length，uint8_t priority）。其中，para 为特定参数，src_apid 表示源 APID，packet_buffer_p 表示包缓冲区指针，length 表示包总长度，priority 表示任务优先级。

2. 需要的外部接口

空间包协议构件使用的外部接口包括亚网层包业务发送接口、AOS 包业务发送接口、用户注册的函数指针。

亚网层包业务发送接口 status_t snPsSend（uint8_t qos，uint8_t priority，uint8_t channel，uint8_t next_link_id，uint8_t protocol_id，uint8_t next_sn_address，uint8_t * packet_buffer_p，uint32_t length），详见 8.2 节。

AOS 包业务发送接口 status_t aosPacketSend（uint16_t gvcid，uint8_t * data_ p, uint32_t buf_length, uint32_t type),详见 7.3 节。

用户注册的函数指针 status_t func_p (uint32_t para, uint16_tsrc_apid, uint8_t * packet_buffer_p, uint32_t length, uint8_t priority)。

空间包协议构件与空间包协议原语的对应关系见表 9-1。

表 9-1 原语和构件接口对应关系表

序号	标准原语	构件接口	标准原语内参数与构件参数的对应关系
1	空间包发送原语：PACKET.request（Space Packet, APID, APID Qualifier, QoS Requirement）	status_t spPacketSend_funcp (uint16_t src_apid, uint16_t dest_apid, uint8_t * packet_buffer_p, uint32_t length, uint32_t qos)	原语的四个参数对应构件的参数：* packet_buffer_p、src_apid、dest_apid、qos
2	空间包投递原语：PACKET.indication（Space Packet, APID, APID Qualifier）	status_t func_p (uint32_t para, uint16_t src_apid, uint8_t * packet_buffer_p, uint32_t length, uint8_t priority)	原语的三个参数对应构件的参数：* packet_buffer_p、src_apid、priority

为了便于调用，设计了传递层接口对空间包接口进行了封装。对应的接口关系见表 9-2。

表 9-2 空间包接口和传递层接口关系表

序号	接口名称	空间包接口	传递层接口	备注
1	访问点配置接口	status_t spSapInit (sp_com_t * obj_p, uint16_t apid, funcp_t func_p, uint32_t para)	status_t tpSapInit (uint16_t apid, funcp_t func_p, uint32_t para)	由其他层调用，向传递层注册一个回调函数，用于接收包
2	空间包发送接口	status_t spPacketSend_funcp (sp_com_t * obj_p, uint16_t src_apid, uint16_t dest_apid, uint8_t * packet_buffer_p, uint32_t length, uint32_t qos)	status_t tpPacketSend (uint16_t src_apid, uint16_t dest_apid, uint8_t * packet_buffer_p, uint32_t length, uint32_t qos)	传递层以上调用该接口实现空间包的发送

续表

序号	接口名称	空间包接口	传递层接口	备注
3	空间包接收接口	status_t spPacketReceive_funcp（sp_com_t * obj_p, uint16_t src_apid, uint16_tdest_apid, uint8_t * packet_buffer_p, uint32_t length, uint32_t qos）	status _ ttpPacketReceive（uint16_t src_apid, uint16_t dest_apid, uint8_t * packet_buffer_p, uint32_t length, uint32_t qos）	传递层以下调用该接口实现空间包的接收
4	传送过程结果处理接口	status_t spPacketSendResultHandle_funcp（sp_com_t * obj_p, sp_err_record_t * err_record_p）	status _ ttpPacketSendResultHandle（sp_err_record_t * err_record_p）	用户调用该接口向传递层发送源包传送结果

9.2.4 构件核心数据结构设计

空间包协议构件的核心数据结构为外地转发路由表、本地使用路由表、输出包队列、管理信息表和空间包数据结构。

外地转发路由表数据结构包含的元素表 9-3。

表 9-3 外地转发路由表结构

目的 APID	掩码	下一跳亚网链路标识	下一跳亚网地址	辅助路由参数
16 bit	16 bit	16 bit	16 bit	变长

表 9-3 中各字段的含义如下。

（1）掩码：外地主机以及地面的掩码一般为 0x07E0。设备对应的掩码为 0x07FF。当发生进程迁移后，迁移的进程需在路由表中单独列出，此时其掩码为 0x07FF，对应路由项靠前排列。

（2）下一跳链路标识从 0 开始顺序编号，为 0 表示是本地包，为 1 表示是 AOS 空间链路，其他由底层进行解析。

（3）辅助路由参数：

当下一跳链路标识对应为亚网业务相关的链路，辅助路由参数为亚网业务参数。对于其他链路标识，无辅助路由参数。其结构见表 9-4。

表9-4 亚网业务参数定义

Qos	优先级	通道	预留
8 bit	8 bit	8 bit	8 bit

表9-4中各字段的含义如下。

(1) Qos定义：低2 bit有效，表示数据传输服务质量，取值0表示尽力而为（Best-effort），1表示确保（Assured），2表示预留（Reserved），3表示保证（Guaranteed）。

(2) 优先级定义：8 bit，取值0~255，0最高。

(3) 通道定义：8 bit，前3 bit表示Channel类型（初步定为常规业务、加急业务，其他待扩展），后5 bits表示逻辑通道，可解析为子地址。

(4) 预留：填0。

本地使用路由表数据结构包含的元素见表9-5。

表9-5 本地使用路由表结构

目的APID	函数指针	函数参数
16 bit	32 bit	32 bit

输出包队列数据结构包含的元素见表9-6。

表9-6 输出包队列设计

链表节点1				…	链表节点N			
链表头	目的APID	长度	包1缓冲区指针	…	链表头	目的APID	长度	包N缓冲区指针
8 B	2 B	2 B	4 B	…	8 B	2 B	2 B	4 B

表9-6中各字段的含义如下：

(1) 链表头：一个链表节点，包括指向后一个节点的指针和指向前一个节点的指针。

(2) 长度：包1缓冲区长度。

(3) 包1缓冲区指针：指向包1数据缓冲区。

管理信息表数据结构包含的元素见表9-7。

表9-7 管理信息表结构设计

输出包链表中节点个数	空闲包节点个数	包发送计数	包接收计数	包发送正确计数	包发送错误计数	最新1次包发送错误记录	次新1次包发送错误记录	倒数第3次包发送错误记录
2 B	2 B	4 B	4 B	4 B	4 B	10 B	10 B	10 B

表9-7中各字段的含义如下：

（1）包发送计数：传递层以上发来包发送计数。

（2）包接收计数：传递层以下发来包接收计数。

（3）最新1次包发送错误记录：包发送错误记录的结构见表9-8。

表9-8 包发送错误结构设计

源APID	目的APID	包序列号	业务类型	业务子类型	错误代号
2 B	2 B	2 B	1 B	1 B	4 B

空间包数据结构如图9-3所示。

包主导头					包数据域			
包识别			包序列控制					
包版本号	包类型	数据域头标志	应用进程标识符（目的APID/源APID）	序列标志	包序列计数	包长度	数据区头	包数据	备用字段	包差错控制（可选）
3 bit	1 bit	1 bit	11 bit	2 bit	14 bit				
2 B					2 B	2 B	可变	可变	可变	2 B

图9-3 空间包数据结构

图9-3中各字段的含义如下。

（1）包版本号："000"。

（2）包类型：该比特为0标识遥测包，为1标识遥控包。

（3）数据域头标志：该位为1，表示包含该数据域头。

（4）应用进程标识符APID（目的APID/源APID）：表示接收方或者发送方的网络地址，由包类型确定；如果为遥控包，该域为目的APID，如果为遥测包，则该域为源APID。

（5）序列标记：01表示一组包中的第一个包；00表示接续包；10表示一组

包中的最后一个包；11 表示独立包。

（6）包序列计数：每个 APID 需要分别维护一个源序列计数，每当释放一个数据包时计数值加 1。

（7）包长度：包长度确定了数据包数据字段中包含的字节数。数据包长度是一个无符号的整数，该长度等于包数据字段的字节数 -1。注：包括包头的整个包的实际长度比这个长度多 6 个字节。即理论最长的包长度可为 65 542 B。

（8）包数据域：包数据域为包的有效数据。

（9）包备用字段：为了使整个包的大小是整数个字，在应用数据区的末尾用备用位进行填补，默认填充 0x0。填充字段不用。

（10）包差错控制域。遥控包有该字段，遥测包无该字段。采用 CRC 效验。

（11）数据区头，分为两种，分别为遥控包副导头以及遥测包副导头。遥控、遥测包副导头结构详见第十一章。

9.2.5 构件运行设计

在软件进行系统初始化配置过程中，调用空间包协议构件初始化接口后，上层业务构件就可以使用该构件提供的各类功能。空间包路由后台进程以 100 ms 为周期调用空间包路由后台进程接口按需进行空间包路由。上层用户可以调用空间包发送接口用于发送一个空间包。低层用户可以调用空间包接收接口向传递层传递一个底层的空间包。

空间包协议构件初始化接口 spInit 实现过程如下：

```
status_t spInit(sp_com_t * obj_p,sp_config_t * config_p)
{
    uint32_t i;
    if((obj_p == NULL)||(config_p == NULL)||(config_p ->
snPacketSend_funcp == NULL)||(config_p -> aosPacketSend_funcp
== NULL))
        返回错误码 ERR_SP_INVALID_POINT;
```

```
if(config_p->relay_route_table_length>MAX_SP_RELAY_
ROUTE_TABLE_LENGTH)
    返回错误码 ERR_SP_INVALID_LENGTH;
/* 更新配置信息到构件实例中 */
obj_p->relay_route_table_length=config_p->relay_
route_table_length;
调用 memcpy(&obj_p->relay_route_table,config_p->relay_
route_table_p,config_p->relay_route_table_length* sizeof(sp_
relay_route_table_t));
obj_p->snPacketSend_funcp=config_p->snPacketSend_
funcp;
obj_p->aosPacketSend_funcp=config_p->aosPacketSend_
funcp;
/* 挂接本地函数 */
obj_p->spPacketSend_funcp=spPacketSend;
obj_p->spPacketReceive_funcp=spPacketReceive;
obj_p->spPacketSendResultHandle_funcp=spPacketSendRe-
sultHandle;
obj_p->spSapInit_funcp=spSapInit;
obj_p->spRouteTaskMain_funcp=spRouteTaskMain;
/* 初始化包链表,将空闲节点加入空闲链表中 */
调用 dllInit(&obj_p->packet_free_list);
调用 dllInit(&obj_p->packet_list);
for(i=0;i<MAX_SP_PACKET_NUM;i++)
    dllAdd(&obj_p->packet_free_list,(DL_NODE*)(&obj_p->
packet_node[i]));
/* 初始化本地路由表*/
```

```
    obj_p->local_route_table_length=0;
    /* 创建互斥信号量 */
    obj_p->sem_list=semMCreate(SEM_Q_PRIORITY|SEM_INVER-
SION_SAFE|SEM_DELETE_SAFE);
    /* 初始化管理信息表 */
    将 obj_p->mib 的所有内容清 0；
    设置 obj_p->mib.free_node_cnt=MAX_SP_PACKET_NUM;
    返回 OK;
}
```

空间包发送接口 spPacketSend 实现过程如下：

```
    status_t spPacketSend(sp_com_t * obj_p,uint16_t src_apid,
uint16_t dest_apid,uint8_t * packet_buffer_p,uint32_t length,
uint32_t qos)
    {
    result=spPacketRoute(obj_p,src_apid,dest_apid,packet_
buffer_p,length,qos,0,SP_SOURCE_SEND)进行包路由；
    obj_p->mib.packet_sent_cnt++;
    返回 result;
}
```

空间包接收接口 spPacketReceive 实现过程为先提取包的 APID，接下来的处理过程与空间包发送接口 spPacketSend 类似。

空间包协议构件的发送功能使用过程如下。

（1）空间包发送接口接受上层用户调用，传入空间包路由输出处理，并记录包发送计数到管理信息表。

（2）空间包路由输出处理对包进行路由。依据目的 APID 检索路由表，得到路由信息。

（3）包输出。判别亚网链路标识是否为 0（即本地空间包），若是，投递给上层注册用户；若不为 0（为外地包），则根据查询的路由信息调用下一层服务原语发送，目前包括亚网层包业务原语和 AOS 包业务原语。当链路标识为 1 时，调用 AOS 包业务原语进行发送，其他链路标识则调用亚网层包业务原语发送。当发送失败且次数未超过最大发送次数时，存入输出包队列。

空间包协议构件的使用示例如下：

```
sp_com_t * sp_com_p;/* 声明空间包协议构件 */
sp_config_t * sp_config_p;/* 声明空间包协议构件配置参数 */

/* 设置空间包协议构件配置参数 sp_config_p */
sp_config_p = &s_sp_config;
sp_config_p -> relay_route_table_length = SP_RELAY_ROUTE_TABLE_LENGTH_SMU;
sp_config_p -> relay_route_table_p = relay_route_table_smu;
sp_config_p -> aosPacketSend_funcp = stub_aosPacketSend;
sp_config_p -> snPacketSend_funcp = stub_snPacketSend;

spInit(sp_com_p,sp_config_p);/* 调用空间包协议构件初始化接口完成构件初始化*/
```

调用操作系统进程创建接口创建设备数据池业务构件后台进程 tpTask,周期为 100ms,进程执行的主体函数设置为 tpRouteTaskMain;

```
……/* 传递层以上调用 tpPacketSend 实现空间包的发送*/
tpPacketSend(APID_TC_GROUND,APID_SMU_CPU2,packet_buffer_actual_p,18,0);
……/* 传递层以下调用 tpPacketReceive 实现空间包的接收*/
tpPacketReceive(APID_MAS,DAS_AN_APID_SMU,buf_p,104,0);
```

9.3 TCP/UDP/IP 构件

9.3.1 构件概述

单个航天器节点的作用有限，将多个航天器连接起来组成天基网络能够发挥更大的效能。国外对天基网络的研究较多，逐步开展了研究和应用。目前较为成功的天基网络系统包括基于地面站网络的国际海事卫星系统（INMARSAT）、在轨运行且通过星间链路实现天基组网的卫星通信系统——铱星系统、美军规划的天基广域网络——转型通信卫星系统（TSAT）、NASA 的跟踪与数据中继卫星系统（TDRSS）以及 Space X 公司的星链系统等。天基网络的建设不仅极大推动国防安全、地质勘察、应急通信等空间应用的发展，而且极大带动并孵化出一大批相关技术产业，如地面导航应用、卫星电话服务、卫星网络接入服务等，成为目前最有发展前景的技术领域之一。

国际海事卫星系统共有 11 颗在轨 GEO 通信卫星，能够提供全球移动通信和 IP 接入业务。铱星系统是世界上第一个低轨卫星全球通信系统，它由 66 颗围绕 6 个极地圆轨道运行的 LEO 卫星组成，轨道高度约为 780 km，每颗卫星通过 4 条 Ka 波段的星间链路实现星间通信，并具有星上处理与交换能力，两条用于建立同轨面前后方向卫星的星间链路，两条用于建立相邻轨面间卫星的星间链路，星间距离 2 700～4 400 km，数据速率可达 25 Mb/s。Space X 公司的星链系统旨在利用大规模低轨卫星提供全球高速宽带接入服务，是目前最成功的低轨互联网星座。

从航天器应用与技术发展来看，将天基网络接入地面互联网形成统一的天地一体化网络是航天器网络发展的必然趋势。在协议层面，目前航天器通信协议不统一，导致相互之间无法接入和通信，即使有少量卫星之间能够通信，但是，与大部分卫星还是隔离的，大部分航天器难以组成一个类似地面网络的高效互联系统。

以 CCSDS 为主的国际空间标准化组织，在空间网络星内、星间、星地通信过程的标准化工作方面做了大量的工作，力求提高整网数据处理、传输、交换等方面的效率。地面互联网技术的快速发展很大程度上取决于 TCP/IP 的成功应用。TCP/IP 是能够在不同网络间实现信息传输的协议族，是目前使用最为广泛的计算机互联协议，主要包括传输层的 TCP、UDP 和网络层的 IP 协议。

以 TCP/IP 为基础实现互联的地面互联网技术为天基网络和地面网络一体化融合提供了有效的技术手段。天基网络采用 TCP/IP 并将其与 CCSDS 协议相融合，能够有效解决航天器之间、航天器与地面之间网络协议不统一导致的无法高效互联互通的问题。

如下图所示，天基网络在网络层采用地面网络的 IP 分组转发方式，在与地面网络互连时，可以把天基网络看作一个独立的子网，为每一个卫星节点分配 IP 地址，通过星载路由器进行网络接入和路由，屏蔽网络拓扑结构的变化。基于 IP 的天基网络和地面网络拓扑示意图如图 9-4 所示。

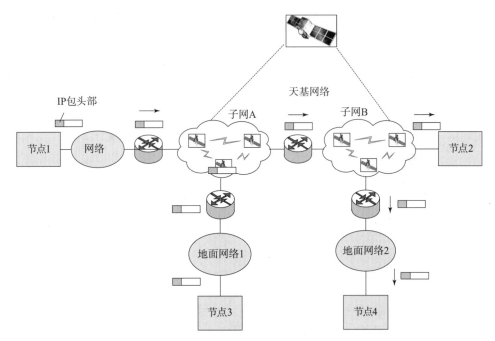

图 9-4　基于 IP 的天基网络和地面网络拓扑示意图

运行于航天器的星载计算机属于嵌入式计算机，具有计算资源受限、存储空间资源受限、专用性强、实时性高和安全可靠运行的特点，地面计算机的 TCP/IP 栈规模大、占用空间大，不适合直接应用于星载计算机，因此需要使用一种适用于星载计算机环境的轻量级 TCP/IP 协议栈。

目前应该较为广泛的轻量级 TCP/IP 协议栈有 uC/TCP-IP、uIP、OpenTcp 和 LWIP（Light Weight IP）协议栈。uC/TCP-IP 协议栈适用于 uC/OS 系统开发，uIP 协议栈结构精简，适用于 8 位或 16 位处理器的低端控制器平台，OpenTcp 协议栈适用于硬件资源配置较低的系统中，不适用于对实时性要求高的环境中。

LWIP 是瑞士计算机科学院开发的适用于嵌入式系统的开放源代码的 TCP/IP 协议栈，主要特点是协议功能全、处理效率高，在实现了 TCP/IP 协议栈主要功能的基础上，减少对存储空间的占用，占用的 RAM 空间为 1 KB 左右，占用的 ROM 空间也只有 10 KB 左右，非常适用于计算资源和存储空间资源受限的星载计算机中。

本节的 TCP/UDP/IP 构件采用了 LWIP 的 TCP、UDP 和 IP 的实现，位于软件体系结构的传递层，可以分为传输层和网络层，主要功能如下：

（1）传输层 TCP 功能：实现了面向连接的可靠传输协议功能；

（2）传输层 UDP 功能：实现了无连接的、不可靠传输协议功能；

（3）网络层 IP 功能：实现了网络层 IP 路由的功能。

航天器综合电子系统软件采用 TCP/IP 和 CCSDS 协议实现航天器间、空间网络与地面网络通信的一种协议处理过程如图 9-5 所示。物理层上传输的是带有同步头和 LDPC 编码的完整传输数据，链路层采用 AOS 空间数据链路协议，网络

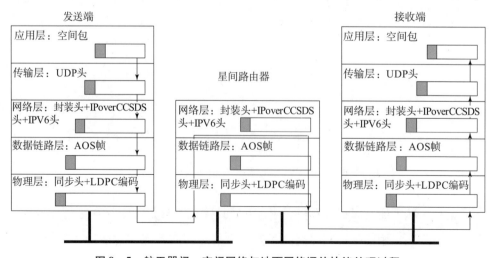

图 9-5 航天器间、空间网络与地面网络通信协议处理过程

层采用封装业务 +IPoverCCSDS 协议 +IPv6 协议，传输层采用 UDP 协议，应用层采用空间包协议或其他扩展协议。

对于航天器内部网络通信，航天器收到 TCP/IP 数据后需要转发给内部网络设备。对于支持 TCP/IP 的总线（如 TTE 总线、以太网总线等），可以直接将 TCP/IP 数据放到航天器内部网络上传输。对于不支持 TCP/IP 的总线（如 1553B 总线、CAN 总线等），航天器综合电子软件目前的实现方式是通过逐层向上解析，在应用层获取 TCP/IP 数据中的应用数据，然后通过空间包协议构件、亚网层的包业务构件将空间包发送到航天器内部网络。

以航天器内部网络使用 TTE 总线为例，说明 TCP/IP 通过 TTE 总线的处理过程，如图 9-6 所示。航天器收到数据后，经过判断是本星需要处理的数据，网络层数据向下传递给数据链路层后，将数据加上 TTE 网络的 MAC 头作为数据链路层的数据，发送给 TTE 总线。TTE 总线上的星内设备收到数据后经过 TCP/IP 解析后获得应用数据并处理。可以看出该过程与地面网络处理一致。

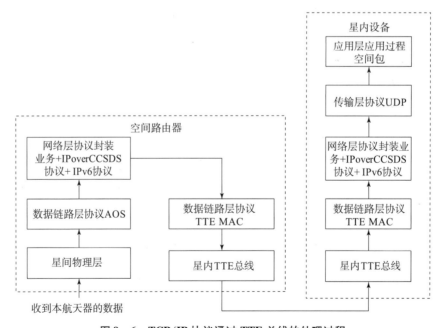

图 9-6　TCP/IP 协议通过 TTE 总线的处理过程

目前，出于高效率数据路由的目的，在自上向下处理过程中，网络层处理 IP

数据包后直接通过数据链路层协议发送给星内 TTE 总线，未通过亚网层的包业务向下发送，在自下向上处理过程中，数据链路层协议数据交给网络层处理，未通过亚网层的包业务向上发送。后续为了达到接口统一的目的，可以将 IP 协议与亚网层的包业务连接起来。

以航天器广泛使用的 1553B 总线为例，说明 TCP/IP 协议通过 1553B 总线的处理过程，如图 9-7 所示。航天器收到数据后：首先经过判断是本航天器需要处理的数据，则逐层向上解析出空间包；然后经空间包协议、包业务、数据链路汇聚协议后，发送给 1553B 总线，并根据空间包中的 APID（应用层地址）生成 1553B 总线中的设备 RT 地址，空间包经过 1553B 总线后路由至目的总线设备。

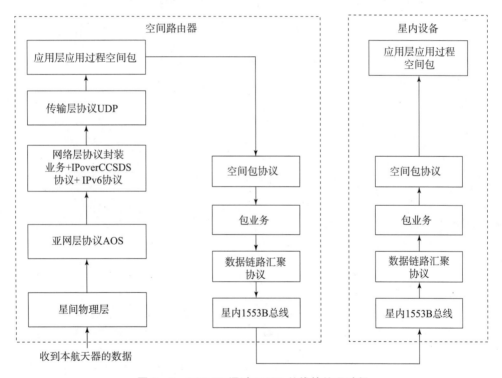

图 9-7　TCP/IP 通过 1553B 总线的处理过程

9.3.2　构件模块结构设计

TCP/UDP/IP 构件使用 LWIP 协议栈向上层应用程序提供基于 TCP、UDP 的数据收发功能，并且创建 TCP/UDP/IP 构件后台进程，用于侦听发送来的 IP 数据，接收后并发送给上层处理。

TCP/UDP/IP 构件模块结构设计如图 9-8 所示。

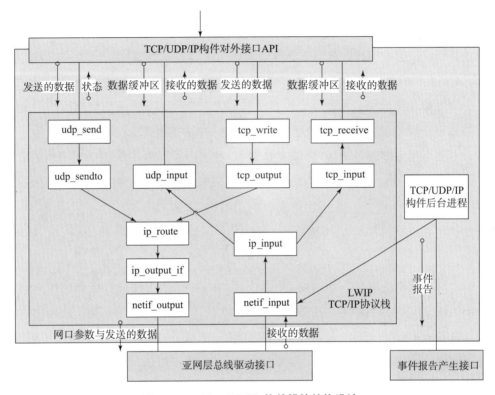

图 9-8 TCP/UDP/IP 构件模块结构设计

1. TCP 和 IP 处理

TCP 处于传输层，为上层应用程序提供面向连接的可靠数据传输服务，IP 协议处于网络层，将 TCP 数据包组成 IP 包并提供路由功能。

上层应用程序通过 TCP 发送数据时，通过 TCP/UDP/IP 构件接口 API 调用 tcp_write 函数开始执行 TCP 发送过程。函数 tcp_write 将待发送的数据分段成合适的 TCP 段：首先添加 TCP 头，并按顺序编号，放到发送队列中；然后调用 tcp_output 函数执行拥塞控制。拥塞控制后，调用 IP 协议 ip_route 函数执行网络路由功能，然后调用亚网层的总线驱动接口将 TCP 段根据网络接口发送到对应的网络中。

上层应用程序通过 TCP 协议接收数据时，TCP/UDP/IP 构件后台进程调用

netif_input 函数遍历网络接口是否有发送过来的 IP 包，如果接收到 IP 包，将 IP 包传递给 ip_input 函数进入 IP 包接收与处理过程。函数 ip_input 检查 IP 版本号，根据 IP 包头类型是 IPv4 或 IPv6 类型分别进行 IPv4 或 IPv6 包头的验证，然后判断是 TCP 传输，则将 IP 包中的 TCP 段传递给 tcp_input 函数，验证 TCP 头和复接 TCP 段，找到 TCP 段所属的 TCP 连接，将数据传递给 tcp_receive 函数，该函数将接收的数据放入用户的数据缓冲区，完成 TCP 数据接收过程。

2. UDP 和 IP 处理

UDP 处于传输层，为上层应用程序提供无连接的、不可靠的数据传输服务，IP 协议处于网络层，将 UDP 数据包组成 IP 包并提供路由功能。

上层应用程序通过 UDP 协议发送数据时，通过 TCP/UDP/IP 构件接口 API 调用 udp_send 函数开始执行 UDP 发送过程。函数 udp_send 和函数 udp_sendto，将数据添加 UDP 包头，组成 UDP 包，调用 IP 协议 ip_route 函数执行网络路由功能，然后调用亚网层的总线驱动接口将 UDP 包根据网络接口发送到对应的网络中。

上层应用程序通过 UDP 接收数据时，TCP/UDP/IP 构件后台进程调用 netif_input 函数遍历网络接口是否有发送过来的 IP 包，如果接收到 IP 包，将 IP 包传递给 ip_input 函数进入 IP 包接收与处理过程。函数 ip_input 根据 IP 包头类型是 IPv4 或 IPv6 类型分别进行 IPv4 或 IPv6 包头的验证，然后判断是 UDP 传输，将 IP 包中的 UDP 包传递给 udp_input 函数，验证 UDP 头后将接收的数据放入用户的数据缓冲区，完成 UDP 数据接收过程。

9.3.3 构件接口设计

LWIP 提供了 Netconn 接口和 Socket 接口，这两种接口均可在操作系统环境中调用。Netconn 接口是基于操作系统的 IPC（进程间通信）机制实现的，它分离出了独立的处理进程，负责数据包的 TCP/IP 封装和拆封，不需要进行数据的应用层处理，大大提高了网络数据包的处理效率。

TCP/UDP/IP 构件使用 LWIP 接口服务向上层提供的 Netconn 接口见表 9-9，包括建立网络连接、绑定网络连接和 IP 地址、关闭网络连接、删除网络连接、发送数据和接收数据等接口。

表 9-9 构件提供的 Netconn 接口

序号	接口名称	功能	接口原型
1	netconn_new	建立一个新的网络连接，参数类型可以是 TCP 连接（NETCONN_TCP）或者 UDP 连接（NETCONN_UDP），在连接没被确定前调用此函数将不能从网络发送数据	struct netconn * netconn_new (enum netconn_type t)
2	netconn_close	关闭一个网络连接 conn	err_t netconn_close (struct netconn * conn)
3	netconn_delete	删除一个网络连接 conn，如果调用此函数的时候这个连接已经打开，那么就会关闭这个连接	err_t netconn_delete (struct netconn * conn)
4	netconn_type	返回网络连接的类型，即 TCP 连接（NETCONN_TCP）或者 UDP 连接（NETCONN_UDP）	enum netconn_type netconn_type (struct netconn * conn)
5	netconn_getaddr	获取网络连接 conn 的本地 IP 地址和端口号	err_t netconn_getaddr (struct netconn * conn, ip_addr_t * addr, u16_t * port, u8_t local)
6	netconn_bind	把网络连接 conn 和本地 IP 地址 addr 和 TCP/UDP 端口 port 绑定起来，可以实现基于 IP 地址的网络通信	err_t netconn_bind (struct netconn * conn, const ip_addr_t * addr, u16_t port)
7	netconn_connect	连接远程主机（设备），打开网络连接 conn	err_t netconn_connect (struct netconn * conn, const ip_addr_t * addr, u16_t port)
8	netconn_disconnect	断开网络连接 conn	err_t netconn_disconnect (struct netconn * conn)
9	netconn_listen	建立一个 TCP 连接，并进入 TCP 侦听状态，等待接收 TCP 包	err_t netconn_listen (struct netconn * conn, u8_t backlog)
10	netconn_accept	阻塞进程直到接收到远程主机/设备发送 TCP 连接请求，并创建新的网络连接 new_conn	err_t netconn_accept (struct netconn * conn, struct netconn ** new_conn)

续表

序号	接口名称	功能	接口原型
11	netconn_send	通过 UDP 连接发送数据缓冲区 buf 中的数据	err_t netconn_send（struct netconn * conn, struct netbuf * buf）
12	netconn_write	通过 TCP 连接发送数据缓冲区 dataptr 中的数据	err_t netconn_write（struct netconn * conn, const void * dataptr, size_t size, u8_t apiflags, size_t * bytes_written）
13	netconn_recv	从网络连接 conn 中接收数据，并存入数据缓冲区 new_buf	err_t netconn_recv（struct netconn * conn, struct netbuf ** new_buf）
14	tcpip_init	初始化协议栈	void tcpip_init（tcpip_init_done_fn initfunc, void * arg）

Socket 接口也称为套接字接口，有更好的易用性和可读性，它对网络通信进行了抽象，用户操作网络通信就像操作本地文件一样，很多系统都实现了标准的 Socket 接口，因此使用 Socket 接口实现的上层应用程序具有很好的移植性。

TCP/UDP/IP 构件提供的 Socket 接口见表 9-10，包括 socket 创建、绑定、获取地址、释放、侦听、连接、关闭、发送数据、接收数据等接口。

表 9-10 构件提供的 Socket 接口

序号	接口名称	功能	接口原型
1	socket	创建 socket 网络套接字，根据输入的 type 类型是 SOCK_DGRAM 或者 SOCK_STREAM，分别创建 UDP 连接的套接字或 TCP 连接的套接字	int socket（int domain, int type, int protocol）
2	bind	将创建的 socket 绑定到指定的 IP 地址和端口，通常由网络的服务器端调用	int bind（int s, const struct sockaddr * name, socklen_t namelen）
3	getsockname	获取与 socket 关联的本地协议地址	int getsockname（int s, struct sockaddr * name, socklen_t * namelen）
4	getpeername	获取与 socket 关联的远端协议地址	int getpeername（int s, struct sockaddr * name, socklen_t * namelen）

续表

序号	接口名称	功能	接口原型
5	close	释放网络套接字 socket 对象	int close（int s）
6	listen	服务器端使用 listen 实现监听进入的客户连接请求，只在 TCP 传输时使用	int listen（int s，int backlog）
7	accept	从已完成连接队列返回下一个建立成功的连接，服务器端使用 accept 创建新的通信，以便为客户端服务，只在 TCP 传输时使用	int accept（int s, struct sockaddr * addr, socklen_t * addrlen）
8	connect	客户端使用 connect 用于与服务器端建立一个 TCP 连接	int connect（int s, const struct sockaddr * name, socklen_t namelen）
9	shutdown	终止一个双向连接的读端或写端	int shutdown（int s，int how）
10	recv	用于 TCP 传输时接收数据，从接收缓冲区拷贝数据	int recv（int s，void * mem, size_t len，int flags）
11	send	用于 TCP 传输时发送数据	int send（int s, const void * data, size_t size, int flags）
12	recvfrom	接收 UDP 数据包，从接收缓冲区拷贝数据	int recvfrom（int s，void * mem, size_t len, int flags, struct sockaddr * from, socklen_t * fromlen）
13	sendto	发送 UDP 数据包	int sendto（int s, const void * data, size_t size, int flags, const struct sockaddr * to, socklen_t tolen）
14	read	通过句柄接收数据缓冲区，可以用于 TCP 或 UDP 传输	int read（int s，void * mem, size_t len）
15	write	通过句柄发送数据缓冲区，可以用于 TCP 或 UDP 传输	int write（int s, const void * data, size_t size）

TCP/UDP/IP 构件的 Socket 接口与 Netconn 接口对应关系见表 9－11，Socket 接口的底层实现由对应的 Netconn 接口实现。

表 9-11 TCP/UDP/IP 构件的 Socket 接口与 Netconn 接口对应关系

序号	Socket 接口	Netconn 接口
1	socket	netconn_new
2	bind	netconn_bind
3	getsockname	netconn_getaddr
4	getpeername	netconn_getaddr
5	close	netconn_delete
6	listen	netconn_listen
7	accept	netconn_accept
8	connect	netconn_connect
9	shutdown	netconn_shutdown
10	recv	netconn_recv
11	send	netconn_write
12	recvfrom	netconn_recv
13	sendto	netconn_send
14	read	netconn_recv
15	write	netconn_write netconn_send

由于 Socket 接口在网络协议栈内部和上层应用程序之间存在数据的拷贝，提高了内存空间开销，并降低了数据传递和处理的效率，因此对实时处理要求高的系统中建议使用 Netconn 接口，对应用程序移植性要求高的系统中建议使用 Socket 接口。

9.3.4 构件核心数据结构设计

TCP/UDP/IP 构件的核心数据结构主要有网络连接数据结构 netconn、UDP 控制块数据结构 udp_pcb 和 TCP 控制块数据结构 tcp_pcb。

网络连接数据结构 netconn 包含的元素见表 9-12。

表9-12 网络连接数据结构 netconn 包含的元素

序号	元素名称	类型	说明
1	type	enum netconn_type	网络连接类型，表示网络连接是 TCP 或 UDP 类型
2	state	enum netconn_state	表示网络连接的状态
3	pcb	union {struct ip_pcb * ip; struct tcp_pcb * tcp; struct udp_pcb * udp;}	表示网络连接类型对应的控制块
4	last_err	err_t	表示网络连接的错误状态
5	recvmbox	sys_mbox_t	该网络连接接收的数据包存储在 recvmbox 消息队列中
6	acceptmbox	sys_mbox_t	用于存储新的网络连接
7	send_timeout	int	发送数据的等待超时时间
8	recv_timeout	int	接收数据的等待超时时间
9	recv_bufsize	int	recvmbox 消息队列能接收的最大字节长度
10	recv_avail	int	recvmbox 消息队列已经接收的字节长度
11	flags	u8_t	用于表示网络连接的阻塞或非阻塞操作状态
12	callback	netconn_callback	回调函数

TCP 控制块数据结构 tcp_pcb 包含的元素见表 9-13。

表9-13 TCP 控制块数据结构 tcp_pcb 包含的元素

序号	元素名称	类型	说明
1	local_ip	ip_addr_t	本地 IP 地址
2	remote_ip	ip_addr_t	远程 IP 地址
3	ttl	u8_t	生命周期
4	remote_port	u16_t	远程端口号
5	flags	tcpflags_t	TCP 通信控制标志
6	tmr	u32_t	定时计数，用于定时控制
7	rcv_nxt	u32_t	下一个期望的序列号

续表

序号	元素名称	类型	说明
8	rcv_wnd	tcpwnd_size_t	表示可用的接收窗口
9	rtime	s16_t	重传计时器
10	mss	u16_t	分段的最大长度
11	rttest	u32_t	往返时间估计值,用于RTT(往返时间)估计
12	rtseq	u32_t	用于RTT(往返时间)估计的段顺序号
13	rto	s16_t	重传超时计数
14	nrtx	u8_t	重传次数
15	dupacks	u8_t	对接收到的存储在lastack的顺序编号的ACK进行计数,用于实现快速重传/收回
16	lastack	u32_t	最后接收到的ACK应答的顺序编号,用于实现快速重传/收回
17	cwnd	tcpwnd_size_t	存储了当前连接的阻塞窗口
18	ssthresh	tcpwnd_size_t	窗口启动阈值
19	snd_nxt	u32_t	下一个被发送的序列编号
20	snd_wl1	u32_t	上一个窗口更新的序列编号,更新snd_wnd时使用
21	snd_wl2	u32_t	上一个窗口更新的序列编号,更新snd_wnd时使用
22	snd_lbb	u32_t	发送队列最后一个字节的序列编号
23	snd_wnd	tcpwnd_size_t	发送端窗口
24	snd_wnd_max	tcpwnd_size_t	发送端窗口的最大值
25	snd_buf	tcpwnd_size_t	数据发送缓冲区
26	snd_queuelen	u16_t	数据发送缓冲区的大小
27	unsent	struct tcp_seg *	已经从应用接收但未被发送的数据在队列unsent存储
28	unacked	struct tcp_seg *	已发送但还没有被远程主机应答(acknowledged)的数据在队列unacked存储
29	ooseq	struct tcp_seg *	接收的序列外的数据在ooseq存储
30	refused_data	struct pbuf *	已接受但未被上层应用程序取走的数据

UDP控制块数据结构udp_pcb包含的元素见表9-14。

表 9－14 UDP 控制块数据结构 udp_pcb 包含的元素

序号	元素名称	类型	说明
1	local_ip	ip_addr_t	本地 IP 地址
2	remote_ip	ip_addr_t	远程 IP 地址
3	ttl	u8_t	生命周期
4	remote_port	u16_t	远程端口号
5	next	struct udp_pcb *	指向下一个 UDP 控制块
6	flags	u8_t	UDP 通信控制标志
7	local_port	u16_t	本地端口
8	remote_port	u16_t	远程端口
9	multicast_ip	ip_addr_t	广播包的 IP 地址
10	mcast_ttl	u8_t	广播包的生命周期
11	recv	udp_recv_fn	回调函数，接收数据后调用
12	recv_arg	void *	回调函数的输入参数

9.3.5 构件运行设计

TCP/UDP/IP 构件对 LWIP 协议栈进行了移植。LWIP 的移植工作主要包括三个部分的内容：CPU 和编译器接口移植、操作系统接口移植和底层总线驱动接口移植。

1. CPU 和编译器接口移植

CPU 和编译器接口移植主要包括数据长度，字的高低位顺序，编译器对 C 语言中 struct 结构字节对齐设置。

数据长度需要设置使用的数据类型在本地的基本类型如下：

```
typedef unsigned char u8_t;
typedef signed char s8_t;
typedef unsigned short u16_t;
typedef signed short s16_t;
typedef unsigned int u32_t;
```

```
typedef signed int s32_t;
typedef unsigned int mem_ptr_t;
typedef u32_t sys_prot_t;
```

设置字的高低位顺序在本地系统中的大尾端或小尾端模式,如本系统使用小尾端模式:

```
#define BYTE_ORDER LITTLE_ENDIAN
```

编译器对 C 语言中 struct 结构字节对齐设置如下:

```
#define PACK_STRUCT_FIELD(x) x __attribute__((packed))
#define PACK_STRUCT_STRUCT __attribute__((packed))
#define PACK_STRUCT_BEGIN
#define PACK_STRUCT_END
```

2. 操作系统接口移植

LWIP 中设计了操作系统模拟层模块,将与操作系统有关的功能调用和数据结构都放在操作系统模拟层,如消息队列、信号量、中断保护、线程/进程创建功能等。需要将 LWIP 中这些操作系统模拟层接口修改为本地操作系统对应的接口,见表 9-15。

表 9-15 LWIP 操作系统模拟层接口

序号	类型	接口	功能
1	消息队列	sys_mbox_new	创建消息队列
2		sys_mbox_free	删除消息队列
3		sys_mbox_post	向消息队列发送消息
4		sys_arch_mbox_fetch	从消息队列中获取消息
5		sys_mbox_valid	检查消息队列可用性
6		sys_mbox_set_invalid	设置消息队列不可用

续表

序号	类型	接口	功能
7	信号量	sys_sem_new	创建信号量
8		sys_sem_free	删除信号量
9		sys_sem_signal	释放信号量
10		sys_arch_sem_wait	请求信号量
11		sys_sem_valid	检查信号量可用性
12		sys_sem_set_invalid	设置信号量不可用
13	中断保护	sys_arch_protect	系统关中断保护
14		sys_arch_unprotect	系统开中断保护
15	线程/进程创建	sys_thread_new	创建一个线程/进程

3. 底层总线驱动接口移植

底层总线驱动实现对底层设备的属性设置、数据收发功能。LWIP 中给出了总线驱动的参考模板，可根据这些模板架构对实际使用的总线编写驱动。

以 netif 为前缀的接口要求实现底层硬件驱动与上层协议间的处理过程框架，包括底层设备的属性初始化和调用底层硬件读写接口。以 low_level 为前缀的接口为底层硬件驱动初始化和控制函数，包括底层硬件芯片初始化、向芯片写入数据、从芯片读取数据功能。

以 TTE 总线为例，TTE 底层总线驱动需要实现的接口如下。

（1）ttenetif_init：在网络接口初始化时调用，实现 TTE 总线接口初始化，建立 TTE 总线网络接口。

（2）ttenetif_iput：当网口接口上有数据包到达时调用该接口，实现网络接口数据读取功能。

（3）low_level_init：被 ttenetif_init 调用，实现 TTE 总线芯片初始化。

（4）low_level_iput：从 TTE 总线芯片读取接收到的数据。

（5）low_level_output：将数据写入 TTE 总线芯片，实现数据在芯片上实际输出的功能。

本书给出 TTE 驱动和上层协议处理框架接口 ttenetif_init 接口和 ttenetif_iput 接口的实现过程如下：

```
err_t ttenetif_init(struct netif * netif)
{
    struct ttenetif * ttenetif;

    LWIP_ASSERT("netif!=NULL",(netif!=NULL));
    ttenetif=mem_malloc(sizeof(struct ttenetif));
    if(ttenetif==NULL)
    {
        LWIP_DEBUGF(NETIF_DEBUG,("ttenetif_init:out of memory\n"));
        return ERR_MEM;
    }
    netif->hostname = "ttehost";
    netif->state=ttenetif;
    netif->name[0]=IFNAME0;
    netif->name[1]=IFNAME1;
    netif->output=etharp_output;
    netif->linkoutput=low_level_output;
    netif->output_ip6=ethip6_output;
    ttenetif->ethaddr=(struct eth_addr *)&(netif->hwaddr[0]);
    low_level_init(netif);/* initialize the hardware */
    return ERR_OK;
}
void ttenetif_input(struct netif * netif)
{
    struct ttenetif * ttenetif;
    struct pbuf * p;
```

```c
        uint16_t counter = 0;
        ttenetif = netif->state;
        while(1){
            p = low_level_input(netif);
            if(p!=NULL)
            {
                if(netif->input(p,netif)!=ERR_OK){
                    LWIP_DEBUGF(NETIF_DEBUG,("ethernetif_input:IP input error\n"));
                    printf("ethernetif_input:IP input error\n");
                    pbuf_free(p);
                    p = NULL;
                    break;
                }
                else
                {
                    counter ++;
                }
            }
            else
            {
                break;
            }
        }
```

本书以星上应用程序通过 UDP 协议发送数据为例说明 TCP/UDP/IP 构件的使用过程，其中 Socket 接口作为标准网络接口，使用过程不再详述。TCP/UDP/

IP 构件 Netconn 接口的使用过程如下。

（1）调用 tcpip_init 接口初始化 TCP/IP 协议栈；

（2）调用 netif_add 接口初始化网络接口，将 ttenetif_init 和 ttenetif_input 作为参数传入 netif_add 接口，初始化 TTE 网络接口；

（3）调用 netconn_new 接口创建 UDP 连接；

（4）调用 netconn_bind 接口绑定本地 IP 地址和端口号；

（5）调用 netconn_send 接口发送数据，完成 UDP 数据发送；

（6）调用 netconn_delete 接口关闭并删除 UDP 连接。

使用 TCP/UDP/IP 构件 Netconn 接口发送 UDP 数据的代码如下：

```
void udpSendExample()
{
    struct netconn * conn_p;
    struct netbuf * buf_p;
    struct ip_addr bindAddr;
    struct ip_addr netaddr;
    UINT16 port;
    tcpip_init(NULL,NULL);/* TCP/IP 协议栈初始化,在系统初始化函数中调用*/
    netif_add(&tte_netif,&ipAddr,&netMask,&gw,NULL,ttenetif_init,ttenet_input);          /* 创建并初始化 TTE 网络接口*/
    ……/* 初始化本地网络地址 bindAddr、客户端网络地址 netaddr、数据缓冲区 buf_p*/
    conn_p = netconn_new(NETCONN_UDP);      /* 创建一个新的连接*/
    netconn_bind(conn_p,&bindAddr,UDP_PORT_SPP);
    netconn_connect(conn_p,&netaddr,port);  /* 连接远程客户端*/
```

```
        netconn_send(conn_p,buf_p);              /* 通过 UDP 发送
数据缓冲区 buf_p 中的数据*/
        netconn_delete(conn_p);                  /* UDP 通信介绍，
关闭并删除这个 UDP 连接*/
    }
```

参 考 文 献

[1] CCSDS 811.1 - O - 1. CAST FLIGHT SOFTWARE AS A CCSDS ONBOARD REFERENCE ARCHITECTURE. November 2021.

[2] CCSDS 850.0 - G - 2. Spacecraft Onboard Interface Services [S]. Washington：CCSDS，2013.

[3] CCSDS 133.0 - B - 1. Space Packet Protocol [S]. Washington：CCSDS，2003.

[4] LWIP 网站：https：//savannah.nongnu.org/projects/lwip/.

[5] 董向阳. 基于 ARM 的 LWIP 协议栈研究与移植 [D]. 哈尔滨：哈尔滨理工大学，2009.

[6] 戴小威. 基于 LWIP 的嵌入式 IPv6 网关的研究与设计 [D]. 徐州：中国矿业大学，2016.

[7] 刘璐. 轻量级 TCP/IP 协议栈 LWIP 的改进与优化研究 [D]. 武汉：武汉理工大学，2016.

[8] 韩德强，杨淇善，王宗侠，等. 基于 μC/OS - Ⅲ 的 LwIP 协议栈的移植与实现 [J]. 电子技术应用，2013，39（5）：18 - 21.

[9] LWIP 接口及编程指南 [M]. 广州：广州致远电子有限公司，2008.

第 10 章
中间件 – 应用支持层 SOIS 构件设计

10.1 概述

应用支持层为应用管理层用户提供一组通用的支持性标准化业务，这组标准化业务在满足用户各种任务需求的同时，把用户与下层的拓扑结构和通信过程隔离开来，应用支持层提供该层构件包括 SOIS 应用支持层构件以及 PUS 构件。

应用支持层软件构件包括 SOIS 应用支持层构件以及 PUS 构件，本章介绍其中的主要 SOIS 构件。SOIS 业务构件对星内通信机制进行了标准化，包含消息传输业务构件、命令与数据获取业务构件、时间访问业务构件。应用支持层构件在航天器综合电子系统软件中处于中间件层的上层，在传递层业务的支持下，承接应用管理层各用户的访问操作要求，为上层应用提供服务，如图 10 – 1 所示。

消息传输业务构件用于为应用管理层的进程提供消息通信服务，支持订阅/发布、查询/回复、发送/接收、通告等多种消息传送方式。命令与数据获取业务对上层提供设备访问的服务，包括设备命令的发送和设备数据的获取功能，分为设备访问业务、设备虚拟化业务、设备数据池业务，分别各采用一个软件构件实现，用于实现对设备和参数的访问。时间访问业务构件用于访问星上时间，通过底层的同步业务完成本地当前星时的获取并提交用户。

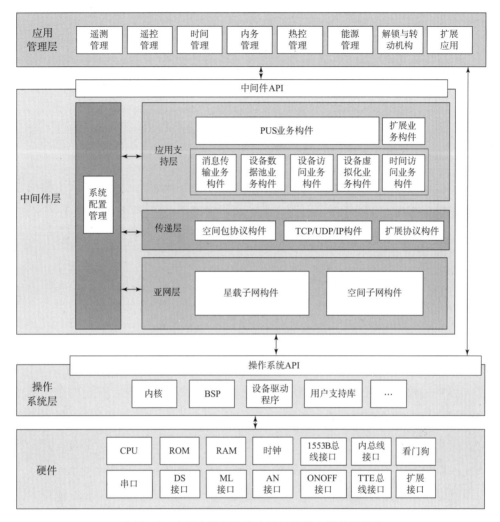

图 10-1 应用支持层构件在系统结构中的位置关系

10.2 消息传输业务构件

10.2.1 构件概述

消息传输业务（Message Transfer Service，MTS）属于应用支持层业务，为应用任务提供异步消息传输服务，即允许在没有固定的、显式的连接关系的情况下提交和获取数据，使收/发双方的关系比较松散、灵活，允许用户不必关心通信的对方。

消息传输业务使用异步消息传输服务（Asynchronous Message Service，AMS）协议用于实现 SOIS 定义的消息传输服务，该协议主要实现以下四种消息传输模式：

（1）发送：消息以异步方式发送给指定的接收者；

（2）通告：向指定的一组接收者群发消息；

（3）订阅/发布：对指定主题的消息，任意消息源自所有订阅了该主题消息的接收者发送；

（4）查询/回复：向指定对方查询某主题，并在线等待对方发来回复消息。

AMS 协议主要由各不相同而相辅相成的三种协议组成。

（1）应用程序 AMS 协议（Application AMS protocol），简称 AAMS，用于在一个航天器内 AMS 模块之间传输应用程序数据。

（2）Meta - AMS 协议，简称 MAMS，用于传递配置信息，这些配置信息是交换 AAMS 数据单元的基础。

（3）远程 AMS（Remote AMS）协议，简称 RAMS，用于在不同的航天器的 AMS 模块之间传输应用程序数据。

消息传输业务软件实现可以分成节点（Module）和后台服务两部分，每个应用任务需要对应一个节点，每个单机内部有一个后台服务。

每个使用消息传输服务的应用任务使用一个 Module 构件，Module 构件不与其他单机的消息传输应用任务直接联系，而是与其他 Module 交互消息。用户通过 Module 构件使用消息传输业务的操作，并通过 Module 构件提供的系列接口，用户首先在消息传输空间中注册，之后可以邀请、订阅主题，然后发送、发布、通告某主题的消息，并获取别的用户给自己消息。

消息传输业务对用户的数据传递，是在各 Module 构件之间传送。消息传输业务构件内部管理类型信息，在节点与本域注册机之间、各域注册机之间传送。构件对用户提供多种具体消息传输机制，消息传输机制说明见表 10 - 1。从表中可以获知消息传输业务的一个主要特点是，信息交互关系更偏重于消息内容（即主题），使得用户集中注意力于信息内容本身而不是通信连接关系，围绕需求、提供、获取某些主题的消息来完成自身的功能。特别是其中的订阅-发布模式，用户完全不需要预知和指定信息的来源或接收者，只需要根据自身需求订阅某个主题或发布某个主题的消息，由本构件负责将消息传递给所有订阅者，实现了按信息内容需求交互，具有很高的灵活性和便利性。

表 10-1 消息传输机制说明

信息产生者行为	前置信息获取者行为	说明	
发送（Send）	邀请（Invite）	用于一对节点间私人消息通信，先向信息产生者邀请特定某一主题消息后，产生该消息的节点可以发送给已经邀请了该主题的节点	
通告（Announce）	邀请（Invite）	用于信息产生者对一组信息获取者进行群发，对已经邀请了该主题的组成员——发送该消息	
发布（Publish）	订阅（Subscribe）	不指定具体的收、发者，对于某个特定主题的消息，任何产生了该消息的节点都将消息传递给所有已经订阅了该主题的节点	
查询（Query）	邀请（Invite）	对特定节点发起查询，被查询者需已经邀请了查询主题	查询和回复成对使用，一般用于同步交互
回复（Reply）	邀请（Invite）	对接收到的查询向查询者回复，查询者需已经邀请了回复主题	

消息传输业务构件需要在下层传递层业务的支持下运行，消息的通信传输由传递层完成。消息传输业务对传递层输出数据时，调用传递层包业务发送接口，将数据组织成空间包提交。消息传输业务从传递层接收数据时，由传递层调用消息传输业务初始化时注册的回调函数（中间件初始化时注册消息传输后台服务用的接收 MAMS 消息回调函数，节点初始化时注册本节点用接收 AAMS 消息回调函数），接收空间包形式的消息。

当传递层使用 UDP/IP 业务代替空间包协议时，消息传输业务构件对应将用户节点地址的表示和管理方式由 APID 改为 IP 地址和端口号。

消息传输业务的主要原语如下。

（1）注册 Register. request 和 Register. indication：用于用户任务初始化时在消息传输服务进行注册。用户节点发出注册申请，注册机分配给用户一个节点号（Module Number），将新注册节点加入节点信息库，并发出消息通告其他域的注册机。

（2）注销 Unregister. request 和 Unregister. indication：用户从消息传输服务注销。用户节点发出注销申请，注册机将节点信息库中对应的节点更新为未注册，并发出消息通告其他域的注册机。

（3）邀请 Assert_invitation. request 和 Assert_invitation. indication：接收用户提出的对某个任务就某个主题提出的邀请，将邀请加入被邀请者所在域的主题队列中。接收用户提出的邀请请求后，查找被邀请者所在域，组织邀请 MAMS 消息并发送给该域的域主题管理，由域主题管理将邀请信息加入本域的主题队列中。

（4）订阅 Assert_subscription. request 和 Assert_subscription. indication：接收用户对某个主题提出的订阅，将订阅要求发送到各域并加入域的主题队列中。接收用户提出的订阅请求后，组织订阅 MAMS 消息并发送给各个域的域主题管理，由域主题管理将邀请信息加入本域的主题队列中。

（5）发送 Send. request：用户向指定的接收者发送某个主题的消息。验证接收者已经邀请了拟发送主题后，组织 AAMS 消息，通过传递层发送给接收者。

（6）发布 Publish. request：对外发布某个主题的消息，该消息会被发送到订阅了该主题的用户。查找出所有订阅了该主题的节点，组织 AAMS 消息，通过传递层一一发送。

（7）通告 Announce. request：将某个主题的消息，发送给已邀请了该主题的同一类的用户。查找出所有邀请了该主题的并符合 Role Number 节点，组织 AAMS 消息，通过传递层一一发送。

（8）消息获取 Message. indication：将存放在消息接收缓存中的消息提交给用户。从消息接收缓存中查找指定接收者的待提交消息，取出优先级最高的一条，解析 AAMS 消息格式后，将内容、长度、主题、源 APID 提交给用户。

（9）查询 Query. request 和 Query. indication：用户发出某个主题的向另一个用户进行查询。对用户的查询要求组织查询消息，发送给被查询者，被查询者读取对自身的查询消息内容。

（10）回复 Reply. request 和 Reply. indication：用户对某个查询进行回复，发

送回复消息,将回复主题内容提交给查询者。对用户的回复要求组织回复消息,发送给查询者,查询者读取对自身的回复消息内容。

消息传输业务支持任意应用任务之间的消息传输,在每个单机内有一个消息传输后台服务,负责 AMS 中的 server 和注册机的功能,而每个使用消息传输服务的应用任务使用一个 Module 构件,该构件执行 AMS 中节点(Module)的功能。

10.2.2 构件模块结构设计

消息传输业务的软件实现形式为构件封装,消息传输业务构件共划分为 24 个模块,其模块结构如图 10-2 所示,其中框外部表示所使用的外部接口。

图 10-2 中的主要模块功能描述如下。

(1)初始配置模块:用于对消息传输业务内部设置进行初始化。输入消息传输业务内部信息进行初始配置,并创建消息传输后台进程。

(2)节点注册模块:在用户任务初始化中调用,用于消息传输节点初始化,并启动节点注册过程。检查节点本节点当前状态,如果已注册或注册中,则返回错误码退出。调用传递层访问点配置接口,向传递层注册接收空间包回调函数。申请操作系统消息队列,获得消息队列 ID。更新本节点状态为注册中,调用注册机模块,提交节点注册申请。获得注册机的注册确认,更新本节点的状态为已注册。调用注册机模块,通知节点已启动。

(3)节点注销模块:进行节点向注册机注销过程,根据 APID 节点信息库检查注册状态,如果未注册返回错误状态。调用注册机模块,提交注销通知。调用传递层访问点配置接口,向传递层注销接收空间包回调函数。

(4)节点状态查询模块:用户了解某个任务在消息传输业务中注册情况,根据 APID 节点信息库检查注册状态。

(5)注册机模块:完成本域节点的注册登记功能,接收外域注册机通报的节点信息,维护节点信息库。获得本地新节点的注册申请时,为新节点分配 Module Number,返回注册确认给节点注册模块。获得本地新节点的启动通告时,更新节点信息库,新节点状态为已注册,并调用 MAMS 消息组织模块,对外域进行新节点通报。获得本地节点注销通告时,更新节点信息库,删除注销节点,并

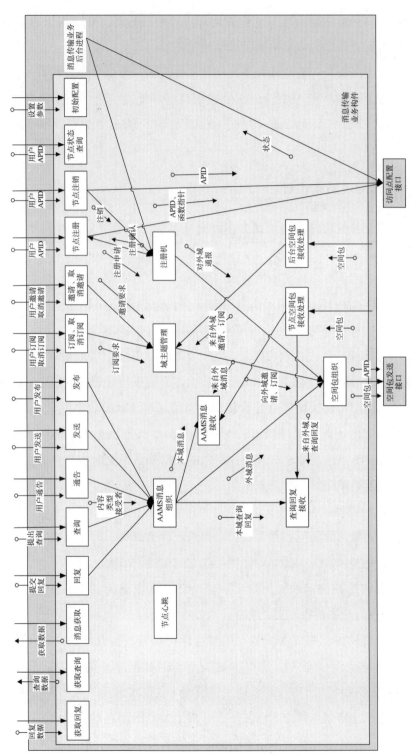

图10-2 消息传输业务构件模块结构

调用 MAMS 消息组织模块，对外域进行节点注销通报。被后台进程调用，处理外域节点通报消息，更新节点信息库。被后台进程调用，对失联的本地节点，更新节点信息库，并对外域进行通报。

（6）消息传输业务后台进程：定时触发运行，进行周期性维护和检查。初始启动时，首先调用传递层访问点配置接口，向传递层注册接收空间包回调函数；然后定时循环执行检查消息队列是否有待取 MAMS 消息，对未处理的外域节点通报消息，调用注册机进行处理，接收本地节点的心跳，计算更新间隔判断是否失联，发现失联节点调用注册机进行处理，并发出事件报告。

（7）邀请接口模块：从用户接收邀请的要求并进行处理。接受用户调用，接收输入参数，检查有效性，组织邀请 MAMS 消息。调用主题管理模块，提交邀请 MAMS 消息。

（8）取消邀请接口模块：从用户接收取消邀请的要求并进行处理。接受用户调用，接收输入参数，检查有效性，组织取消邀请 MAMS 消息。调用主题管理模块，提交取消邀请 MAMS 消息。

（9）订阅接口模块：从用户接收订阅的要求并进行处理。接受用户调用，接收输入参数，检查有效性，组织订阅 MAMS 消息。调用主题管理模块，提交订阅 MAMS 消息。

（10）取消订阅接口模块：从用户接收取消订阅的要求并进行处理。接受用户调用，接收输入参数，检查有效性，组织取消订阅 MAMS 消息。调用主题管理模块，提交取消订阅 MAMS 消息。

（11）域主题管理模块：对本域的用户提出的邀请和订阅主题进行管理，并对外域通报，接收和处理外域的主题邀请和订阅信息，维护主题队列。对邀请、取消邀请消息，在主题队列中增加、删除邀请主题记录，并判断被邀请者是否在域外，如果在域外则将调用空间包组织模块将消息外发给被邀请者所在域。对订阅、取消订阅消息，在主题队列中增加、删除订阅主题记录，并调用空间包组织模块将消息外发给所有外域。被接收消息分类模块调用，接收外域的邀请、取消邀请、订阅、取消订阅消息，解析消息后相应更新主题队列。

（12）发送接口模块：作为用户发送消息的入口。从用户接收输入参数，对发送消息请求进行检查，如果接收者无效或未邀请拟发送主题，返回错误状态。

向 AAMS 消息提交输入参数，标记类型为普通 AAMS 消息。

（13）通告接口模块：作为用户输出通告消息的入口。从用户接收输入参数，对通告消息请求进行检查，如果接收者无效或未邀请拟通告主题，返回错误状态。向 AAMS 消息提交输入参数，标记类型为普通 AAMS 消息。

（14）发布接口模块：作为用户对外发布消息的入口。从用户接收输入参数，对发送消息请求进行检查，如果没有找到该用户订阅者，返回错误状态。向 AAMS 消息提交输入参数，标记类型为普通 AAMS 消息。

（15）查询接口模块：作为用户对外发出查询消息的入口。从用户接收查询对象 APID、主题、数据内容及长度、上下文号。对发送消息请求进行检查，如果被查询方未邀请该主题，返回错误状态。向 AAMS 消息提交输入参数，标记类型为查询类 AAMS 消息。

（16）回复接口模块：作为用户对外应答查询，发出回复消息的入口。从用户接收回复对象 APID、主题、数据内容及长度、上下文号。对回复消息请求进行检查，如果被查询方未邀请该主题，返回错误状态。向 AAMS 消息提交输入参数，标记类型为查询类 AAMS 消息。

（17）消息获取接口模块：用户查询自身待接收消息并获得接收消息内容。从用户接收 APID，接收数据地址、接收数据最大长度、接收主题地址、接收长度地址、发送方 APID 地址。根据 APID 在消息接收缓存中查找该用户优先级最高的消息，将查获的消息解析，根据消息头部源节点信息查找发送方 APID，提取主题 ID、数据内容及长度，将消息内容信息按用户提供接收地址返回。

（18）获取查询接口模块：用户查询自身待接收查询并获得被查询的内容。从用户接收 APID，接收数据地址、接收主题地址、接收长度地址、接收上下文号地址、发送方 APID 地址。根据 APID 在查询缓存中查找该用户优先级最高的查询，将查获的查询消息解析，根据消息头部源节点信息查找发送方 APID，提取主题 ID、上下文号、数据内容及长度，将查询内容信息按用户提供接收地址返回。

（19）获取回复接口模块：用户查询自身待接收回复并获得被回复的内容。从用户接收 APID，接收数据地址、接收主题地址、接收长度地址、接收上下文号地址、发送方 APID 地址。根据 APID 在回复缓存中查找该用户优先级最高的回复，将查获的回复消息解析，根据消息头部源节点信息查找发送方 APID，提取主题 ID、上下文号、数据内容及长度，将回复内容信息按用户提供接收地址返回。

（20）AAMS 消息组织模块：组织 AAMS 消息并发出。按照 AAMS 消息格式，将输入参数组装成 AAMS 消息。根据接收者 APID，在节点信息库中查找，如果未注册，返回错误状态。对于本域接收者，将一般 AAMS 消息提交给 AAMS 消息接收模块，将查询或回复 AAMS 消息提交给查询回复接收模块。对于外域接收者，查得其地址（APID），与消息一起提交给空间包组织模块。

（21）查询回复接收模块：接收查询和回复消息并写入查询回复接收缓存区。按照 AAMS 消息格式，获得消息优先级。根据优先级在查询回复接收缓存中寻找合适插入位置，将消息写入缓存区中位置。

节点注册和注销对应软件运行时历经的模块：节点注册/注销、注册机、空间包组织。

邀请/取消邀请对应软件运行时历经的依次模块：邀请/取消邀请、域主题管理、空间包组织、后台空间包接收处理。

订阅/取消订阅对应软件运行时历经的依次模块：订阅/取消订阅、域主题管理、空间包组织、后台空间包接收处理。

消息传输过程对应软件运行时历经的依次模块：发送/发布/通告、AAMS 消息组织、空间包组织、节点空间包接收处理、AAMS 消息接收、消息获取。

查询回复过程对应软件运行时历经的依次模块：查询、AAMS 消息组织、空间包组织、节点空间包接收处理、查询回复接收、获取查询、回复、AAMS 消息组织、空间包组织、节点空间包接收处理、查询回复接收、获取回复。

10.2.3 构件核心数据结构设计

消息传输业务构件内部的核心数据记录着构件的运行管理信息、用户信息、消息交互需求信息，以及用作收发消息数据缓存，包括：记录各用户信息的节点信息库；记录各域信息的域信息表；记录各类消息获取需求作为构件外发消息依据的主题队列；域内各 Module 构件共享的公用消息接收缓存区和查询回复缓存区。

消息传输业务构件的主要软件模块和数据结构之间的功能关系，如图 10-3 所示。

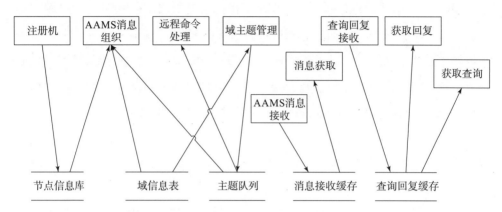

图 10-3　数据结构与主要软件模块之间的功能关系

1. 节点信息库

节点状态信息库是记录用户信息的节点信息队列，队列中每个单元对节点记录一个节点的信息见表 10-2。

表 10-2　节点信息库数据结构

APID	域标识 Unit Number	节点号 Module Number	角色 Role Number	注册状态	MAMS 地址类型	MAMS 地址	AAMS 地址类型	AAMS 地址
2 B	2 B	1 B	1 B	1 B	1 B	4 B	1 B	4 B

表 10-2 中各系数的含义如下。

（1）APID：用户任务的 APID。

（2）域标识 Unit Number：节点所在域的标识，同一个星载计算机上的所有应用任务属于同一个消息传输域，分配有一个 Unit Number。

（3）节点号 Module Number：注册时后台服务给节点分别的域内标识，每个域内唯一。

（4）角色 Role Number：用户任务的角色（或分组）属性，由上层应用制定。

(5) 注册状态：表明本单元是否占用同时表明节点是否已注册，取值包括空白、申请注册中、已注册。

(6) MAMS 地址类型：指示用于传递 MAMS 消息的传递层接口地址的类型，最高比特表示地址存放方式：0 表示地址直接存放在后续的"MAMS 地址"域中，1 表示表示地址的字符串指针地址存放在后续的"MAMS 地址"域中；后 7 bit 表示传递层业务具体类型：1 表示操作系统消息队列，地址类型为消息队列 ID。

(7) MAMS 地址：用于传递 MAMS 消息的传递层接口地址。

(8) AAMS 地址类型：指示用于传递 AAMS 消息的传递层接口地址的类型，最高比特表示地址存放方式：0 表示地址直接存放在后续的"AAMS 地址"域中，1 表示表示地址的字符串指针地址存放在后续的"AAMS 地址"域中；后 7 bit 表示传递层业务具体类型：0 表示传递层使用空间包业务，地址类型为 APID。

(9) AAMS 地址：用于传递 AAMS 消息的传递层接口地址，如果地址类型为 APID，APID 存放在最低 11 位。

2. 域信息表

域信息表记录消息传输业务各个域的 Unit Number 和后台服务 APID 信息，每个单元记录一个域的信息，见表 10-3。

表 10-3 域信息表数据结构

域后台服务 APID	域标识 Unit Number	状态
2 B	2 B	1 B

表 10-3 中各字段的含义如下。

1) 域后台服务 APID：用于 MAMS 消息收发的地址。

2) Unit Number：域标识，每个域有唯一的编号。

3) 状态：描述域后台服务工作状态。

3. 主题队列

主题队列存放消息需求的信息，每个消息传输业务的域（星载计算机）内维护一个主题队列，提供何用户以何种方式需要获得何种主题的消息。主题队列每一条记录包括内容见表 10-4。

表 10-4 主题队列数据结构

需求者 APID	消息提供者 Role Number	需求类型	优先级	主题号
2 B	2 B	1 B	1 B	2 B

表 10-4 中各字段的含义如下。

（1）需求者 APID：邀请或订阅者的 APID。

（2）消息提供者 Role Number：主题消息的提供者的 Role Number。

（3）需求类型：邀请或订阅。

（4）优先级：用于告知组织对应 AAMS 消息时使用的优先级，接收处理时也按此优先级提交给用户，取值从高到低为 1~15。

（5）主题号：邀请或订阅的主题号。

4. 消息接收缓存

每个消息传输业务的域（器载计算机）内部用于存储供本域消息传输业务 Module 构件接收获取的用户消息。消息缓存以链表形式储存。消息接收缓存的每一条记录包括内容见表 10-5。

表 10-5 消息接收缓存数据结构

接收者 APID	主题号	存放地址	偏移量	长度	优先级	处理标志
2 B	2 B	4 B	1 B	2 B	1 B	1 B

表 10-5 中各字段的含义如下。

（1）接收者 APID：AAMS 消息的者 APID。

（2）主题号：接收消息的主题。

（3）存放地址：消息实体存放的起始地址。

（4）偏移量：指明从存放地址至 AAMS 消息起始的字节数，对于域内交互消息，偏移量为 0，对于来自外域消息，偏移量即为空间包主导头和副导头总长度。

（5）长度：AAMS 消息长度字节数。

（6）优先级：消息的优先级，决定被提交给用户的先后顺序。

（7）处理标志：用于对消息缓存的管理，取值包括：0 表示空白可用；0x55 表示更新中；0xAA 表示待读取。

5. 查询与回复缓存

每个消息传输业务的域（器载计算机）内部用于存储发给本域消息传输业务 Module 构件的查询消息或回复消息，以链表形式储存。查询与回复缓存数据队列每一条记录包括内容见表 10 – 6。

表 10 – 6 查询与回复缓存数据结构

接收者 APID	主题号	上、下文号	存放地址	偏移量	长度	优先级	处理标志
2 B	2 B	2 B	4 B	1 B	2 B	1 B	1 B

表 10 – 6 中各字段的含义如下。

（1）接收者 APID：应获取该查询或回复的用户的 APID。

（2）主题号：查询或回复消息的主题号。

（3）上下文号：查询或回复的上下文号，用户根据上下文号将查询与回复一一对应。

（4）存放地址：查询或回复消息存放起始地址。

（5）偏移量：指明从存放地址至查询或回复消息起始的字节数，对于域内交互消息，偏移量为 0，对于来自外域消息，偏移量即为空间包主导头和副导头总长度。

（6）长度：查询或回复消息的长度字节数。

（7）优先级：查询或回复消息的优先级，用于确定向用户提交的优先顺序。

（8）处理标志：标识单元的使用状态同时表示消息类型，取值包括空白、更新中、待处理查询、待处理回复。

10.2.4　构件接口设计

消息传输业务构件的接口包括两类：对外提供的接口是供上层应用使用的接口，提供构件对用户的服务功能；需要使用的外部接口是下层的传递层接口，用于实现消息数据收发。

1. 对外提供的接口

消息传输业务构件服务上层用户，作为各类用户消息组织和传输的中间件，与用户之间的接口比较丰富，提供完整业务功能。

消息传输业务对外的接口设计，供业务用户调用的有：节点注册、节点注销、节点状态查询、邀请、取消邀请、发送消息、通告消息、订阅、取消订阅、发布消息、获取消息、查询、获取查询、回复、获取回复。

此外，还有由综合电子系统软件中间件初始化调用的消息传输业务构件初始化接口。

消息传输业务构件初始化接口 mtsInit 的定义如下：

```
status_t mtsInit
(
    mts_task_cop_t * mts_task_p
)
```

参数 mts_task_p 是消息传输业务后台进程结构体指针。

综合电子系统软件中间件初始化过程中，调用该接口，用于创建消息传输业务后台进程。

构件节点注册接口 mtsRegister 的定义如下：

```
status_t mtsModuleRegister
(
    uint16_t apid,
    uint8_t roleid,
    mts_module_com_t ** modulecom_p,
    mts_task_cop_t * mts_task_p
)
```

参数 apid 表示用户任务的 APID，参数 roleid 表示用户任务的角色，参数 modulecom_p 表示用户接收节点指针的地址，参数 mts_task_p 表示消息传输业务后台进程实例指针。

用户任务初始化时，调用本接口启动消息传输节点的初始化，包含节点的注册。

构件节点注册接口 mtsUnRegister 的定义如下：

```
status_t mtsUnRegister
(
    uint16_t apid,
    mts_module_com_t * modulecom_p,
)
```

参数 apid 表示用户任务的 APID。参数 modulecom_p 表示用户消息传输业务 Module 构件指针。

调用本接口启动 Module 的注销过程。

构件邀请接口 mtsInvite 的定义如下：

```
status_t mtsInvite
(
    uint16_t apid,
    mts_module_com_t * this_obj_p,
    uint16_t subject_id,
    uint16_t d_apid,
    uint8_t priority
)
```

参数 apid 表示用户任务的 APID，参数 this_obj_p 表示用户节点指针，参数 subject_id 表示邀请主题 ID，参数 d_apid 表示被邀请者（所邀请的消息来源）APID，参数 priority 表示对该主题消息提交的优先级。

用户调用本接口对某个主题向指定应用任务发出邀请。

构件取消邀请接口 mtsUnInvite 的定义如下：

```
status_t mtsUnInvite
(
```

```
    uint16_t apid,
    mts_module_com_t * this_obj_p,
    uint16_t subject_id,
    uint16_t d_apid
)
```

参数 apid 表示用户任务的 APID，参数 this_obj_p 表示用户节点指针，参数 subject_id 表示需要取消邀请主题 ID，参数 d_apid 表示被邀请者（所邀请的消息来源）APID。

用户调用本接口对某个主题向指定应用任务取消邀请。

构件发送消息接口 mtsSend 的定义如下：

```
status_t mtsSend
(
    uint16_t apid,
    mts_module_com_t * this_obj_p,
    uint16_t subject_id,
    uint16_t recv_apid,
    uint8_t * databuf_p,
    uint16_t msglen
)
```

参数 apid 表示用户任务的 APID，参数 this_obj_p 表示用户节点指针，参数 subject_id 表示需要取消邀请主题 ID，参数 recv_apid 表示接收者 APID，参数 databuf_p 表示发送消息数据起始地址，参数 msglen 表示发送消息长度。

用户调用本接口对某个应用任务发出指定主题的消息。

构件通告消息接口 mtsAnnounce 的定义如下：

```
status_t mtsAnnounce
(
    uint16_t apid,
```

```
    mts_module_com_t * this_obj_p,
    uint16_t subject_id,
    uint16_t recv_role,
    uint8_t * databuf_p,
    uint16_t msglen
)
```

参数 apid 表示用户任务的 APID，参数 this_obj_p 表示用户节点指针，参数 subject_id 表示需要取消邀请主题 ID，参数 recv_role 表示接收者的 Role Number，参数 databuf_p 表示发送消息数据起始地址，参数 msglen 表示发送消息长度。

用户调用本接口对某些相同 Role Number 的应用任务发出指定主题的消息。

构件订阅接口 mtsSubscrib 的定义如下：

```
status_t mtsSubscrib
(
    uint16_t apid,
    mts_module_com_t * this_obj_p,
    uint16_t subject_id,
    uint16_t role,
    uint8_t priority
)
```

参数 apid 表示用户任务的 APID，参数 this_obj_p 表示用户节点指针，参数 subject_id 表示需要订阅主题 ID，参数 role 表示发布者的 Role Number，参数 priority 表示对该主题消息提交的优先级。

用户调用本接口对某个主题发出订阅，表示自己希望接收到该主题的消息。

构件取消订阅接口 mtsUnSubscrib 的定义如下：

```
status_t mtsUnSubscrib
(
    uint16_t apid,
```

```
    mts_module_com_t * this_obj_p,
    uint16_t subject_id
)
```

参数 apid 表示用户任务的 APID，参数 this_obj_p 表示用户节点指针，参数 subject_id 表示需要取消订阅主题 ID。

用户调用本接口对取消某个主题的订阅。

构件发布消息接口 mtsPublish 的定义如下：

```
status_t mtsPublish
(
    uint16_t apid,
    mts_module_com_t * this_obj_p,
    uint16_t subject_id,
    uint8_t * databuf_p,
    uint16_t msglen
)
```

参数 apid 表示用户任务的 APID，参数 this_obj_p 表示用户节点指针，参数 subject_id 表示消息主题 ID，参数 databuf_p 表示发布消息数据起始地址，参数 msglen 表示发送消息长度。

用户调用本接口发布某个主题的消息。订阅了该主题的应用任务都将收到。

构件获取消息接口 mtsMsgGet 的定义如下：

```
uint8_tmtsMsgGet
(
    uint16_t apid,
    mts_module_com_t * this_obj_p,
    uint16_t * subject_id_p,
    uint16_t * source_apid_p,
    uint8_t * databuf_p,
```

```
    uint16_t * msglen_p
)
```

参数 apid 表示用户任务的 APID，参数 this_obj_p 表示用户节点指针，参数 subject_id 表示消息主题 ID，参数 source_apid_p 表示消息来源 APID 接收地址，参数 databuf_p 表示获取数据起始地址，参数 msglen_p 表示获取数据长度地址。

用户调用本接口获得接收到的消息中的数据内容，本接口 API 的返回值表示当前获取消息被取走后，该用户剩余的消息条数。

构件查询接口 mtsQuery 的定义如下：

```
status_t mtsQuery
(
    uint16_t apid,
    mts_module_com_t * this_obj_p,
    uint16_t subject_id,
    uint8_t * databuf_p,
    uint16_t msglen,
    uint16_t context_id,
    uint16_t query_apid,
    uint8_t priority
)
```

参数 apid 表示用户任务的 APID，参数 this_obj_p 表示用户节点指针，参数 subject_id 表示查询消息主题 ID，参数 databuf_p 表示查询消息数据地址，参数 msglen 表示查询消息长度，参数 context_id 表示查询上、下文 ID，参数 query_apid 表示被查询者 APID，参数 priority 表示优先级。

用户调用本接口指定的应用任务发出某个主题的查询。

构件获取查询接口 mtsQueryGet 的定义如下：

```
uint8_t mtsQueryGet
(
```

```
    uint16_t apid,
    mts_module_com_t * this_obj_p,
    uint16_t * subject_id_p,
    uint16_t * source_apid_p,
    uint8_t * databuf_p,
    uint16_t * msglen_p,
    uint16_t * context_id_p
)
```

参数 apid 表示用户任务的 APID，参数 this_obj_p 表示用户节点指针，参数 subject_id_p 表示查询主题 ID 接收地址，如果没有待取查询，返回 0，参数 source_apid_p 表示查询来源 APID 接收地址，参数 databuf_p 表示发查询消息数据地址，参数 msglen_p 表示查询消息长度地址，参数 context_id_p 表示查询上、下文 ID 地址。

用户调用本接口获得接收到的查询中的数据内容，本接口 API 的返回值表示当前查询被取走后，该用户剩余的查询条数。

构件回复接口 mtsReply 的定义如下：

```
status_t mtsReply
(
    uint16_t apid,
    mts_module_com_t * this_obj_p,
    uint16_t subject_id,
    uint8_t * databuf_p,
    uint16_t msglen,
    uint16_t context_id,
    uint16_t query_apid,
    uint8_t priority
)
```

参数 apid 表示用户任务的 APID，参数 this_obj_p 表示用户节点指针，参数 subject_id 表示回复消息主题 ID，参数 databuf_p 表示回复消息数据地址，参数 msglen 表示回复消息长度，参数 context_id 表示回复上、下文 ID，参数 query_apid 表示回复者 APID，参数 priority 表示优先级。

用户调用本接口指定的应用任务发出某个主题的回复。

构件获取回复接口 mtsReplyGet 的定义如下：

```
uint8_t mtsReplyGet
(
    uint16_t apid,
    mts_module_com_t * this_obj_p,
    uint16_t * subject_id_p,
    uint16_t * source_apid_p,
    uint8_t * databuf_p,
    uint16_t * msglen_p,
    uint16_t * context_id_p
)
```

参数 apid 表示用户任务的 APID，参数 this_obj_p 表示用户节点指针，参数 subject_id_p 表示回复主题 ID 接收地址，如果没有待取回复，返回 0，参数 source_apid_p 表示回复来源 APID 接收地址，参数 databuf_p 表示发回复消息数据地址，参数 msglen_p 表示回复消息长度地址，参数 context_id_p 表示回复上、下文 ID 地址。

用户调用本接口获得接收到的回复中的数据内容。本接口 API 的返回值表示当前回复被取走后，该用户剩余的回复条数。

构件接口与业务原语的对应关系见表 10-7。

表 10 – 7　原语与构件接口的对应关系

序号	标准原语	构件接口	标准原语内参数与构件参数的对应关系
1	注册请求 Register. request（Application name，authority name，Unit ID，Role ID）	节点注册接口 mtsRe-gister( ) 用户任务初始化时，启动消息传输节点的初始化，包含节点的注册。输入参数包括： apid：用户标识； roleid：用户角色（分组）Id；	（1）原语的 Application name 参数，authority name 参数和 Unit Id 参数联合对应构件的 apid 参数； （2）原语的 Role ID 参数对应构件的 roleid 参数 Role ID
2	注销请求 Unregister. request（Module number）	节点注销接口 mtsUnRegister( ) 启动 Module 的注销过程 输入参数包括： apid：用户标识；	原语的 Module number 在软件构件实现中通过 apid 体现
3	邀请请求 Assert＿invitation. request（subject ID，service mode，continuum ID of invitee，unite ID of invitee，role ID ofinvitee）	邀请接口 mtsInvite( ) 用户向 APID 为 d＿apid 的对方邀请主题 subject＿id，之后当对方发送或通告该主题消息给用户时，消息优先级为 priority。输入参数包括： apid：用户标识； subject_id：邀请主题 ID； d_apid：被邀请者（所邀请的消息来源）APID priority：对该主题消息提交的优先级	（1）原语的 subject ID 参数对应构件的 subject＿id 参数； （2）原语的 continuum ID of invitee，unite ID of invitee，role ID ofinvitee 参数对应构件的 d_apid 参数； （3）原语的 service mode 参数对应构件的 priority 参数
4	取消邀请请求 Cancel_invitation. request（subject ID，continuum ID of invitee，unite ID of invitee，role ID ofinvitee）	取消邀请接口 mtsUnInvite( ) 用户向 APID 为 d＿apid 的对方取消已经邀请的主题 subject＿id。输入参数包括： apid：用户标识； subject_id：取消邀请主题 ID； d_apid：被邀请者（所邀请的消息来源）APID	（1）原语的 subject ID 参数对应构件的 subject＿id 参数； （2）原语的 continuum ID of invitee，unite ID of invitee，role ID of invitee 参数对应构件的 d_apid 参数

第 10 章 中间件–应用支持层 SOIS 构件设计 299

续表

序号	标准原语	构件接口	标准原语内参数与构件参数的对应关系
5	发送请求 Send. request（continuum ID of destination, unite ID of destination, modul number ID of destination, subject ID, application data length, application data）	发送消息接口 mtsSend（） 用户向 APID 为 recv_apid 的对方发送主题 subject_id 的消息，发送内容存放于 databuf_p，发送数据长度为 msglen（字节）。对方应已经向用户邀请了主题 subject_id。 输入参数包括： apid：用户的 APID subject_id：主题 ID recv_apid：接收者 APID databuf_p：发送消息数据起始地址 msglen：发送消息长度	（1）原语的 continuum ID of destination, unite ID of destination, modul ID of destination 参数对应构件的 recv_apid 参数； （2）原语的 subject ID 参数对应构件的 subject_id 参数； （3）原语的 application data 参数对应构件的 databuf_p 参数； （4）原语的 application data length 参数对应构件的 msglen 参数
6	通告请求 Announce. request（continuum ID, unite ID, modul number ID, subject ID, application data length, application data）	通告消息接口 mtsAnnounce（） 用户向角色为 recv_role 的对方（可能有多个）发送主题 subject_id 的消息，发送内容存放于 databuf_p，发送数据长度为 msglen（字节）。对方应已经向用户邀请了主题 subject_id。 输入参数包括： apid：用户的 APID subject_id：主题 ID recv_role：接收者的 Role Number databuf_p：发送消息数据起始地址 msglen：发送消息长度	（1）原语的 continuum ID, unite ID, role ID 参数对应构件的 apid 参数； （2）原语的 subject ID 参数对应构件的 subject_id 参数； （3）原语的 application data 参数对应构件的 databuf_p 参数； （4）原语的 application data length 参数对应构件的 msglen 参数

续表

序号	标准原语	构件接口	标准原语内参数与构件参数的对应关系
7	消息订阅请求 Assert_subscription. Request（continuum ID of publisher, unite ID of publisher, role ID of publisher, subject ID, service mode, priority）	订阅接口 mtsSubscrib（） 用户向角色为 d_role 的所有对方（如果 role 值为 0 表示不限制，即对方为消息空间内所有成员）订阅主题 subject_id，之后当对方发布该主题消息给用户时，消息优先级为 priority。 输入参数包括： apid：用户标识； subject_id：订阅主题 ID d_role：发布方 Role Numbe priority：对该主题消息提交的优先级	（1）原语的 continuum ID of publisher, unite ID of publisher, role ID of publisher 参数对应构件的 d_role 参数； （2）原语的 subject ID 参数对应构件的 subject_id 参数； （3）原语的 service mode 和 priority 参数对应构件的 priority 参数
8	取消消息订阅请求 Cancel_subscription. Request（continuum ID of publisher, unite ID of publisher, role ID of publisher, subject ID, service mode）	取消订阅接口 mtsUnSubscrib( ) 用户向角色为 d_role 的所有对方（如果 role 值为 0 表示不限制，即对方为消息空间内所有成员）取消订阅主题 subject_id。 输入参数包括： apid：用户标识； subject_id：订阅主题 ID d_role：发布方 Role Numbe	（1）原语的 continuum ID of publisher, unite ID of publisher, role ID of publisher 参数对应构件的 d_role 参数； （2）原语的 subject ID 参数对应构件的 subject_id 参数

续表

序号	标准原语	构件接口	标准原语内参数与构件参数的对应关系
9	消息发布请求 Publish. request（subject ID, application data length, application data）	发布消息接口 mtsPublish（） 用户发布主题 subject_id 的消息，发布内容存放于 databuf_p，发送数据长度为 msglen（字节）。已经向本用户（订阅时指定的角色与本用户符合）订阅了主题 subject_id 的其他用户将会接收到发布的数据。 输入参数包括： apid：用户标识； subject_id：订阅主题 ID databuf_p：消息数据起始地址 msglen：消息长度	（1）原语的 subject ID 参数对应构件的 subject_id 参数； （2）原语的 application data 参数对应构件的 databuf_p 参数； （3）原语的 application data length 参数对应构件的 msglen 参数
10	消息指示 Message. indication（continuum ID of source, unite ID, modul ID of source number ID of source, subject ID, application data length, application data）	获取消息接口 mtsMsgGet（） 用户通过本接口获得接收到的数据，数据来源于其他用户发送、通告或发布的消息（之前该消息主题被本用户邀请或订阅），获取顺序按照消息的优先级。 输入参数包括： apid：用户标识； subject_id：订阅主题 ID databuf_p：消息数据起始地址 msglen：消息长度 source_apid_p：消息来源 APID 接收地址	（1）原语的 continuum ID of source, unite ID of source, modul ID of source 参数对应构件的 source_apid_p 参数； （2）原语的 application data 参数对应构件的 databuf_p 参数； （3）原语的 application data length 参数对应构件的 msglen 参数

续表

序号	标准原语	构件接口	标准原语内参数与构件参数的对应关系
11	消息查询请求 Query.request (continuum ID of destination, unite ID of destination, modul number ID of destination, subject ID, application data length, application data priority, context)	查询接口 mtsQuery() 用户对指定的被查询者（APID 为 query_apid）发出指定主题 subject_id 的查询数据。被查询者应已经邀请了该主题。 输入参数包括： apid：用户标识； subject_id：订阅主题 ID databuf_p：消息数据起始地址 msglen：消息长度 context_id：查询上下文 ID query_apid：被查询者 APID priority：优先级	（1）原语的 continuum ID of destination, unite ID of destination, modul ID of destination 参数对应构件的 query_apid 参数； （2）原语的 subject ID 参数对应构件的 subject_id 参数； （3）原语的 application data 参数对应构件的 databuf_p 参数； （4）原语的 application data length 参数对应构件的 msglen 参数； （5）原语的 priority 参数对应构件的 priority 参数； （6）原语的 context 参数对应构件的 context_id 参数
12	查询获取指示 Query.indication (continuum ID of source, unite ID of source, modul number ID of source, subject ID, application data length, application data priority, context)	获取查询接口 mtsQueryGet() 用户通过本接口获得接收到的查询，数据来源于查询者的查询消息（之前该主题被本用户邀请），获取顺序按照查询消息的优先级。 输入参数包括： apid：用户标识； subject_id：订阅主题 ID databuf_p：消息数据起始地址 msglen：消息长度 source_apid_p：消息来源 APID 接收地址	（1）原语的 continuum ID of source, unite ID of source, modul ID of source 参数对应构件的 source_apid_p d 参数； （2）原语的 subject ID 参数对应构件的 subject_id 参数； （3）原语的 application data 参数对应构件的 databuf_p 参数； （4）原语的 application data length 参数对应构件的 msglen 参数

序号	标准原语	构件接口	标准原语内参数与构件参数的对应关系
13	回复请求 Reply. request（continuum ID of destination, unite ID of destination, modul number ID of destination, subject ID, application data length, application data priority, context）	回复接口 mtsReply( ) 用户对指定的查询者（APID 为 query_apid）发出指定主题 subject_id 的回复数据。查询者应已经邀请了该回复主题。一般一对回复和查询使用相同的上下文 ID。 输入参数包括： apid：用户标识； subject_id：订阅主题 ID databuf_p：消息数据起始地址 msglen：消息长度 context_id：查询上下文 ID query_apid：被回复者（即查询者）APID priority：优先级	（1）原语的 continuum ID of destination, unite ID of destination, modul ID of destination 参数对应构件的 query_apid 参数； （2）原语的 subject ID 参数对应构件的 subject_id 参数； （3）原语的 application data 参数对应构件的 databuf_p 参数； （4）原语的 application data length 参数对应构件的 msglen 参数； （5）原语的 priority 参数对应构件的 priority 参数； （6）原语的 context 参数对应构件的 context_id 参数
14	回复指示 Reply. indication（continuum ID of destination, unite ID of destination, modul number ID of destination, subject ID, application data length, application data priority, context）	获取回复接口 mtsReplyGet( ) 用户通过本接口获得接收到的回复，数据来源于被查询者的回复消息（之前该主题被本用户邀请），获取顺序按照回复消息的优先级。 输入参数包括： apid：用户标识； subject_id：订阅主题 ID databuf_p：消息数据起始地址 msglen：消息长度 source_apid_p：回复来源 APID 接收地址	（1）原语的 continuum ID of source, unite ID of source, modul ID of source 参数对应构件的 source_apid_pd 参数； （2）原语的 subject ID 参数对应构件的 subject_id 参数； （3）原语的 application data 参数对应构件的 databuf_p 参数； （4）原语的 application data length 参数对应构件的 msglen 参数

续表

序号	标准原语	构件接口	标准原语内参数与构件参数的对应关系
15	—	节点状态查询接口 mtsModuleStatus( ) 用户查询节点的注册状态。 输入参数包括： apid：用户标识	—

2. 需要的外部接口

消息传输构件运行时需要使用的其他构件提供的接口主要包括：

空间包发送接口，status_t（*tpPacketSend_funcp）（uint16_t src_apid, uint16_t dest_apid, uint8_t *packet_buffer_p, uint32_t length, uint32_t qos），用于发送一个空间包。接口的输入包括源 APID、目的 APID、包缓冲区指针、包总长度、传输服务质量要求。

访问点配置接口，status_t（*tpSapInit_p）（uint16_t, funcp_t, uint32_t），用于向传递层注册一个回调函数，接收本构件的空间包。接口的输入包括本构件应用过程标识，接收处理函数指针（接收处理函数的参数包括包缓冲区指针、包总长度、优先级）。

3. 消息传输业务构件使用 UDP/IP 传输对接口的影响

航天器综合电子系统软件分层结构支持在传递层使用 UDP/IP，消息传输业务构件对应代替空间包接口作为传递层业务支持接口。对于下层使用 UDP/IP，在上述消息传输业务构件软件基于下层使用空间包的实现和接口使用的基础上，需要对应增加及更换内容见表 10-8。

表 10-8 消息传输业务使用 UDP/IP 接口的说明

构件接口或数据项目	下层使用 UDP/IP 的影响
用户注册接口	APID 只作为用户名，与 AAMS 地址分离。由消息传输业务构件根据所在域指定 IP 地址和端口号
注册过程中内部消息	MAMS 消息表示传递层协议为 UDP
节点信息库	增加各用户节点的端口号

续表

构件接口或数据项目	下层使用 UDP/IP 的影响
后台进程	增加本域的 IP 地址，各个域 IP 与域的 Unit ID 一一对应（初始化配置，作为初始已知信息），域内所有用户 IP 地址统一。后台自身端口号，作为域间 MAMS 消息通信地址
域间同步消息	增加本域各用户的端口号信息
域间 MAMS 消息输出处理	增加根据目的域 id，查找 IP 地址，使用 UDP 构件的输出接口
域间 AAMS 消息输出处理	根据目的节点的 Unit Number 查得 IP 地址，加上根据节点信息库中记录的目的节点的端口号，使用 UDP 构件的输出接口

10.2.5 构件运行设计

1. 消息传输后台进程运行使用

使用消息传输业务的每个星载单机内部，周期性运行一个消息传输后台进程，初始化单机内（对应于消息传输业务的 Unit 范围）的业务数据结构（各队列、表），并维护与其他单机（Unit）的节点信息同步。

初始启动时，调用后台进程初始化模块。清空主题队列。创建和初始化 AAMS 消息、查询与回复消息队列。

调用传递层访问点配置接口，向传递层注册接收空间包回调函数。

然后按照综合电子软件系统设置的定时周期，循环执行下列操作。

（1）检查是否有未处理的外域节点通报消息（包括注册与注销），如果有调用注册机进行处理。

（2）接收本地节点的心跳，计算更新间隔判断是否失联，发现失联节点调用注册机进行处理，并发出事件报告。

消息传输节点与后台服务之间，收发 MAMS 消息采用操作系统消息队列：后台服务使用一个消息队列接收各节点发来的 MAMS 消息；每个节点使用一个消息队列接收后台服务发来的 MAMS 消息，此队列在节点注册申请时告知后台服务。

消息传输业务后台周期性运行过程如下：

```
    while(1)
    {
    依次处理各 MAMS 消息如下：
    {
        取 mmtype(mams 消息类型);
        取 unitid(消息来自域的域标识);
        if(mmtype==29)        /* 外域新节点*/
        {
            for(i=0;i<MTS_MAX_EXTERN_MODULE_NUM;i++)
            {
                if(mts_task_p->Extern_ModuleLib[i].m_reg_st==0)
                {/* 可注册*/
                    mts_task_p->Extern_ModuleLib[i].m_reg_st=1;
                    mts_task_p->Extern_ModuleLib[i].module_apid=(rbuf[33]<<8)|rbuf[34];/* 获得 APID*/
                    mts_task_p->Extern_ModuleLib[i].role_number=rbuf[8];
                    mts_task_p->Extern_ModuleLib[i].module_number=rbuf[11];
                    mts_task_p->Extern_ModuleLib[i].unit_number=unitid;mts_task_p->g_extern_Module_Num++;
                    mts_task_p->Extern_ModuleLib[i].m_reg_st=2;
                    break;
                }
            }
```

```
            }
        if(mmtype==26)        /* 外域节点注销*/
        {
            for(i=0;i<MTS_MAX_EXTERN_MODULE_NUM;i++)
            {if((mts_task_p->Extern_ModuleLib[i].module_number==unitid)&&(mts_task_p->Extern_ModuleLib[i].module_number==rbuf[11]))
                {
                    mts_task_p->Extern_ModuleLib[i].module_number=0;
                    mts_task_p->Extern_ModuleLib[i].m_reg_st=0;
                    mts_task_p->g_extern_Module_Num--;
                }
            }
        }
        if(初始同步未完成)              /* 非稳态*/
        {
            if(mts_task_p->registrar_ini_step<0x1000)
                                        /* 发请求*/
            {
                对各其他域发同步请求(构造 MAMS 消息28):
                    mtsMAMSHeader(28,mts_task_p->UnitList[i].mts_apid,mts_task_p->ModuleLib,rbuf);
                    mtsSPMake(mts_task_p->UnitList[i].mts_apid,mts_task_p->g_mams_apid,rbuf,20,12,mts_task_p);
                    mts_task_p->registrar_ini_step=0x1000;
```

```
        }
        else     /* 已发请求,检测回复状态、超时状态 */
        {
            mts_task_p -> registrar_ini_wait ++;
            i = mts_task_p -> registrar_ini_step & 0xFF;
            if(i > = mts_task_p -> Unit_Num)   /* 已经回答*/
                mts_task_p -> registrar_ini_step = mts_task_p -> registrar_ini_step |0xF000;
            else
                根据 registrar_ini_wait 判断超时;
        }
    }
    等待 0.5s(周期);
}
```

2. Module 构件运行使用

每个使用消息传输服务的应用任务使用一个 Module 构件，Module 构件并非独立的任务或进程，而是应用任务的一部分。在应用任务初始化阶段，发起对 Module 的注册，注册成功后根据自身功能需要，作为信息获取者，即需要某些主题信息内容的需求，邀请或订阅这些主题，然后周期性获取接收到的这些主题消息；而作为信息产生者，则发送或通告或发布某些主题消息给邀请或订阅了这项主题的其他用户。

Module 构件的初始化应在用户任务基础初始化完成，需要使用异步消息传输服务之前进行。而用户任务初始化是在系统中间件初始化完成之后进行。

Module 构件的注册运行过程如下：

```
status_t mtsModuleRegister(uint16_t apid, uint8_t roleid, mts_module_com_t ** modulecom_p, mts_task_cop_t * mts_task_p)
{
```

第 10 章 中间件-应用支持层 SOIS 构件设计

```
        modulest=mtsModuleStGet(apid,mts_task_p);   /* 取节点状
态*/
        if(modulest>0)                              /* 已经注册
过*/
            return ERR_APPSUPPORT_MTS_REGISTERED;
        msg_id=msgQCreate(40,40,MSG_Q_FIFO);        /* 建立接收
消息队列 */
        /* 注册       */
        制作申请消息(MAMS 消息类型 19)mmsgbuf;
        调用注册机 mtsRegisterProc(mmsgbuf,recvbuf,mts_task_p);
        获得分配的 module_number;
        m_id=(roleid<<24)|(mts_task_p->Local_Unit_Id<<8)|
module_number;
        mts_task_p->mts_module_List[module_number].module_id
=m_id;
        制作申请消息(MAMS 消息类型 21)mmsgbuf;
        调用注册机 mtsRegisterProc(mmsgbuf,recvbuf,mts_task_p);
        * modulecom_p=&mts_task_p->mts_module_List[module_
number];                                            /* 取得实例
指针*/
        mts_task_p->tpSapInit_p(apid,mtsAAMSPacketReceive,
(uint32_t)*modulecom_p);                            /* 向传递层
注册回调函数*/
        mts_task_p->mts_module_List[module_number].apid=
apid;
        mts_task_p->mts_module_List[module_number].role_num-
ber=roleid;
```

```
    mts_task_p -> mts_module_List[module_number].module_
number = module_number;
    mts_task_p -> mts_module_List[module_number].unit_num-
ber = mts_task_p -> Local_Unit_Id;
    mts_task_p -> mts_module_List[module_number].mtstask_p
 = mts_task_p;
                                                    /* 挂接节点
各接口处理函数*/
    mts_task_p -> mts_module_List[module_number].mtsUnReg-
ister_funp = mtsUnRegister;
    mts_task_p -> mts_module_List[module_number].mtsInvite_
funp = mtsInvite;
    ……
    return OK;
}
```

Module 构件对主题订阅的处理过程如下：

```
    status_t mtsSubscrib (uint16_t apid,mts_module_com_t * this_
obj_p,uint16_t subject_id,uint16_t d_role,uint8_t priority)
    {
        uint16_t d_un = 0;
        uint8_t mmsgbuf[32];
        uint32_t moduleid;
        mts_task_cop_t * mts_task_p;
        mts_task_p = this_obj_p -> mtstask_p;
        /* 有效性检查*/
        if(this_obj_p -> apid! = apid)
            return ERR_APPSUPPORT_MTS_INVALID_APID;
```

第 10 章　中间件 – 应用支持层 SOIS 构件设计

```
        moduleid =(this_obj_p -> role_number << 24 ) |(this_obj_
p -> unit_number << 8 ) |this_obj_    p -> module_number;
        组织邀请消息(MAMS 消息类型 24)mmsgbuf,其中部分内容如下:
        mmsgbuf[18] = subject_id >> 8;
        mmsgbuf[19] = subject_id;
        mmsgbuf[22] = d_un >> 8;
        mmsgbuf[23] = d_un;
        mmsgbuf[24] = d_role;
        mmsgbuf[25] = priority & 0x0F;
        mtsSubjProc(mmsgbuf,28,24,0x0F,this_obj_p -> mtstask_
p);/* 本域处理*/
        mtsSubjProc(mmsgbuf,28,24,0,this_obj_p -> mtstask_p);
/* 外域广播*/return ok;
    }
```

用户使用 Module 构件发布消息时的处理过程如下:

```
    status_t mtsPublish(uint16_t apid,mts_module_com_t * this_
obj_p,uint16_t subject_id,uint8_t * databuf_p,uint16_t msglen)
    {
        uint16_t i;
        uint16_t infdata[5];            /* AAMS 需要信息*/
        status_t result;
        mts_module_table_t * module_p;
        mts_task_cop_t * mts_task_p;
        mts_task_p = this_obj_p -> mtstask_p;
        if(this_obj_p -> apid != apid)  /* 有效性检查*/
        {
            return ERR_APPSUPPORT_MTS_INVALID_APID;
```

```
            }
            result = ERR_APPSUPPORT_MTS_NO_SUBSCRIBER;
        遍历主题队列,检查 source_role 与 this_obj_p -> role_number
相符合,并且 subject_id 符合,并且需求类型为邀请;
            对所有满足以上条件的邀请者:
            {
                module_p = mtsAddrGet(mts_task_p -> g_subj_list[mts_
task_p -> g_subjects_st[i]].receiver_apid,mts_task_p);
                                        /* 查节点 */
                infdata[0] = (this_obj_p -> module_number) << 8;
                infdata[1] = 0;
                infdata[2] = 0;
                infdata[3] = subject_id;
                infdata[4] = msglen;
                result = mtsAAMSProc(databuf_p,module_p,0,mts_task_
p -> g_subj_list[mts_task_p -> g_subjects_st[i]].priority,inf-
data,apid,mts_task_p);           /* 制作和外发 AAMS 消息 */
            }
            return result;
    }
```

消息传输业务属于应用支持层中间件,但其中消息传输节点嵌入在应用任务中运行;而后台服务在中间件中运行,对应用管理层是不可见的。

应用任务使用消息传输服务时,对消息传输节点功能调用在应用任务中的一种安排建议的示意图如图 10-4 所示。图中直角矩形属于应用任务功能部分;圆角矩形属于消息传输业务功能部分,其中实线圆角矩形是任务初始化阶段和任务主循环中必须执行的功能,而虚线圆角矩形是根据用户使用情况,可能需要在任务主循环中执行的功能。图中各矩形的顺序只是一种安排方法示意,不作为设计用户任务时的原则,实际用户任务的具体设计安排应根据应用管理层软件的功能要求及其对消息传输业务的使用情况决定。

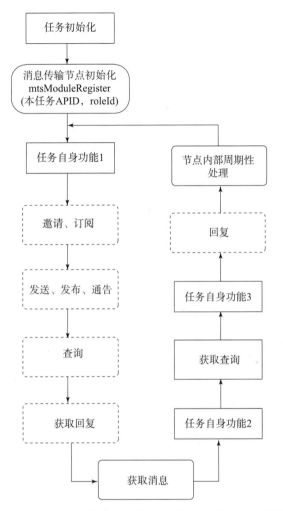

图 10－4　消息传输节点功能在应用任务内部安排示意图

构件的性能和使用约束如下。

（1）用户发送消息的数据长度最大为 65 000 B。

（2）用户邀请、订阅的主题数量最大为 255。

10.3 设备访问业务构件

10.3.1 构件概述

设备访问业务（Device Access Services，DAS）构件在综合电子系统软件体系结构中位于应用支持层之下，亚网层之上，属于中间件的一部分。设备访问业务为上层应用提供用于访问逻辑设备，从设备获取数据或向设备输出指令，而无须由应用管理层软件关心物理设备的实际类型和位置，以及直接访问硬件设备。

设备访问业务构件提供星载应用程序访问设备的标准接口，使得上层用户不需要对各种类型设备使用多种专用的访问操作方法和接口，便于航天器综合电子软件系统的设计和使用。设备访问业务对每一个支持的设备提供设备特定的访问协议（Device – specific Access Protocol，DAP）。设备访问业务包括设备数据获取和向设备发送命令两类操作，DAP 将请求相关的信息映射到所采用的协议上，协议再使用底层业务完成访问操作功能。根据底层所采用的业务类型，设备被分成基于包业务 DAP 和基于存储器访问业务 DAP，每个 DAP 提供的功能均包括从设备获取数据和向设备发送命令。

设备访问业务的功能原语如下。

（1）设备读取请求原语 ACQUIRE_FROM_DEVICE. request（Transaction Identifier，Physical Device Identifier，Value Identifier）：获得设备的数据（一般为采集遥测），提出对某个逻辑设备的读取要求并执行读取操作。其中：Transaction Identifier 为事务标识，唯一标识本次请求；Physical Device Identifier 为物理设备标识，唯一标识要访问的设备；Value Identifier 为设备内的参数值标识，唯一标识要采集的设备内部的参数。

（2）设备读取指示原语 ACQUIRE FROM DEVICE. indication（Transaction Identifier，Value，Result Metadata，Timestamp）：将从设备读出的数据返回给用户。Transaction Identifier 与设备读取请求原语中的事务标识一致；Value 为获取的参数值；Result Metadata 为返回的结果，Timestamp 为可选的时间戳。

（3）向设备发送命令请求原语 COMMAVD_DEVICE.request（Transaction Identifier，Physical Device Identifier，Value Identifier，Value）：向设备进行数据写操作（如输出指令）。其中：Transaction Identifier 为事务标识，唯一标识本次请求；Physical Device Identifier 为物理设备标识，唯一标识要访问的设备；Value Identifier 为设备内的参数值标识，唯一标识要发送的命令；Value 为要发送的命令数据内容。

（4）向设备发送命令指示原语 COMMAND DEVICE.indication（Transaction Identifier，Result Metadata）：执行对设备写数据操作后，获得执行结果状态并提交给用户。其中：Transaction Identifier 向设备发送命令请求原语中的事务标识一致；Result Metadata 为命令发送的结果。

设备访问业务构件的基本工作方式是综合电子系统软件的上层应用功能通过设备访问业务构件提出对设备的访问请求。设备访问业务构件解析用户请求操作，分析设备和参数值属性，选择处理协议，组织空间包发送给对应处理业务。

设备访问业务构件获得对设备的访问结果并提交给用户。从传递层接收到访问结果空间包，解析后根据执行中指令信息获得对应的用户接口，将访问结果返回给用户。

10.3.2 构件模块结构设计

设备访问业务构件将设备访问业务的功能封装为软件构件，对上层用户提供设备访问 IO 接口，下层由传递层空间包业务构件提供空间包收发接口用于远程设备访问。设备访问业务构件的软件实现结构共划分为 13 个模块，其模块结构图如图 10-5 所示，其中，框外部表示所使用的外部接口。

设备访问业务初始化接口模块：由软件系统调用，进行设备访问业务初始化。接收配置输入，写入设备访问内部参数表。向传递层注册用于接收空间包的回调函数。

图 10-5 中的主要模块功能描述如下。

（1）设备访问 IO 接口模块：对用户提供输入设备访问指令的接口，接收访问请求和参数，并获得将访问结果提交给用户的接口。记录设备访问指令信息和

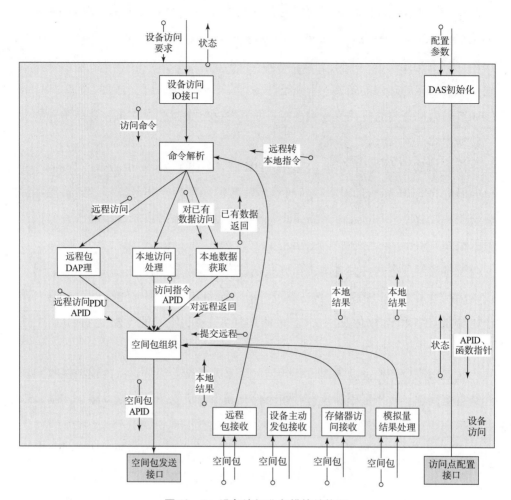

图 10-5 设备访问业务模块结构图

回调函数,将访问指令提交给命令解析。

(2) 命令解析模块:根据设备和参数值区分设备访问命令的处理类型,分类处理。检查设备类型表,获得对该设备访问的协议类型。根据类型调用相应的处理模块,对于远程设备访问,调用远程包 DAP 处理模块,对于对本地设备发包、本地通用存储器、本地模拟量访问,调用本地访问处理模块,对于本地设备主动发包设备代用本地数据获取业务。

(3) 本地访问模块:由命令解析调用,用于对本地模拟量、存储器访问、对本地设备发包访问类型进行处理。查找设备参数表,获得设备和参数对应的下层处理业务 APID。根据子网包业务或存储器访问业务输入接口形成访问指令 PDU，提交给空间包组织处理。

（4）本地数据获取模块：由命令解析调用，从本地设备访问业务内部数据缓存读出已有的设备主动发包类型设备的数据，提交给用户。根据设备 ID，从 DAP 内部数据缓冲区查询是否有新数据，如果有新数据，按指定地址和长度读出写入用户数据接收地址，返回执行结果和实际长度；如果回调函数不为空，调用用户回调函数。

（5）远程包 DAP 处理模块：由命令解析调用，对需要远端执行的设备访问命令处理。从设备参数表中查找该设备对应的远程包访问 DAP 的 APID，组织设备访问内部远程访问命令 PDU。调用空间包组织，提交远程访问命令 PDU 和对方设备访问业务的包接收 APID。

（6）空间包组织模块：接收需要输出到传递层的数据和源端、目的端 APID，包装成空间包后发送给传递层。按照遥控类型空间包格式，将指令 PDU 作为空间包数据内容组织空间包组织空间包。调用传递层空间包发送接口，输出组织好的空间包。在执行中指令队列中记录发出的指令信息，包括源 APID、数据接收地址、结果和实际长度返回地址、回调函数。

（7）远程包接收模块：由传递层调用，接收远程设备访问业务发来的空间包。从传递层接收空间包，解析格式。解析包内数据 PDU 格式，判断类型。对于远端设备访问业务发来的指令，转换成本地指令 PDU 格式后，调用指令解析处理。对于远端设备访问业务发来的访问结果，根据事务号在执行中命令队列中查找返回用户的地址和回调函数，将访问结果提交给用户。

（8）模拟量结果处理模块：将接收模拟量访问返回的结果，并提交给用户。解析空间包，获得访问结果 PDU。根据事务号在执行中命令队列中查找接收者 APID，对模拟量数据进行过滤处理，过滤方法为对每个模拟量去掉最大值和最小值，取中间两个值的平均值。如果接收者不是本地用户，将处理后结果重组数据 PDU 并和接收者 APID 提交给空间包组织模块。根据用户接收地址和回调函数，将结果提交给用户。

（9）设备主动发包处理模块：接收设备主动发包数据，保存在内部 DAP 数据缓冲区。解析空间包，获得访问结果 PDU。在内部 DAP 数据缓冲区中，按照设备 ID、业务类型和子类型进行检索。按照对应设备的记录中的存放地址，复制数据。更新设备为"新数据"状态。

（10）存储器访问接收模块：接收通用存储器访问返回的结果，并提交给用户。解析空间包，获得访问结果 PDU。根据事务号在执行中命令队列中查找接收者 APID，如果接收者不是本地用户，将数据 PDU 并和接收者 APID 提交给空间包组织模块。根据用户接收地址和回调函数，将结果提交给用户。

设备读 ACQUIRE_FROM_DEVICE.request 原语对应软件运行时历经的模块如下。

（1）设备访问 IO 接口、命令解析、远程命令处理/本地访问处理/本地数据获取、空间包组织（设备主动发包类型不经历此模块），对于远程命令，还经历远端的空间包接收与解析、指令解析、本地访问处理/本地数据获取、空间包组织。

（2）设备读 ACQUIRE_FROM_DEVICE.indication 原语对应软件运行时历经的依次模块为：空间包接收与解析、本地结果处理/数据存储/远程结果发生，对于远程结果的获取，还历经空间包组织、空间包接收与解析、本地结果处理/数据存储。

（3）设备指令写 COMMAND_DEVICE.request 原语对应软件运行时历经的模块依次为：设备访问 IO 接口、命令解析、远程命令处理/本地访问处理、空间包组织，对于远程命令，还经历远端的空间包接收与解析、指令解析、本地访问处理、空间包组织。

（4）设备指令写 COMMAND_DEVICE.indication 原语对应软件运行时历经的依次模块为：空间包接收与解析、本地结果处理/远程结果发生，对于远程结果的获取，还历经空间包组织、空间包接收与解析、本地结果处理。

10.3.3 构件接口设计

设备访问业务构件的接口包括两类：对外提供的接口是供上层应用使用的接口，提供构件对用户的服务功能；需要使用的外部接口是下层的传递层接口，用作对下层或远程设备之间往返数据的通道。

1. 对外提供的接口

设备访问业务初始化接口 dasInit 的定义如下：

第 10 章　中间件–应用支持层 SOIS 构件设计

```
status_t dasInit(das_com_t * das_com_p,das_config_t * config_p)
```

参数 das_com_p：指向设备访问构件结构体的指针，参数 config_p：指向设备访问初始化配置结构体的指针。

该接口由中间件初始化接口调用，用于初始化设备访问业务。

设备访问业务构件访问 IO 接口的定义如下：

```
status_t dasReqIo(das_io_t * req_io_p)
```
参数 req_io_p:指向访问操作 das_io 结构体的指针,结构体定义如下:
```
typedef struct das_io
{
    uint8_t operation;/* DAS_OP_READ 标识读,DAS_OP_WRITE 标识写*/
    uint16_t physical_device_id;        /* 设备 ID */
    uint16_t physical_value_id;         /* 设备参数值 ID */
    uint16_t transaction_id;            /* 事务号 */
    uint8_t * data_p;                   /* 数据内容缓存地址 */
    uint16_t expect_length;             /* 预期长度*/
    uint32_t * status_p;                /* 输出状态 */
    uint16_t * actual_length_p;         /* 输出实际长度 */
    status_t (* callback_p)(uint16_t transaction_id);
                                        /* 回调函数 */
}das_io_t;
```

该接口由设备虚拟化业务、设备数据池业务或者应用管理层调用，提出对设备访问的操作要求。

用户通过调用访问 IO 接口，指定需要访问的设备对象，获得本构件处理得到的结果。设备访问业务构件的对外访问接口设计，及其与 CCSDS 标准中规定的业务原语的对应关系见表 10-9。

表 10-9 设备访问构件接口与业务原语的对应关系

序号	标准原语	构件接口	标准原语内参数与构件参数的对应关系
1	设备读请求 ACQUIRE_FROM_DEVICE.request（Transaction Identifier, Physical Device Identifier, Value Identifier）	设备访问 IO 接口 dasReqIo() 提出访问要求和返回访问结果合并在一起实现。执行后，通过回调函数通知用户，用户从参数的接收执行状态地址、数据内容缓存地址、实际长度地址获得设备访问的结果。输入参数包括：Operation：标识读或写；physical_device_id：物理设备 Id；physical_value_id：物理设备值；transaction_id：事务号；data_p：数据内容缓存地址；expect_length：预期长度；status_p：接收执行状态的地址；actual_length_p：输出实际长度地址；callback_p：回调函数（用于通知用户）	（1）原语的设备 ID 参数对应构件的 physical_device_id 参数；（2）原语的设备参数 ID 参数对应构件的 physical_value_id 参数；（3）原语的事务 ID 参数对应构件的 transaction_id 参数
2	设备读数据指示 ACQUIRE_FROM_DEVICE.indication（Transaction Identifier, Value, Result Metadata, Timestamp）	″	（1）原语的事务 ID 参数对应构件的 transaction_id 参数；（2）原语的执行结果参数对应构件的 status_p 参数；（3）原语的参数值参数对应构件的 data_p 参数
3	向设备发指令请求 COMMAVD_DEVICE.request（Transaction Identifier, Physical DeviceIdentifier, Value Identifier, Value）	″	（1）原语的设备 ID 参数对应构件的 physical_device_id 参数；（2）原语的设备参数 ID 参数对应构件的 physical_value_id 参数；（3）原语的事务 ID 参数对应构件的 transaction_id 参数；（4）原语的参数值参数对应构件的 status_p 参数
4	向设备发送命令指示 COMMAND DEVICE.indication（Transaction Identifier, Result Metadata）	″	（1）原语的事务 ID 参数对应构件的 transaction_id 参数；（2）原语的执行结果参数对应构件的 status_p 参数
5	/	构件初始化接口 dasInit() 初始配置参数，主要包括：设备类型表；设备参数值表；设备主动发包信息表；外部处理函数（可选）；外部接收函数（可选）；传递层接口；	

2. 需要的外部接口

空间包发送接口，status_t（*tpPacketSend_funcp）（uint16_t src_apid, uint16_t dest_apid, uint8_t * packet_buffer_p, uint32_t length, uint32_t qos），用于发送一个空间包。接口的输入包括源 APID、目的 APID、包缓冲区指针、包总长度、传输服务质量要求。

访问点配置接口，status_t（*tpSapInit_p）（uint16_t, funcp_t, uint32_t），用于向传递层注册一个回调函数，接收本构件的空间包。接口的输入包括本构件应用过程标识，接收处理函数指针（接收处理函数的参数包括包缓冲区指针、包总长度、优先级）。

10.3.4 构件核心数据结构设计

设备访问业务构件内部的核心数据结构用于存储和维护管理设备属性和访问方式信息，设备访问过程记录信息，以及获取数据的缓存区，本节说明的数据结构包括：设备访问类型表、设备和参数值解析表、DAP 内部数据缓冲区、执行中命令队列、内部远程命令 PDU。

1. 设备访问类型表

用于记录设备的属性，供访问设备时按照设备 ID 查找对应的处理类型。设备访问类型表需要在初始化时配置，表数据结构见表 10-10。

表 10-10　设备访问类型表数据结构

设备标识	对应设备访问类型 DAP	设备属性

表 10-10 中各字段的含义如下。

（1）设备标识：设备 ID。

（2）对应设备访问类型 DAP：1 通用存储器访问 DAP；2 模拟量访问 DAP；4 设备主动发包 DAP；8 向设备发包 DAP。

（3）设备属性：表示是否需要响应。

2. 设备和参数值解析表

记录设备和参数值的信息，支持本构件对需要访问的设备对象（给出了参数值 ID）进行查找具体的访问地址，表数据结构见表 10-11。

表 10-11　设备和参数值解析表数据结构

设备标识	参数值标识	网络地址	存储器 ID	起始地址	数据长度

表 10-11 中各字段的含义如下。

(1) 设备标识：设备 ID。

(2) 参数值标识：参数 ID。

(3) 网络地址：目的存储器的 APID。

(4) 存储器 ID：存储器区域号。

(5) 起始地址：指明读写操作在区域内的起始地址。

(6) 长度：指明设备参数值对应的数据内容长度。

3. DAP 内部数据缓冲区

用于存放设备主动发包类型设备信息，并指出存放发来的数据包的地址，收到的设备发来数据缓存后等待被读取提交给用户，缓冲区数据结构见表 10-12。

表 10-12　DAP 内部数据缓冲区数据结构

设备标识	参数值标识	业务类型	业务子类型	数据类型	处理标志	起始地址	数据长度

表 10-12 中各字段的含义如下。

(1) 设备标识：设备 ID。

(2) 参数值标识：参数 ID，在本表中一般不使用，则为 0。

(3) 处理标准：是否有新到数据。

(4) 数据类型：包或无格式数据。

(5) 起始地址：指明数据存放的起始地址。

(6) 长度：数据长度。

4. 执行中命令队列

由于用户从提出访问要求到获得设备访问结果需要一个执行过程，体现在软件运行上可能需要离线等待，不能立即返回。执行中命令队列用于保存正在处理尚未结束，即执行过程中未最终返回给用户结果的设备访问指令的信息。

使用队列存储，每条记录的内容如下。

(1) 事务标识：事务 ID。

(2) 返回 APID：访问结果的接收者，如果给本地用户为 0。

(3) 数据接收地址：指明用户接收数据的起始地址。

(4) 数据长度：数据长度。

(5) 执行结果地址：用户接收执行结果的地址。

(6) 实际长度地址：用户接收实际读写长度的地址。

(7) 回调函数指针：该事务对应的用户回调函数指针，用于执行完成后通知用户。

(8) 回调函数参数：回调函数中的参数。

(9) 超时倒计数：按检查次数超时。

5. 内部远程命令 PDU

用于被访问的设备不在本地情况下，分布在不同器载计算机上的设备访问业务构件之间进行本业务内部通信交互的数据格式。数据组织成 PDU 包格式后，经由下层的空间包业务传递。

内部远程读命令 PDU 格式，见表 10 – 13。

表 10 – 13 内部远程读命令 PDU 格式数据结构

操作标识	设备标识	参数值标识	事务标识	数据长度
6 bit	10 bit	16 bit	16 bit	16 bit

内部远程写命令 PDU 格式，见表 10 – 14。

表 10 – 14 内部远程写命令 PDU 格式数据结构

操作标识	设备标识	参数值标识	事务标识	数据长度	指令数据
6 bit	10 bit	16 bit	16 bit	16 bit	根据实际内容长度可变

内部远程读结果 PDU 格式，见表 10 – 15。

表 10 – 15 内部远程读结果 PDU 格式数据结构

操作标识	空闲	事务标识	执行结果	数据长度	数据
6 bit	10 bit	16 bit	16 bit	16 bit	16 bit

内部远程写结果 PDU 格式，见表 10 – 16。

表 10-16　内部远程读结果 PDU 格式数据结构

操作标识	空闲	事务标识	执行结果	数据长度	数据
6 bit	10 bit	16 bit	16 bit	16 bit	2B

操作标识：0 表示读；5 表示写；30 表示读结果；37 表示写结果。

10.3.5　构件运行设计

设备访问构件运行时需要下层传递层的业务支持，使用传递层发送和接收空间包。

设备访问业务构件运行前的初始化阶段，需要进行内部配置。初始配置内容比较复杂，在使用前需要配置的主要参数见表 10-17。

表 10-17　设备访问初始配置参数说明

参数名称	说明
APID	设备访问业务在软件系统中分配的 APID
设备类型个数	设备访问类型表中的记录数
设备访问类型表	参见 10.3.4（1）表 10-10
设备参数值个数	设备参数值表中的记录数
设备和参数解析值表	参见 10.3.4（2）表 10-11
设备主动发包类型数	设备主动发包信息表中的记录数
设备主动发包信息表	列出所有主动发包设备的设备信息
外部处理函数个数	可选
外部处理函数序列	
专用接收加工函数个数	可选
专用接收加工函数序列	
外部接收加工函数个数	可选
外部接收加工函数序列	
传递层接口函数	传递层发包接口；传递层 SAP 注册接口；
模拟量处理类型	接收到模拟量后进行加工处理的指示，可根据工程自定义

综合电子系统软件中间件初始化时，先根据航天器电子设备的实际信息配置

以上设备访问构件的初始参数，然后调用该构件的初始化 API：dasInit，之后设备访问构件可以为软件系统提供服务。

设备访问构件不作为独立的进程（任务）运行，也没有单独的后台进程。在初始化后，可由使用者调用设备访问 IO 接口 dasReqIo( )，提出对设备访问的操作要求。

用户指定的设备标识、参数值标识、事务标识、读取操作标识、长度。

设备访问构件根据设备标识查询设备访问类型表（包括设备标识和设备访问类型）得到设备访问类型（基于包业务的 DAP 或基于存储器访问业务的 DAP）。具体的分类处理过程和要求见表 10-18。

表 10-18 分类型设备访问处理说明

序号	访问类型		对应接口类型	操作	DAP 类型	对应设备/模块
1.		模块内访问	处理器模块内部存储器的读写接口	读/写	通用存储器访问 DAP	处理器模块
2.			模拟量采集	读	模拟量访问 DAP	遥测采集模块，该模块一方面采集其他分系统遥测；另一方面对内采集功率驱动模块的安全开关状态模拟量
3.	存储器访问业务	模块间访问	模块内部状态遥测	读	通用存储器访问 DAP	数据存储与复接模块、总线通信与时间同步模块
4.			火工品母线回线开关状态遥测	读	通用存储器访问 DAP	火工品管理模块
5.			加热器回线开关控制	写	通用存储器访问 DAP	功率驱动模块
6.			模块 FPGA 控制命令接口	写	通用存储器访问 DAP	数据存储与复接模块、总线通信与时间同步模块
7.			数据存储与复接模块的存储数据读/写接口	读/写	通用存储器访问 DAP	数据存储与复接模块
8.		远程访问	总线终端的内部存储器读写	读/写	通用存储器访问 DAP	总线终端

续表

序号	访问类型	对应接口类型	操作	DAP 类型	对应设备/模块
9.	包业务	数字量接口	接收	设备主动发包 DAP	带数字量接口的所有模块，外部为接数字量接口的其他分系统设备
10.	模块间访问	芯片自身状态采集	接收	设备主动发包 DAP	带 BIU 接口芯片的所有模块
11.		ML 接口	发送	向设备发包 DAP	带 ML 接口的所有模块
12.		模块遥测状态	接收	设备主动发包 DAP	内部包括信道关口、指令模块遥测，通过数字量接口接收
13.		ONOFF 指令接口（与 ML 接口一致）	发送	向设备发包 DAP	指令模块，该模块一方面向其他分系统发指令；另一方面对内向其他模块发送指令
14.	远程访问	其他总线终端主动发送遥测包	接收	基于设备主动发包 DAP	应用支持层不对等总线终端
15.		向其他总线终端发遥控包	发送	向设备发包 DAP	应用支持层不对等总线终端
16.		通过远程总线终端采集其所连接的设备或向其发送指令	发送/接收	基于远程包访问的 DAP	对等总线终端

例如，访问的设备类型若为通用存储器访问 DAP，接收到访问命令后通过查设备和参数值标识解析表得到存储器访问业务的参数，包括目的网络地址（此处为目的地存储器访问业务的 APID）、存储器区域、起始地址，形成存储器访问业务远程读命令 PDU。发往传递层接口，后者根据目的 APID 发往对应的存储器访问业务，业务启动存储器读过程，带成功标志退出原语调用。若下层返回错误，则带错误标识退出原语调用。上述过程的结果通过命令执行结果发送给上层。

若依据设备标识查设备访问类型表得知对应的 DAP 为设备主动发包类型，

将命令发给本地设备缓冲区访问处理。本地设备缓冲区访问处理根据设备标识、参数值标识查表得到 DAP 内部数据缓冲区，查询缓冲区是否有数据，若有数据，则将数据从缓冲区拷贝到用户数据缓冲区，若缓冲区为空则生成错误码。

从传递层接收到设备主动发包的处理过程如下：

```
status_t dasPacketfromDevice(das_com_t * das_com_p,uint16_
t src_apid,uint8_t * packet_buffer_p,uint16_t length,const
uint8_t priority)
{
    输入指针和地址有效性检查;
    for(i=0;i<das_com_p->packet_device_num;i++)
    { /* 根据包来源找出 DAP 内部数据缓冲区 */
        if(das_com_p->dap_data_buf[i].device_id==src_apid)
        {
            inner_data_p=&(das_com_p->dap_data_buf[i]);
            break;
        }
        else
            inner_data_p=NULL;
    }
    if(inner_data_p!=NULL)
    {
        if(inner_data_p->data_type==DAS_DP_TYPE_0)
        { /* 设备发包类型为原始数据,无包装 */
            复制出原始数据到对应 DAP 内部数据缓冲区指定地址;
            释放传递层包存储空间 packet_buffer_p;
            return OK;
```

```
        }
    }
    获取 device_id;
    获取业务类型 stype 和业务子类型 substype;
    根据 device_id、stype 和 substype 找出 DAP 内部数据缓冲区 in-
ner_data_p;
    if(inner_data_p -> data_type == DAS_DP_TYPE_1)
    {/* 设备发包类型为空间包,需要对用户提交整个包 */
        base = 0;
        给出整个包长度 cpy_len;
    }
    else
    {/* 设备发包类型为空间包,需要对用户提交数据域 */
        base = 18;
        给出数据域长度 cpy_len;
    }
    根据 base 和 cpy_len 拷贝出原始数据到对应 DAP 内部数据缓冲区
指定地址;
    释放传递层包存储空间 packet_buffer_p;
    return OK;
}
```

值得注意的是,根据各器载设备生成设备访问业务构件初始配置数据的工作,虽然不属于本构件本身,但是与本构件的使用关系密切,而且由于设备配置数据比较复杂,应尽量采用工具软件自动化生成提供给设备访问业务构件的初始配置数据结构。

在调用 dasInit 之前,中间件初始化程序应先对设备访问业务构件初始化参数配置,结构体内容配置如下:

config_p -> DAS_BASE_APID = APID_SMU_BASE;

config_p -> an_proc_flag = 0x0;

config_p -> device_num = 24 + 22;   /* 设备类型个数 */

config_p -> device_type_table[0].device_id = DEV_ID_SMU_BASE + 5;

config_p -> device_type_table[0].device_type = config_p -> DAS_BASE_APID + 22;

config_p -> device_type_table[1].device_id = DEV_ID_SMU_BASE + 6;

config_p -> device_type_table[1].device_type = config_p -> DAS_BASE_APID + 23;

……

config_p -> device_type_table[18].device_property1 = 0x55; /* 指令模块需响应 */

……

/* 设备参数值表初始化*/

config_p -> device_value_num = 32 + 31;

config_p -> device_value_table[0].device_id = DEV_ID_SMU_BASE + 5;

config_p -> device_value_table[0].value_id = 0;

config_p -> device_value_table[0].device_address = APID_SMU + 17;

config_p -> device_value_table[0].memory_id = (7 << 3) + 1;

config_p -> device_value_table[0].d_v_address = 0x2000 * 4;

config_p -> device_value_table[0].d_v_len = 384;/* 254 to 192 * 2 */

/* 以上为:模拟量采集模块 - 模拟量 模拟量访问 DAP */

```
    ……
    config_p->packet_device_num = 8;        /* 设备主动发包个数 */
    config_p->packet_device_inf_table[0].device_id = DEV_ID_
SMU_BASE + 6;
    config_p->packet_device_inf_table[0].value_id = 0;
    config_p->packet_device_inf_table[0].service_type = 3;
    config_p->packet_device_inf_table[0].subservice_type
= 25;
    config_p->packet_device_inf_table[0].data_type = 0;
    config_p->packet_device_inf_table[0].data_address = DAS_
FROM_DEV_BUF_BASE;
    config_p->packet_device_inf_table[0].data_len_max = 1024;
    ……
```

应用任务根据自身功能需要，访问某个设备时，首先配置访问操作 das_io 结构体，给出设备访问操作要求；然后调用 dasReqIo 接口，示例如下：

```
    g_req_io.operation = DAS_OPERATION_READ;
    g_req_io.physical_device_id = DEV_ID_SDIU1_BASE + 6;/* TM1
DS1 */
    g_req_io.physical_value_id = 0;
    g_req_io.transaction_id = 3;
    g_req_io.data_p = dp_address2;
    g_req_io.expect_length = expect_length;
    g_req_io.status_p = &g_status;              /* 获取访问执行状
态 */
    g_req_io.actual_length_p = &actual_length;
    g_req_io.callback_para = 3;
    g_req_io.qos = qos;
```

```
g_req_io.callback_p = testCallBack;
result = dasReqIo(&g_das_com,&g_req_io);      /* 访问操作 */
```

10.4 设备虚拟化业务构件

10.4.1 构件概述

设备虚拟化业务构件实现了设备虚拟化业务（Device Virtualisation Service，DVS）的功能，设备虚拟化业务构件将一类设备的功能抽象为一组通用功能，形成虚拟设备，可视为物理设备的虚拟镜像，对上层业务构件显露为一组语法结构化且语义简单的功能接口，上层业务构件只需调用该类接口即可完成对特定设备的数据发送、存储和读取等操作，而不需要关心底层具体访问细节，该业务构件算作一种标准设备的驱动。

设备虚拟化业务包括设备数据获取和向设备发送命令两类操作，两类操作分别包含两种原语。

（1）设备数据获取。ACQUIRE_FROM_DEVICE.request：用于获得设备的数据（一般为采集遥测），提出对某个设备的读取要求并执行读取操作；

ACQUIRE_FROM_DEVICE.indication：用于将从设备读取的数据返回至用户。

（2）向设备发送命令。COMMAND_DEVICE.request：用于向设备执行数据写操作（如输出指令）；

COMMAND_DEVICE.indication：用于执行对设备写操作后，获得执行结果状态并提交给用户。

针对现阶段航天器航天器软件功能日益复杂多变的需求，通过设备虚拟化业务构件可以对任何有数据读写存操作需求的模块都虚拟化为一类设备，并借助设备虚拟化业务构件提供的统一访问接口完成对远程或本地的各类设备的数据操作，大大提升软件的复用率，并且设备虚拟化业务构件可以适用于所有领域的型号软件，其标准化、通用性都很高。

10.4.2 构件模块结构设计

CCSDS 标准只定义了设备虚拟化业务的原语和上、下文,并没有规定在系统中的具体实现。设备虚拟化业务构件内部共设计了 9 个功能模块,其中,鉴于设备访问业务设备特定访问协议(DAP)和对其接口的调用顺序,设计了相应的 5 类设备抽象控制规程(DACP),通过 DACP 的使用可以实现对特殊设备的指令发送和数据采集的操作。构件模块结构如图 10 - 6 所示。

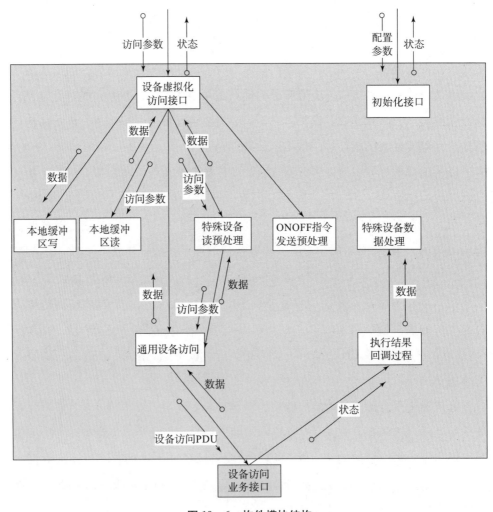

图 10 - 6 构件模块结构

图 10 - 6 中主要模块功能描述如下。

（1）初始化接口：将虚拟设备数量、设备和虚拟参数值标识解析表指针和设备费访问业务构件指针等初始参数传入，执行构件初始化功能。

（2）设备虚拟化访问接口：外部调用程序通过该接口执行远程或本地设备的数据访问操作。

（3）本地缓冲区写：对上层程序传入的虚拟设备 ID、虚拟参数值 ID 和数据等信息与本构件配置的解析表进行匹配，匹配成功则将数据写入预设的存储空间。

（4）本地缓冲区读：根据上层程序传入的虚拟设备 ID、虚拟参数值 ID 和数据等信息与本构件配置的解析表进行匹配，匹配成功则将数据从预设的存储空间进行拷贝，存至用户缓冲区。

（5）ONOFF 指令发送预处理：对从上层接收到的虚拟设备 ID、虚拟参数值 ID 和数据等信息与本构件配置的解析表进行匹配，匹配成功则获取对应的指令码字，再准备调用通用设备访问功能模块。

（6）特殊设备读预处理：完成特殊设备读所需要的内部缓冲区分配功能，便于获取到的数据进行存储。

（7）通用设备访问：将其他非本地数据读写的功能模块提出的虚拟设备信息进行本地链表存储并转换为设备访问业务所需的物理设备信息结构，再准备调用设备访问业务接口。

10.4.3　构件接口设计

设备虚拟化业务构件设计了与设备虚拟化业务原语对应的接口，将原语中的 request 请求和 indication 指示合并为一个接口，request 请求为接口调用，indication 指示为接口调用后的返回。除了这些原语对应的接口外，还设计了获取虚拟设备 ID 和虚拟参数值 ID 接口、获取参数长度接口、获取设备业务类型接口和构件的初始化接口，供上层应用或其他业务构件调用。

构件接口设计按照构件结构设计有对外提供的接口和需要的外部接口两类，对外提供的接口是本构件能够对调用者提供的服务接口，需要的外部接口是本构件需要从外部调用的服务接口。

1. 对外提供的接口

本构件对外提供的接口包括：初始化接口 dvsInit 和设备虚拟化访问接口 dvsReqIoHandle_funcp。

初始化接口 dvsInit 的定义如下：

```
status_t dvsInit
(
    dvs_com_t * obj_p,          /* 构件实例 */
    dvs_config_t * config_p     /* 构件配置实例 */
)
```

参数 obj_p 表示设备虚拟化构件实例指针，config_p 表示设备虚拟化构件配置实例指针。其中，参数 config_p 包含虚拟设备表数量、设备和虚拟参数值标识解析表指针和设备访问业务构件指针等参数。

设备虚拟化访问接口 dvsReqIoHandle_funcp 的定义如下：

```
status_t dvsReqIoHandle_funcp
(
    dvs_com_t * obj_p,          /* 构件实例 */
    dvs_io_t * req_io_p         /* 虚拟设备访问数据结构 */
)
```

参数 obj_p 表示设备虚拟化构件实例指针，req_io_p 表示虚拟化设备访问数据结构实例指针。其中，参数 req_io_p 内部包含事务标识 transaction_id、虚拟设备标识 virtual_device_id、虚拟参数值标识 virtual_value_id、读/写操作方式 operation、数据指针 data_p、数据访问回调函数指针 callback_p（该参数包含调用者的数据输入输出结构指针 req_io_p、事务标识 transaction_id）等参数。

2. 需要的外部接口

本构件需要的外部接口包括：设备访问业务构件设备访问 IO 接口，该接口通过初始化接口的配置参数 config_p 传入。

设备访问业务构件设备访问 IO 接口 status_t dasReqIo_funcp（struct das_com

*obj_p，struct das_io *req_io_p），详见10.3节。

设备虚拟化业务原语与设备虚拟化业务构件接口的对应关系见表10-19。

表10-19 原语和构件对外接口的对应关系表

序号	标准原语	构件接口	原语参数与接口参数的对应关系
1	设备数据获取请求原语：ACQUIRE_FROM_DEVICE.request（Transaction ID，Virtual Device ID，Value ID）	dvsReqIoHandle_funcp（dvs_com_t * obj_p，dvs_io_t * req_io_p）	原语的三个参数对应接口参数 req_io_p -> transaction_id、req_io_p -> virtual_device_id、req_io_p -> virtual_value_id
2	设备数据获取指示原语：ACQUIRE_FROM_DEVICE.indication（Transaction ID，Value，Result Metadata，Timestamp（Optional））		原语的第一个参数对应接口参数 req_io_p -> transaction_id；原语的第二、三个参数对应 req_io_p -> callback_p -> data_p、req_io_p -> callback_p -> req_io_status_p；原语的第四个参数可选择不用
3	向设备发送命令请求原语：COMMAND_DEVICE.request（Transaction ID，Virtual Device ID，Value ID，Value）	dvsReqIoHandle_funcp（dvs_com_t * obj_p，dvs_io_t * req_io_p）	原语的四个参数对应接口参数 req_io_p -> transaction_id、req_io_p -> virtual_device_id、req_io_p -> virtual_value_id、req_io_p -> data_p
4	向设备发送命令指示原语：COMMAND_DEVICE.indication（Transaction ID，Result Metadata）		原语的第一个参数对应接口参数 req_io_p -> transaction_id；原语的第二个参数对应 req_io_p -> callback_p -> req_io_status_p

10.4.4 构件核心数据结构设计

该构件的核心数据结构为用户访问IO数据结构、设备和参数值标识解析表。

1. 用户访问IO数据结构 dvs_io_t

该数据结构是该构件向上层业务构件提供的接口 dvsReqIoHandle_funcp 的参数之一，上层业务需要的各类设备数据操作都由该数据结构决定，数据结构见表10-20。

表 10-20 用户访问 IO 数据结构

操作标识	虚拟设备标识	虚拟参数值标识	事务标识	数据地址	预期长度	状态地址	实际长度地址	回调函数指针	QOS
6 bit	10 bit	16 bit	16 bit	32 bit	32 bit	32 bit	32 bit	32 bit	8 bit

表 10-20 中各字段的含义如下。

（1）操作标识：6 bit，读或写。

（2）设备标识：10 bit，虚拟设备的 ID。

（3）参数值标识：16 bit，虚拟设备的参数值。

（4）事务标识：16 bit，操作的 Transaction ID。

（5）数据地址：32 bit，读操作时为用户接收数据的起始地址，写操作时为用户输出指令数据起始地址。

（6）长度：32 bit，数据的长度。

（7）状态地址：32 bit，用于存放访问结果，用户输入前该地址内容为"空白状态"，设备虚拟化执行完成后，将执行结果写入该地址。

（8）实际长度地址：32 bit，用于返回实际操作的长度。

（9）回调函数指针：32 bit，用于结果返回时通知用户。

（10）Qos：8 bit，数据访问的服务质量要求。

2. 设备和虚拟参数值标识解析表

构件中存有多张该解析表，可以通过虚拟设备标识快速检索到该虚拟设备的解析表，解析表结构见表 10-21。

表 10-21 设备和虚拟参数值标识解析表结构

物理设备标识	物理参数值标识	长度	偏移量	字节或比特	数据缓冲区地址	设备访问类型 DACP
16 bit	16 bit	16 bit	16 bit	8 bit	32 bit	16 bit

表 10-21 中各字段的含义如下。

（1）物理设备标识：16 bit，实际的物理设备的 ID。

（2）物理参数值标识：16 bit，实际的物理参数值的 ID。

（3）长度：16 bit，读取的数据长度。

(4) 偏移量：16 bit，相对物理参数值 ID 的起始地址的偏移量。

(5) 字节或比特：8 bit，表征按字节拷贝还是按比特拷贝数据。

(6) 数据缓冲区地址：32 bit，对于基于 ONOFF 指令发送 DACP，此字段对应"ONOFF 指令对应数据区的地址"。

(7) 设备访问类型 DACP：16 bit，有 5 种，分别是基于通用设备访问 DACP（0x00）、基于特殊设备访问 DACP（0x01）、基于本地缓冲区读 DACP（0x02）、基于本地缓冲区写 DACP（0x03）、基于 ONOFF 指令发送 DACP（0x04）、基于通用设备写 DACP（0x05）。

10.4.5　构件运行设计

软件在进行系统级初始化配置过程中，声明一个全局的构件实例并调用设备虚拟化业务构件的初始化接口完成构件初始化配置，之后上层业务构件和应用进程就可以使用该构件提供的各类设备数据访问功能。上层业务构件和应用进程通过设备虚拟化业务构件实例调用接口 dvsReqIoHandle_ funcp 完成向设备发送命令、从设备获取数据、ONOFF 指令发送及本地缓冲区读写等操作。由于设备虚拟化业务构件管理的是虚拟设备，当上层业务构件和应用进程需要访问本地缓冲区时，可以直接访问本地缓冲区；当访问非本地缓冲区时，设备虚拟化业务构件则需要通过设备访问业务进行设备访问，所以还需要调用设备访问业务提供的服务接口。

设备虚拟化业务调用设备访问业务接口时，先在构件本地存储执行队列链表节点信息，再把数据指针、回调函数赋值设备访问业务 PDU，设备访问业务执行操作后，调用回调函数，将执行状态和/或读取到的数据拷贝至用户缓冲区中，设备虚拟化业务再将信息反馈至其上层用户。

设备虚拟化业务构件的初始化接口处理过程如下：

```
status_t dvsInit(
        dvs_com_t * obj_p,           /* 构件实例*/
        dvs_config_t * config_p      /* 构件配置参数*/
    )
```

```
{
    uint32_t i = 0;
    if 构件实例指针 obj_p 为空 || 配置参数指针 config_p 为空
        返回指针错误码;
    …… /* 本地存储区的初始化等 */
    /* 对外接口 */
    obj_p -> dvsReqIoHandle_funcp = dvsReqIoHandle;
    /* 虚拟设备数量 */
    obj_p -> config.virtual_device_cnt = config_info_p -> virtual_device_cnt;
    /* 虚拟设备表(含设备 ID、参数值等信息)指针 */
    obj_p -> config.virtual_devices_p = config_info_p -> virtual_devices_p;
    /* 设备访问业务构件指针 */
    obj_p -> config.das_com_p = config_info_p -> das_com_p;
    返回状态 OK;
}
```

设备虚拟化业务构件的核心接口处理过程如下:

```
status_t dvsReqIoHandle(
        dvs_com_t * obj_p,          /* 构件实例 */
        dvs_io_t * req_io_p         /* 访问参数 */
    )
{
    uint32_t dacp, i;
    status_t result;
    if 构件实例指针 obj_p 为空 || 参数指针 req_io_p 为空
```

```
{
    返回指针错误码;
}
for(i=0;i<obj_p->config.virtual_device_cnt;i++)
{
    ...
    dacp=obj_p->config.virtual_devices_p[i].virtual_values_p[vir_val_id].dacp_id;/* 匹配 DACP */
}
switch dacp
{
case 通用设备访问 DACP:
    dvsCommonDeviceIO(…);
    break;
case 本地缓冲区访问 DACP:
    dvsLocalBufferIO(…);
    break;
case ONOFF 指令发送 DACP:
    dvsOnOffPreProcess(…);dvsCommonDeviceIO(…);
    break;
case 特殊设备访问 DACP:
    dvsCommonDeviceIO(…);
    break;
default:
    break;
}
返回状态;
}
```

设备虚拟化业务构件在软件中的使用过程如下:

```
/*** 软件中间件初始化过程中操作 - 开始 ***/
声明 dvs_com_t g_dvs_com;                /* 构件实例 */
声明 dvs_config_t g_dvs_config;          /* 访问参数 */
…/* 配置 g_dvs_config 结构的虚拟设备表数量、虚拟设备表地址等 */
调用 dvsInit(&g_dvs_com,&g_dvs_config);
                                         /* 完成配置参数写入构件 */
/*** 软件中间件初始化过程中操作 - 结束 ***/
/*** 应用进程等调用者操作 - 开始 ***/
声明 dvs_io_t io_req;                    /* io 访问数据结构 */
io_req.operation = READ;                 /* 组织 io_req 内部参数 */
io_req.virtual_device_id = 512;          /* 组织 io_req 内部参数 */
io_req.virtual_value_id = 2;             /* 组织 io_req 内部参数 */
…                                        /* 组织 io_req 内部参数 */
调用 obj_p->dvsReqIoHandle_funcp(&g_dvs_com,&io_req);/*
虚拟设备 IO 访问 */
/*** 应用进程等调用者操作 - 结束 ***/
```

10.5 设备数据池业务构件

10.5.1 构件概述

设备数据池业务构件实现了设备数据池业务（Device Data Pooling Services，DDPS）的功能。DDPS 构件通过周期性的遥测数据采集，维持一定数量的设备参数状态，上层应用程序可以从设备数据池中访问这些数据，而不需要读取实际的硬件设备。DDPS 构件除了使用设备访问业务构件和设备虚拟化业务构件获取数据，维持一组设备值的映象供上层用户使用外，还使用传递层的业务构件提供的业务。

设备数据池业务构件按照一定的采样速率周期性从设备获取数据或者缓存设

备主动发来的数据。构件主要包括以下功能。

（1）周期性采集数据功能：从设备获取数据并存入数据池，其过程包括 DDPS 构件周期性从设备获取数据或者设备主动发送数据到 DDPS 构件。

（2）从数据池中读取采集数据功能：将数据从设备数据池读出并返回给上层应用程序。

（3）采集订单需求管理功能：当需要动态管理采集订单需求时，允许增加、删除、启动或停止采集订单的功能。

设备数据池业务提供的原语如下。

（1）添加采集订单原语。

添加采集订单请求原语 ADD_ACQUISITION_ORDER.request：向设备数据池业务添加一项采集订单，请求采集数据。

添加采集订单指示原语 ADD_ACQUISITION_ORDER.indication：返回添加采集订单的执行结果。

（2）删除采集订单原语。

删除采集订单请求原语 REMOVE_ACQUISITION_ORDER.request：请求删除一个采集订单。

删除采集订单指示原语 REMOVE_ACQUISITION_ORDER.indication：返回删除采集订单的执行结果。

（3）开始采集订单原语。

开始采集订单请求原语 START_ACQUISITION_ORDER.request：请求开始一个采集订单。

开始采集订单指示原语 START_ACQUISITION_ORDER.indication：返回开始采集订单的执行结果。

（4）停止采集订单原语。

停止采集订单请求原语 STOP_ACQUISITION_ORDER.request：请求停止一个采集订单。

停止采集订单指示原语 STOP_ACQUISITION_ORDER.indication：返回停止采集订单的执行结果。

（5）周期性采集数据原语。

周期性采集数据请求原语 ACQUISITION. indication：周期性采集订单中的设备参数的数据值。

(6) 读取采集数据原语。

读取采集数据请求原语 READ_SAMPLES. request：请求读取设备参数的数据值。

读取采集数据指示原语 READ_SAMPLES. indication：返回读取到的设备参数的数据值。

传统航天器数据管理分系统实现的遥测数据采集功能，采集的遥测参数和采集过程基于特定应用和需求而提前固化，上层应用程序不易动态增加删除待采集的遥测参数，在某一时间段内，地面如新增采集一些遥测参数或者不关心某些遥测参数而不采集这些遥测参数，则无法灵活地满足这些遥测参数动态采集需求。可能存在同一个遥测参数重复采集的问题，如两个进程均需获取同一遥测参数，则需进行两次遥测参数采集。采集的遥测参数只有一个深度样本，当地面需要纵向比较多个历史深度的遥测参数样本和分析遥测参数变化趋势时，则需上层应用程序专门存储和实现。并且上层应用程序直接对底层硬件进行操作，应用程序与底层硬件的耦合度较高，程序开发者需要详细了解底层硬件接口及协议，当硬件接口或协议发生变化时，通常会影响应用程序，不利于航天器软件的移植和重用。

设备数据池业务构件解决了传统航天器数据管理分系统遥测参数采集和获取的不足，为遥测参数采集和获取提供一种通用方式，能够支持多深度遥测数据存取和监视，通过将遥测参数组织成采集订单并对其进行动态维护，支持上层应用程序采用订单的方式对遥测参数进行读取，实现遥测参数订阅的功能。该构件为航天器进行遥测数据采集和获取提供一种通用方式，实现了星载遥测数据采集和获取功能的标准化。

10.5.2 构件模块结构设计

CCSDS 标准只定义了设备数据池业务的原语和上、下文，并没有规定在系统中的具体实现。设备数据池业务构件设计需解决以下两个方面的问题。

(1) 如何对上层应用程序不断变化的采集需求进行管理。

(2) 如何实现遥测数据的带深度存取和实时更新问题，并且避免不同采集需求的同一设备参数的多次重复采集。

应用程序发出的设备参数采集请求用采集订单表示，采集订单属性包括订单 ID、待采集的设备参数表（包含了多个参数标识）、首次采集时间、采集周期、采集深度和订单启动状态等。系统内的采集订单不是静态不变的，随着应用程序的任务变化，系统内的采集订单数量和状态不断发生变化，因此 DDPS 构件需要对系统内的采集订单进行动态管理。本书采用双向链表的方式对采集订单进行管理，每个采集订单作为订单链表的一个节点，为了提高采集订单检索效率，可以使用节点地址表示订单 ID，这样不需要遍历链表，直接根据订单 ID 找到该订单节点，完成对订单节点的操作。采用这种链表管理方法，可以高效地实现 DDPS 的添加采集订单、删除采集订单、启动采集订单和停止采集订单的功能。

为解决设备参数实时更新和多深度的设备参数读取问题，设计的设备数据池结构分为两层，包括基础数据池和应用数据池两级，如图 10 – 7 所示。

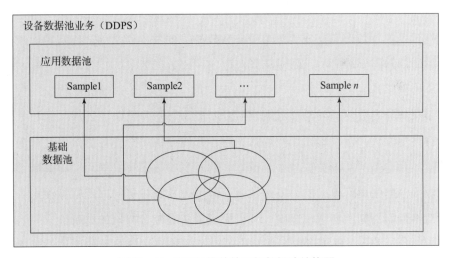

图 10 – 7　DDPS 构件的两级数据池结构图

应用数据池是针对上层应用程序建立的数据池，应用程序每产生一组数据请求均生成一个采集订单，DDPS 构件均创建一个应用数据池与之对应，用于存储请求采集的设备参数的值。应用数据池可以存储多个周期的设备参数的值，一个周期称为一个深度，因此应用程序可以读取多个深度的设备参数的值，用于参数的横向分析和纵向比对。

应用数据池的结构示例如图 10-8 所示，图中的行表示采集的设备参数列表，共 4 个 Device Value（由 DeviceID 和 ValueID 唯一表示），一个 Device Value 可以包括多个字节，由 Device Value 的长度属性表示。图中的列表示数据池中存放最新几份采样数据，这几份采样的时标用 timestamp 表示，采样深度为 history。

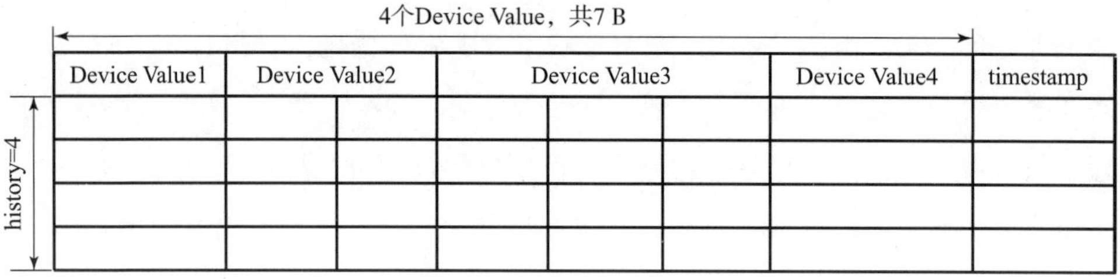

	4个Device Value，共7 B				
	Device Value1	Device Value2	Device Value3	Device Value4	timestamp
history=4					

图 10-8　应用数据池结构示例

DDPS 构件设计的基础数据池，目的是避免不同的应用程序对同一个参数的重复访问。基础数据池对应用数据池的设备参数表进行优化合并，确保基础数据池中请求的每个设备参数只存在一份，并且每个设备参数都是按照某个特定采集周期进行采集，基础数据池中每个设备参数的值的深度都为 1，在满足应用数据池采集周期间隔要求时将该值更新到对应的应用数据池。

应用程序读取遥测数据时，可以指定读取的深度，DDPS 构件将应用数据池中的多深度的参数值返回给应用程序。DDPS 后台进程周期性处理基础数据池中的所有遥测参数，在采集周期间隔达到时，调用设备访问业务的接口获取遥测参数的值，并更新到基础数据池中。待本周期遥测参数采集完毕后，将基础数据池中的数据根据采集订单中的设备参数表，分别分发到相应的应用数据池中，应用数据池将最旧周期的参数值删除，并且完成最新周期参数值的更新。

DDPS 构件设计的两级数据池结构可以有效地将设备参数的周期性采集和多深度参数存取分离开来，其中基础设备数据池能够避免相同设备参数的多次重复采集，应用数据池实现设备参数多周期深度的存取，实现了用户应用程序与本业务的异步交互。

因此，设备数据池业务的功能由设备数据池业务构件接口及设备数据池业务后台进程实现，设备数据池业务构件设计为 11 个模块。设备数据池业务构件结构图如图 10-9 所示，框外部表示所使用的外部接口。

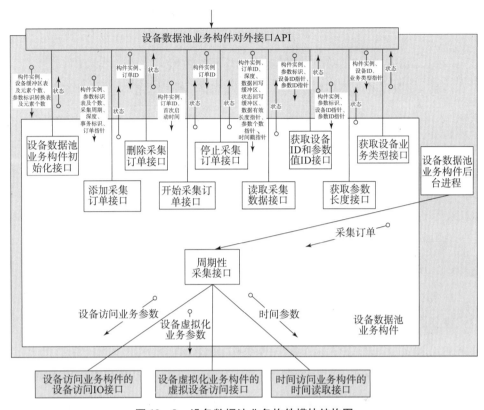

图 10-9 设备数据池业务构件模块结构图

图 10-9 中设备数据池业务构件模块的功能描述如下。

(1) 设备数据池构业务构件初始化接口：由上层应用程序调用，进行设备数据池业务构件初始化，并且创建设备数据池后台进程。

(2) 设备数据池业务构件后台进程：周期性运行，调用周期性采集接口执行订单中参数的采集和获取。

(3) 添加采集订单接口：添加一个采集订单，用于指定待采集的遥测参数。

(4) 删除采集订单接口：删除一个采集订单，取消采集订单中的遥测参数。

(5) 开始采集订单接口：开始一个采集订单，开始采集订单中的遥测参数。

(6) 停止采集订单接口：停止一个采集订单，停止采集订单中的遥测参数。

(7) 周期性采集数据接口：由设备数据池业务构件后台进程调用，周期性运行，调用下层业务构件执行订单中参数的采集和获取。

(8) 读取采集数据接口：读取采集订单中的遥测参数数据和状态。

(9)获取设备 ID 和参数值 ID 接口：根据参数标识，转换为设备 ID 和参数值 ID。

(10)获取参数长度接口：根据设备 ID 和参数值 ID，获取参数的长度。

(11)获取设备业务类型接口：根据设备 ID，获取设备对应的业务类型。

10.5.3 构件接口设计

设备数据池业务构件设计了与设备数据池业务原语对应的接口，将原语中的 request 请求和 indication 指示合并为一个接口，request 请求为接口调用，indication 指示为接口调用后的返回。除了这些原语对应的接口外，还设计了获取设备 ID 和参数值 ID 接口、获取参数长度接口、获取设备业务类型接口和构件的初始化接口，供上层应用或其他业务构件调用。

1. 对外提供的接口

设备数据池业务构件对外提供的接口包括设备数据池构件初始化接口 ddpsInit、添加采集订单接口 ddpsOrderAdd_funcp、删除采集订单接口 ddpsOrderRemove_funcp、开始采集订单接口 ddpsOrderStart_funcp、停止采集订单接口 ddpsOrderStop_funcp、读取采集数据接口 ddpsSampleRead_funcp、周期性采集数据接口 ddpsDataAquisMain_funcp、获取设备 ID 参数值 ID 接口 ddpsDevIdValIdGet_funcp、获取参数长度接口 ddpsValIdLenGet_funcp 和获取设备业务类型接口 ddpsDevTypeGet_funcp。

设备数据池构件初始化接口 ddpsInit 的定义如下：

```
status_t ddpsInit
(
    struct ddps_com * obj_p,            /* 构件实例 */
    ddps_config_t * config_p            /* 构件配置参数 */
)
```

参数 obj_p 表示设备数据池业务构件实例，config_p 表示构件配置参数，构件配置参数中包括设备缓冲区表、设备个数、参数标识表、参数标识表的元素数量。

添加采集订单接口 ddpsOrderAdd_funcp，接口定义如下：

```
status_t( * ddpsOrderAdd_funcp)(
    struct ddps_com * obj_p,        /* 构件实例*/
    uint16_t * param_table_p,       /* 参数标识表*/
    uint16_t param_num,             /* 参数标识个数*/
    uint16_t period,                /* 采集周期*/
    uint16_t acquis_histroy,        /* 深度*/
    uint32_t transaction_id,        /* 事务ID*/
    uint32_t * orderId_p            /* 订单ID*/
)
```

参数 obj_p 表示数据池业务构件实例，param_table_p 表示指向参数标识表的指针，param_num 表示参数标识个数，参数标识表中参数标识的数量，period 表示采集周期，订单中数据采集的周期，该参数为基准采集周期的整数倍，acquis_histroy 表示深度，即采集的设备参数的样本数量，transaction_id 表示事务标识，为上层应用的事务 ID，orderId_p 表示指向订单 ID 的指针，订单 ID 是订单节点的地址，作为输出参数返回。

删除采集订单接口 ddpsOrderRemove_funcp 的定义如下：

```
status_t( * ddpsOrderRemove_funcp)
(
    struct ddps_com * obj_p,    /* 构件实例*/
    uint32_t order_id           /* 订单ID*/
)
```

参数 obj_p 表示数据池业务构件实例，order_id 表示订单 ID。

开始采集订单接口 ddpsOrderStart_funcp 的定义如下：

```
status_t( * ddpsOrderStart_funcp)
(
```

```
    struct ddps_com * obj_p,      /* 构件实例*/
    uint32_t order_id,            /* 订单ID*/
    uint8_t time_code[8]          /* 首次启动时间*/
)
```

参数 obj_p 表示数据池业务构件实例，order_id 表示订单 ID，time_code 表示首次启动时间。

停止采集订单接口 ddpsOrderStop_funcp 的定义如下：

```
status_t(* ddpsOrderStop_funcp)
(
    struct ddps_com * obj_p,      /* 构件实例*/
    uint32_t order_id             /* 订单ID*/
)
```

参数 obj_p 表示数据池业务构件实例，order_id 表示订单 ID。

读取采集数据接口 ddpsSampleRead_funcp 的定义如下：

```
status_t(* ddpsSampleRead_funcp)
(
    struct ddps_com * obj_p,      /* 构件实例*/
    uint32_t order_id,            /* 订单ID*/
    uint8_t history,              /* 深度*/
    uint8_t * data_buffer_p,      /* 数据回写缓冲区*/
    uint8_t * status_buffer_p,    /* 状态回写缓冲区*/
    uint16_t * data_len,          /* 数据有效长度的指针*/
    uint16_t * param_num,         /* 参数个数的指针*/
    uint8_t * time_code           /* 时间戳指针*/
)
```

参数 obj_p 表示数据池业务构件实例，order_id 表示订单 ID，history 表示要读取的深度，data_buffer_p 表示数据回写缓冲区，上层应用提供的缓冲区，用于存储读取到的数据，status_buffer_p 表示状态回写缓冲区，上层应用提供的缓冲区，用于存储数据的状态，data_len 表示指向数据有效长度的指针，param_num 表示指向参数个数的指针，time_code 表示指向时间戳的指针。

周期性采集数据接口 ddpsDataAquisMain_funcp 的定义如下：

```
status_t(* ddpsDataAquisMain_funcp)
(
    struct ddps_com * obj_p          /* 构件实例 */
)
```

获取设备 ID 参数值 ID 接口 ddpsDevIdValIdGet_funcp 的定义如下：

```
status_t(* ddpsDevIdValIdGet_funcp)
(
    struct ddps_com * obj_p,         /* 构件实例 */
    uint16_t param_id,               /* 参数标识 */
    uint16_t * deviceId_p,           /* 设备 ID 指针 */
    uint16_t * valueId_p             /* 参数值 ID 指针 */
)
```

参数 obj_p 表示数据池业务构件实例，param_id 表示订单 ID，deviceId_p 表示设备 ID 指针，作为输出参数返回，valueId_p 表示参数值 ID 指针，作为输出参数返回。

获取参数长度接口 ddpsValIdLenGet_funcp 的定义如下：

```
status_t(* ddpsValIdLenGet_funcp)
(
    struct ddps_com * obj_p,         /* 构件实例 */
    uint16_t device_id,              /* 设备 ID */
    uint16_t value_id,               /* 参数值 ID */
    uint16_t * len_p                 /* 指向参数长度的指针 */
)
```

参数 obj_p 表示数据池业务构件实例，device_id 表示设备 ID，value_id 表示参数值 ID，len_p 表示指向参数长度的指针，作为返回值输出。

获取设备业务类型接口 ddpsDevTypeGet_funcp 的定义如下：

```
status_t(* ddpsDevTypeGet_funcp)
(
    struct ddps_com * obj_p,      /* 构件实例*/
    uint16_t device_id,           /* 设备 ID*/
    uint8_t * deviceType_p        /* 指向设备业务类型的指针*/
)
```

参数 obj_p 表示数据池业务构件实例，device_id 表示设备 ID，deviceType_p 表示指向设备业务类型的指针，作为返回值输出。

2. 需要的外部接口

设备数据池业务构件使用的外部接口包括设备访问业务构件设备访问 IO 接口、设备虚拟化业务构件虚拟设备访问接口和时间访问业务构件时间读取接口。

设备访问业务构件设备访问 IO 接口 status_t dasReqIo_funcp（struct das_com * obj_p, struct das_io * req_io_p），详见 10.3 节。

设备虚拟化业务构件虚拟设备访问接口 status_t dvsReqIoHandle_funcp（dvs_com_t * obj_p, dvs_io_t * req_io_p），详见 10.4 节。

时间访问业务构件的时间读取接口 status_t tasTimeCmdProc_funcp（struct tas_com * com_p, uint8_t cmd, uint8_t * data_p, uint8_t data_len），详见 10.6 节。

设备数据池业务构件的接口与设备数据池业务原语的对应关系见表 10-22。

表 10-22 设备数据池业务构件的接口与设备数据池业务原语的对应关系

序号	标准原语	构件接口	标准原语内参数与构件参数的对应关系
1	—	设备数据池构件初始化接口 status_t ddpsInit（ddps_com_t * obj_p, ddps_config_t * config_p）	—

续表

序号	标准原语	构件接口	标准原语内参数与构件参数的对应关系
2	添加采集订单请求原语 ADD_ACQUISITION_ORDER. request（Transaction Identifier, Device Value List, Acquisition Interval, History Size, Asynchronous Acquisition Indication Flag（optional））	添加采集订单接口 status_t（*ddpsOrderAdd_funcp）（struct ddps_com * obj_p, uint16_t * param_table_p, uint16_t param_num, uint16_t period, uint16_t acquis_histroy, uint32_t transaction_id, uint32_t * orderId_p）	Transaction Identifier 对应 transaction_id 参数，Device Value List 对应 param_table_p 参数，Acquisition Interval 对应 period 参数，History Size 对应 acquis_histroy 参数，Asynchronous Acquisition Indication Flag 省去，Result Metadata 对应接口的返回值，Acquisition Order Identifier 对应 orderId_p 参数
3	添加采集订单指示原语 ADD_ACQUISITION_ORDER. indication（Transaction Identifier, Result Metadata, Acquisition Order Identifier）		
4	删除采集订单请求原语 REMOVE_ACQUISITION_ORDER. request（Transaction Identifier, Acquisition Order Identifier）	删除采集订单接口 status_t（*ddpsOrderRemove_funcp）（struct ddps_com * obj_p, uint32_t order_id）	Transaction Identifier 省去，Acquisition Order Identifier 对应 order_id 参数，Result Metadata 对应接口的返回值
5	删除采集订单指示原语 REMOVE_ACQUISITION_ORDER. indication（Transaction Identifier, Result Metadata）		
6	开始采集订单请求原语 START_ACQUISITIONS. request（Transaction Identifier, Acquisition Order Identifier, First Acquisition Time）	开始采集订单接口 status_t（*ddpsOrderStart_funcp）（struct ddps_com * obj_p, uint32_t order_id, uitn8_t time_code[8]）	Transaction Identifier 省去，Acquisition Order Identifier 对应 order_id 参数，First Acquisition Time 对应 time_code 参数，Result Metadata 对应接口的返回值
7	开始采集订单指示原语 START_ACQUISITIONS. indication（Transaction Identifier, Result Metadata）		

续表

序号	标准原语	构件接口	标准原语内参数与构件参数的对应关系
8	停止采集订单请求原语 STOP_ACQUISITIONS.request（Transaction Identifier, Acquisition Order Identifier）	停止采集订单接口 status_t（*ddpsOrderStop_funcp）（struct ddps_com * obj_p, uint32_t order_id）	Transaction Identifier 省去，Acquisition Order Identifier 对应 order_id 参数，Result Metadata 对应接口的返回值
9	停止采集订单指示原语 STOP_ACQUISITIONS.indication（Transaction Identifier, Result Metadata）		
10	周期性采集数据请求原语 ACQUISITION.indication（Acquisition Order Identifier, Result Metadata）	周期性采集数据接口 status_t（*ddpsDataAquisMain_funcp）（struct ddps_com * obj_p）	Acquisition Order Identifier 省去，Result Metadata 对应接口的返回值
11	读取采集数据请求原语 READ_SAMPLES.request（Transaction Identifier, Acquisition Order Identifier, Read History Size）	读取采集数据接口 status_t（*ddpsSampleRead_funcp）（struct ddps_com * obj_p, uint32_t order_id, uint8_t history, uint8_t * data_buffer_p, uint8_t * status_buffer_p, uint16_t * data_len, uint16_t * param_num, uint8_t * time_code）	Transaction Identifier 省去，Acquisition Order Identifier 对应 order_id 参数，Read History Size 对应 history 参数，Result Metadata 对应接口的返回值，Samples 对应 data_buffer_p、status_buffer_p、data_len、param_num 和 time_code 参数
12	读取采集数据指示原语 READ_SAMPLES.indication（Transaction Identifier, Result Metadata, Samples）		
13	—	获取设备 ID 参数值 ID 接口 status_t（*ddpsDevIdValIdGet_funcp）（struct ddps_com * obj_p, uint16_t param_id, uint16_t * deviceId_p, uint16_t * valueId_p）	—
14	—	获取参数长度接口 status_t（*ddpsValIdLenGet_funcp）（struct ddps_com * obj_p, uint16_t device_id, uint16_t value_id, uint16_t * len_p）	—

续表

序号	标准原语	构件接口	标准原语内参数与构件参数的对应关系
15	—	获取设备业务类型接口 status_t（*ddpsDevType-Get_funcp）（struct ddps_com * obj_p, uint16_t device_id, uint8_t * deviceType_p）	—

10.5.4　构件核心数据结构设计

设备数据池业务构件的核心数据结构主要有设备参数值数据结构、参数标识转换表结构、订单数据结构、订单控制结构、设备缓冲区数据结构、参数偏移数据结构、参数偏移表数据结构、采集样本数据结构和应用数据池数据结构。

1. 设备参数值数据结构

设备参数值数据结构的定义见表10-23。

表10-23　设备参数值数据结构

设备 ID	参数值 ID
16 bit	16 bit

表10-23中各字段的含义如下：

（1）设备 ID：16 bit，低 10 bit 有效，唯一标识一个硬件模块，该模块可以是物理设备或者虚拟设备；

（2）参数值 ID：16 bit，设备内参数的唯一标识。

2. 参数标识转换表结构

参数标识转换表结构的定义见表10-24。

表10-24　参数标识转换表结构

设备参数值1	设备参数值2	…	设备参数值n
4 B	4 B	…	4 B

3. 订单数据结构

订单数据结构的定义见表10-25。

表 10-25 订单数据结构

订单节点	设备参数值列表	设备参数值数量	事务 ID	首次采集时间	数据池地址	采集周期	深度	状态
8 B	1024×4 B	2 B	4 B	8 B	4 B	2 B	1 B	1 B

表 10-25 中各字段的含义如下。

(1) 订单节点：8 B，将订单节点的地址作为订单 ID，唯一标识一个采集订单。

(2) 设备参数值列表：长度可变，包括多个设备标识和参数值标识的集合。

(3) 设备参数值数量：标识参数值的个数，最大为 1024 个。

(4) 事务 ID：4 B，该事务 ID 为上层应用的事务 ID。

(5) 首次采集时间：8 B，表示订单第一次采集的绝对时间。

(6) 数据池地址：4 B，为应用数据池缓冲区的地址。

(7) 采集周期：订单中数据采集的周期；设备数据池业务配置最小采集周期为 100 ms，称为基准采集周期，用 1 表示。该参数为基准采集周期的整数倍，最小为 1，最大为 65535。

(8) 深度：1 B；表示采集的设备参数的样本数量。

(9) 状态：1 B，表示订单的启动状态，0x11 为不启动，0x22 为启动。

4. 订单控制结构

为方便对订单进行添加、删除操作，订单表用双向链表实现，链表中的一个节点表示一个订单，订单 ID 用指向该节点的地址表示。系统支持的最大订单数量为 100 个。

订单控制结构的定义见表 10-26。

表 10-26 订单控制结构

空闲订单链表	采集订单链表	空闲订单链表节点个数	采集订单链表节点个数	链表互斥信号量	订单节点缓冲区
8 B	8 B	2 B	2 B	4 B	4128×100

5. 设备缓冲区数据结构

设备缓冲区数据结构的定义见表 10-27。

表 10 – 27　设备缓冲区数据结构

设备 ID	业务类型	设备缓冲区地址	参数偏移表地址	参数个数	最大长度
2 B	1 B	4 B	4 B	2 B	2 B

表 10 – 27 中各字段的含义如下。

（1）设备 ID：2 B，低 10 bit 有效，唯一标识一个硬件模块，该模块可以是物理设备或者虚拟设备。

（2）业务类型：1 B，0x11 表示设备访问业务，0x22 表示设备虚拟化业务。

（3）设备缓冲区地址：4 B，存储该设备所有参数值数据的缓冲区地址。

（4）参数偏移表地址：4 B，该设备的参数偏移表的地址，每个设备均有一个参数偏移表，用于表示该设备的所有参数值的位置、长度等信息。

（5）参数个数：2 B，表示该设备拥有的参数个数，最大 1024 个。

（6）最大长度：2 B，设备数据池缓冲区的最大字节数，最大 1024 B。

6. 参数偏移数据结构

参数偏移数据结构的定义见表 10 – 28。

表 10 – 28　参数偏移数据结构

参数值 ID	偏移	长度	实际读取的长度	是否采集	参数数据状态
2 B	2 B	2 B	2 B	1 B	1 B

表 10 – 28 中各字段的含义如下。

（1）参数值 ID：2 B，设备内参数的唯一标识，对于每个设备，参数 ID 从 0 开始编号，并且做如下约定：参数 ID 为 0 的参数，表示该设备中的所有参数的集合，其"数据长度"属性为该设备内所有参数占用的长度。

（2）偏移：2 B，表示在设备缓冲区的位置，以字节为单位。

（3）长度：2 B，表示该参数占用的字节数，最大 1024 B。

（4）实际读取的长度：2 B，表示该参数实际读取的长度。

（5）是否采集：1 B，表示是否采集该参数；0x11 为采集，0x22 为不采集。

（6）参数数据状态：1 B，表示该参数的状态是否有效；0x11 为有效，0x22 为无效，0x33 为长度与实际读取的长度不相等。

7. 参数偏移表数据结构

参数偏移表数据结构由多个参数偏移结构组成，定义见表 10 – 29。

表 10 – 29 参数偏移表数据结构

参数偏移 1	参数偏移 2	参数偏移 3	…	参数偏移 n
10 B	10 B	10 B	…	10 B

8. 采集样本数据结构

采集样本数据结构的定义见表 10 – 30。

表 10 – 30 采集样本数据结构

数据缓冲区	数据状态缓冲区	时间戳信息
最大 1024 B	最大 1024/8 B	8 B

表 10 – 30 中各字段的含义如下。

（1）数据缓冲区：变长，用于存储参数的数据，最大为 1024 B。

（2）数据有效状态：变长，用于存储参数数据的状态，最大为 1024 bit，一个 bit 表示数据缓冲区的一个字节的有效状态。

（3）时间戳信息：表示一个样本所有参数更新时的星上时间码，星上时间码为 8 B。

9. 应用数据池

应用数据池是多个深度的采集样本的集合，应用数据池结构的定义见表 10 – 31。

表 10 – 31 应用数据池结构

环形缓冲区	数据长度	参数个数	深度	采集样本 1	…	采集样本 7
20 B	2 B	2 B	1 B	1160 B	…	1160 B

表 10 – 31 中各字段的含义如下。

（1）环形缓冲区：20 B，采用系统软件定义的环形缓冲区结构体。

（2）数据长度：2 B，表示数据缓冲区中有效数据的字节长度。

（3）参数个数：2 B，表示数据缓冲区中包含的设备参数的个数，也表示数据有效状态的位数。

(4) 深度:1 B,表示设备参数的样本数量,最大为 7。

(5) 采集样本:一个采集样本占用的空间为 1160 B,最大 7 个深度,最多占用 1160×7 B。

10.5.5 构件运行设计

上层应用程序在系统初始化时调用设备数据池业务构件的初始化接口初始化业务的参数,并创建设备数据池后台进程后就可以使用构件提供的各类服务。由于星上遥测参数最小采集周期一般为 100ms 的整数倍,因此设备数据池后台进程的运行周期配置为 100 ms,调用 ddpsDataAquisMain_funcp 接口(被赋值为 ddpsDataAquis 函数)获取所有采集订单中的设备参数,存储到基础数据池,并将设备参数放到应用数据池中。

设备数据池业务构件的初始化接口实现过程如下:

```
status_t ddpsInit
(
    struct ddps_com * obj_p,           /* 构件实例 */
    ddps_config_t * config_p           /* 配置参数 */
)
{
    uint32_t i = 0;
    ddps_order_ctrl_t * order_ctrl_p = NULL;

    if(构件实例指针 obj_p 为空 || 配置参数指针 config_p 为空 || config_p 中的设备缓冲区表的指针 device_buf_p 为空 || config_p 中的参数标识表的指针 param_table_p 为空)
        返回错误码 ERR_DDPS_INVALID_POINT;
    将输入参数 config_p 中的 device_buf_p、dev_num、param_table_p、param_table_num、das_p、dvs_p、tas_timeget_p、transactionid_get_p 分别赋值给构件实例指针 obj_p 中的元素;
```

```
            obj_p ->peroid_cnt =0;              /* 周期计数初始化*/
            ...
            order_ctrl_p = &(obj_p -> order_ctrl);
```
调用 dllInit(&order_ctrl_p -> order_free_list)初始化空闲订单链表；

调用 dllInit(&order_ctrl_p -> order_aquis_list)初始化采集订单链表；

调用 order_ctrl_p -> sem_list = semMCreate(SEM_Q_PRIORITY |SEM_INVERSION_SAFE |SEM_DELETE_SAFE)初始化链表操作的互斥信号量；

调用 bsZero((int8_t *)order_ctrl_p -> order_buffer,sizeof(order_ctrl_p -> order_buffer))将所有的订单节点缓冲区清零；

```
            for(i =0;i < DDPS_MAX_ORDER_NUM;i ++ )
```
/* 向空闲订单链表中添加所有的订单节点*/

```
            {
                order_ctrl_p -> order_buffer[i].app_datapool_p =
&obj_p -> appDataPool[i];
```
/* 初始化订单节点的数据池为内存区的固定地址*/

初始化订单的首次采集时间为全 0xFF；

初始化订单状态为 DDPS_ORDER_STATUS_DISABLE 不启动；

调用 dllAdd(&order_ctrl_p -> order_free_list,(DL_NODE *)(&order_ctrl_p -> order_buffer[i]))将所有订单节点插入到空闲链表中；

```
            }
                order_ctrl_p -> free_cnt = DDPS_MAX_ORDER_NUM;
```
/* 空闲订单节点数量*/

```
        order_ctrl_p->aquis_cnt=0;          /* 采集订单节点的
数量*/
        分别初始化构件实例 obj_p 的函数接口；

        返回正确状态 OK；
}
```

周期性采集数据接口的实现过程如下：

```
    status_t ddpsDataAquisMain(struct ddps_com * obj_p)
    {
        uint8_t time_code[8];      /* 星上时间码*/
        uint32_t i=0;

        ddps_device_buffer_t * device_buffer_p=NULL;/* 设备缓冲区表*/
        ddps_valueoffset_t * value_table_p=NULL;     /* 参数偏移表*/
        ddps_order_t * order_p=NULL;                 /* 订单*/
        ddps_device_value_t * device_value_p=NULL;   /* 设备参数值列表*/
        ddps_appDataPool_t * appDataPool_p=NULL;     /* 订单对应的应用数据池*/
        uint16_t device_id=0;                        /* 设备 ID*/
        uint16_t value_id=0;                         /* 参数值 ID*/
        ring_buffer_com_t * ring_buffer_p=NULL;      /* 采样数据的环形缓冲区*/
```

　　　　ring_node_t * ring_node_p = NULL;　　　　　　/* 一次采样数据节点*/

　　　　ddps_sample_data_t * sample_data_p = NULL;　　/* 采样数据*/

　　　　uint32_t sample_data_offset = 0;　　　　　　　/* 采样数据偏移*/

　　　　register DL_NODE * cur_node_p,* next_node_p;　/* 用于链表遍历操作*/

　　　　uint8_t value_aquis_cnt_table[DDPS_MAX_DEVICEID_NUM];
　　/* 用于存储每个设备需要采集的参数的数量*/

　　　　if 构件实例指针 obj_p 为空 || obj_p->param_table_p 为空
　　　　　返回错误码 ERR_DDPS_INVALID_POINT;

　　　　调用 obj_p->tas_timeget_p(time_code) 获取星上时间码;

　　　　调用 semTake(obj_p->order_ctrl.sem_list, WAIT_FOREVER) 获取订单链表信号量;

　　　　调用 cur_node_p = (DL_NODE *)DLL_FIRST(&obj_p->order_ctrl.order_aquis_list) 获取采集订单链表的第一个节点;

　　　　在采集订单链表 obj_p->order_ctrl.order_aquis_list 中变量每个订单节点,针对每个订单节点 cur_node_p 进行如下处理:

　　　　调用 next_node_p = (DL_NODE *)DLL_NEXT(cur_node_p) 获得下一个节点;

　　　　order_p = (ddps_order_t *)cur_node_p;　　　　/* 采集订单*/

　　　　device_value_p = order_p->device_value_table;
　　　　　　　　　　　　　　　　　　　　　　　　　　　/* 设备参数值列表*/

appDataPool_p = order_p -> app_datapool_p;/* 应用数据池指针*/

ring_buffer_p = &appDataPool_p -> sample_ring;/* 环形缓冲区指针*/

if 订单的首次采集时间小于等于当前星上时间码的时间(高 4B 表示秒值,低 4B 为亚秒值,从高到低排列)

&& order_p -> status == DDPS_ORDER_STATUS_ENABLE)/* 订单的状态为启动*/

&& obj_p -> peroid_cnt % order_p -> period) == 0/* 采集周期到时*/

{

sample_data_offset = 0;/* 采样数据偏移设置为 0*/

ring_node_p = ring_buffer_p -> ringBufferGet_funcp(ring_buffer_p);/* 获取一个环形缓存节点*/

sample_data_p = (ddps_sample_data_t *)(ring_node_p -> elem_p);/* 采样数据本身*/

bsZero((int8_t *)sample_data_p,sizeof(ddps_sample_data_t));/* 采样数据清零*/

for(i = 0;i < order_p -> device_value_num;i ++)
/* 针对该订单的每一个设备参数值,进行处理*/

{

device_id = device_value_p[i].device_id;/* 设备ID*/

```c
            value_id = device_value_p[i].value_id;/* 参数值ID*/

            device_buffer_p = &obj_p -> device_buffer_p[device_id];/* 找到该设备ID对应的设备缓冲区结构*/

            value_table_p = device_buffer_p -> value_table;/* 该设备的参数偏移表结构*/

            /* 如果参数的长度不等于实际读取的长度,则设置"参数数据状态"为0x33 长度与实际读取的长度不等*/

            if(value_table_p[value_id].length! = value_table_p[value_id].len_realread)
            {
                value_table_p[value_id].data_status = DDPS_VALUE_DATA_STATUS_REALLEN_NOT_EQUE;
            }

            /* 设置采样数据的数据域,将采集后的数据复制到采样数据中*/

            memcpy(sample_data_p -> data_buf + sample_data_offset,device_buffer_p -> buffer_addr + value_table_p[value_id].offset,value_table_p[value_id].length);

            /* 设置采样数据的状态,用一个bit 表示状态,0表示正确, 1表示错误,第i个参数设置第i个bit 即可*/

            if(value_table_p[value_id].data_status! = OK)
            {
                DDPS_SET_BIT(sample_data_p -> valid_status[i/8],(8-(i % 8)));/* 设置状态,i/8是第几字节,i%8是该字节的第几bit*/
```

```
            }
                sample_data_offset + = value_table_p[value_id].
length;                                            /* 采样数
据偏移向后移动*/
            }
                memcpy(sample_data_p - > time_code,time_code,8);
/* 设置采样数据的时间码*/
                ring_buffer_p - > ringBufferPut_funcp(ring_buffer_p,
ring_node_p);
        }
            cur_node_p = next_node_p;                /* 更新当
前节点为下一个订单节点*/
        调用 semGive(obj_p - > order_ctrl.sem_list)释放信号量;
        调用 ddpsAllValueAquisInit(obj_p);
        调用 bsZero((int8_t * )value_aquis_cnt_table,sizeof
(value_aquis_cnt_table))每个设备待采集的参数个数清零;
        调用 ddpsAllValueAquis(obj_p)遍历设备缓冲区表,根据设备的
业务类型,调用下层业务读取参数值;
        obj_p - > peroid_cnt + +;                    /* 周期计
数加1*/
        返回正确状态;
    }
```

调用设备数据池业务构件接口采集遥测数据,上层应用程序将无须关心硬件的具体类型、所处位置和协议。上层应用程序可根据不同参数的组包需求,向设备数据池业务提交多个采集订单,每个采集订单明确参数标识、采集周期、采集深度等信息,设备数据池业务将根据订单信息周期性完成设备数据的采集,并从采集的数据中挑出用户所需参数提交给上层应用程序。设备数据池业务构件的使用过程如下。

(1)系统初始化时,调用构件初始化接口 ddpsInit 初始化设备数据池业务构件,创建设备数据池业务构件后台进程。

(2)上层应用程序调用添加采集订单接口 ddpsOrderAdd_funcp 添加采集订单,提出对多个设备参数的采集请求,设备数据池业务构件将采集订单 ID 返回给上层应用程序。

(3)上层应用程序调用开始采集订单接口 ddpsOrderStart_funcp 启动订单采集。

(4)设备数据池业务构件后台进程周期性运行,调用周期性采集数据接口 ddpsDataAquisMain_funcp 综合所有的订单采集需求,采集设备参数数据,并将数据更新到应用数据池。

(5)上层应用程序调用读取采集数据接口接口 ddpsSampleRead_funcp 获取采集的设备参数数据。

(6)上层应用程序在运行过程中可以调用添加采集订单接口 ddpsOrderAdd、删除采集订单接口 ddpsOrderRemove、开始采集订单接口 ddpsOrderStart、停止采集订单接口 ddpsOrderStop,实现动态增加、删除、启动或停止采集订单及其设备参数的功能。

设备数据池业务构件的使用示例如下:

```
#define DDPS_DEVICE_BUF_NUM 30
ddps_com_tg ddps_com;                    /* 声明设备数据池业务构件 */
ddps_config_t g_ddps_config;  /* 声明设备数据池业务构件配置参数 */
ddps_device_buffer_t g_ddps_device_buf[DDPS_DEVICE_BUF_NUM];
                                         /* 设备缓冲区表*/
/* 设置设备数据池业务构件配置参数 g_ddps_config*/
g_ddps_config.device_buf_p = g_ddps_device_buf;
                                         /* 设备缓冲区表的指针 */
g_ddps_config.dev_num = DDPS_DEVICE_BUF_NUM;
                                         /* 设备个数 */
```

```
g_ddps_config.param_table_p = g_ddps_param_table;
                              /* 参数标识表的指针*/
g_ddps_config.param_table_num = DDPS_PARAM_TABLE_LENGTH;
                              /* 参数标识表的元素个数*/
ddpsInit(&g_ddps_com, &g_ddps_config);/* 调用设备数据池业务构件初始化接口完成构件初始化*/
```

调用操作系统进程创建接口创建设备数据池业务构件后台进程 taskDdps，周期为 100ms，进程执行的主体函数设置为 g_ddps_com.ddpsDataAquisMain_funcp；

```
result = g_ddps_com.ddpsOrderAdd_funcp(&g_ddps_com, param, param_num, param_period, param_acquis_history, param_trans_id, &param_order_id);
/* 调用添加采集订单接口添加采集订单*/
if(result!=OK)
    报告错误码；
result = g_ddps_com.ddpsOrderStart_funcp(&g_ddps_com, param_order_id, time_code);/* 调用开始采集订单接口启动订单采集*/
if(result!=OK)
    报告错误码；
……/* 设备数据池业务构件后台进程 taskDdps 周期性运行，该进程调用周期性采集数据接口 ddpsDataAquisMain_funcp 综合所有的订单采集需求，采集设备参数数据，并将数据更新到应用数据池*/
result = g_ddps_com.ddpsSampleRead_funcp(&g_ddps_com, g_order_tube.order_id, g_order_tube.acquis_history, data_buffer, status_buffer, &data_len, &param_num, time_code);/* 调用读取采集数据接口获取采集的设备参数数据*/
if(result!=OK)
    报告错误码；
```

```
/* 当不需要采集这些遥测参数是,停止采集订单*/
result = g_ddps_com.ddpsOrderStop_funcp(&g_ddps_com,param_
order_id,time_code);/* 调用停止采集订单接口停止订单采集*/
    if(result!=OK)
        报告错误码;
```

10.6 时间访问业务构件

10.6.1 构件概述

时间访问业务软件主要负责为时间获取、定时器使用提供统一接口。构件主要包括以下功能。

(1) 时间码获取功能:用于获取系统当前星上时间。

(2) 时间码配置功能:用于设置系统当前星上时间。

(3) 定时器功能:用于创建定时器以及取消定时器等功能。

10.6.2 构件模块结构设计

从业务的使用角度分析,要求时间访问业务获取的时间与真实时间的误差越小越好。因此,在设计时考虑由时间访问业务直接访问操作系统的接口。同时业务原语在用户应用程序的上、下文环境中运行,不存在由用户应用程序到中间件前台或后台进程的切换过程。设计约束如图 10-10 所示。

10.6.3 构件接口设计

时间访问构件设计了与时间访问业务原语对应的接口,将原语中的 request 请求和 indication 指示合并为一个接口,request 请求为接口调用,indication 指示为接口调用后的返回。除了这些原语对应的接口外,还设计了时间访问业务构件的初始化接口,供上层应用或其他业务构件调用。此外,按标准建议,时间访问业务的 ALARM、CANCEL_ALARM、METRONOME、CANCEL_METRONOME 原语

第 10 章　中间件－应用支持层 SOIS 构件设计

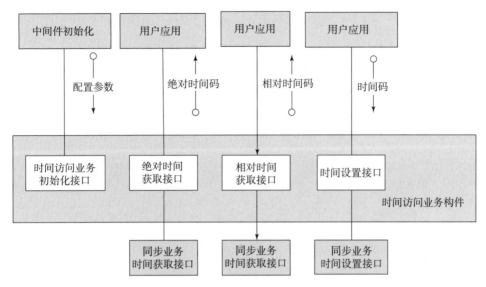

图 10-10　时间访问业务模块结构

可直接调用操作系统的定时器管理接口，本构件暂不涉及。

1. 构件对外提供的接口

时间访问业务对外提供的接口包括初始化接口、绝对时间码获取接口、相对时间码获取接口以及时间码设置接口。上述接口均为突发性调用。

同步构件初始化接口 tasInit 的定义如下：

```
status_t tasInit(
    tas_com_t * tas_p,
    tas_config_t * tas_config_p
)
```

参数 tas_p 表示时间访问构件实例指针，tas_config_p 表示时间访问构件配置的参数指针。

根据系统使用方式，本构件提供绝对时间码以及相对时间码的获取接口。

绝对时间码获取接口 tasAbsGetTime 的定义如下：

```
status_t tasAbsGetTime(
    tas_com_t * tas_p,
```

```
    timespec_t * tp_p
)
```

参数 tas_p 表示同步构件实例指针，tp_p 表示系统当前的时间码结构体指针。

相对时间码获取接口 tasRelativeGetTime 的定义如下：

```
status_t tasRelativeGetTime(
    tas_com_t * tas_p,
    timespec_t * tp_relative_p,
    timespec_t * tp_start_p
)
```

参数 tas 表示同步构件实例指针，tp_relative_p 表示相对时间码结构体指针，tp_start_p 表示相对时间码的起始时间。

时间码设置接口 tasSetTime 的定义如下：

```
status_t tasSetTime(
    tas_com_t * tas_p,
    uint32_t second,
    uint32_t mirco_second
)
```

参数 tas_p 表示同步构件实例指针，second 表示时间码秒值，mirco_second 表示时间码亚秒值。

2. 构件需要使用的外部接口

时间访问业务构件使用的外部接口包括同步构件的时间获取接口、时间码设置接口。

时间访问构件的接口与时间访问业务原语的对应关系见表 10-32。

表 10-32 时间访问构件的接口与时间访问业务原语的对应关系

序号	标准原语	构件接口	标准原语内参数与构件参数的对应关系
1	时间访问请求原语 TIME.request（TASAP Address,Transaction Identifier,Current Time,Current Time Error Specification,Result Metadata）	绝对时间码获取接口：status_t tasAbsGetTime（tas_com_t * tas_p, timespec_t * tp_p）相对时间码获取接口：status_t tasRelativeGetTime（tas_com_t * tas_p, timespec_t * tp_relative_p, timespec_t * tp_start_p）	TASAP Address, Transaction Identifier 参数与构件实例指针 tas_p 对应，Specification 在相对时间码获取接口中对应起始时刻的时间码结构体指针 tp_start_p，Current Time 参数在 tasAbsGetTime 接口中与时间码结构体 tp_p 指针对应，在 tasRelativeGetTime 接口中与时间码结构体 tp_relative_p 指针对应，构件接口返回值 status_t 标识当前时间码状态，如处于集中校时、均匀校时或正常运行等状态。
2	时间访问指示原语 TIME.indication（TASAP Address,Transaction Identifier,Current Time,Current Time Error Specification,Result Metadata）		
3	—	status_t tasSetTime（tas_com_t * tas_p, uint32_t second, uint32_t mirco_second）	—

10.6.4 构件数据结构设计

同步业务构件的核心数据结构主要有保存相对时间码结构体以及时间码结构体。核心数据结构如下：

```
typedef struct
{
    uint32_t max_micro_second_value;        /* 最大亚秒部的值 */
    uint32_t relative_time_second;          /* 当前相对时间码秒值 */
    uint32_t relative_time_micro_second;    /* 当前相对时间码亚秒值 */
```

```
    }tas_com_t;                           /* 时间访问构件结构体 */
    typedef struct
    {
        uint8_t p_field;                  /* P 域 */
        uint32_t second;                  /* 时间码秒值 */
        uint32_t micro_second;            /* 时间码亚秒值 */
    }timespec_t;                          /* 时间码结构体 */
```

10.6.5 构件运行设计

时间访问业务构件由用户应用程序直接调用执行。以绝对时间码获取为例,访问过程如下:

```
status_t tasGetAbsTime(tas_com_t * tas_p, timespec_t * tp_p)
{
    if 构件实例指针 tas_p 为空
        返回错误码 TAS_ERR_NULL;
    if 时间码结构体指针 tp 为空
        返回错误码 TAS_ERR_TP_NULL;
    子网同步构件指针 ss_p = getSSInstance();
    调用子网同步构件接口 ssGetTime(ss_p, tp_p);
    返回 OK;
}
```

参 考 文 献

[1] Spacecraft Onboard Interface Services – Message Transfer Service. CCSDS 875.0 – M – 1. Washington, D.C., USA: CCSDS Secretariat, 2012.

[2] Asynchronous Message Service. CCSDS 735.1 – B – 1. Washington, D.C., USA:

September 2011.

[3] Spacecraft Onboard Interface Services—Device Access Service. Issue 1. Recommendation for Space Data System Standards (Silver Book). CCSDS 871.0 – M – 1 – S. Washington, D. C.: CCSDS, March 2013.

[4] Spacecraft Onboard Interface Services—Device Virtualization Service. Issue 1. Recommendation for Space Data System Standards (Silver Book). CCSDS 871.2 – M – 1 – S. Washington, D. C.: CCSDS, March 2014.

[5] Spacecraft Onboard Interface Services—Device Data Pooling Service. Issue 1. Recommendation for Space Data System Standards (Silver Book). CCSDS 871.1 – M – 1 – S. Washington, D. C.: CCSDS, November 2012.

[6] 赵和平，何熊文，刘崇华，等。空间数据系统 [M]。北京：北京理工大学出版社，2018.

第 11 章
中间件 – 应用支持层 PUS 构件设计

11.1 概述

欧洲航天局（ESA）为了在航天器研制和在轨运行管理中建立标准的应用层接口，以降低研制成本和运营风险、提高软硬件资源的可重用性，并为航天器自主管理等高级应用提供标准化的支持，于 1994 年制定了基于 CCSDS 空间包的应用层标准——包应用标准（Packet Utilization Standard，PUS）。PUS 首先将航天器集成、测试和在轨飞行过程中所涉及的所有基本操作过程定义为一系列标准的概念，用以规范应用管理层的基本操作过程；针对每一种操作概念，PUS 定义了相应的服务，用户通过调用这些服务即可完成对航天器的所有基本操作。

PUS 的各类服务由对应的 PUS 业务进行实现。PUS 业务包含了遥控确认业务、设备命令分发业务、常规/诊断参数报告业务、参数统计报告业务、在轨监视业务、事件报告业务、事件动作业务、在轨作业定时计划业务和存储器管理业务等业务。PUS 业务提供的服务涵盖了空间任务中对航天器的各种监视、控制和数据传输等基本操作，并为任务专用功能提供扩展接口，以标准化服务的方式解决了标准化、通用化和可重用的问题。

其中：遥控确认业务用于对上行遥控指令进行正确性校验和反馈；设备命令分发业务用于对上行的遥控指令进行代号寻址匹配和发送；常规/诊断参数报告业务用于选择特定参数进行定频采集，并组织遥测包下传；参数统计报告业务用于对特定的参数进行采集并计算最值、均值等，将计算结果进行反馈；在轨监视业务用于维持参数监视清单，参数发生变化时产生事件报告；事件报告业务用于报告各种事件，如星上故障或异常、星上自主行为、各种操作的正常运行情况等；事件动作业务用于定义一个动作，当给定的事件被监测到时自主执行；在轨作业定时计划业务用于通过指令调度表的方式进行指令延时遥控和程控；存储器管理业务用于星上不同内存区域的加载、下卸和检查等管理。

PUS 业务构件在软件体系结构中的位置如图 11 – 1 所示。

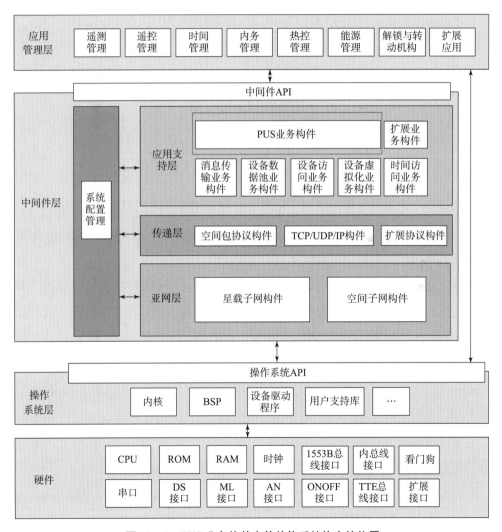

图 11 – 1　PUS 业务构件在软件体系结构中的位置

每一类 PUS 服务都有规定的服务类型以表征本服务的主要功能，与此对应，PUS 业务也定义了相应的业务类型进行功能区分。在实际的型号任务需求中，并非所有 PUS 业务对应的功能都必须要使用，而且有些业务的使用频率不高，所以，将型号的通用功能进行分类，作为 PUS 业务的设计与实现依据。

本章重点描述实现了的部分 PUS 业务，其业务类型与业务名称见表 11-1。

表 11-1 PUS 业务类型与业务名称的定义

业务类型	业务名称	业务类型	业务名称
1	遥控确认业务	6	存储器管理业务
2	设备命令分发业务	11	在轨作业定时计划业务
3	常规/诊断参数报告业务	12	在轨监视业务
4	参数统计报告业务	19	事件动作业务
5	事件报告业务	—	—

PUS 标准为了实现规定的功能，在 CCSDS 标准定义的空间包数据格式基础上增加了补充定义，主要是规定了包副导头和包数据域的格式。

包副导头的作用：①补全了数据源和数据宿标识。在 CCSDS 空间包导头格式中，只定义了数据源或数据宿之一的标识，即在遥控空间包中只定义了数据宿标识，而在遥测空间包中只定义了数据源标识。当一个任务中有多个数据源产生遥控包或有多个数据宿接收遥测包时，就需要在空间包中同时使用数据源和数据宿标识，PUS 标准在包副导头中补全了另一个数据源或数据宿标识。同时具有数据源、宿标识后，空间包在空间网络中就具备了使用动态路由的能力；②注明该空间包所对应的 PUS 业务类型和业务子类型；③对遥测包而言，注明空间包产生的时间；④对于遥控包，注明了 ACK 的使用方法，可根据该标识对遥控指令的接收和执行进行分级确认。

包数据域的作用：规定了采用 16 bit 的包差错控制域。

PUS 标准定义了两种类型的空间包：遥控包也称请求包（Requesting Packet）；遥测包也称报告包（Reporting Packet）。

1. 遥控包副导头格式

遥控包的负载数据由上层自定义，此处只描述副导头的结构。遥控包副导头格式如图 11-2 所示。

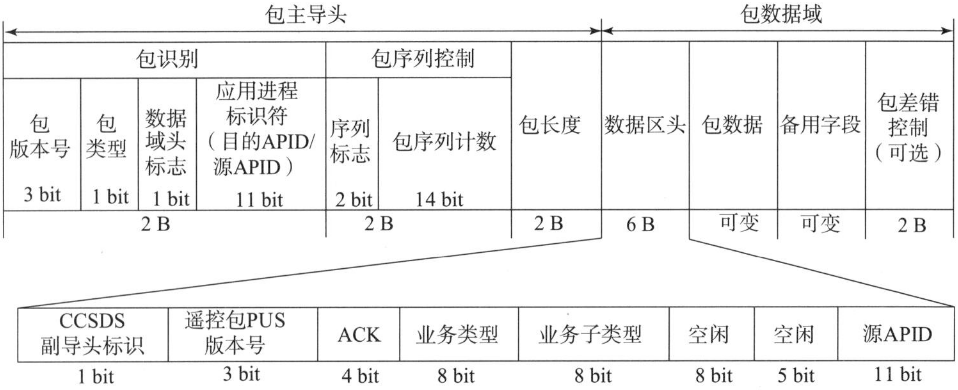

包主导头						包数据域			
包识别			包序列控制						
包版本号	包类型	数据域头标志	应用进程标识符（目的APID/源APID）	序列标志	包序列计数	包长度	数据区头	包数据	备用字段	包差错控制（可选）
3 bit	1 bit	1 bit	11 bit	2 bit	14 bit				
2 B			2 B			2 B	6 B	可变	可变	2 B

CCSDS副导头标识	遥控包PUS版本号	ACK	业务类型	业务子类型	空闲	空闲	源APID
1 bit	3 bit	4 bit	8 bit	8 bit	8 bit	5 bit	11 bit

图 11-2 遥控包副导头格式

图 11-2 中副导头各字段含义如下。

（1）CCSDS 副导头标识：1 bit，置 0。

（2）遥控包 PUS 版本号：3 bit，置 1。

（3）Ack：4 bit，每一比特独立表示要求航天器应用过程给出的遥控确认类型，4 bit 由后至前分别表示：包接收确认、命令执行开始确认、命令执行中间步骤确认、命令执行完成确认；其值取 1 表示需要该类型确认，取值 0 则表示不需要该类型确认。在实际型号中的应用情况一般包括：不需要确认、接收确认和执行结果确认三种方式，见表 11-2。

表 11-2 ACK 实际使用情况

ACK	含义	备注
0000	不需要发送成功确认	
---1	对接收结果进行确认	
--1-	对开始执行进行确认	目前暂时不使用
-1--	对执行过程进行确认	目前暂时不使用
1---	对执行结果进行确认	

（4）业务类型：8 bit，表示该空间包所选用的 PUS 业务类型。

（5）业务子类型：8 bit，表示该空间包所选用的 PUS 业务子类型。

（6）空闲：8 bit + 5 bit = 13 bit，填 0，用于将副导头长度补足到整数字（16 bit、32 bit 或 64 bit，取决于航天器采用的处理器结构）。

（7）源 APID：11 bit，表示发送该遥控包的数据源标识，与主导头中的应用过程标识（目的 APID）组成地址对。

2. 遥测包副导头格式

遥测包的负载数据由上层自定义，此处只描述副导头的结构。遥测包副导头格式如图 11 – 3 所示。

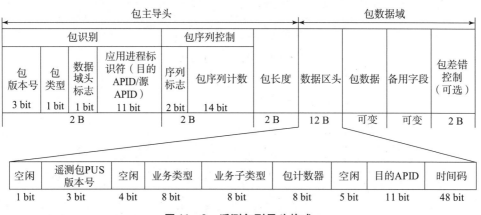

图 11 – 3　遥测包副导头格式

图 11 – 3 中副导头各字段的含义如下。

（1）空闲：1 bit，置 0，用于与遥控包副导头对称。

（2）遥测包 PUS 版本号：3 bit，置 1。

（3）空闲：4 bit，置为 0，用于补足整数字节。

（4）业务类型：8 bit，表示该遥测包所选的 PUS 业务（服务）类型，有效取值 1 ~ 255，其中，1 ~ 127 留给 PUS 标准用，128 ~ 255 用于任务自定义（后续章节的 PUS 业务类型与此含义相同）。

（5）业务子类型：8 bit，表示该遥测包所选的 PUS 业务（服务）子类型，有效取值 1 ~ 255，其中，1 ~ 127 留给 PUS 标准用，128 ~ 255 用于任务自定义（后续章节的 PUS 业务子类型与此含义相同）。

（6）包计数器：8 bit，应用进程每次生成一个相同的业务类型、业务子类型的新的包时，将该计数器加 1，每个数据源应为每个数据宿单独维护独立的包计数。

（7）空闲：5 bit，置为 0。

（8）目的 APID：11 bit，表示该遥测包应送达的数据宿标识，与包主导头中的应用过程标识符（源 APID）组成地址对。

（9）时间码：6B，表示绝对时间码，采用 CCSDS 的 CUC 时间。前 4 B 单位为 s，后 2 B 单位为 2^{-16} s。

11.2 遥控确认业务构件

11.2.1 构件概述

遥控确认业务构件实现了遥控确认业务（Telecommand Verification Service，TVS）的功能，遥控确认业务构件为应用管理层的各应用进程提供对接收到的遥控包的每个执行阶段成功与否的确认，参考航天器实际的任务需求和使用需求，执行阶段包括了接收和执行完成两个阶段，这两个阶段的执行结果都可通过遥测包的方式实时反馈到用户，便于用户掌握遥控指令的实时执行状态。

每个应用管理层的应用进程对收到的遥控包都执行接收确认，应用进程及其用到的 PUS 业务构件对遥控包的执行完成进行确认，如果两个阶段任意一个有错误发生，在当前发生错误的阶段即刻对用户反馈，并终止指令的后续操作；如果某一个阶段正确，且遥控包设置 ACK 需要反馈时，才在当前阶段进行反馈。

PUS 业务之间依据业务类型进行功能区分，业务内部则依据业务子类型进行子功能的划分，依据大部分型号中实际使用的功能及完成功能需要的子功能，该业务构件设计并实现的业务子类型包含四个。

（1）业务子类型 1：接收确认成功报告；

（2）业务子类型 2：接收确认失败报告；

（3）业务子类型 7：遥控命令执行成功结束报告；

（4）业务子类型 8：遥控命令执行失败结束报告。

遥控确认业务构件将遥控包的阶段性确认进行了较好的封装，任何需要对遥控包进行确认的应用业务都可以独立配置自己的遥控确认业务功能，使用灵活，便于软件复用。

11.2.2 构件模块结构设计

遥控确认业务目前设计并实现了遥控包接收和执行完成两个阶段的结果确认功能,包含了三个主要功能模块:初始化接口、遥控接收确认业务接口和遥控执行确认业务接口。构件内部包含 5 个功能模块,模块结构如图 11-4 所示。

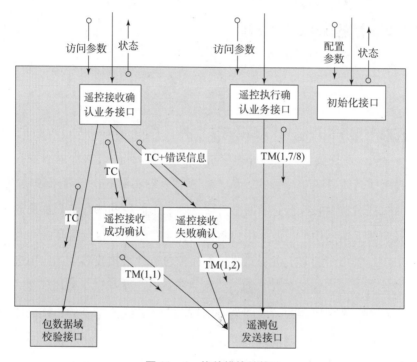

图 11-4 构件模块结构

图 11-4 中主要模块的功能描述如下。

(1) 初始化接口:将本地 APID、业务类型、业务子类型等初始参数传入,执行构件初始化功能。

(2) 遥控接收确认业务接口:对传入的遥控包等参数进行遥控接收确认,对遥控包携带的目的 APID、包长度、校验和、业务类型子类型进行校验。

(3) 遥控执行确认业务接口:将执行结果等参数组织为结果遥测包,按需通过遥测包发送接口反馈结果。

(4)遥控接收成功/失败确认：对接收的遥控包校验后的结果组织遥测包，按需通过遥测包发送接口反馈结果。

11.2.3 构件接口设计

构件接口设计按照构件结构设计有对外提供的接口和需要的外部接口两类，对外提供的接口是本构件能够对调用者提供的服务接口，需要的外部接口是本构件需要从外部调用的服务接口。

1. 对外提供的接口

本构件对外提供的接口包括：初始化接口 tvsInit、遥控接收确认接口 tvsTcReceiveVerification_funcp 和遥控执行确认接口 tvsTcExecVerification_funcp。

初始化接口 tvsInit 的定义如下：

```
status_t tvsInit
(
tvs_com_t            * obj_p,
uint16_t             valid_apid,
uint16_t             valid_type_subtypes_num,
tvs_type_subtype_t * valid_type_subtypes_p,
status_t             (* checkDataField_funcp)(uint8_t *, uint32_t),
status_t             (* tvsTmPacketHandle_funcp)(uint8_t *, uint32_t)
)
```

参数 obj_p 表示构件实例指针，参数 valid_apid 表示本地有效应用过程标识，参数 valid_type_subtypes_num 表示合法的类型子类型数量，参数 type_subtypes_p 表示合法的类型子类型列表，用于验证构件调用者接收遥控包的业务类型和业务子类型，参数 checkDataField_funcp 表示数据域校验接口，构件调用者提供的遥控包数据域的校验函数，参数 tvsTmPacketHandle_funcp 表示结果遥测包发送接口，构件产生的结果反馈遥测包发送函数。

返回值 status_t 表示该接口调用产生的结果状态码，返回值为状态码 0，则表示正确调用，状态码不为 0，则表示调用失败，不同构件设计的失败状态码都不同。后续构件接口的调用返回值与此相同，不再赘述。

遥控接收确认接口 tvsTcReceiveVerification_funcp 的定义如下：

```
status_t tvsTcReceiveVerification_funcp
(
tvs_com_t    * obj_p,
uint8_t      * tc_packet_p,
uint32_t     len
)
```

参数 obj_p 表示构件实例指针，参数 tc_packet_p 表示待确认的遥控包指针，参数 len 表示待确认的遥控包长度。

遥控执行确认接口 tvsTcExecVerification_funcp 的定义如下：

```
status_t tvsTcExecVerification_funcp
(
tvs_com_t    * obj_p,
uint8_t      * tc_packet_p,
uint32_t     err_code,
uint8_t      params_num,
uint8_t      * params_p
)
```

参数 obj_p 表示构件实例指针，参数 tc_packet_p 表示遥控包指针，参数 err_code 表示执行的错误码字，码字可由用户自定义，参数 params_num 表示参数个数，参数 params_p 表示参数指针，用户自定义的需要反馈的参数。

2. 需要的外部接口

本构件需要的外部接口包括：包数据域校验接口和遥测包发送接口。此类接口通过初始化接口 tvsInit 传入，无对应业务子类型。

包数据域校验接口 checkDataField_funcp 的定义如下：

```
status_t checkDataField_funcp
(
uint8_t    * tc_packet_p,
uint32_t   len
)
```

参数 tc_packet_p 表示遥控包指针，参数 len 表示遥控包长度。该接口由调用者自行定义，此处作为遥控包校验功能的一部分。

遥测包发送接口 tvsTmPacketHandle_funcp 的定义如下：

```
status_t tvsTmPacketHandle_funcp
(
uint8_t    * tm_packet_p,
uint32_t len
)
```

参数 tm_packet_p 表示遥测包指针，参数 len 表示遥测包长度。该接口在具体实现时可调用消息传输业务的发送或发布接口，也可调用传递层的空间包发送接口进行空间包发送，或者可对不同发送接口进行格式化统一封装。本书的该接口则是调用了空间包发送接口 spPacketSend（sp_com_t * obj_p, uint16_t src_apid, uint16_t dest_apid, uint8_t * packet_buffer_p, uint32_t length, uint32_t qos），详见 9.2 节。后续 PUS 业务构件的遥测包发送接口与此相同，不再赘述。

业务子类型与构件对外接口关系见表 11-3。

表 11-3　业务子类型与构件对外接口关系

序号	业务子类型	构件接口
1	—	初始化接口 tvsInit（tvs_com_t * obj_p, uint16_tvalid_apid, uint16_t valid_type_subtypes_num, tvs_type_subtype_t * type_subtypes_p, status_t（*checkDataField_funcp）(uint8_t *, uint32_t), status_t（*tvsTmPacketHandle_funcp）(uint8_t *, uint32_t)）
2	1 和 2	遥控接收确认接口 tvsTcReceiveVerification（tvs_com_t * obj_p, uint8_t * tc_packet_p, uint32_t len

续表

序号	业务子类型	构件接口
3	7 和 8	遥控执行确认接口 tvsTcExecVerification（tvs_com_t * obj_p, uint8_t * tc_packet_p, uint32_t err_code, uint8_t params_num, uint8_t * params_p）

11.2.4 构件核心数据结构设计

该构件的核心数据结构为由业务类型和业务子类型元素组成的数组，该数组决定了使用当前遥控确认业务构件的应用进程能够接收并处理的遥控包类型，避免非法指令的异常影响。数组元素的结构见表 11-4。

表 11-4 数组元素的结构

业务类型	业务子类型
8 bit	8 bit

表 11-4 中各字段的含义如下：

（1）业务类型：8 bit，遥控包携带的业务类型；

（2）业务子类型：8 bit，遥控包携带的业务子类型。

11.2.5 构件运行设计

应用管理层的各应用进程在初始化时，如果有遥控包处理需求，则需要定义一个局部的遥控确认业务构件实例，并配置适用于本应用进程的初始参数，该遥控确认业务构件实例对应的遥控确认功能仅限本应用进程使用。

应用进程启动后，在周期性运行过程中，对接收到的每个遥控包都需要先调用接口 tvsTcReceiveVerification 进行遥控包的接收确认和按需反馈，如果接收确认失败，则即刻反馈结果遥测包，并终止遥控包的后续操作；只有通过接收确认的遥控包才能通过与本应用业务关联的 PUS 业务指令处理接口（如设备命令分发业务访问接口 dcdsTcHandle_funcp）进行处理，在 PUS 业务指令处理接口的最后，再调用接口 tvsTcExecVerification 进行执行结果的确认和按需反馈。

遥控确认业务构件的初始化接口处理过程如下：

```
status_t tvsInit(
    tvs_com_t * obj_p,                    /* 构件实例指针 */
    uint16_t valid_local_apid,            /* 本地 APID */
    uint16_t valid_type_subtypes_num,/* 有效业务类型子类型数量 */
    tvs_type_subtype_t * valid_type_subtypes_p,
                                          /* 有效业务类型子类型数量 */
    status_t(* checkDataField_funcp)(uint8_t * ,uint32_t),
                                          /* 校验函数指针 */
    status_t(* tvsTmPacketHandle_funcp)(uint8_t * ,uint32_t))
                                          /* 遥测函数指针*/
{
uint32_t i = 0;
if 构件实例指针 obj_p 为空
    返回指针错误码;
......
obj_p->valid_apid = valid_apid; /* 本地 APID 赋值 */
                                          /* 遥控接收确认接口 */
obj_p->tvsTcReceiveVerification_funcp = tvsTcReceiveVerification;
                                          /* 遥控执行确认接口 */
obj_p->tvsTcExecVerification_funcp = tvsTcExecVerification;
                                          /* 负载校验接口 */
obj_p->checkDataField_funcp = checkDataField_funcp;
                                          /* 结果遥测包发送接口 */
obj_p->tvsTmPacketHandle_funcp = tvsTmPacketHandle_funcp;
返回状态 OK;
}
```

遥控确认业务构件的核心接口处理过程如下:

```
status_t tvsTcReceiveVerification(
    tvs_com_t * obj_p,           /* 构件实例*/
    uint8_t * tc_packet_p,       /* 遥控包指针*/
    uint32_t len                 /* 遥控包长度*/
)
{
    uint8_t tmp_type,tmp_subtype,tmp_ack;
    uint16_t tmp_check_sum,tmp_src_apid,tmp_dest_apid,tmp_calc_check_sum;
    uint32_t tmp_len;
    status_t result;
    uint8_t tm_packet[1024];
    if 构件实例指针 obj_p 为空 || 遥控包指针 tc_packet_p 为空
        返回指针错误码;
    tmp_type             = spPusTypeGet(tc_packet_p);
    tmp_subType          = spPusSubTypeGet(tc_packet_p);
    tmp_check_sum        = spCheckSumGet(tc_packet_p,len);
    tmp_len              = spPacketLengthGet(tc_packet_p);
    tmp_dest_apid        = spDestApidGet(tc_packet_p);
    tmp_src_apid         = spSrcApidGet(tc_packet_p);
    tmp_calc_check_sum   = bsCrcCheck(tc_packet_p,len-2);
    if 目的 APID 检查错误 || 包长检查错误 || 包长检查错误 || 校验和检查错误 || 业务子类型检查错误
    {
        …/* 组织错误遥测包 */
        调用 obj_p -> tvsTmPacketHandle_funcp(tm_packet,18 + 12);/* 发送遥测包,18 +12 为包长度 */
```

```
        返回错误码;
    }
    返回状态 OK;
}
```

遥控确认业务构件在软件中的使用过程如下:

```
/*** 应用进程操作 – 开始 ***/
声明 static tvs_com_t tvs_com;          /* 构件实例 */
声明 tvs_type_subtype_t array = {(2,1),(2,3)…}
                                        /* 有效业务类型和子类型列表 */
调用 tvsInit ( &tvs_com, 0x421, 14, array, NULL, frmTmPacketHandle);
/* 配置参数源 APID、业务类型子类型表、遥测包发送接口等写入构件 */
…                                       /* 接收遥控包 */
if 收到遥控包
    调用 tvs_com.tvsTcReceiveVerification_funcp(&tvs_com, packet_p,length);/* 完成接收确认 */
…/* 调用 PUS 业务构件处理接口 */
/*** 应用进程操作 – 结束 ***/
/*** PUS 业务构件内部调用遥控执行确认操作 – 开始 ***/
tvs_com.tvsTcExecVerification_funcp(&tvs_com,tc_packet_p, err_code,params_num,params_p);
/*** PUS 业务构件内部调用遥控执行确认操作 – 结束 ***/
```

11.3 设备命令分发业务构件

11.3.1 构件概述

设备命令分发业务构件实现了设备命令分发业务（Device Command Distribution Service，DCDS）的功能，设备命令分发业务构件为应用管理层应用进程提供对接收到的遥控指令进行指令代号解析和设备寻址的功能，分发指令类型包含 ONOFF 指令和 ML 指令两类。

设备命令分发业务构件一般是由应用管理层的遥控管理应用进程进行调度的，作为遥控管理应用进程的一个分功能项存在，功能包括：ONOFF 指令和 ML 指令发送前的预处理、指令通道号、虚拟设备标识、虚拟参数值标识等信息解析，形成虚拟设备访问数据结构，通过设备虚拟化业务构件向底层发送指令。

PUS 业务之间依据业务类型进行功能区分，业务内部则依据业务子类型进行子功能的划分，依据大部分型号中实际使用的功能及完成功能需要的子功能，该业务构件设计并实现的业务子类型包含两个。

（1）业务子类型 1：开关命令分发；

（2）业务子类型 2：寄存器加载命令分发。

设备命令分发业务构件将遥控指令的预处理和分发进行了较好的封装，同时将指令码字和指令代号进行了松耦合设计，地面只需要上注不同类型的指令代号即可，使用灵活，便于软件复用。

11.3.2　构件模块结构设计

基于 PUS 业务子类型的功能划分，设备命令分发业务构件设计了 5 个功能模块，模块结构如图 11 - 5 所示。

图 11 - 5 中主要模块的功能描述如下。

（1）初始化接口：将指令通道号表等初始参数传入，执行构件初始化功能。

（2）设备命令分发指令处理接口：对传入的遥控包进行业务子类型判断，根据业务子类型调用相应的处理函数。

（3）ONOFF 指令分发：解析指令条数、指令通道号，获取全局唯一的事务标识，与本地存储的指令通道号表匹配，获取虚拟设备表标识、虚拟参数值标识等信息，设定命令写操作等参数，形成设备虚拟化业务 PDU，调用设备虚拟化业务访问接口。

（4）ML 指令分发：解析指令条数、指令通道号，获取全局唯一的事务标识，与本地存储的指令通道号表匹配，获取虚拟设备表标识、虚拟参数值标识等

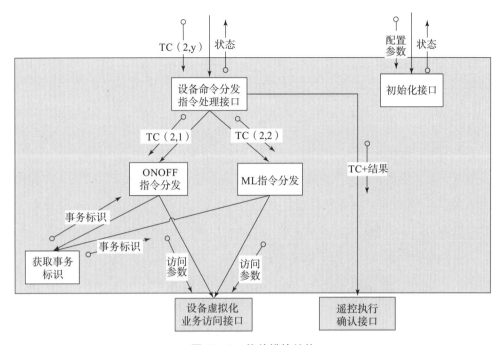

图 11-5 构件模块结构

信息，设定命令写操作、指令码字的数据指针等参数，形成设备虚拟化业务 PDU，调用设备虚拟化业务访问接口。

(5) 获取事务标识：ONOFF 指令分发和 ML 指令分发在调用设备虚拟化业务接口之前，进行系统级事务标识的分配，作为设备虚拟化业务访问参数。

11.3.3 构件接口设计

构件接口设计按照构件结构设计有对外提供的接口和需要的外部接口两类，对外提供的接口是本构件能够对调用者提供的服务接口，需要的外部接口是本构件需要从外部调用的服务接口。

1. 对外提供的接口

对外提供的接口包括：初始化接口 dcdsInit 和设备命令分发指令处理接口 dcdsTcHandle_funcp。

初始化接口 dcdsInit 的定义如下：

```
status_t dcdsInit
(
dcds_com_t              * obj_p,
dcds_com_config_t       * config_p
)
```

参数 obj_p 表示构件实例指针，参数 config_p 表示构件配置实例指针。其中，参数 config_p 包含了设备虚拟化业务构件实例指针 dvs_com_p（访问设备虚拟化业务接口）、遥控确认业务构件指针 tvs_com_p（完成遥控执行确认）、指令通道号解析表指针 pus_dvs_tb_p 及表长度 pus_dvs_tb_len 等参数。

设备命令分发指令处理接口 dcdsTcHandle_funcp 的定义如下：

```
status_t dcdsTcHandle_funcp
(
dcds_com_t * obj_p,
uint8_t * tc_packet_p
)
```

参数 obj_p 表示构件实例指针，参数 tc_packet_p 表示遥控包指针。

2. 需要的外部接口

本构件需要的外部接口包括：遥控执行确认接口。此类接口通过初始化接口 dcdsInit 传入，无对应业务子类型。

遥控执行确认接口 status_t tvsTcExecVerification_funcp（tvs_com_t * obj_p，uint8_t * tc_packet_p，uint32_t err_code，uint8_t params_num，uint8_t * params_p），详见 11.2 节。

业务子类型与构件对外接口关系见表 11-5。

表 11-5　业务子类型与构件对外接口关系

序号	业务子类型	构件接口
1	—	初始化接口 dcdsInit（tvs_com_t * obj_p, dcds_com_config_t * config_p）

续表

序号	业务子类型	构件接口
2	1 和 2	设备命令分发指令处理接口 dcdsTcHandle_funcp（tvs_com_t * obj_p, uint8_t * tc_packet_p）

注：构件指令处理接口 dcdsTcHandle_funcp 内部根据业务子类型调用了不同的处理函数。

11.3.4 构件核心数据结构设计

该构件的核心数据结构为指令通道号表，该表可以决定当前分发的指令代号是否能匹配到正确的指令码字，避免指令错发。表项结构见表 11-6。

表 11-6 表项结构

指令通道 ID	虚拟设备 ID	虚拟参数值 ID
16 bit	16 bit	16 bit

表 10-6 中各字段的含义如下：

（1）指令 ID：16 bit，指令标识；

（2）虚拟设备 ID：16 bit，指令发送的虚拟设备标识；

（3）虚拟参数值 ID：16 bit，指令标识对应的指令码字所处表中的位置索引。

11.3.5 构件运行设计

按照应用管理层的功能划分，可由遥控管理进程调用设备命令分发业务构件进行指令统一分发控制。应用进程在初始化过程中，声明一个设备命令分发业务构件实例并调用设备命令分发业务构件的初始化接口完成构件初始化配置，之后应用进程就可以使用该构件提供的指令分发功能。

应用进程启动后，在周期性运行过程中，对接收到的每个遥控包都需要先进行业务类型匹配，如果匹配失败，则即刻终止遥控包的后续操作，不对指令计数遥测进行更新；只有匹配成功的遥控包才能通过设备命令分发指令处理接口 dcdsTcHandle_funcp 进行解析及分发处理。

设备命令分发业务构件的初始化接口处理过程如下：

```
status_t dcdsInit(
    dcds_com_t * obj_p,           /* 构件实例指针 */
    dcds_com_config_t* config_p,  /* 构件配置实例指针 */
)
{
    uint32_t i = 0;
    if 构件实例指针 obj_p 为空 || 构件配置实例指针 config_p 为空
        返回指针错误码;
    ……                             /* 本地存储区等初始化 */
    obj_p -> dcdsTcHandle_funcp = dcdsTcHandle;
                                   /* 对外接口 */
    obj_p -> dvs_com_p = config_p -> dvs_com_p;
                                   /* 设备虚拟化业务构件指针 */
    obj_p -> tvs_com_p = config_p -> tvs_com_p;
                                   /* 遥控确认业务构件指针 */
    obj_p -> pus_dvs_tb_p = config_p -> pus_dvs_tb_p;
                                   /* 指令通道号表指针 */
    obj_p -> pus_dvs_tb_len = config_p -> pus_dvs_tb_len;
                                   /* 指令通道号表长度 */
    返回状态 OK;
}
```

设备命令分发业务构件的核心接口处理过程如下：

```
status_t dcdsTcHandle(
    tvs_com_t * obj_p,            /* 构件实例指针 */
    uint8_t * tc_packet_p         /* 遥控包指针 */
)
{
```

```
        status_t result = OK;
        uint8_t subtype = 0;
        uint16_t datalen = 0;
        if 构件实例指针 obj_p 为空 || 遥控包指针 tc_packet_p 为空
            返回指针错误码;
        subtype = spPusSubTypeGet(tc_packet_p);
        datalen = spPacketLengthGet(tc_packet_p) - 7;
    switch subtype
        {
        case 1:
         result = dcdsCmdONOFFHandle(obj_p,tc_packet_p,datalen);/* ONOFF 指令处理,内部调用设备虚拟化业务访问接口 */
        break;
        case 2:
        result = dcdsCmdMLHandle(obj_p,tc_packet_p,datalen);/* ML 指令处理,内部调用设备虚拟化业务访问接口 */
        break;
        default:
        result = 业务子类型错误码;
        break;
        }
        if 遥控确认业务指针非空
            obj_p -> tvs_com_p -> tvsTcExecVerification_funcp(obj_p -> tvs_com_p,tc_packet_p,result,...);
        返回状态 result;
    }
```

设备命令分发业务构件在软件中的使用过程如下:

```
/*** 应用进程操作 - 开始 ***/
声明 static dcds_com_t g_dcds_com;            /* 构件实例 */
声明 static dcds_com_config_t dcds_config;    /* 构件配置实例 */
                        …/* dcds_config 配置指令通道号表 */
调用 dcdsInit(&g_dcds_com,&my_dcds_config);  /* 完成配置参数
写入构件 */
…/* 接收遥控包 */
if 收到遥控包
    调用 g_dcds_com.dcdsTcHandle_funcp(&g_dcds_com,packet_
buffer_p);/* 指令处理,完成指令分发 */
/*** 应用进程操作 - 结束 ***/
```

11.4 常规/诊断参数报告业务构件

11.4.1 构件概述

常规/诊断参数报告业务构件实现了常规/诊断参数报告业务（Housekeeping and Diagnostic Data Reporting Service，HDDRS）的功能，常规/诊断参数报告业务构件为应用管理层应用进程提供设备状态信息反馈的功能，可以设置预定义的参数用于报告产生，这些定义可以修改、删除或增加。

常规/诊断参数报告业务构件维护一组遥测参数表，并根据遥测参数表周期性地产生遥测包。遥测参数表可以在任务前预先设定，并可通过遥控命令在线修改维护。参数报告有两种工作模式，周期模式按照预定的数据采集间隔，持续产生相应的遥测包；过滤模式在每一个数据采集间隔检查相应参数的值，只有当其中一个或多个参数的变化值超过给定阈值时，才产生遥测包。诊断参数报告的机制与常规参数报告一致，只是使用单独的遥测参数表和业务子类型，在出现异常情况时以更高的频率报告相关参数，用于故障诊断。

PUS 业务之间依据业务类型进行功能区分，业务内部则依据业务子类型进行

子功能的划分，依据大部分型号中实际使用的功能及完成功能需要的子功能，该业务构件设计并实现的业务子类型包含 11 个。

（1）业务子类型 1：将常规参数报告定义信息添加到链表中，并且产生相应的订单。

（2）业务子类型 3：将某个 SID 的常规事务报告定义从链表中删除，并且取消相应的订单。

（3）业务子类型 5：使能某个 SID 的常规参数报告定义。

（4）业务子类型 6：禁止某个 SID 的常规参数报告定义。

（5）业务子类型 9：查询某个 SID 的常规参数报告定义。

（6）业务子类型 10：某个 SID 的常规参数报告定义查询遥测，对应业务子类型 9。

（7）业务子类型 17：将某个 SID 的常规参数报告定义更改为周期型模式。

（8）业务子类型 19：将某个 SID 的常规参数报告定义更改为过滤型模式。

（9）业务子类型 21：查询某个 SID 的常规参数报告定义中的过滤信息。

（10）业务子类型 23：某个 SID 的常规参数报告定义中的过滤信息的查询遥测，对应业务子类型 21。

（11）业务子类型 25：常规参数报告。

常规/诊断参数报告业务构件通过对业务子类型的功能实现，实现了星上参数监测和报告的动态维护，方便了航天器在轨运行过程中，地面用户的参数报告按需定制，使用灵活，便于软件复用。

11.4.2 构件模块结构设计

基于 PUS 业务子类型的功能划分，常规/诊断参数报告业务构件设计了 15 个功能模块，模块结构图如图 11-6 所示。

图 11-6 中主要模块的功能描述如下。

（1）初始化接口：将本地 APID、目的 APID、设备数据池业务构件指针等初始参数传入，执行构件初始化功能。

（2）常规参数报告指令处理接口：对传入的遥控包进行业务子类型判断，根据业务子类型调用相应的处理函数；支持的操作包括：添加定义、删除定义、

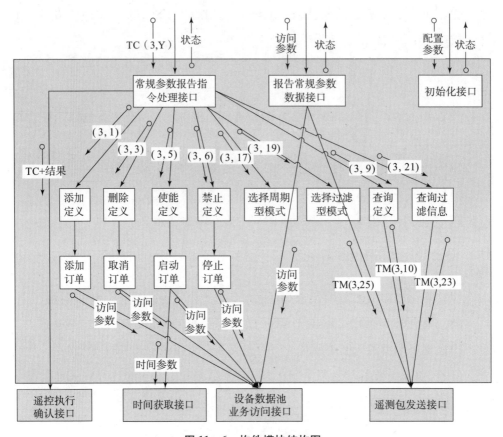

图 11-6 构件模块结构图

使能定义、禁止定义、选择周期型模式、选择过滤型模式、查询定义、查询过滤信息等。

（3）报告常规参数数据接口：循环遍历参数报告定义的链表，查询相关的参数并计算参数的变化情况，完成计数更新，根据模式设置类型和是否超限产生遥测报告。

（4）添加定义：从空闲链表中取出一个节点，并将输入参数"常规事务报告定义信息"中的赋值给该节点。报告产生标识设置为禁止，报告产生模式设置为周期型，采集计数初始化为采集周期数，调用添加订单模块，完成设备数据池中订单的添加操作。

（5）删除定义：从链表中搜索出 SID 等于输入参数 SID 的节点，并删除节点，调用取消订单模块，后者再完成设备数据池中订单的删除操作。

(6) 使能定义：从链表中搜索出 SID 等于输入参数 SID 的节点，将报告产生标识设置为使能，根据 SID 调用启动订单模块，后者再完成设备数据池中订单的启动操作。

(7) 禁止定义：从链表中搜索出 SID 等于输入参数 SID 的节点，将报告产生标识设置为禁止，根据 SID 调用停止订单模块，后者再完成设备数据池中订单的停止操作。

11.4.3 构件接口设计

构件接口设计按照构件结构设计有对外提供的接口和需要的外部接口两类，对外提供的接口是本构件能够对调用者提供的服务接口，需要的外部接口是本构件需要从外部调用的服务接口。

1. 对外提供的接口

对外提供的接口包括：初始化接口 hddrsInit、常规参数报告指令处理接口 hddrsTcHandle_funcp 和报告常规参数数据接口 hddrsHouseKeepParaReport_funcp。

初始化接口 hddrsInit 的定义如下：

```
status_t hddrsInit
(
hddrs_com_t * obj_p,
hddrs_config_t* config_p
)
```

参数 obj_p 表示构件实例指针，参数 config_p 表示构件配置实例指针。其中，参数 config_p 包含本地 APID（产生遥测包时的源 APID）、目的 APID（产生遥测包时的目的 APID）、时间获取接口 tasAbsTimeGet_funcp（用于在产生遥测包时获取当前时间）、遥控确认业务构件指针 tvs_com_p（用于遥控包执行确认）、设备数据池业务构件指针 ddps_com_p（用于访问设备数据池业务接口）和遥测包发送接口 pusTmPacketSend_funcp（用于发送遥测包）等参数。

常规参数报告指令处理接口 hddrsTcHandle_funcp 的定义如下：

```
status_t hddrsTcHandle_funcp
(
hddrs_com_t * obj_p,
uint8_t * tc_packet_p
)
```

参数 obj_p 表示构件实例指针,参数 tc_packet_p 表示遥控包指针。

报告常规参数数据接口 hddrsHouseKeepParaReport_funcp,接口定义如下:

```
status_t hddrsHouseKeepParaReport_funcp
(
hddrs_com_t * obj_p
)
```

参数 obj_p 表示构件实例指针。

2. 需要的外部接口

本构件需要的外部接口包括:时间获取接口、遥测包发送接口、遥控执行确认接口和设备数据池访问接口(含开始订单、停止订单、添加订单、删除订单和读取采集数据接口)。此类接口通过初始化接口 hddrsInit 传入,无对应业务子类型。

时间获取接口 status_ttasAbsTimeGet_funcp(struct tas_com * com_p, uint8_t cmd, uint8_t * data_p, uint8_t data_len),详见 10.6 节。

遥测包发送接口 status_t pusTmPacketSend_funcp(uint8_t * tm_packet_p, uint32_t len),详见 11.2 节。

遥控执行确认接口 status_t tvsTcExecVerification_funcp(tvs_com_t * obj_p, uint8_t * tc_packet_p, uint32_t err_code, uint8_t params_num, uint8_t * params_p),详见 11.2 节。

设备数据池开始采集订单接口 status_t ddpsOrderStart_funcp(struct ddps_com * obj_p, uint32_t order_id, uitn8_t time_code [8]),详见 10.5 节。

设备数据池停止采集订单接口 status_t ddpsOrderStop_funcp(struct ddps_com

* obj_p, uint32_t order_id），详见 10.5 节。

设备数据池添加采集订单接口 status_t ddpsOrderAdd_funcp（struct ddps_com * obj_p, uint16_t * param_table_p, uint16_t param_num, uint16_t period, uint16_t acquis_histroy, uint32_t transaction_id, uint32_t * orderId_p），详见 10.5 节。

设备数据池删除采集订单接口 status_t ddpsOrderRemove_funcp（struct ddps_com * obj_p, uint32_t order_id），详见 10.5 节。

设备数据池读取采集数据接口 status_t ddpsSampleRead_funcp（struct ddps_com * obj_p, uint32_t order_id, uint8_t history, uint8_t * data_buffer_p, uint8_t * status_buffer_p, uint16_t * data_len, uint16_t * param_num, uint8_t * time_code），详见 10.5 节。

业务子类型与构件对外接口关系见表 11-7。

表 11-7 业务子类型与构件对外接口关系

序号	业务子类型	构件接口
1	—	初始化接口 hddrsInit（hddrs_com_t * obj_p, hddrs_config_t * config_p）
2	1、3、5、6、9、10、17、19、21 和 23	常规事务报告指令处理接口 hddrsTcHandle_funcp（hddrs_com_t * obj_p, uint8_t * tc_packet_p）
3	25	报告常规事务参数数据接口 hddrsHouseKeepParaReport_funcp（hddrs_com_t * obj_p）

注：构件指令处理接口 hddrsTcHandle_funcp 内部根据业务子类型调用了不同的处理函数。

11.4.4 构件核心数据结构设计

该构件的核心数据结构为报告定义的存储区，业务子类型对应的功能处理都是基于该结构进行的，是本构件的功能基础，结构见表 11-8。

表 11-8 存储区结构

SID	报告定义信息	报告产生标识	产生模式	过滤信息	超时计数	数据采集计数
8 bit	$N \times 8$ bit	8 bit	8 bit	$N \times 8$ bit	8 bit	16 bit

表 11-8 中各字段的含义如下。

（1）SID：8 bit，该常规事务参数报告定义的结构标识。

（2）报告定义信息：N×8 bit，报告定义信息包含的内容如图 11-7 所示。

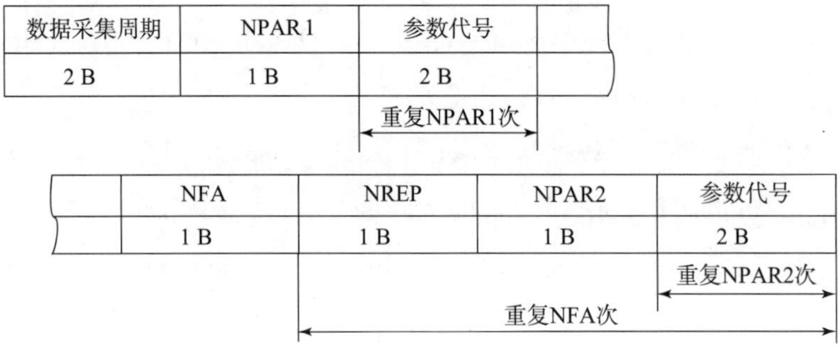

数据采集周期	NPAR1	参数代号
2 B	1 B	2 B

重复 NPAR1 次

NFA	NREP	NPAR2	参数代号
1 B	1 B	1 B	2 B

重复 NPAR2 次

重复 NFA 次

图 11-7　报告定义信息

（3）报告产生标识信息：8 bit，0：禁止；1：使能。

（4）报告产生模式：8 bit，0：周期型，1：过滤型。

（5）过滤信息：N×8 bit，如果报告产生模式为周期型，则该字段为空，无效。过滤信息包含的内容如图 11-8 所示。

N	参数代号	超限类型	超限值
1 B	2 B	枚举型	无符号整型

重复 N 次

图 11-8　过滤信息包含的内容

（6）超时计数：8 bit，如果报告产生模式为周期型，则该字段无效。默认等于过滤信息中的超时时间，每"数据采集周期"时间减 1，等于 0 时向地面发送超时心跳包。

（7）数据采集计数：16 bit，默认等于常规事务报告定义中的数据采集周期，周期性减 1，等于 0 时向设备数据池业务采集数据。

11.4.5 构件运行设计

按照应用管理层的功能划分，可由遥测管理进程调用 HDDRS 构件进行常规事务参数报告的统一处理。应用进程在初始化过程中，声明一个常规/诊断参数报告业务构件实例并调用常规/诊断参数报告业务构件的初始化接口完成构件初始化配置，之后应用进程就可以使用该构件提供的常规事务参数报告功能。

常规/诊断参数报告业务构件的常规事务参数报告功能属于持续性动作，则需要进行周期性调度，在应用进程启动后，常规/诊断参数报告业务构件的接口 hddrsHouseKeepParaReport_funcp 与应用进程同步调度，该接口需要周期性对当前活动的报告定义进行监测和计算，查询到满足产生报告的条件时，则产生遥测包。同时，当设定为周期型模式时，对应的报告定义数据采集周期设置需要考虑到当前构件接口 hddrsHouseKeepParaReport_funcp 的调度周期进行合理的设置。

常规/诊断参数报告业务构件的初始化接口处理过程如下：

```
status_t hddrsInit(
    hddrs_com_t * obj_p,                    /* 构件实例指针 */
    hddrs_com_config_t* config_p,           /* 构件配置实例指针 */
)
{
uint32_t i = 0;
if 构件实例指针 obj_p 为空 || 构件配置实例指针 config_p 为空
    返回指针错误码；
……/* 本地链表等初始化 */
/* 遥测发送接口 */
obj_p->pusTmPacketSend_funcp = config_p->pusTmPacketSend_funcp;
/* 时间获取接口 */
obj_p->tasAbsTimeGet_funcp = config_p->tasAbsTimeGet_funcp;
```

```
            obj_p -> ddps_com_p = config_p -> ddps_com_p;
                                       /* 设备数据池业务构件指针 */
            obj_p -> tvs_com_p = config_p -> tvs_com_p;
                                       /* 遥控确认业务构件指针 */
            obj_p -> apid = config_p -> apid;
                                       /* 本地 APID */
            obj_p -> dest_apid = config_p -> dest_apid;
                                       /* 目的 APID */
            obj_p -> hddrsTcHandle_funcp = hddrsTcHandle;
                                       /* 遥控包处理接口 */
    /* 报告常规事务参数数据接口 */
     obj_p -> hddrsHouseKeepParaReport_funcp = hddrsHouseKeepParaReport;
            返回状态 OK;
    }
```

常规/诊断参数报告业务构件的核心接口处理过程如下：

```
    status_t hddrsTcHandle(
        hddrs_com_t* obj_p,              /* 构件实例指针 */
        uint8_t * tc_packet_p            /* 遥控包指针 */
        )
        {
        hddrs_report_define_t new_define;
        uint16_t trans_id = 0;
        status_t result = OK;
            if 构件实例指针 obj_p 为空 || 遥控包指针 tc_packet_p 为空
                返回指针错误码;
```

```
        subtype = spPusSubTypeGet(tc_packet_p);
                                              /* 获取业务子类型 */
        trans_id = tranIdGet();
        switch(subtype)
        {
        case 1:
        result = hddrsDefineAdd(obj_p,new_define,trans_id);/*
添加定义,内部调用设备数据池订单添加接口 */
        break;
        case 3:
        result = hddrsDefineRemove(obj_p,tc_packet_p);/* 删除定
义,内部调用设备数据池订单删除接口 */
        break;
        case 5:
        result = hddrsDefineEnable(obj_p,tc_packet_p);/* 使能定
义,内部调用设备数据池订单启动接口 */
        break;
        …/* 其他业务子类型分类处理 */
        default:
        result = 业务子类型错误码;
        break;
        }
        if 遥控确认业务指针非空
            obj_p -> tvs_com_p -> tvsTcExecVerification_funcp
(obj_p->tvs_com_p,tc_packet_p,result,…);
        返回状态 result;
    }
```

常规/诊断参数报告业务构件在软件中的使用过程如下:

```
/*** 应用进程操作 - 开始 ***/
声明 static hddrs_com_t g_hddrs_com;              /* 构件实例 */
声明 static hddrs_config_t hddrs_config;  /* 构件配置实例 */
…/* hddrs_config 配置源 APID、目的 APID、遥测包发送接口等信息 */
调用 psrsInit(&g_psrs_com,&my_psrs_config);
                                          /* 完成配置参数写入构件 */
…/* 接收遥控包 */
if 收到遥控包
    调用 g_hddrs_com.hddrsTcHandle_funcp(&g_hddrs_com,tc_
packet_p);                                          /* 指令处理 */
    周期性调用 g_hddrs_com.hddrsHouseKeepParaReport_funcp(&g_
hddrs_com);                                       /* 完成参数报告 */
/*** 应用进程操作 - 结束 ***/
```

■ 11.5 参数统计报告业务构件

11.5.1 构件概述

参数统计报告业务构件实现了参数统计报告业务（Parameter Statistics Reporting Service，PSRS）的功能，参数统计报告业务构件为应用管理层应用进程和地面用户提供报告航天器上参数特定计算数值的功能。

参数统计报告业务构件维护一组遥测参数表，并根据遥测参数表对相关参数进行最大值、最小值、平均值和标准差值（可选）的统计计算，并将统计结果通过遥测包传送至地面系统。统计报告可以以周期性形式生成，并对星上参数列表进行维护，包括参数增加、参数删除、参数报告复位和参数列表清空等操作。

PUS 业务之间依据业务类型进行功能区分，业务内部则依据业务子类型进行子功能的划分，依据大部分型号中实际使用的功能及完成功能需要的子功能，该业务构件设计并实现的业务子类型包含 10 个。

（1）业务子类型 1：报告参数统计结果。

（2）业务子类型 2：参数统计结果报告，对应业务子类型 1 的遥测。

（3）业务子类型 3：参数统计过程复位。

（4）业务子类型 4：启动周期性参数统计，并设置下传周期。

（5）业务子类型 5：取消周期性参数统计。

（6）业务子类型 6：向统计参数列表中添加统计参数。

（7）业务子类型 7：从统计参数列表中删除指定的统计参数。

（8）业务子类型 8：查询参数列表中的参数。

（9）业务子类型 9：将统计参数列表中的参数，包括周期性参数统计报告周期、参数 ID、参数采样周期信息组织为遥测包，对应业务子类型 8 的遥测。

（10）业务子类型 10：将参数列表中所有参数删除。

参数统计报告业务构件通过对业务子类型的功能实现，实现了星上参数统计计算和报告的动态维护，方便了航天器在轨运行过程中，地面用户的参数统计计算和报告的按需定制，使用灵活，便于软件复用。

11.5.2　构件模块结构设计

基于 PUS 业务子类型的功能划分和周期性调度功能接口，参数统计报告业务构件设计了 12 个功能模块，模块结构如图 11-9 所示。

图 11-9 中主要模块的功能描述如下。

（1）初始化接口：将本地 APID、目的 APID、设备数据池业务构件指针等初始参数传入，执行构件初始化功能。

（2）参数统计指令处理接口：对传入的遥控包进行业务子类型判断，根据业务子类型调用相应的处理函数；支持的操作包括：报告参数统计结果、参数统计过程复位、启动周期性参数统计、取消周期性参数统计、向参数统计列表中添加参数、从参数统计列表中删除参数、报告参数统计列表和清除参数统计列表等。

（3）参数周期性采集接口：循环遍历参数统计列表，对于启动的参数统计报告进行对应的参数采集，对采集后的数据进行规定方法的统计计算，完成计算更新。

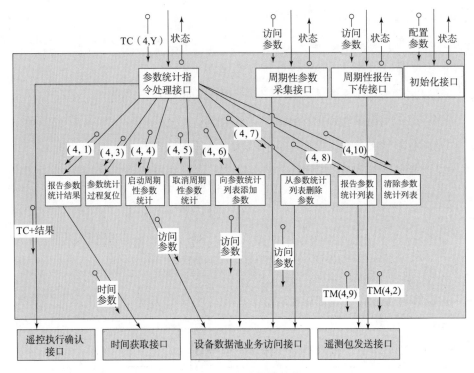

图 11-9 构件模块结构

（4）周期性报告下传接口：循环遍历参数统计列表，并更新周期计数，组织遥测包把计时到时的参数及其计算值结果下传至地面。

（5）启动周期性参数统计业务：由上层用户调用，将设置统计参数列表中的统计参数的下传形式为周期性下传，并通过设备数据池业务接口启动数据池参数的采集。

（6）向参数统计列表添加参数：由上层用户调用，将新增的统计参数添加至统计参数列表中，并通过设备数据池业务接口更新数据池参数的采集。

11.5.3 构件接口设计

构件接口设计按照构件结构设计有对外提供的接口和需要的外部接口两类，对外提供的接口是本构件能够对调用者提供的服务接口，需要的外部接口是本构件需要从外部调用的服务接口。

1. 对外提供的接口

本构件对外提供的接口包括：初始化接口 psrsInit、参数统计指令处理接口

psrsTcHandle_ funcp、周期性参数采集接口 psrsParaPeriodicalDataSampling_ funcp 和周期性报告下传接口 psrsParaPeriodicalReportDownload_ funcp。

初始化接口 psrsInit 的定义如下：

```
status_t psrsInit
(
pus_psrs_com_t         * obj_p,
pus_psrs_config_t      * config_p
)
```

参数 obj_p 表示构件实例指针，参数 config_p 表示构件配置实例指针。其中，参数 config_p 包含本地 APID（产生遥测包时的源 APID）、目的 APID（产生遥测包时的目的 APID）、时间访问业务构件指针 tas_obj_p（用于在产生遥测包时获取当前时间）、参数采集深度、遥控确认业务构件指针 tvs_com_p（用于遥控包执行确认）、设备数据池业务构件指针 ddps_obj_p（用于访问设备数据池业务接口）和遥测包发送接口 pusTmPacketSend_funcp（用于发送遥测包）。

参数统计指令处理接口 psrsTcHandle_funcp 的定义如下：

```
status_t psrsTcHandle_funcp
(
pus_psrs_com_t   * obj_p,
uint8_t          * tc_packet_p
)
```

参数 obj_p 表示构件实例指针，参数 tc_packet_p 表示遥控包指针。

周期性参数采集接口 psrsParaPeriodicalDataSampling_funcp，接口定义如下：

```
status_t psrsParaPeriodicalDataSampling_funcp
(
pus_psrs_com_t * obj_p
)
```

参数 obj_p 表示构件实例指针。

周期性报告下传接口 psrsParaPeriodicalReportDownload_funcp，接口定义如下：

```
status_t psrsParaPeriodicalReportDownload_funcp
(
pus_psrs_com_t * obj_p
)
```

参数 obj_p 表示构件实例指针。

2. 需要的外部接口

本构件需要的外部接口包括：遥测包发送接口、时间获取接口、遥控执行确认接口和设备数据池访问接口（含开始订单、停止订单、添加订单、删除订单和读取采集数据接口）。此类接口通过初始化接口 psrsInit 传入，无对应业务子类型。

遥测包发送接口 status_t pusTmPacketSend_funcp（uint8_t * tm_packet_p, uint32_t len），详见 11.2 节。

时间获取接口 status_t tasAbsTimeGet_funcp（struct tas_com * com_p, uint8_t cmd, uint8_t * data_p, uint8_t data_len），详见 10.6 节。

遥控执行确认接口 status_t tvsTcExecVerification_funcp（tvs_com_t * obj_p, uint8_t * tc_packet_p, uint32_t err_code, uint8_t params_num, uint8_t * params_p），详见 11.2 节。

设备数据池开始采集订单接口 status_t ddpsOrderStart_funcp（struct ddps_com * obj_p, uint32_t order_id, uitn8_t time_code [8]），详见 10.5 节。

设备数据池停止采集订单接口 status_t ddpsOrderStop_funcp（struct ddps_com * obj_p, uint32_t order_id），详见 10.5 节。

设备数据池添加采集订单接口 ddpsOrderAdd_funcp（struct ddps_com * obj_p, uint16_t * param_table_p, uint16_t param_num, uint16_t period, uint16_t acquis_histroy, uint32_t transaction_id, uint32_t * orderId_p），详见 10.5 节。

设备数据池删除采集订单接口 ddpsOrderRemove_funcp（struct ddps_com * obj_p, uint32_t order_id），详见 10.5 节。

设备数据池读取采集数据接口 ddpsSampleRead_funcp（struct ddps_com * obj_

p, uint32_t order_id, uint8_t history, uint8_t * data_buffer_p, uint8_t * status_buffer_p, uint16_t * data_len, uint16_t * param_num, uint8_t * time_code), 详见 10.5 节。

业务子类型与构件对外接口关系见表 11-9。

表 11-9 业务子类型与构件对外接口关系

序号	业务子类型	构件接口
1	—	初始化接口 psrsInit (pus_psrs_com_t * obj_p, pus_psrs_config_t * config_p)
2	1、2、3、4、5、6、7、8、9 和 10	参数统计指令处理接口 psrsTcHandle_funcp (pus_psrs_com_t * obj_p, uint8_t * tc_packet_p)
3	—	周期性参数采集接口 psrsParaPeriodicalDataSampling_funcp (pus_psrs_com_t * obj_p)
4	2	周期性报告下传接口 psrsParaPeriodicalReportDownload_funcp (pus_psrs_com_t * obj_p)

注：构件指令处理接口 psrsTcHandle_funcp 内部根据业务子类型调用了不同的处理函数。

11.5.4 构件核心数据结构设计

该构件的核心数据结构为统计参数列表存储区，包含多个统计参数的基本信息和相关统计值，业务子类型对应的功能处理都是基于该结构进行的，是本构件的功能基础，存储区结构见表 11-10。

表 11-10 统计参数列表存储区结构

统计报告周期性下传使能标识	统计报告周期性下传周期	参数统计时间 t_{start}	参数列表中的参数数量	参数 P_k	参数采样周期	参数 P_k 最大值	最大值产生时间 t_{max}	参数 P_k 最小值	最小值产生时间 t_{min}	参数 P_k 平均值	参数 P_k 标准差值（可选）
8 bit	8 bit	64 bit	16 bit	16 bit	16 bit	64 bit	64 bit	64 bit	64 bit	64 bit	64 bit

重复 N 次

表 11-10 中各字段的含义如下：

(1) 统计报告周期性下传使能标识：8 bit，是否使能报告周期性下传；

(2) 统计报告周期性下传周期：8 bit，报告下传周期；

(3) 参数统计时间：64 bit，参数统计起始时间；

(4) 参数列表中的参数数量：16 bit，列表中参数个数；

(5) 参数 Pk：16 bit，参数列表中指定参数代号；

(6) 参数采样周期：16 bit，参数列表中指定参数的采样周期；

(7) 参数 Pk 最大值：64 bit，参数列表中指定参数的统计最大值；

(8) 最大值产生时间：64 bit，参数列表中指定参数的统计最大值产生时的时间；

(9) 参数 Pk 最小值：64 bit，参数列表中指定参数的统计最小值；

(10) 最小值产生时间：64 bit，参数列表中指定参数的统计最小值产生时的时间；

(11) 参数 Pk 标准差值：64 bit，参数列表中指定参数的标准差值。

11.5.5 构件运行设计

按照应用管理层的功能划分，可由遥测管理进程调用参数统计报告业务构件进行参数统计报告的统一处理。应用进程在初始化过程中，声明一个参数统计报告业务构件实例并调用参数统计报告业务构件的初始化接口完成构件初始化配置，之后应用进程就可以使用该构件提供的参数统计报告功能。

参数统计报告业务构件的周期性数据采集功能和周期性报告下传功能属于持续性动作，则需要进行周期性调度，在应用进程启动后，参数统计报告业务构件的接口 psrsParaPeriodicalDataSampling_funcp、接口 psrsParaPeriodicalReportDownload_funcp 与应用进程进行同步调度，接口 psrsParaPeriodicalDataSampling_funcp 需要周期性对当前使能的参数进行采集和统计计算更新，接口 psrsParaPeriodicalReportDownload_funcp 需要周期性查询参数报告周期性下传功能是否使能以及使能情况下计数是否到时，满足产生报告下传的条件时，则产生遥测列表遥测包并调用遥测包发送接口进行发送。

参数统计报告业务构件的初始化接口处理过程如下：

```
status_t psrsInit(
    pus_psrs_com_t * obj_p,              /* 构件实例指针 */
```

```
            pus_psrs_config_t* config_p  /* 构件配置实例指针 */
)
{
    uint32_t i = 0;
    if 构件实例指针 obj_p 为空 || 构件配置实例指针 config_p 为空
        返回指针错误码;
    ……/* 本地链表等初始化 */
    obj_p->tas_obj_p = config_p->tas_obj_p;/* 时间访问业务构件指针 */
    obj_p->ddps_obj_p = config_p->ddps_obj_p;/* 设备数据池业务构件指针 */
    obj_p->tvs_com_p = config_p->tvs_com_p;/* 遥控确认业务构件指针 */
    obj_p->src_apid = config_p->src_apid;/* 本地 APID */
    obj_p->dest_apid = config_p->dest_apid;/* 目的 APID */
    obj_p->acquis_histroy = config_p->acquis_histroy;/* 数据采集深度 */
    /* 遥测包发送接口 */
    obj_p->pusTmPacketSend_funcp = config_p->pusTmPacketSend_funcp;
    obj_p->psrsTcHandle_funcp = psrsTcHandle;/* 遥控包处理接口 */
    /* 周期性数据采集接口 */
    obj_p->psrsParaPeriodicalDataSampling_funcp = psrsParaPeriodicalDataSampling;
    /* 周期性报告下传接口 */
    obj_p->psrsParaPeriodicalReportDownload_funcp = psrsParaPeriodicalReportDownload;
```

            返回状态 OK;
    }

参数统计报告业务构件的核心接口处理过程如下:

```
status_t psrsTcHandle(
    pus_psrs_com_t* obj_p,          /* 构件实例指针 */
    uint8_t * tc_packet_p            /* 遥控包指针 */
)
{
    uint8_t tmp_subtype = 0;
    status_t result = OK;
    if 构件实例指针 obj_p 为空||遥控包指针 tc_packet_p 为空
        返回指针错误码;
    tmp_subtype = spPusSubTypeGet(tc_packet_p);
    switch(mp_subtype)
    {
    case 1:
        result = psrsReportingStatisticsResult(obj_p,tc_packet_p);/* 报告参数统计结果 */
        break;
    case 3:
        result = psrsStatisticsReportResetting(obj_p,tc_packet_p);/* 参数统计过程复位 */
        break;
    case 4:
        result = psrsPeriodicalEnable(obj_p,tc_packet_p);/* 启动周期性参数统计 */
```

```
        break;
    …/* 其他业务子类型分类处理 */
    default:
    result = 业务子类型错误码;
    break;
    }
    if 遥控确认业务指针非空
        obj_p->tvs_com_p->tvsTcExecVerification_funcp
(obj_p->tvs_com_p,tc_packet_p,result,…);
    返回状态 OK;
}
```

参数统计报告业务构件在软件中的使用过程如下:

```
/*** 应用进程操作-开始 ***/
    声明 pus_psrs_com_t g_psrs_com;          /* 构件实例 */
    声明 pus_psrs_config_t my_psrs_config;   /* 构件配置实例 */
    …/* my_psrs_config 配置源 APID、目的 APID、参数采集深度、数据池构件指针等 */
    调用 psrsInit(&g_psrs_com,&my_psrs_config);/* 完成配置参数写入构件 */
    …/* 接收遥控包 */
    if 收到遥控包
        g_psrs_com.psrsTcHandle_funcp(&g_psrs_com,tc_packet_p);/* 指令处理 */
        周期性调用 g_psrs_com.psrsParaPeriodicalDataSampling_funcp(&g_psrs_com);
```

```
        /* 完成周期性数据采集 */
        周期性调用 g_psrs_com.psrsParaPeriodicalReportDownload_
funcp(&g_psrs_com);/* 完成周期性报告下传 */
        /*** 应用进程操作-结束 ***/
```

11.6 在轨监视业务构件

11.6.1 构件概述

在轨监视业务构件实现了在轨监视业务（On-board Monitoring Service，OMS）的功能，在轨监视业务构件为应用管理层应用进程和地面用户提供航天器上特定参数监测和报告的功能。

在轨监视业务构件维护一组在轨监视参数表，并对表中的参数实时上下限、变化范围或期望值进行检查，如果检查结果发生变化，则产生检查变化报告遥测包；被监视的参数超限时，产生事件报告遥测包；此外，还可通过遥控指令产生遥测包报告在轨监视业务的相关情况和定制监视功能，包括参数增加、参数删除、参数报告复位和参数列表清空等操作。

PUS 业务之间依据业务类型进行功能区分，业务内部则依据业务子类型进行子功能的划分，依据大部分型号中实际使用的功能及完成功能需要的子功能，该业务构件设计并实现的业务子类型包含 5 个。

(1) 业务子类型 1：使能参数监视过程；
(2) 业务子类型 2：禁止参数监视过程；
(3) 业务子类型 5：向参数监视列表中添加参数；
(4) 业务子类型 6：从参数监视列表中删除参数；
(5) 业务子类型 12：参数检查变化报告。

在轨监视业务构件通过对业务子类型的功能实现，实现了星上参数限值、范围和期望值监测，方便了航天器在轨运行过程中，地面用户的对特定参数设置监测的按需定制，使用灵活，便于软件复用。

11.6.2 构件模块结构设计

基于 PUS 业务子类型的功能划分和周期性调度功能接口，在轨监视业务构件设计了 7 个功能模块，模块结构如图 11 - 10 所示。

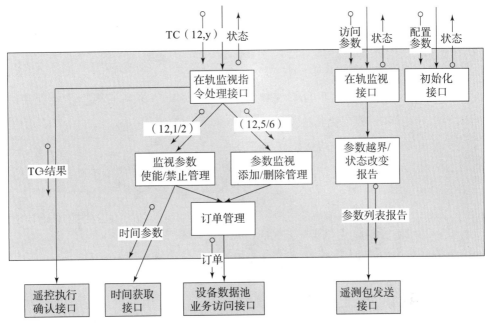

图 11 - 10 构件模块结构

图 11 - 10 中主要模块的功能描述如下。

（1）初始化接口：将本地 APID、目的 APID、设备数据池业务构件指针、事件报告业务构件指针等初始参数传入，执行构件初始化功能。

（2）在轨监视指令处理接口：对传入的遥控包进行业务子类型判断，根据业务子类型调用相应的处理函数；支持的操作包括：监视参数添加、监视参数删除、参数监视使能和参数监视禁止等。

（3）在轨监视接口：循环遍历监视参数表，对于满足周期要求的被监视参数进行数据采集，对采集后的数据按照监视规则进行计算。

（4）参数越界/状态改变报告：对状态改变的监视参数进行报告遥测包组织

和发送。

（5）订单管理：对于使能、禁止、添加或删除的参数都需要重新对设备数据池业务访问所需要的订单信息进行更新和重启。

11.6.3 构件接口设计

构件接口设计按照构件结构设计有对外提供的接口和需要的外部接口两类，对外提供的接口是本构件能够对调用者提供的服务接口，需要的外部接口是本构件需要从外部调用的服务接口。

1. 对外提供的接口

本构件对外提供的接口包括：初始化接口 scmsInit、在轨监视指令处理接口 scmsTcHandle_funcp 和在轨监视接口 scmsMonitor_funcp。

初始化接口 scmsInit，接口定义如下：

```
status_t scmsInit
(
pus_scmonitor_t * obj_p,
scms_config_t* config_p
)
```

参数 obj_p 表示构件实例指针，参数 config_p 构件配置实例指针。其中，参数 config_p 包含初始化参数本地 APID（产生遥测包时的源 APID）、目的 APID（产生遥测包时的目的 APID）、监视间隔（用于参数的监视间隔）、事务标识、时间获取接口 tasAbsTimeGet_funcp（用于在产生遥测包时获取当前时间）、参数采集深度、遥控包执行确认接口 pusTcExecVerif_funcp（用于遥控包执行确认）、设备数据池业务构件指针 ddps_com_p（用于访问设备数据池业务接口）、遥测包发送接口 pusTmPacketSend_funcp（用于遥测包发送）和事件报告业务构件指针 event_report_p（用于事件报告发送）。

在轨监视指令处理接口 scmsTcHandle_funcp 的定义如下：

```
status_t scmsTcHandle_funcp
(
```

```
pus_scmonitor_t* obj_p,
uint8_t * tc_packet_p
)
```

参数 obj_p 表示构件实例指针，参数 tc_packet_p 表示遥控包指针。

在轨监视接口 scmsMonitor_funcp，接口定义如下：

```
status_t scmsMonitor_funcp
(
pus_scmonitor_t * obj_p
)
```

参数 obj_p 表示构件实例指针。

2. 需要的外部接口

本构件需要的外部接口包括：时间获取接口、遥测包发送接口、遥控执行确认接口和设备数据池访问接口（含开始订单、停止订单、添加订单、删除订单和读取采集数据接口）。此类接口通过初始化接口 scmsInit 传入，无对应业务子类型。

时间获取接口 status_t tasAbsTimeGet_funcp（struct tas_com * com_p, uint8_t cmd, uint8_t * data_p, uint8_t data_len），详见 10.6 节。

遥测包发送接口 status_t pusTmPacketSend_funcp（uint8_t * tm_packet_p, uint32_t len），详见 11.2 节。

遥控执行确认接口 status_t pusTcExecVerif_funcp（tvs_com_t * obj_p, uint8_t * tc_packet_p, uint32_t err_code, uint8_t params_num, uint8_t * params_p），详见 11.2 节。

设备数据池开始采集订单接口 status_t ddpsOrderStart_funcp（struct ddps_com * obj_p, uint32_t order_id, uitn8_t time_code [8]），详见 10.5 节。

设备数据池停止采集订单接口 status_t ddpsOrderStop_funcp（struct ddps_com * obj_p, uint32_t order_id），详见 10.5 节。

设备数据池添加采集订单接口 status_t ddpsOrderAdd_funcp（struct ddps_com

*obj_p, uint16_t *param_table_p, uint16_t param_num, uint16_t period, uint16_t acquis_histroy, uint32_t transaction_id, uint32_t *orderId_p),详见10.5节。

设备数据池删除采集订单接口 status_t ddpsOrderRemove_funcp（struct ddps_com *obj_p, uint32_t order_id），详见10.5节。

设备数据池读取采集数据接口 status_t ddpsSampleRead_funcp（struct ddps_com *obj_p, uint32_t order_id, uint8_t history, uint8_t *data_buffer_p, uint8_t *status_buffer_p, uint16_t *data_len, uint16_t *param_num, uint8_t *time_code），详见10.5节。

业务子类型与构件对外接口关系见表11–11。

表11–11 业务子类型与构件对外接口关系

序号	业务子类型	构件接口
1	—	初始化接口 scmsInit（pus_scmonitor_t *obj_p, scms_config_t *config_p）
2	1、2、5和6	在轨监视指令处理接口 scmsTcHandle_funcp（pus_scmonitor_t *obj_p, uint8_t *tc_packet_p）
3	12	周期性监视接口 scmsMonitor_funcp（pus_scmonitor_t *obj_p）

注：构件指令处理接口 scmsTcHandle_funcp 内部根据业务子类型调用了不同的处理函数。

11.6.4 构件核心数据结构设计

该构件的核心数据结构为监视参数列表，包含所监视参数的限值和期望值信息，业务子类型对应的功能处理和周期性监视的功能都是基于该结构进行的，是本构件的功能基础，结构见表11–12。

表11–12 统计参数列表存储区结构

参数标识	使能状态	限值规则数量	限值规则	期望值规则数量	期望值规则
16 bit	8 bit	8 bit	$N \times 128$ bit	8 bit	$N \times 96$ bit

表11–12中各字段的含义如下：

（1）参数标识：16 bit，被监视参数的标识；

（2）使能状态：8 bit，当前参数的监视状态是否使能；

(3) 限值规则数量：8 bit，当前参数的监视上下限值对数；

(4) 限值规则：$N \times 128$ bit，当前参数的监视上下限值信息结构；

(5) 期望值规则数量：8 bit，当前参数的监视期望值数；

(6) 期望值规则：$N \times 96$ bit，当前参数的监视期望值信息结构。

11.6.5 构件运行设计

按照应用管理层的功能划分，可由遥测管理进程调用在轨监视业务构件进行参数监视及报告的统一处理。应用进程在初始化过程中，声明一个在轨监视业务构件实例并调用在轨监视业务构件的初始化接口完成构件初始化配置，之后应用进程就可以使用该构件提供的参数监视及报告功能。

在轨监视业务构件的周期性参数监视功能属于持续性动作，则需要进行周期性调度，在应用进程启动后，在轨监视业务构件的接口 scmsMonitor_funcp 与应用进程进行同步调度，该接口周期性采集参数数据并进行状态监测，状态发生变化时则需要产生遥测报告下传，调用遥测包发送接口进行发送。

在轨监视业务构件的初始化接口处理过程如下：

```
status_t scmsInit(
    pus_scmonitor_t * obj_p,           /* 构件实例指针 */
    scms_config_t* config_p            /* 构件配置实例指针 */
    )
{
uint32_t i = 0;
if 构件实例指针 obj_p 为空 || 构件配置实例指针 config_p 为空
    返回指针错误码；
……/* 本地链表等初始化 */
obj_p -> apid = config_p -> apid;  /* 本地 APID */
obj_p -> dest_apid = config_p -> dest_apid;
                                    /* 目的 APID */
```

obj_p -> monitor_interval = config_p -> monitor_interval;/* 监视间隔 */

　　obj_p -> tran_id = config_p -> tran_id;/* 事务 ID */

　　obj_p -> value_rep = config_p -> value_rep;　　/* 数据采集深度 */

　　obj_p -> ddps_com_p = config_p -> ddps_com_p;/* 设备数据池业务构件指针 */

　　obj_p -> event_report_p = config_p -> event_report_p;/* 事件报告业务构件指针*/

　　/* 时间访问接口 */

　　obj_p -> tasAbsTimeGet_funcp = config_p -> tasAbsTimeGet_funcp;

　　/* 遥控确认接口 */

　　obj_p -> pusTcExecVerif_funcp = config_p -> pusTcExecVerif_funcp;

　　/* 遥测包发送接口 */

　　obj_p -> pusTmPacketSend_funcp = config_p -> pusTmPacketSend_funcp;

　　obj_p -> scmsTcHandle_funcp = scmsTcHandle;　/* 指令处理接口 */

　　obj_p -> scmsMonitor_funcp = scmsMonitor;/* 监视接口 */

　　返回状态 OK;

　}

在轨监视业务构件的核心接口处理过程如下：

```
status_t scmsTcHandle(
    pus_scmonitor_t* obj_p,              /* 构件实例指针 */
    uint8_t * tc_packet_p                /* 遥控包指针 */
```

```
)
{
uint8_t service_subtype = 0;
uint32_t len = 0;
status_t result = OK;
if 构件实例指针 obj_p 为空 || 遥控包指针 tc_packet_p 为空
    返回指针错误码;
service_subtype = spPusSubTypeGet(tc_packet_p);
len = spPacketLengthGet(data_p);
switch(service_subtype)
{
case 1:
result = scmsParaMonitorsEnableOp(obj_p,tc_packet_p,ENABLE);                            /* 使能参数监视 */
break;
case 2:
 result = scmsParaMonitorsEnableOp(obj_p,tc_packet_p,DISABLE);                          /* 禁止参数监视 */
break;
case 5:
result = scmsParaMonitorsAdd(obj_p,tc_packet_p);/* 添加监视参数 */
break;
case 6:
result = scmsParaMonitorsRemove(obj_p,tc_packet_p); /* 删除监视参数 */
break;
default:
```

```
            result = 业务子类型错误码；
            break;
    }
    if 遥控确认业务指针非空
        obj_p->pusTcExecVerif_funcp(tc_packet_p,result,…);
    返回状态 result;
}
```

在轨监视业务构件在软件中的使用过程如下：

```
/*** 应用进程操作 - 开始 ***/
声明 pus_scmonitor_t g_scmonitor_com;  /* 构件实例*/
声明 scms_config_t my_scms_config;       /* 构件配置实例*/
…/* my_scms_config 配置源 APID、目的 APID、遥控确认接口等参数 */
调用 scmsInit(&g_scmonitor_com,&my_scms_config);/* 完成配置参数写入构件 */
…/* 接收遥控包 */
if 收到遥控包
    g_scmonitor_com.scmsTcHandle_funcp(&g_scmonitor_com,tc_packet_p);/* 指令处理 */
周期性调用 g_scmonitor_com.scmsMonitor_funcp(&g_scmonitor_com);/* 完成周期性数据采集和状态变化报告产生 */
/*** 应用进程操作 - 结束 ***/
```

11.7 事件报告业务构件

11.7.1 构件概述

事件报告业务构件实现了事件报告业务（Event Reporting Service，ERS）的功能，事件报告业务构件为应用管理层应用进程和地面用户提供航天器上特定事件报告的功能。

事件报告业务构件用于报告各种事件，如航天器故障或异常、航天器自主行为、各种操作的正常运行情况等，以便于地面系统或星上执行设备根据事件的重要程度信息采取必要的措施。该业务提供正常进展、低等级、中等级和高等级4个级别的事件报告子业务。

PUS 业务之间依据业务类型进行功能区分，业务内部则依据业务子类型进行子功能的划分，依据大部分型号中实际使用的功能及完成功能需要的子功能，该业务构件设计并实现的业务子类型包含四个。

(1) 业务子类型1：正常/进度报告；
(2) 业务子类型2：低等严重程度错误/异常报告；
(3) 业务子类型3：中等严重程度错误/异常报告；
(4) 业务子类型4：高等严重程度错误/异常报告。

事件报告业务构件通过对业务子类型的功能实现，实现了对星上事件进行分等级统一报告，方便了航天器在轨运行过程中特定事件的报告通知，使用灵活，便于软件复用。

11.7.2 构件模块结构设计

基于 PUS 业务子类型的功能划分和周期性调度功能接口，事件报告业务构件设计了3个功能模块，模块结构如图 11-11 所示。

图 11-11 中主要模块的功能描述如下。

(1) 初始化接口：将需要获取的接口和构件指针等初始参数传入，执行构件初始化功能。

(2) 事件报告访问接口：对传入的用于组织遥测包的信息进行校验。

(3) 生成事件报告：按照传入的组包参数组织报告遥测包并通过遥测包发送接口发送，同时根据访问参数中的 RID 触发相应的事件动作。

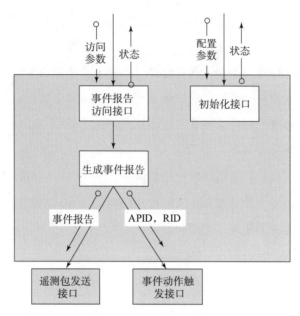

图 11 – 11　构件模块结构

11.7.3　构件接口设计

构件接口设计按照构件结构设计有对外提供的接口和需要的外部接口两类，对外提供的接口是本构件能够对调用者提供的服务接口，需要的外部接口是本构件需要从外部调用的服务接口。

1. 对外提供的接口

本构件对外提供的接口包括：初始化接口 ersInit 和事件报告接口 ersEventReport_funcp。

初始化接口 ersInit 的定义如下：

```
status_t ersInit
(
pus_event_report_t * obj_p,
ers_config_t* config_p
)
```

参数 obj_p 表示构件实例指针，参数 config_p 表示构件配置实例指针。其中，参数 config_p 包含遥测包发送接口 pusTmPacketSend_funcp（用于遥测包发送）和事件动作触发接口 eosEventTrig_funcp（用于事件动作的触发）。

事件报告接口 ersEventReport_funcp 的定义如下：

```
status_t ersEventReport_funcp
(
pus_event_report_t    * obj_p,
uint16_t              src_apid,
uint16_t              dest_apid,
uint16_t              rid,
uint8_t               err_level,
uint8_t               para_len,
uint8_t               * paras_p
)
```

参数 obj_p 表示构件实例指针，参数 src_apid 表示源 APID，参数 dest_apid 表示目的 APID，参数 rid 报告标识（RID）、错误等级、参数长度和参数数据。

2. 需要的外部接口

本构件需要的外部接口包括：遥测包发送接口和事件动作触发接口。此类接口通过初始化接口 ersInit 传入，无对应业务子类型。

遥测包发送接口 status_t pusTmPacketSend_funcp（uint8_t * tm_packet_p，uint32_t len），详见 11.2 节。

事件动作触发接口 status_teosEventTrig_funcp（uint16_t apid，uint16_t rid），详见 11.8 节。

业务子类型与构件对外接口关系见表 11-13。

表 11-13 业务子类型与构件对外接口关系

序号	业务子类型	构件接口
1		初始化接口 ersInit（pus_event_report_t * obj_p，ers_config_t * config_p）

续表

序号	业务子类型	构件接口
2	1、2、3 和 4	事件报告接口 ersEventReport_funcp（pus_event_report_t * obj_p, uint16_t src_apid, uint16_t dest_apid, uint16_t rid, uint8_t err_level, uint8_t para_len, uint8_t * paras_p）

注：构件指令处理接口 ersEventReport_funcp 内部根据业务子类型调用了不同的遥测组包处理。

11.7.4 构件核心数据结构设计

事件报告业务为用户反馈的不同类型的事件报告格式一致，事件报告结构见表 11-14。

表 11-14 事件报告结构

报告标识符	参数（可选）
16 bit	8 bit

表 11-4 中各字段的含义如下。

（1）报告标识符：16 bit，枚举类型，同应用进程标识符一起，定义相关参数域的存在、结构和解释。

（2）参数（可选）：8 bit，任意类型，为参数域提供与报告标识符中特殊值有关的补充信息。

11.7.5 构件运行设计

应用管理层的应用进程在初始化过程中，可声明一个事件报告业务构件实例并调用事件报告业务构件的初始化接口完成构件初始化配置，之后应用进程或其他业务（必须是能提供参数 RID 的业务）构件就可以使用该构件提供的事件分级报告功能。事件报告业务构件访问接口 ersEventReport_funcp 一般作为其他业务构件的接口进行按需配置，有需要进行特定事件报告的业务构件可以引用。

事件报告业务构件的初始化接口处理过程如下：

```
status_t ersInit(
    pus_event_report_t * obj_p,        /* 构件实例指针 */
```

```
        ers_config_t* config_p      /* 构件配置实例指针 */
    )
    {
        uint32_t i = 0;
        if 构件实例指针 obj_p 为空 || 构件配置实例指针 config_p 为空
            返回指针错误码;
        /* 遥测包发送接口 */
        obj_p -> pusTmPacketSend_funcp = config_p -> pusTmPack-
etSend_funcp;
        /* 事件动作触发接口 */
        obj_p -> eosEventTrig_funcp    = config_p -> eosEvent-
Trig_funcp;
        obj_p -> ersEventReport_funcp  = ersEventReport;/* 事件
报告访问接口 */
        返回状态 OK;
    }
```

事件报告业务构件的核心接口处理过程如下:

```
    status_t ersEventReport(
        pus_event_report_t * obj_p,      /* 构件实例指针 */
        uint16_t src_apid,               /* 遥测包源 APID */
        uint16_t dest_apid,              /* 遥测包目的 APID */
        uint16_t rid,                    /* 报告标识 */
        uint8_t err_level,               /* 错误等级 */
        uint8_t para_len,                /* 参数长度 */
        uint8_t * paras_p                /* 参数数据 */
    )
    {
```

```
    if 构件实例指针 obj_p 为空 || 错误等级错误 || 长度错误
        返回指针错误码;
    …/* 获取其他组包信息 */
    spTmBuild(src_apid,PUS_ERS_SERVICE_TYPE,err_level,
dest_apid,tm_packet,packet_len);/* 组织指定等级的遥测包 */
    obj_p->pusTmPacketSend_funcp(tm_packet,packet_len);
/* 遥测包发送 */
    obj_p->eosEventTrig_funcp(src_apid,rid);/* 触发事件动作 */
    返回状态 OK;
}
```

事件报告业务构件在软件中的使用过程如下:

```
/*** 应用进程操作 - 开始 ***/
声明 pus_event_report_t g_ers_com;            /* 构件实例 */
声明 ers_config_t my_ers_config;              /* 构件配置实例 */
…/* my_ers_config 配置遥测包发送接口、事件动作触发接口等 */
调用 ersInit(&g_ers_com,&my_ers_config); /* 完成配置参数写入构件 */
…/* 其他操作 */
调用 g_ers_com.ersEventReport_funcp(&g_ers_com,APID_TC,
APID_GROUND,rid,PUS_ERS_SUBTYPE_NORMAL,0,NULL);/* 调用事件报告接口,传送 APID、RID 和等级等信息 */
/*** 应用进程操作 - 结束 ***/
/*** 其他业务构件操作 - 开始 ***/
…/* 构件实例声明,配置接口 event_report_p */
调用 xxxInit(&g_xxx_com,&xxx_config);    /* 完成配置参数写入构件 */
```

```
    obj_p -> event_report_p -> ersEventReport_funcp(obj_p -> e-
vent_report_p,sapid,dapid,rid,PUS_ERS_SUBTYPE_NORMAL,0,
NULL);/* 调用事件报告接口,传送 APID、RID 和等级等信息 */
    /*** 其他业务构件操作 - 结束 ***/
```

11.8 事件动作业务构件

11.8.1 构件概述

事件动作业务构件实现了事件动作业务（Event – action Service，EAS）的功能，事件动作业务构件为应用管理层应用进程和地面用户提供航天器上特定事件动作的功能。

事件动作业务构件维护一组事件检测列表，该业务功能作为事件报告业务的补充，在运行事件发生并触发事件报告后，根据预先定义的事件动作列表发送与事件报告 RID 对应的事件动作遥控包，遥控包可以是任意类型。

PUS 业务之间依据业务类型进行功能区分，业务内部则依据业务子类型进行子功能的划分，依据大部分型号中实际使用的功能及完成功能需要的子功能，该业务构件设计并实现的业务子类型包含 5 个。

（1）业务子类型 1：添加事件到事件检测列表；

（2）业务子类型 2：从事件检测列表中删除事件；

（3）业务子类型 3：清除事件检测列表；

（4）业务子类型 4：使能事件动作；

（5）业务子类型 5：禁止事件动作。

事件动作业务构件通过对业务子类型的功能实现，实现了对星上事件动作的动态维护和统一管理，很好的支撑了事件报告功能的扩展，方便了航天器在轨运行过程中特定事件动作的自主触发，事件动作可以由地面用户按需设计，该构件使用灵活，便于软件复用。

11.8.2 构件模块结构设计

基于 PUS 业务子类型的功能划分，事件动作业务构件设计了 8 个功能模块，模块结构图如图 11-12 所示。

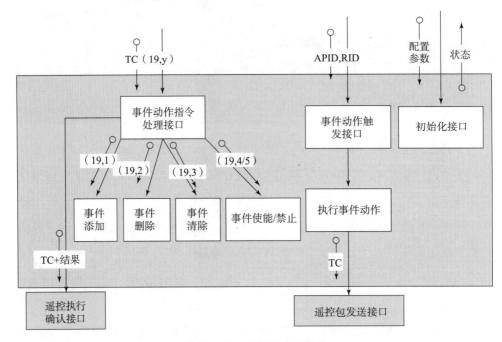

图 11-12 构件模块结构图

图 11-12 中主要模块的功能描述如下。

（1）初始化接口：将需要获取的接口和构件指针等初始参数传入，执行构件初始化功能。

（2）事件动作指令处理接口：对传入的遥控包进行业务子类型判断，根据业务子类型调用相应的处理函数；支持的操作包括：事件添加、事件删除、事件清除、使能事件和禁止事件等。

（3）事件添加：从遥控包中获取 APID、RID 等信息，并向事件动作列表中添加事件遥控包。

（4）事件删除：从事件动作列表中找到事件遥控包并删除。

（5）事件清除：把事件动作列表中的所有事件都删除。

(6) 事件使能/禁止：从事件动作列表中找到事件并将该事件可触发状态置为使能或禁止。

(7) 事件动作触发接口：根据 APID、RID 信息匹配事件检测列表。

(8) 执行事件动作：将事件动作对应的遥控包取出来并发出。

11.8.3 构件接口设计

构件接口设计按照构件结构设计有对外提供的接口和需要的外部接口两类，对外提供的接口是本构件能够对调用者提供的服务接口，需要的外部接口是本构件需要从外部调用的服务接口。

1. 对外提供的接口

本构件对外提供的接口包括：初始化接口 eosInit、事件动作指令处理接口 eosTcHandle_funcp 和事件动作触发接口 eosEventTrig_funcp。

初始化接口 eosInit 的定义如下：

```
status_t eosInit
(
pus_event_operate_t   * obj_p,
eos_config_t          * config_p
)
```

参数 obj_p 表示构件实例指针，参数 config_p 表示构件配置实例指针。其中，参数 config_p 包含遥控执行确认接口 pusTcExecVerif_funcp（用于遥控包执行确认）和遥控包发送接口 pusTcPacketHandle_funcp（用于事件动作遥控包发送）等参数。

事件动作指令处理接口 eosTcHandle_funcp 的定义如下：

```
status_t eosTcHandle_funcp
(
pus_scmonitor_t   * obj_p,
uint8_t           * tc_packet_p
)
```

参数 obj_p 表示构件实例指针，参数 tc_packet_p 表示遥控包指针。

事件动作触发接口 eosEventTrig_funcp 的定义如下：

```
status_t eosEventTrig_funcp
(
pus_event_operate_t   * obj_p,
uint16_t              dest_apid,
uint16_t              rid)
```

参数 obj_p 表示构件实例指针，参数 dest_apid 表示目的 APID，参数 rid 表示报告标识。

2. 需要的外部接口

本构件需要的外部接口包括：遥控执行确认接口和遥控包发送接口。此类接口通过初始化接口 ersInit 传入，本构件无对应业务子类型。

遥控执行确认接口 status_tpusTcExecVerif_funcp（tvs_com_t * obj_p，uint8_t * tc_packet_p，uint32_terr_code，uint8_tparams_num，uint8_t * params_p），详见 11.2 节。

遥控包发送接口 pusTcPacketHandle_funcp 的定义如下：

```
status_t pusTcPacketHandle_funcp
(
uint8_t   * tc_packet_p,
uint32_t len
)
```

参数 tc_packet_p 表示遥控包指针，参数 len 表示遥控包长度。该接口在具体实现时可调用消息传输业务的发送或发布接口，也可调用传递层的空间包发送接口进行空间包发送，或者可对不同发送接口进行格式化统一封装。本书的该接口则是调用了空间包发送接口 spPacketSend（sp_com_t * obj_p，uint16_t src_apid，uint16_t dest_apid，uint8_t * packet_buffer_p，uint32_t length，uint32_t qos），详见 9.2 节。

后续 PUS 业务构件的遥控包发送接口与此相同，不再赘述。

业务子类型与构件对外接口关系见表 11 – 15。

表 11 – 15　业务子类型与构件对外接口关系

序号	业务子类型	构件接口
1		初始化接口 eosInit（pus_event_operate_t * obj_p, eos_config_t * config_p）
2	1、2、3、4 和 5	事件动作指令处理接口 eosTcHandle_funcp（pus_scmonitor_t * obj_p, uint8_t * tc_packet_p）
3		事件动作触发接口 eosEventTrig_funcp（pus_event_operate_t * obj_p, uint16_t apid, uint16_t rid）

注：构件指令处理接口 eosTcHandle_funcp 内部根据业务子类型调用了不同的处理函数。

11.8.4　构件核心数据结构设计

该构件的核心数据结构为事件检测列表，列表包含多条事件的记录，业务子类型对应的功能处理都是基于该结构进行的，是本构件的功能基础，列表节点的结构见表 11 – 16。

表 11 – 16　事件动作信息

APID	RID	发送的遥控包长度	发送的遥控包指针	使能标识
16 bit	16 bit	16 bit	32 bit	8 bit

表 11 – 16 中各字段的含义如下：

（1）APID：16 bit，当前事件动作对应的目的应用过程标识；

（2）RID：16 bit，当前事件触发所需要对应的报告标识；

（3）发送的遥控包长度：16 bit，当前事件对应的遥控包长度；

（4）发送的遥控包指针：32 bit，当前事件对应的遥控包内容的实际指针；

（5）使能标识：8 bit，当前事件是否能被触发的使能状态标识。

11.8.5　构件运行设计

应用管理层的应用进程在初始化过程中，可声明一个事件动作业务构件实例并调用事件动作业务构件的初始化接口完成构件初始化配置，之后应用进程或其他业务（必须是能提供参数 RID 的业务）构件就可以使用该构件提供的事件动作功能。事件动作业务构件一般与事件报告业务构件联合应用，当产生事件报告时，同时触发相应的事件动作。事件动作业务构件事件触发接口 eosEventTrig_funcp 作为其他业务构件的输入接口进行按需配置，有需要进行特定事件动作的业务构件可以引用。

事件动作业务构件的初始化接口处理过程如下：

```
status_t eosInit(
    pus_event_operate_t * obj_p,     /* 构件实例指针 */
    eos_config_t* config_p            /* 构件配置实例指针 */
)
{
uint32_t i = 0;
if 构件实例指针 obj_p 为空 || 构件配置实例指针 config_p 为空
    返回指针错误码；
/* 遥测包发送接口 */
obj_p -> pusTmPacketSend_funcp = config_p -> pusTmPacketSend_funcp;
/* 遥控包发送接口 */
obj_p -> pusTcPacketHandle_funcp = config_p -> pusTcPacketHandle_funcp;
/* 遥控执行确认接口 */
obj_p -> pusTcExecVerif_funcp = config_p -> pusTcExecVerif_funcp;
obj_p -> eosEventTrig_funcp = eosEventTrig;  /* 事件动作触发接口 */
obj_p -> eosTcHandle_funcp = eosTcHandle;    /* 指令处理接口 */
返回状态 OK；
}
```

事件动作业务构件的核心接口处理过程如下：

```
status_t eosTcHandle(
    pus_event_operate_t* obj_p,        /* 构件实例指针 */
    uint8_t * tc_packet_p              /* 遥控包指针 */
    )
    uint8_t service_subtype = 0;
    status_t result = OK;
    if 构件实例指针 obj_p 为空 || 遥控包指针 tc_packet_p 为空
        返回指针错误码；
    service_subtype = spPusSubTypeGet(tc_packet_p);
    switch(service_subtype)
    {
    case 1:
        result = eosEventsAdd(obj_p,tc_packet_p);   /* 向事件检测列表中添加事件 */
        break;
    case 2:
        result = eosEventsRemove(obj_p,tc_packet_p); /* 从事件检测列表中删除事件 */
        break;
    case 3:
        result = eosEventsClear(obj_p);             /* 清除事件 */
        break;
    case 4:
        result = eosEventsEnableOp(obj_p,tc_packet_p,ENABLE);
        /* 使能事件动作 */
        break;
    case 5:
```

```
        result = eosEventsEnableOp(obj_p,tc_packet_p,DISA-
BLE);                                    /* 禁止事件动作 */
        break;
        default:
        result = 业务子类型错误码;
        break;
    }
    if 遥控执行确认接口非空
        obj_p->pusTcExecVerif_funcp(data_p,(uint16_t)re-
sult,0,NULL);
    返回状态 OK;
}
```

事件动作业务构件在软件中的使用过程如下:

```
/*** 应用进程操作-开始 ***/
声明 pus_event_operate_t g_eos_com;    /* 构件实例 */
声明 eos_config_t my_pus_eos_config;   /* 构件配置实例 */
…/* my_pus_eos_config 配置遥测包发送接口、遥控包发送接口等参数
*/
调用 eosInit(&g_eos_com,&my_pus_eos_config);/* 完成配置参数
写入构件 */
…/* 接收遥控包 */
if 接收到遥控包
    调用 g_eos_com.eosTcHandle_funcp(&g_eos_com,tc_packet_
p);/* 指令处理 */


调用 g_eos_com.eosEventTrig_funcp(&g_eos_com,apid,rid);
/* 应用进程调用事件动作触发接口 */
```

```
/*** 应用进程操作 - 结束 ***/

/*** 其他业务构件操作 - 开始 ***/
…/* 构件实例声明,配置接口 eosEventTrig_funcp */
调用 xxxInit(&g_xxx_com,&xxx_config);/* 完成配置参数写入构件 */
obj_p->eosEventTrig_funcp(src_apid,rid);/* 调用事件动作触发接口,传送 APID 和 RID 参数 */
/*** 其他业务构件操作 - 结束 ***/
```

11.9 在轨作业定时计划业务构件

11.9.1 构件概述

PUS 的在轨作业定时计划业务构件是 PUS 中间件软件的一部分,本构件接收并处理 PUS 业务类型为 11 的遥控指令包,用于对延时指令进行存储管理并根据时间和应用任务对象进行调度、输出,将结果报告给 PUS 结果收集。

在轨作业定时计划业务构件的功能包括:延时指令调度,根据指令的执行时间,轮询到时指令,将其发给对应执行任务;指令的插入和管理(对应业务子类型 4),接收 PUS 遥控包,将延时指令插入指定队列,按执行时间顺序排序;指令删除(对应业务子类型 6),根据 PUS 遥控包中规定的删除时段,对保存的延时指令全部或按时间删除;使能状态管理(对应业务子类型 1,2),根据 PUS 遥控包中规定的使能/禁止状态,设置在轨作业定时计划业务整体,或某些子调度表的调度使能/禁止状态;重置调度表(对应业务子类型 3),清空调度表内容,恢复初始默认状态。

11.9.2 构件模块结构设计

在轨作业定时计划业务构件内部分为 8 个模块,其模块结构图如图 11-13 所示。

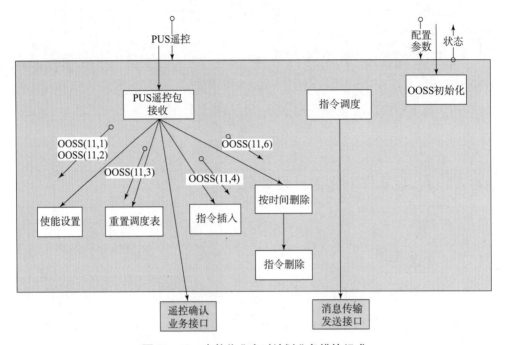

图 11-13 在轨作业定时计划业务模块组成

图 11-13 中主要模块的功能描述如下。

(1) 初始化模块:用于中间件对在轨作业定时计划业务进行初始化,只调用一次。由中间件调用,进行在轨作业定时计划业务初始化,输入在轨作业定时计划业务的配置信息。

(2) PUS 遥控包接收模块:用于在轨作业定时计划业务被 PUS 遥控处理调用的接口,接收对在轨作业定时计划的访问请求。接收用户的访问请求,识别业务子类型,分类调用使能设置、指令插入、重置调度表、按时间删除指令。

(3) 指令调度模块:用于检查指令到时情况,输出符合条件的指令。在使能状态下,检查各子调度表的待发指令序列,对符合时间的指令,如果其接收者未被禁止,则发送。

(4)使能设置模块：根据 PUS 遥控包中指示，设置子调度表为使能或禁止状态。

(5)重置调度表模块：由 PUS 遥控包接收接口调用，设置调度表禁止，清空各子调度的禁止清单。

(6)指令插入模块：接收 PUS 遥控包中的延时指令，按时间顺序插入到指定的子调度表的指令队列中。

(7)按时间删除模块：处理 PUS 遥控包按时间段删除指令，处理各子调度表删除类型，调用删除指令函数完成删除。

(8)指令删除模块：处理删除指定队列的时间区段内的指令。

11.9.3 构件接口设计

在轨作业定时计划业务构件的接口包括两类：对外提供的接口是供上层应用使用的接口，接收用户的定时调度需求和对本业务的控制设置，提供对用户的服务功能；需要使用的外部接口用于对外发送到时输出指令空间包，以及报告遥控确认状态。

1. 对外提供的接口

在轨作业定时计划业务初始化接口的定义如下：

```
status_t oossInit
(
ooss_com_t * ooss_com_p,
ooss_config_t * config_p
)
```

输入参数 ooss_com_p 为构件实例指针，输入参数 config_p 为初始配置结构体指针。

调用本接口输入在轨作业定时计划业务的配置参数，并启动软件构件的初始化。

在轨作业定时计划业务 PUS 遥控接收接口的定义如下：

```
status_t oossTcHandle
(
ooss_com_t * ooss_com_p,
uint8_t * ppbuf_p
)
```

输入参数 ooss_com_p 为构件实例指针，输入参数 ppbuf_p 为 PUS 遥控包，用于传入在轨作业定时计划业务指令。

调度接口的定义如下：

```
status_t oossSchdule
(
ooss_com_t * ooss_com_p
)
```

输入参数 ooss_com_p 为构件实例指针用于调度启动本构件运行，被综合电子系统软件周期性调用。

业务子类型与构件对外接口关系见表 11-17。

表 11-17 业务子类型与构件对外接口关系

序号	业务子类型	构件接口
1		初始化接口 oossInit（ooss_com_t * ooss_com_p, ooss_config_t * config_p）
2	1、2、3、4	PUS 遥控接收接口 oossTcHandle（ooss_com_t * ooss_com_p, uint8_t * ppbuf_p）
3		调度接口 oossSchdule（ooss_com_t * ooss_com_p）

2. 需要的外部接口

PUS 遥控确认业务的遥控执行确认接口 status_t（* pusTcExecVerif_funcp）（uint8_t * tc_packet_p, uint32_t error_code, uint8_t params_num, uint8_t * params_p），由构件初始化时配置指定，用于报告 PUS 遥控包执行结果。

调度外发接口，status_t（*oossSend_funcp）（uint8_t *databuf_p，uint16_t outlen），由构件初始化时配置指定，用于发出输出的指令数据，该接口可由消息传输业务构件提供。

11.9.4 构件核心数据结构设计

在轨作业定时计划业务构件内部的核心数据结构用于存储和维护管理定时调度管理要求、延时指令数据，以及组织和装载对构件的初始配置信息，本节说明的数据结构包括：构件初始配置结构体、子调度表、待执行命令列表。

1. 初始配置结构体

初始配置结构体用于装载对构件的初始化信息，在本构件初始化时作为输入配置信息的组织载体。初始配置数据结构包括以下项目。

（1）子调度表个数。

（2）时间访问业务构件指针，用于配置本构件获取系统时间码的接口。

（3）指令发送接口函数指针，用于配置本构件发送到时执行指令包的接口。

（4）遥控确认函数指针，用于配置本构件发送 PUS 遥控确认包。

2. 子调度表

子调度表和待执行命令列表通过共同的索引号进行关联。共同保存和管理完整的定时执行指令相关信息，提供在轨作业定时计划的依据。

子调度管理维护被在轨作业定时计划业务管理的对象，记录各被操作调度延时指令的执行要求和状态。

子调度表中每条记录包括以下项目。

（1）本调度表使能状态，可设为使能或禁止。

（2）调度类型，分为按绝对时间调度、按相对总使能时间调度、按相对子调度表时间调度。

（3）禁止进程清单列表，记录被禁止的用户任务 APID。

（4）禁止进程个数，指明"禁止进程清单列表"中被禁止的进程个数。

（5）启动时刻，该子调度表预设的调度执行的时刻。

3. 待执行命令列表

待执行命令表中每条记录包括以下项目。

(1) 目的 APID，即指令的接受者。

(2) 遥控包数据地址。

(3) 遥控包长度。

(4) 发出时间，该指令被发出的时刻。

11.9.5 构件运行设计

在轨作业定时计划业务构件属于中间件的一部分，与中间件整体编译、部署和运行，构件本身对软硬件运行环境无单独特殊要求。

本构件运行使用直接相关的其他构件包括：时间访问。

本构件的初始化是在中间件初始化过程中进行，应当在应用管理层软件初始化之前进行。构件初始化所需要的配置信息，可在软件设计时确定，或至少应在本构件初始化前确定，由中间件初始化模块配置和调用。

在轨作业定时计划业务构件完成初始化后，就可以被其他构件调用 oossTcHandle() 接口，用户使用本构件处理 PUS 在轨作业定时计划指令。根据在轨作业定时计划业务子类型进行分类调用，对于处理模块的定义如下：

(1) 对于业务子类型 1，2 的指令，调用使能设置模块；

(2) 对于业务子类型 3 的指令，调用重置调度表模块；

(3) 对于业务子类型 4 的指令，调用指令插入模块；

(4) 对于业务子类型 6 的指令，调用按时间删除模块的过程如下：

```
status_t oossTcHandle(
    ooss_com_t * ooss_com_p,    /* 构件实例指针 */
    uint8_t * ppbuf_p           /* 遥控包指针 */
)
{
    …/* 变量声明、指针有效性检查 */
```

```
        subservice_type = ppbuf_p[8];/* 业务子类型 */
        data_len = ((uint16_t)ppbuf_p[4]<<8) + ppbuf_p[5] -
7;/* 数据区长度 */
        switch(subservice_type)
        {
        case 1:
        case 2:/* 使能禁止 */
        result = oossEnableSet(ooss_com_p,data_len,ppbuf_p +
12,subservice_type);
        break;
        case 3:                        /* 重置 */
        result = oossReSet(ooss_com_p);
        break;
        case 4:                        /* 指令插入 */
        result = oossCmdInsert(ooss_com_p,data_len,ppbuf_p +12);
        break;
        case 6:                        /* 按时间删除 */
        result = oossTimeDel(ooss_com_p,data_len,ppbuf_p +12);
        break;
        default:
        result = 业务子类型错误码;
        break;
        }
        if 遥控执行确认接口非空
           obj_p -> pusTcExecVerif_funcp(ppbuf_p,(uint16_t)result,0,NULL);
        return result;
    }
```

在轨作业定时计划业务对于接收到的指令进行处理，设置调度使能状态、存放延时遥控包。

在轨作业定时计划业务构件周期性被中间件系统后台进程调用时，周期性检查待发延时遥控包，将到时并调度使能的延时遥控包输出。具体进行的定时调度功能运行过程为：先获取当前星上时间，检查各子调度表使能状态，跳过当前为"禁止"状态的子调度表。对"使能"状态的子调度表，检查其指令队列的首个遥控包的发出时间，如果已经超时，将其删除后继续检查新的首个遥控包的发出时间，直至下列情况之一：无指令，然后返回；发出时间大于当前星上时间加80 ms，然后返回；发出时间小于等于当前星上时间加80 ms，将到时的遥控包取出，检查其目的APID是否在本子调度表的禁发应用进程清单之中，如果在，删除该包后返回，否则调用消息传输发送接口，将其发出后，删除该包后返回。

过程如下：

```
status_t oossSchdule(
    ooss_com_t * ooss_com_p
    )
{
…/* 输入合法性、有效性检查、获取星上时间*/
    for(i=0;i<ooss_com_p->substab_num;i++)/* 轮询所有表*/
    {
        if(ooss_com_p->scheduling_table[i].table_st == OOSS_DISABLE)
            continue;                    /* 跳过禁止状态的表*/
        node_p=ooss_com_p->scheduling_tc_list[i].head;
        while(node_p!=NULL)
        {
            tc_save_p=(ooss_tc_item_t *)node_p;
            if(ooss_com_p->scheduling_table[i].s_event == OOSS_ABS_STAR)
```

```
                    time_cmd_p = &(tc_save_p->release_time);
                                                     /* 绝对时间 */
            else
                    time_cmd_p = &time_cmd;/* 相对时间 */
            /* 相对总使能时间 */
            if(ooss_com_p->scheduling_table[i].s_event ==
OOSS_WHOLE_STAR) tasTimeHandle(ooss_com_p->tas_com_p,&(ooss_
com_p->enable_time),&(tc_save_p->release_time),TIME_ADD,
&time_cmd);
            /* 相对子调度表时间 */
            if(ooss_com_p->scheduling_table[i].s_event ==
OOSS_SUB_STAR)
                    tasTimeHandle(ooss_com_p->tas_com_p,&
(ooss_com_p->scheduling_table[i].star_time),&(tc_save_p->
release_time),TIME_ADD,&time_cmd);
                    cmpr = tasTimeCmp(ooss_com_p->tas_com_p,&time_
base2,time_cmd_p);
            /* 没有到时 */
            if(cmpr == TIME_DEST_GREATER)
                break;
                    cmpr = tasTimeCmp(ooss_com_p->tas_com_p,&time_
base1,time_cmd_p);
                    time_base1.second,time_base1.micro_second,time_
cmd_p->second);
            if(cmpr == TIME_DEST_GREATER)/* 未超时,需要发出 */
            {
                dapid = tc_save_p->d_apid;
```

```
                    for(j = 0;j < ooss_com_p -> scheduling_table
[i].dis_ap_num;j ++ )
                        ...
                    if(dapid > 0)/** 可以发出 */
                        ooss_com_p ->oossSend_funcp(tc_save_p ->
tc_address_p,tc_save_p -> tc_len);
                    }
                .../* 调度表操作 */
                }
            }
        return OK;
        }
```

本软件构件性能与使用限制：支持最大 15 个子调度表；每个子调度表最多同时管理 255 条指令。

11.10 存储器管理业务构件

11.10.1 构件概述

PUS 的存储器管理业务构件是 PUS 中间件的一部分，专门用于处理 PUS 业务类型为 6 的业务，主要用于对指定的内存区域进行读出、写入或数据校验操作。对于读出和校验，将结果报告给 PUS 结果收集。

存储器管理业务构件的功能包括：内存下卸（业务子类型 5），用于通过存储器管理业务提出对内存区域的下卸请求，读出指定数据并报告；内存修改（业务子类型 2），用于存储器管理业务注入指定地址的数据，更新该区域内存的数据内容；内存校验（业务子类型 9），用于通过存储器管理业务提出对指定内存区域数据进行校验，并报告校验结果。

11.10.2 构件模块结构设计

存储器管理业务共划分为 6 个模块,其模块结构如图 11 – 14 所示。

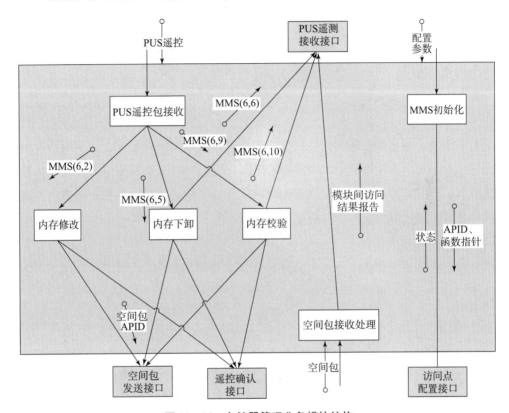

图 11 – 14　存储器管理业务模块结构

图 11 – 14 中主要模块的功能描述如下。

(1) 初始化模块:用于中间件对存储器管理业务进行初始化,只调用一次。由中间件调用,进行存储器管理业务初始化,输入存储器管理业务的配置信息。

(2) PUS 遥控包接收模块:用于存储器管理业务被 PUS 遥控处理调用的接口,接收对内存管理的访问请求。接收用户的访问请求,识别业务子类型,分类调用内存修改、内存下卸、内存校验处理。

(3) 内存修改模块:用于处理内存修改业务,将数据写入指定地址。对于本模块内部内存空间直接写入,否则通过空间包发给子网存储器业务。

(4) 内存下卸模块:由 PUS 遥控包接收接口调用,处理对内存读出的要求。

读出指定地址和长度的内存数据并报告。

（5）内存检查模块：由 PUS 遥控包接收接口调用，处理对指定内存区域校验的要求。读出指定地址和长度的内存数据，进行校验并报告校验和。

（6）空间包接收处理模块：接收空间包（带有亚网层存储器访问业务的读出返回结果），并处理结果报告。处理非本存储器模块内部的读访问，接收内存读出数据，按照内存下卸或内存校验业务处理结果并报告。

11.10.3 构件接口设计

存储器管理业务构件的接口包括两类：对外提供的接口是供上层应用使用的接口，接收用户的存储器访问操作要求，提供对用户的服务功能；需要使用的外部接口包括下层的传递层接口，用作对下层获取数据的通道，PUS 业务接口用于报告遥测数据及报告遥控确认状态。

1. 对外提供的接口

存储器管理业务初始化接口的定义如下：

```
status_t mmsInit
(
mms_com_t * mms_com_p,
mms_config_t * config_p
)
```

输入参数 mms_com_p 为构件实例指针，输入参数 config_p 为初始配置结构体指针，其内容为一套初始配置参数。

该构件初始化时被调用，用于输入构件配置并进行构件初始化。

存储器管理业务 PUS 遥控接收接口的定义如下：

```
status_t mmsTcHandle
(
mms_com_t * mms_com_p,
uint8_t * ppbuf_p
)
```

输入参数 mms_com_p 为构件实例指针,输入参数 ppbuf_p 为 PUS 遥控包,用于传入存储器管理业务指令,进行处理。

用于传递层空间包接收接口的定义如下:

```
status_t mmsSPReceive
(
mms_com_t * mms_com_p,
uint16_t src_apid,
uint8_t * sp_buffer_p,
uint16_t sp_len
)
```

输入参数 mms_com_p 为构件实例指针,输入参数 src_apid 为源地址 APID,输入参数 sp_buffer_p 为接收空间包缓存地址,输入参数 sp_len 为接收空间长度。

被传递层调用用于传入一个空间包。

2. 需要的外部接口

PUS 遥控确认接口,status_t(*pusTcExecVerif_funcp)(uint8_t * tc_packet_p, uint32_t error_code, uint8_t params_num, uint8_t * params_p),由构件初始化时配置指定,用于报告 PUS 遥控包执行结果。

传递层空间包发送接口,status_t(*tpPacketSend_funcp)(uint16_t arg1, uint16_t arg2, uint8_t * arg3, uint32_t arg4, uint32_t arg5),由构件初始化时配置指定,用于调用传递层发送空间包接口。

PUS 遥测报告发送接口 status_t(*pusTmPacketSend_funcp)(uint8_t * arg1, uint32_t arg2),由构件初始化时配置指定,用于发送内存操作结果遥测。

业务子类型与构件对外接口关系见表 11-18。

表 11-18 业务子类型与构件对外接口关系

序号	业务子类型	构件接口
1		status_t mmsInit(mms_com_t * mms_com_p, mms_config_t * config_p)
2	2、5、9	status_t mmsTcHandle(mms_com_t * mms_com_p, uint8_t * ppbuf_p)

续表

序号	业务子类型	构件接口
3		status_t mmsSPReceive（mms_com_t * mms_com_p, uint16_t src_apid, uint8_t * sp_buffer_p, uint16_t sp_len）
4	6, 10	status_t（* pusTmPacketSend_funcp）（uint8_t * arg1, uint32_t arg2）

11.10.4 构件核心数据结构设计

存储器管理业务构件内部的核心数据结构用于存储业务运行操作过程中的中间记录，以及组织和装载对构件的初始配置信息，本节说明的数据结构包括：构件初始配置结构体、模块间访问记录。

1. 初始配置结构体

初始化该构件时，配置的主要数据如下：

（1）存储器 ID；

（2）存储器管理业务构件的 APID；

（3）可访问最小地址；

（4）可访问最大地址；

（5）传递层包发送接口；

（6）遥控执行确认接口；

（7）生成遥测包接口；

（8）生成遥控包接口；

（9）PUS 遥测报告发送接口。

2. 模块间访问记录

模块间访问的操作不能立刻获得返回结果，需要在构件内部进行事物的记录，在完成前缓存的主要数据信息如下：

（1）事务 ID；

（2）处理类型（下卸或校验）；

（3）访问存储器 ID；

（4）访问地址。

11.10.5 构件运行设计

存储器管理业务构件属于中间件的一部分，与中间件整体编译、部署和运行，构件本身对软硬件运行环境无单独特殊要求。

本构件运行使用直接相关的其他构件包括：PUS 遥控确认业务构件，存储器访问构件，传递层空间包协议构件。

本构件的初始化是在中间件初始化过程中进行，应当在应用管理层软件初始化之前进行。构件初始化所需要的配置信息，可在软件设计时确定，或至少应在本构件初始化前确定，由中间件初始化模块配置和调用。

存储器管理业务构件初始化前，定义并配置数据结构（参见前节）。调用初始化接口，进行存储器管理业务初始化，输入存储器管理业务的配置信息。

初始化后，由 PUS 包处理调用，接收 PUS 存储器管理业务指令。

PUS 遥控包接收接口被调用，传入 PUS 遥控包（业务 6）。本构件对 PUS 遥控包解析后，根据 memory id 识别模块，根据业务子类型识别为内存修改（业务子类型 2）或内存下卸（业务子类型 5）或内存检查（业务子类型 9）。对于本模块访问，在调用中完成功能并调用 PUS 遥测包发送接口报告存储器管理结果遥测；对于模块间访问，调用传递层包发送接口，将访问空间包给存储器访问业务，由空间包接收接口获得操作结果后再用 PUS 遥测包发送接口报告存储器管理结果遥测。

对存储器管理业务指令的处理过程如下：

```
status_t mmsTcHandle(
    mms_com_t * mms_com_p,          /* 构件实例指针 */
    uint8_t * ppbuf_p               /* 遥控包指针 */
)
{
…/* 变量声明、指针有效性检查 */
subservice_type = ppbuf_p[8];  /* 业务子类型 */
data_len = (((uint16_t)ppbuf_p[4]) << 8) + ppbuf_p[5] - 7;
```

```
switch(subservice_type)
{
case 2:                          /* 修改 */
result = mmsMemLoad(mms_com_p,data_len,ppbuf_p +12);
break;
case 5:                          /* 下卸 */
result = mmsMemDump(mms_com_p,data_len,ppbuf_p +12);
break;
case 9:                          /* 检查 */
result = mmsMemCheck(mms_com_p,data_len,ppbuf_p +12);
break;
default:
result = 业务子类型错误码;
break;
if 遥控执行确认接口非空
    obj_p -> pusTcExecVerif_funcp(ppbuf_p,(uint16_t)re-
sult,0,NULL);
    return result;
}
```

以内存检查为用户调用示例,使用过程为如下。

(1) 注入 PUS 遥控指令包,业务类型 6,业务子类型 9,遥控包内容包含 Memory ID 标识目的内存块,1 B;要检查的数据块数量,1 B;要检查的内存区起始地址,4 B;要检查的数据长度(字节数),2 B。

(2) 存储器管理业务构件处理后生成检查内存的遥测报告 PUS 包,业务类型 6,业务子类型 9,遥测报告包内容包含 Memory ID、数据块数量、内存区起始地址、数据长度,这些与遥控指令输入相同,另外由被检查数据的异或校验和,2 B。

构件性能与使用约束如下:

（1）支持最大内存访问长度 65 511 B；

（2）支持 PUS 单个包内最大 255 项内存访问；

（3）同时存在的模块间访问最大 64 个。

参 考 文 献

[1] 赵和平，何熊文，刘崇华，等．空间数据系统［M］．北京：北京理工大学出版社，2018．

[2] European Cooperation for Space Standardization. Spaceengineering：ground systems and operations – telemetry and telecommand packet utilization，ECSS – E – 70 – 41A ［S］. Noordwijk：ECSS，2003.

[3] CCSDS. CCSDS 871.0 – M – 1 – S，Spacecraft Onboard Interface Services – Device Access Service ［S］. Washington，D. C.，USA：CCSDS Secretariat，2013.

[4] CCSDS. CCSDS 871.1 – M – 1 – S，Spacecraft Onboard Interface Services – Device Data Pooling Service ［S］. Washington，D. C.，USA：CCSDS Secretariat，2012.

[5] CCSDS. CCSDS 871.2 – M – 1 – S，Spacecraft Onboard Interface Services – Device Virtualization Service ［S］. Washington，D. C.，USA：CCSDSSecretariat，2014.

[6] CCSDS. CCSDS 875.0 – M – 1 – S，Spacecraft Onboard Interface Services – Message Transfer Service ［S］. Washington，D. C.，USA：CCSDS Secretariat，2012.

[7] CCSDS. CCSDS 133.0 – B – 1，Space Packet Protocol ［S］. Washington，D. C.，USA：CCSDS Secretariat，2003.

第 12 章
应用管理层软件设计

12.1 概述

航天器综合电子系统的应用管理层负责最高层的应用功能实现，包括遥控管理业务、遥测管理业务、热控管理业务、能源管理业务（也称电源管理业务）、内务管理业务、时间管理业务和任务专用管理业务等。应用管理层的各项业务由应用管理层软件实现。

应用管理层软件在中间件层（包括应用支持层、传递层和亚网层）与操作系统层的支持下完成整星的业务和功能。中间件层与操作系统层为应用管理层软件提供服务支持，其各项服务通过综合利用应用支持层及其下层的构件实现。应用管理层软件能够提高软件的标准化和可重用程度，将软件与应用相关部分和通用业务部分相分离。

应用管理层软件功能包括遥控管理、遥测管理、热控管理、能源管理、内务管理、时间管理、解锁与转动控制和扩展功能等。在中间件层与操作系统层的支持下，应用管理层软件的实现仅需将不同的业务构件接口按照特定的逻辑予以组合，是各层软件构件的调用者和组织者，如图 12-1 所示。

应用管理层软件的具体实现形式在不同的航天器任务中可能有所不同。在具备多任务操作系统支持的情况下，表现为多个任务（也称进程），这些任务采用中间件层与操作系统层提供的标准接口进行航天器任务处理，完成航天器任务规定的功能，任务之间采用消息传输业务提供的接口进行消息通信。

应用管理层软件在软件体系结构中的位置如图 12-1 所示。

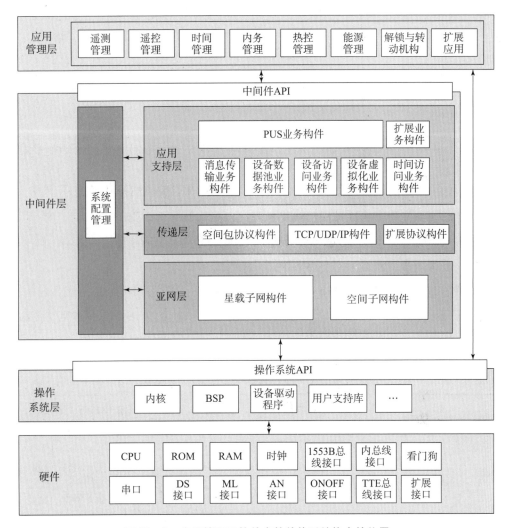

图 12-1　应用管理层软件在软件体系结构中的位置

12.2　应用管理层初始化与任务设计

应用管理层初始化模块分别调用应用管理层各进程的初始化函数，由各进程调用各自所需构件的初始化接口进行构件初始化，并通过消息传输接口注册自身。然后调用操作系统进程创建接口，依据配置表，创建并启动应用管理层中的各个进程。

应用管理层初始化模块的处理过程如下：

（1）调用遥控进程初始化接口 appTcInit( )，初始化遥控管理业务的参数及使用的构件。

（2）调用遥测进程初始化接口 appTmInit( )，初始化遥测管理业务的参数及使用的构件。

（3）调用内务管理进程初始化接口 appHkInit( )，初始化内务管理业务的参数及使用的构件，该接口完成工作如下：

①调用存储器管理业务构件初始化接口，初始化存储器管理业务构件；

②调用事件动作业务构件初始化接口，初始化事件动作业务构件；

③调用时间管理业务构件初始化接口，初始化时间管理业务构件。

（4）执行恢复星时和重要数据。

（5）创建并启动应用管理层的所有进程，结束。

应用管理层的进程划分和设计见表 12 - 1，在中间件层初始化完成后，再创建应用管理层的进程。

表 12 - 1 应用管理层的进程划分和设计

序号	进程（任务）	名称	进程优先级	周期	对应业务	直接依赖的中间件业务构件
1	遥测管理进程	TASK_TM	中	500 ms	遥测管理业务	参数统计报告业务构件、在轨监视业务构件、包传送控制业务构件、星上存储与获取业务构件、消息传输业务构件
2	遥控管理进程	TASK_TC	中	100 ms	遥控管理业务	遥控确认业务构件、星上操作调度构件、设备命令分发业务构件、消息传输业务构件
3	内务管理进程	TASK_HK	中	100 ms	内务管理业务	事件动作业务构件、存储器管理业务构件、消息传输业务构件
4	热控管理进程	TASK_THERMAL	中	100 ms	热控管理业务	功能管理业务构件、消息传输业务构件

12.3 遥测管理进程

遥测管理业务提供航天器在轨运行期间的工作状态监视和参数测量功能,它是地面获取航天器各种运行状态数据以及遥控操作结果的重要途径。遥测管理进程实现了遥测管理业务的功能,利用应用支持层及其下层构件提供的服务完成遥测管理功能,同时最大限度地与航天器系统的具体设计细节隔离。

遥测管理进程主要实现的功能包括:常规/诊断参数报告、参数统计报告、事件报告、在轨数据存储和回收、包传送控制等功能并产生遥测包,接受地面系统操作控制。

(1) 遥测管理进程调用常规/诊断参数报告业务构件实现常规/诊断参数报告功能。常规/诊断参数报告业务构件维护一组遥测参数表,并根据遥测参数表周期性地产生遥测包。遥测参数表可在任务前预先装定,并可通过遥控命令在线修改维护。参数报告有两种工作模式,周期模式按照预定的数据采集间隔持续产生相应的遥测包;过滤模式在每一个数据采集间隔检查相应参数的值,只有当其中一个或更多参数的变化值超过给定阈值时才产生遥测包。诊断参数报告的产生机制与常规参数报告一致,只是使用单独的遥测参数表和服务子类型,在出现异常情况时以更高的频率报告相关参数,用于故障诊断。

(2) 遥测管理进程调用参数统计报告业务构件实现参数统计报告功能。参数统计报告业务构件维护一组遥测参数表,并根据参数表对相关参数进行平均值、最大值、最小值和标准差等统计计算,并将统计结果通过遥测包传送到地面系统。

(3) 遥测管理进程调用事件报告业务构件实现事件报告功能。该功能与在轨监视业务、事件动作业务配合使用,用于实现自主管理、故障处理等功能。用户在在轨监视功能中设定监视的参数以及越限时触发的事件包,在事件—动作功能中规定某个事件包触发的动作(遥控包),然后由事件动作功能自动对事件进行处理。事件报告业务构件在规定的重要事件发生时产生遥测包,向地面系统报告。该功能可被遥控命令使能或禁止。

(4) 遥测管理进程调用在轨存储和回收业务构件实现在轨数据存储和回收

功能。在轨存储和回收业务构件维护一组数据存储属性列表，根据属性列表的规定按照空间包的应用过程、服务类型、服务子类型等分类存储；按照遥控命令对存储的全部或一定范围内的包回收下传。

（5）遥测管理进程调用包传送控制业务构件实现包传送控制功能。包传送控制业务构件根据初始设定和遥控命令控制对各类遥测包的传送使能或禁止，以控制实际传送的内容。

上述功能由遥测管理进程调用相应的软件构件接口实现，遥测管理进程功能和软件构件的对应关系见表 12 - 2。

表 12 - 2 遥测管理进程功能和软件构件的对应关系

序号	功能	调用的软件构件	备注
1	常规/诊断参数报告	常规/诊断参数报告业务构件	
2	参数统计报告	参数统计报告业务构件	
3	事件报告	事件报告业务构件	
4	在轨数据存储和回收	在轨存储和回收业务构件	本书对该构件不做详细说明
5	包传送控制	包传送控制业务构件	

遥测管理进程的初始化过程如下。

（1）初始化包传送控制结构参数。

（2）调用 hddrsInit 接口初始化常规/诊断参数报告业务构件实例。

（3）调用 psrsInit 接口初始化参数统计报告业务构件实例。

（4）调用 ersInit 接口初始化事件报告业务构件实例。

（5）调用 osrComInit 接口初始化在轨存储和回收业务构件实例。

（6）调用 tvsInit 接口初始化遥控确认业务构件实例。

（7）调用 pfcsInit 接口初始化包传送控制业务构件实例。

（8）遥测管理进程的控制参数初始化。

（9）调用消息传输业务构件的节点注册接口 mtsModuleRegister，注册遥测管理进程节点。

（10）调用消息传输业务构件的邀请接口 mtsInvite，邀请遥控管理进程给遥测管理进程发送遥控包消息。

针对不同的型号应用需求，不同型号的遥测管理进程只需要更改包传送控制结构参数配置即可，其他的处理过程保持不变。

遥测管理进程的初始化过程示例如下：

```
status_t appTmInit()
{
    status_t result = OK;
    tvs_type_subtype_t type_subtype_array[TVS_TM_NUM];/* 用于遥控指令分发 */
    pus_pfcs_config_t my_pfcs_config;/* 初始化包传送控制 */

    /* 初始化常规/诊断参数报告业务构件实例 */
    result = hddrsInit(&g_hddrs_com,&my_hddrs_config);
    if(result!=OK)
        报告错误状态并返回;
    /* 初始化参数统计报告业务构件实例 */
    result = psrsInit(&g_psrs_com,&my_psrs_config);
    if(result!=OK)
        报告错误状态并返回;
    /* 初始化事件报告业务构件实例 */
    result = psrsInit(&g_psrs_com,&my_psrs_config);
    if(result!=OK)
        报告错误状态并返回;
    /* 初始化在轨存储和回收业务构件实例 */
    result = osrComInit(&g_osr_com,&my_osr_config);
    if(result!=OK)
        报告错误状态并返回;
    /* 初始化遥控确认业务构件实例 */
```

```
        result = tvsInit(&g_tvs_com_tm,APID_CTU_TM,TVS_TM_NUM,
type_subtype_array,NULL,frmTmPacketHandle);
        if(result!=OK)
            报告错误状态并返回;
/* 初始化包传送控制业务构件实例*/
        result = pfcsInit(&g_pfcs_com,&my_pfcs_config);
        if(result!=OK)
            报告错误状态并返回;

……/* 遥测管理进程的控制参数初始化*/

/* 注册遥测管理进程节点*/
        result = mtsModuleRegister(APID_CTU_TM,0x21,&g_mts_tm_
obj_p);
        if(result!=OK)
            报告错误状态并返回;
/* 邀请遥控管理进程给遥测管理进程发送遥控包消息*/
        result = mtsInvite(APID_CTU_TM,g_mts_tm_obj_p,1,APID_
CTU_TC,1);
        if(result!=OK)
            报告错误状态并返回;

        return result;
    }
```

遥测管理进程接收遥控包、遥测包、模拟量和数字量数据并处理，根据处理结果输出遥测包（常规事务数据业务、遥控确认的执行结果报告）。航天器综合电子软件系统对遥测参数采集与下传的周期一般为 500 ms 的整数倍，因此遥测管理进程 500 ms 由定时器触发运行一次，依次执行如下操作。

（1）通过消息传输业务构件的消息获取接口 mtsMsgGet 获取本进程的消息（非阻塞方式调用），若有消息，则依据消息的类型分别进行处理。

①若为遥控包类型，调用遥控确认业务构件的遥控接收确认接口 tvsTcReceiveVerification_funcp，对遥控包的参数进行遥控接收确认和校验，根据遥控包业务类型分类处理：如果是常规/诊断参数报告业务，则调用常规/诊断参数报告业务构件的遥控处理接口；如果是参数统计报告业务，则调用参数统计报告业务构件的遥控处理接口；如果是事件报告业务，则调用事件报告业务构件的遥控处理接口；如果是在轨存储和回收业务，则调用在轨存储和回收业务构件的遥控处理接口；如果是包传送控制业务，则调用包传送控制业务构件的遥控处理接口；根据 ACK，必要时调用遥控确认业务构件的遥控执行确认接口 tvsTcExecVerification_funcp 产生遥控确认的执行结果报告。

②若为遥测包类型，则将遥测包通过设备虚拟化业务写入其对应的虚拟设备。

③若为其他类型，则报告错误。

（2）调用常规/诊断参数报告业务构件的报告常规参数数据接口，获得当前到时产生的遥测包序列。

（3）调用参数统计报告构件的参数周期性采集接口，获得当前到时产生的遥测包序列。

遥测管理进程的执行过程示例如下：

```
void frmTaskAppTm(void)
{
    status_t result = OK;
    uint8_t left_msg_cnt = 0;
    uint32_t msglen = 0;
    uint8_t packet_type;
    uint8_t tm_packet_buf[MAX_PACKET_STORE_LEN] = {0};
    uint8_t packet_buffer[MAX_PACKET_STORE_LEN] = {0};
    while(1)
```

```
            {
                do
                {
                    /* 获取本进程消息 */
                    left_msg_cnt = mtsMsgGet(APID_CTU_TM,g_mts_tm_obj_p,packet_buffer,MAX_PACKET_STORE_LEN,&msglen,&subject_id,&source_apid);
                    if(msglen > 0)
                    {
                        packet_type = spPacketTypeGet(packet_buffer);
                        if(packet_type == SPACE_PACKET_TYPE_TC)
                        {
                            /* 对遥控包的参数进行遥控接收确认和校验 */
                            result = g_tvs_com_tm.tvsTcReceive Verification_funcp(&g_tvs_com_tm,packet_buffer_p,msglen);
                            if(result != OK)
                                报告错误状态;
                            /* 根据遥控包业务类型分类处理 */
                            result = tmTcPktHandle(packet_buffer,msglen);
                            if(result != OK)
                                报告错误状态;
                        }
                        else if(packet_type == SPACE_PACKET_TYPE_TM)
                        {
                            /* 将遥测包通过设备虚拟化业务写入其对应的虚拟设备 */
```

```
                    result = tmTmPktHandle(packet_buffer,ms-
glen);
                if(result!=OK)
                    报告错误状态;
            }
            else
            {
                报告错误状态;
            }
        }
    }while(left_msg_cnt >0);

    result = g_hddrs_com. hddrsHouseKeepParaReport_funcp
(&g_hddrs_com);
        if(result!=OK)
        {
            报告错误状态;
        }
```
/* 调用常规/诊断参数报告业务构件的报告常规参数数据接口,查询相关的参数并计算参数的变化情况,完成计数更新和按需产生遥测报告*/
```
    result = g_hddrs_com. hddrsHouseKeepParaReport_funcp
(&g_hddrs_com);
        if(result!=OK)
            报告错误状态;
```
/* 调用参数统计报告构件的参数周期性采集接口,对于启动的参数统计报告进行对应的参数采集,对采集后的数据进行规定方法的统计计算,完成计算更新*/
```
    result = psrsParaPeriodicalDataSampling(&g_psrs_com);
```

```
        if(result!=OK)
            报告错误状态;
/*调用在轨监视业务构件的在轨监视接口,对被监视参数进行数
据采集和按照监视规则进行计算*/
        result = scmsMonitor(&g_scmonitor_com);
        if(result!=OK)
            报告错误状态;
        定时 TASK_PERIOD_APP_TM(500ms)触发下一次调度;
    }
}
```

12.4 遥控管理进程

遥控管理业务主要完成遥控命令分发和在轨作业定时计划等功能，对应于以前航天器数据管理系统中的立即执行命令和延时命令功能。遥控管理业务发送的遥控指令包括开关指令（ONOFF 指令）和寄存器加载开关指令（ML 指令）。遥控管理进程实现了遥控管理业务的功能，利用应用支持层及其下层构件提供的服务完成遥控管理功能，同时最大限度地与航天器系统的具体设计细节隔离。

遥控管理进程主要实现的功能包括：遥控接收确认、设备命令分发和在轨作业定时计划。

（1）遥控管理进程调用遥控确认业务构件实现遥控接收确认功能。遥控管理进程将收到遥控包的副本传送给遥控确认业务构件；遥控确认业务构件检验遥控包的完整性和合法性，检验结果生成确认结果遥测包；检验结果遥测包通过消息传输业务发送给地面系统，同时也发送给遥控管理进程以通知其确认结果；如果确认结果为通过，遥控管理进程根据该遥控包的服务类型做进一步处理，分别将其送给设备命令分发业务构件或在轨作业定时计划业务构件；如果确认结果不通过，则丢弃该遥控包。

（2）遥控管理进程调用设备命令分发业务构件实现设备命令分发功能。遥

控管理进程接收发送过来的遥控包，通过设备命令分发业务构件将遥控包的包应用数据转变为对特定逻辑设备的遥控命令，通过设备访问业务构件或设备虚拟化业务构件发送到相应设备执行。

（3）遥控管理进程调用在轨作业定时计划业务构件实现设备在轨作业定时计划功能。在轨作业定时计划业务构件将收到的遥控包插入定时计划列表，等待到相应的时刻执行。当航天器时间到达预定时刻，在轨作业定时计划业务构件将到时的遥控包释放，通过消息传输业务发往其目的应用过程；其中设备命令分发业务类型的包送给遥控管理进行执行，完成延时命令功能。

上述功能由遥控管理进程调用相应的软件构件接口实现，遥控管理进程功能和软件构件的对应关系见表 12 – 3。

表 12 – 3　遥控管理进程功能和软件构件的对应关系

序号	功能	调用的软件构件
1	遥控接收确认	遥控确认业务构件
2	设备命令分发	设备命令分发业务构件
3	在轨作业定时计划	在轨作业定时计划业务构件

遥控管理进程的初始化过程如下。

（1）调用 tvsInit 接口初始化遥控确认业务构件实例。

（2）调用 dcdsInit 接口初始化设备命令分发业务构件实例。

（3）调用 oossInit 接口初始化在轨作业定时计划业务构件实例。

（4）遥控管理进程的控制参数初始化。

（5）调用消息传输业务构件的节点注册接口 mtsModuleRegister，注册遥控管理进程节点。

（6）调用消息传输业务构件的邀请接口 mtsInvite，邀请上行数据链路处理进程给遥控管理进程发送遥控包消息。

针对不同的型号应用需求，不同型号的遥控管理进程只需要更改设备命令分发业务构件实例的 ONOFF 指令数量、在轨作业定时计划业务构件实例的指令序列数量和指令组数量的配置即可，其他的处理过程保持不变。

遥控管理进程的初始化过程示例如下：

```c
status_t appTcInit()
{
    status_t result = OK;
    dcds_com_config_t my_dcds_config;
    tvs_type_subtype_t type_subtype_array[TVS_TC_NUM];
    ooss_config_t my_ooss_config;

    /* 初始化遥控确认业务构件实例 */
    result = tvsInit(&g_tvs_com_tc,APID_CTU_TC,TVS_TC_NUM,type_subtype_array,NULL,frmTmPacketHandle);
    if(result!=OK)
        报告错误状态并返回;

    my_dcds_config.pus_dvs_tb_len = PUS_DVS_TB_ENTRY_CNT;  /* ONOFF 指令数量 */
    /* 初始化设备命令分发业务构件实例 */
    result = dcdsInit(&g_dcds_com,&my_dcds_config);
    if(result!=OK)
        报告错误状态并返回;
    my_ooss_config.cmdseq_num = TC_SEQ_NUM;     /* 指令序列数量 */
    my_ooss_config.cmdgroup_num = TCG_NUM;      /* 指令组数量 */
    /* 初始化在轨作业定时计划业务构件实例 */
    result = oossInit(&g_ooss_com,&my_ooss_config);
    if(result!=OK)
        报告错误状态并返回;
    ……/* 遥控管理进程的控制参数初始化*/


    /* 注册遥控管理进程节点*/
```

```
        result=mtsModuleRegister(APID_CTU_TC,0x21,&g_mts_tc_
obj_p);
        if(result!=OK)
            报告错误状态并返回;
/* 邀请上行数据链路处理进程给遥控管理进程发送遥控包消息*/
        result=mtsInvite(APID_CTU_TC,g_mts_tc_obj_p,1,APID_ME_
TC,1);
        if(result!=OK)
            报告错误状态并返回;

        return result;
    }
```

遥控管理进程接收遥控包，根据处理结果输出遥测包（遥控确认业务执行结果报告）、ONOFF 指令、ML 指令、遥控包（除设备命令分发业务外其他业务）。航天器综合电子软件系统对遥控指令的发送间隔在 100ms 以上，因此遥控管理进程 100 ms 由定时器触发运行一次，依次执行如下操作。

（1）通过消息传输构件的消息获取接口 mtsMsgGet 获取本进程的消息（阻塞方式调用）。若有消息，则依据消息的类型分别进行处理。

①若为遥控包类型，调用遥控确认业务构件的遥控接收确认接口 tvsTcReceiveVerification_funcp，对遥控包的参数进行遥控接收确认和校验，根据遥控包业务类型分类处理。

a）如果是设备命令分发业务，则调用设备命令分发业务构件的遥控处理接口进行处理，解析遥控包中的数据，识别其类型为本机执行的 ONOFF 指令或 ML 指令时，对指令代号进行解析，正确后通过对应的 ONOFF 指令通道或者 ML 指令通道输出。

b）如果是在轨作业定时计划业务，则调用在轨作业定时计划业务构件的遥控处理接口进行处理，该构件通过指令调度表的方式对指令进行管理，具备多个指令子调度表，支持用户对整个调度表进行使能、禁止、重置操作，并可针对每个子调度表进行使能、禁止、重置、插入、删除等操作。通过上述操作，每一个子调度表既可实现发送指令组的功能,又可实现延时指令插入、删除、指令发送的功能。

②若为其他类型,则报告错误。

(2) 调用在轨作业定时计划业务构件的调度接口进行指令调度表的查询,触发到时的遥控包,调用消息传输构件的消息发送接口发送。

遥控管理进程的执行过程示例如下:

```
void frmTaskAppTc(void)
{
    status_t result = OK;
    uint8_t left_msg_cnt = 0;
    uint8_t packet_type;
    uint32_t msglen = 0;
    uint16_t subject_id = 0;
    uint16_t source_apid = 0;
    uint8_t packet_buffer[MAX_PACKET_STORE_LEN] = {0};

    while(1)
    {
        do
        {
            left_msg_cnt = mtsMsgGet(APID_CTU_TC,g_mts_tc_obj_p,packet_buffer,MAX_PACKET_STORE_LEN,&msglen,&subject_id,&source_apid);
            if(msglen > 0)
            {
                packet_type = spPacketTypeGet(packet_buffer);
                if(packet_type == SPACE_PACKET_TYPE_TC)
                {
```

```
                /* 对遥控包的参数进行遥控接收确认和校验 */
                result = g_tvs_com_tm.tvsTcReceive Veri-
fication_funcp(&g_tvs_com_tm,packet_buffer_p,msglen);
                if(result!=OK)
                    报告错误状态;
                /* 根据遥控包业务类型分类处理 */
                result = tcTcPktHandle(packet_buffer,msglen);
                if(result!=OK)
                    报告错误状态;
            }
            else
            {
                报告错误状态;
            }
        }
    }while(left_msg_cnt >0);
    /* 调用星载操作调度构件的调度接口进行指令调度表的查询,触发到时的遥控包 */
        result = g_ooss_com.oossSchdule_funcp(&g_ooss_com);
        if(result!=OK)
            报告错误状态;
        定时 TASK_PERIOD_APP_TC(100ms)触发下一次调度;
    }
}
```

12.5 内务管理进程

内务管理业务提供航天器在轨运行期间数据系统内部管理以及其他业务管理范围以外航天器管理功能。内务管理进程实现了内务管理业务的功能，利用应用支持层及其下层构件提供的服务完成内务管理功能，同时最大限度地与航天器系统的具体设计细节隔离。

内务管理进程主要实现的功能包括：存储器管理、在轨作业程序、在轨监视、事件报告、事件动作、时间管理和在轨维护等。

（1）内务管理进程调用存储器管理业务构件实现存储器管理功能。内务管理进程通过遥控包接收存储器管理命令，进行相应的操作。内务管理进程接收的遥控包主要包括对航天器内部某个设备的内存进行修改、对航天器内部某个设备的内存进行下传、对航天器内部某个设备的内存进行校验和检查的遥控包。存储器管理业务构件将存储器操作命令转换成下层业务要求的格式（包括地址转换），交给下层业务进行具体的存储器操作。

（2）内务管理进程调用在轨作业程序业务构件实现在轨作业程序功能。内务管理进程收到在轨作业程序业务遥控包后调用在轨作业程序业务构件，通过程序标识和步骤标识对存储的作业程序进行管理。在轨作业程序业务遥控包包括加载作业程序（通过遥控包将作业程序加载到航天器）、删除作业程序（按照遥控包中的程序标识删除存储的作业程序）、启动作业程序（按照遥控包中的程序标识启动存储的作业程序）、停止作业程序（按照遥控包中的程序标识和步骤标识，在指定的作业程序执行完指定的步骤后，停止该作业程序）、暂停作业程序（按照遥控包中的程序标识和步骤标识，在指定的作业程序执行完指定的步骤后，暂停该作业程序）、恢复作业程序（按照遥控包中的程序标识，将暂停的作业程序，在指定的步骤或在暂停处恢复执行）、中止作业程序（按照遥控包中的程序标识立即中止该作业程序）。存储的作业程序可通过遥控包维护、启动执行、停止执行、暂停和中止。

（3）内务管理进程调用在轨监视业务构件实现在轨监视功能。综合电子系统软件为用户提供监视星上参数的功能，并在参数变化时产生报告，系统维持一个监视清单，包含要监视的参数信息，地面可以修改或报告该监视清单。内务管理进程收到的在轨监视业务遥控包包括增加监视参数（包括参数标识、监视类型、限值、越限后产生的报告等）、删除监视参数、使能监视参数、禁止监视参数、参数监视和状态转换报告。

（4）内务管理进程调用事件报告业务构件实现事件报告功能。事件报告业务构件在规定的重要事件发生时产生遥测包，向地面系统报告。

（5）内务管理进程调用事件动作业务构件实现事件动作功能。系统支持用户定义一个动作，当一个给定的事件被监测到时能自主执行。事件对应的动作可以是任意标准定义的遥控指令或任务特定的遥控指令。内务管理进程周期性对使能的事件进行监测，当收到事件后，将该事件对应的遥控包发送到目的地。

（6）内务管理进程调用时间管理业务构件实现时间管理功能，完成航天器内部的系统时间生成、时间维护和时间发布。时间生成是综合电子系统通过高稳定度时钟生成航天器时间，为航天器提供规定精度的时间基准。时间维护是综合电子系统接收来自地面的集中校时命令、均匀校时命令对航天器时间进行集中校正和均匀校正。运行于导航定位卫星作用范围内的航天器综合电子系统，可以利用北斗/GPS等导航定位卫星定位数据进行自主高精度时间校正。时间发布是综合电子系统响应各应用过程的时间访问，将航天器时间分发到指定的应用过程，为应用过程提供时间同步服务。

（7）内务管理进程调用在轨维护业务构件实现在轨维护功能，根据接收的遥控包处理，包括ROM程序维护功能（程序擦除、程序读出、程序写入、程序校验），进程管理功能（进程创建、进程挂起、进程恢复、进程删除）。除了传统的ROM程序维护功能和进程管理功能外，还实现了APP动态加载管理功能（APP创建、APP上注、APP加载和运行、APP停止、APP卸载）。

上述功能由内务管理进程调用相应的软件构件接口实现，内务管理进程功能和软件构件的对应关系见表12-4。

表 12-4　内务管理进程功能和软件构件的对应关系

序号	功能	调用的软件构件	备注
1	存储器管理	存储器管理业务构件	
2	在轨作业程序	在轨作业程序业务构件	本书对该构件不做详细说明
3	在轨监视	在轨监视业务构件	
4	事件报告	事件报告业务构件	
5	事件动作	事件动作业务构件	
6	时间管理	时间管理业务构件	本书对该构件不做详细说明
7	在轨维护	在轨维护业务构件	

内务管理进程的初始化过程如下，其中事件报告业务构件实例已在遥测管理进程初始化。

（1）调用 tvsInit 接口初始化遥控确认业务构件实例。

（2）调用 mmsInit 接口初始化存储器管理业务构件实例。

（3）调用 omsInit 接口初始化在轨维护业务构件实例。

（4）调用 scmsInit 接口初始化在轨监视业务构件实例。

（5）调用 eosInit 接口初始化事件动作业务构件实例。

（6）调用 tmsInit 接口初始化时间管理业务构件实例。

（7）内务管理进程的控制参数初始化。

（8）调用消息传输业务构件的节点注册接口 mtsModuleRegister，注册内务管理进程节点。

（9）调用消息传输业务构件的邀请接口 mtsInvite，邀请上行数据链路处理进程、遥测管理进程、遥控管理进程、热控管理进程等进程给内务管理进程发送遥控包消息。

（10）调用消息传输业务构件的订阅接口 mtsSubscrib 订阅遥测。

针对不同的型号应用需求，不同型号的内务管理进程只需要更改业务构件实例的配置参数即可，其他的处理过程保持不变。

内务管理进程的初始化过程示例如下：

```
status_t appHKInit()
{
    status_t result = OK;
    tvs_type_subtype_t type_subtype_array[TVS_HK_NUM];/*
用于遥控指令分发*/

    /* 初始化遥控确认业务构件实例 */
    result = tvsInit(&g_tvs_com_tm,APID_CTU_HK,TVS_HK_NUM,
type_subtype_array,NULL,frmTmPacketHandle);
    if(result!=OK)
        报告错误状态并返回;
    /* 初始化存储器管理业务构件实例 */
    result = mmsInit(&g_mms_com,&my_mms_config);
    if(result!=OK)
        报告错误状态并返回;
    /* 初始化在轨维护业务构件实例 */
    result = omsInit(&g_oms_com,&my_oms_config);
    if(result!=OK)
        报告错误状态并返回;
    if(result!=OK)
        报告错误状态并返回;
    /* 初始化在轨监视业务构件实例 */
    result = scmsInit(&g_scmonitor_com,&my_scms_config);
    if(result!=OK)
        报告错误状态并返回;
    /* 初始化事件动作业务构件实例 */
    result = eosInit(&g_eos_com,&my_eos_config);
    if(result!=OK)
```

报告错误状态并返回；
/* 初始化时间管理业务构件实例 */
result = tmsInit(&g_tms_com,&my_tms_config);
if(result!=OK)

报告错误状态并返回；

……/* 内务管理进程的控制参数初始化*/

/* 注册内务管理进程节点*/
result = mtsModuleRegister(APID_CTU_HK,0x21,&g_mts_hk_obj_p);
if(result!=OK)

报告错误状态并返回；
/* 邀请上行数据链路处理进程、遥测管理进程、遥控管理进程、热控管理进程等进程给内务管理进程发送遥控包消息,这里给出上行数据链路处理进程的邀请,其他省略*/

result = mtsInvite(APID_CTU_HK,g_mts_hk_obj_p,1,APID_CTU_TC,1);
if(result!=OK)

报告错误状态并返回；
/* 调用消息传输业务构件的订阅接口 mtsSubscrib 订阅遥测*/
result = mtsSubscrib(APID_ME_HK,g_mts_hk_obj_p,SUBJECT_EVENT,0x21,1);
if(result!=OK)

报告错误状态并返回；
return result;
}

内务管理进程接收其他进程发送过来的遥控包、遥测包并处理,根据处理结果输出遥测包（遥控确认业务执行结果报告、内存下卸报告）和遥控包。航天器综合电子软件系统对内务管理的周期一般为 100 ms 的整数倍，因此内务管理进程 100 ms 由定时器触发运行一次，依次执行如下操作。

（1）通过消息传输构件的消息获取接口 mtsMsgGet 获取本进程的消息（阻塞方式调用），若有消息，则依据消息的类型分别进行处理：

①若为遥控包类型，调用遥控确认业务构件的遥控接收确认接口 tvsTcReceiveVerification_funcp，对遥控包的参数进行遥控接收确认和校验，根据遥控包业务类型分类处理：如果是存储器管理业务，则调用存储器管理业务构件的遥控处理接口；如果是在轨作业程序业务，则调用在轨作业程序业务的遥控处理接口；如果是在轨监视业务，则调用在轨监视业务的遥控处理接口；如果是事件动作业务，则调用事件动作业务构件的遥控处理接口；如果是时间管理业务，则调用时间管理业务构件的遥控处理接口；如果是在轨维护业务，则调用在轨维护业务构件的遥控处理接口。

②若为遥测包类型，则判断业务类型是否为事件报告，若是则调用事件报告业务构件的事件报告进行处理，必要时调用事件动作业务构件的事件动作触发接口产生触发的遥控包，调用消息传输构件的消息发送接口发送。

③若为其他类型，则报告错误。

（2）调用在轨监视业务构件的在轨监视接口，对被监视参数进行数据采集和按照监视规则进行计算。

内务管理进程的执行过程示例如下：

```
void frmTaskAppHk(void)
{
    status_t result = OK;
    uint8_t left_msg_cnt = 0;
    uint32_t msglen = 0;
    uint16_t subject_id = 0;
    uint16_t source_apid = 0;
```

```c
uint8_t packet_buffer[MAX_PACKET_STORE_LEN]={0};

while(1)
{
    do
    {
        /* 获取本进程消息 */
        left_msg_cnt=mtsMsgGet(APID_CTU_HK,g_mts_hk_obj_p,packet_buffer,MAX_PACKET_STORE_LEN,&msglen,&subject_id,&source_apid);
        if(msglen>0)
        {
            if(spPacketTypeGet(packet_buffer)==SPACE_PACKET_TYPE_TC)
            {
                /* 根据遥控包业务类型分类处理*/
                result=hkTcPktHandle(packet_buffer,msglen);
                if(result!=OK)
                    报告错误状态;
            }
            else
            {
                /* 根据遥测包业务类型分类处理*/
                result=hkTmPktHandle(packet_buffer,msglen);
                if(result!=OK)
                    报告错误状态;
            }
        }
```

```
        }while(left_msg_cnt >0);
        定时 TASK_PERIOD_APP_HK(100ms)触发下一次调度；
    }
}
```

12.6　热控管理进程

热控管理业务是根据温度传感器提供的温度数据对加热器实施通断控制的过程，从而保证航天器上仪器设备的环境温度在要求的范围之内。热控管理业务功能主要是温度传感器遥测采集、加热器回路控制以及输出加热器工作状态等遥测参数。热控管理进程实现了热控管理业务的功能，利用应用支持层及其下层构件提供的服务完成热控管理功能，同时最大限度地与航天器系统的具体设计细节隔离。

热控管理进程调用设备数据池业务构件实现温度传感器遥测采集功能，通过添加和启动温度传感器遥测参数采集订单，实现温度传感器遥测参数采集。

热控管理进程调用功能管理业务构件和热控管理专用构件实现加热器控制功能。加热器回路控制主要包括控制加热器母线正线输入的安全开关、控制加热器电源回线通断的回线开关。加热回路控制方式分为开环控制和闭环控制两种。开环控制是指在地面测控系统干预下，热控管理进程接收遥控包完成加热器回路的控制管理；闭环控制是指在没有地面测控系统干预下，热控管理进程自主完成加热器回路的控制管理。在加热回路控制过程中会设置相应的控制参数并作为遥测参数告知地面加热器的控制状态，包括加热器控制方式（开环/闭环状态）、加热器回路号、加热器回路状态（闭环控制的使能/禁止状态）、控温阈值上限、控温阈值下限、加热器回路当前使用的温度传感器编号、加热器回路状态、是否报警、加热器回路的通断状态、加热器回路的控温策略（选用加热器回路控制相关温度传感器的最小值、最大值、平均值或指定值）等。

上述功能由热控管理进程调用相应的软件构件接口实现，热控管理进程功能和软件构件的对应关系见表 12-5。

表 12-5 热控管理进程功能和软件构件的对应关系

序号	功能	调用的软件构件	备注
1	温度传感器遥测采集	设备数据池业务构件	
2	加热器控制	功能管理业务构件、热控管理专用构件	本书对该构件不做详细说明

热控管理进程的初始化过程如下。

（1）调用 tvsInit 接口初始化遥控确认业务构件实例。

（2）调用 fmsInit 接口初始化功能管理业务构件实例。

（3）热控管理进程的控制参数初始化。

（4）调用消息传输业务构件的节点注册接口 mtsModuleRegister，注册热控管理进程节点。

（5）调用消息传输业务构件的邀请接口 mtsInvite，邀请遥控管理进程发送遥控包消息。

（6）调用设备数据池业务构件的添加采集订单接口 ddpsOrderAdd_funcp，增加多个温度传感器遥测参数采集订单；调用开始采集订单接口 ddpsOrderStart_funcp，启动这些订单的采集，设备数据池业务构件的后台进程根据这些遥测参数采集订单采集遥测数据。

针对不同的型号应用需求，不同型号的热控管理进程只需要更改温度传感器遥测参数采集订单中的遥测参数标识表即可，其他的处理过程保持不变。

热控管理进程的初始化过程示例如下：

```
status_t appThInit()
{
    status_t result = OK;
    tvs_type_subtype_t type_subtype_array[TVS_TH_NUM]; /* 用于遥控指令分发*/
    /* 初始化遥控确认业务构件实例 */
    result = tvsInit(&g_tvs_com_tm,APID_CTU_TH,TVS_TH_NUM,type_subtype_array,NULL,frmTmPacketHandle);
```

```
if(result!=OK)
    报告错误状态并返回；


/* 初始化功能管理业务构件实例 */
result=fmsInit(&g_fms_com,&my_pus_fms_config);
if(result!=OK)
    报告错误状态并返回；


……/* 热控管理进程的控制参数初始化*/

/* 注册热控管理进程节点*/
result=mtsModuleRegister(APID_CTU_HK,0x21,&g_mts_hk_obj_p);
    if(result!=OK)
        报告错误状态并返回；
/* 邀请遥控管理进程给热控管理进程发送遥控包消息*/
result=mtsInvite(APID_CTU_TH,g_mts_th_obj_p,1,APID_CTU_TC,1);
    if(result!=OK)
        报告错误状态并返回；
/* 添加多个温度传感器遥测参数采集订单,这里给出一个示例*/
result=g_ddps_com.ddpsOrderAdd_funcp(&g_ddps_com,param,param_num,param_period,param_acquis_history,param_trans_id,&param_order_id);
    if(result!=OK)
        报告错误状态并返回；
/* 开始多个采集订单,这里给出一个示例*/
```

```
        result = g_ddps_com.ddpsOrderStart_funcp(&g_ddps_com,
param_order_id,time_code);
        if(result!=OK)
            报告错误状态并返回;
        return result;
    }
```

热控管理进程接收其他进程发送过来的遥控包并处理，根据处理结果输出遥测包和遥控包。航天器综合电子软件系统对加热器控制的周期一般为 100 ms 的整数倍，因此热控管理进程 100 ms 由定时器触发运行一次，依次执行如下操作。

（1）通过消息传输构件的消息获取接口 mtsMsgGet 获取本进程的消息（非阻塞方式调用），若有消息，则依据消息的类型分别进行处理。

①若为遥控包类型，则根据遥控业务类型调用功能管理构件的遥控处理接口进行处理，根据 ACK 产生遥控确认的执行结果报告遥测包。根据接收到的不同遥控包指令对温度传感器的温度超出设定阈值范围的加热器回路实施控制，对超出温度阈值上限的加热器回路，地面发送断开该加热器回路回线开关的指令，热控管理进程断开该支路的回线开关；对低于温度阈值下限的加热器回路，地面发送接通该加热器回路回线开关的指令，热控管理进程接通该支路的回线开关。

②若为其他类型，则报告错误。

③调用消息传输构件的消息发送接口发送产生的执行结果报告到地面。

（2）调用设备数据池业务构件的读取采集数据接口 ddpsSampleRead_funcp 获取采集的温度传感器遥测参数，调用热控管理专用构件进行热控闭环控制，必要时调用消息传输构件的消息发送接口发送产生的遥控包。闭环控制工作的一般过程如下。

①接收温度传感器的遥测参数，对遥测参数进行变换处理，根据处理结果判断航天器上是否有部件的温度超过阈值范围。

②对温度传感器温度超出设定阈值范围的加热器回路实施控制：对超出温度阈值上限的加热器回路，热控管理进程发送断开加热器回路回线开关的指令，断

开该支路的回线开关；对低于温度阈值下限的加热器回路，热控管理进程发送接通该加热器回路回线开关的指令接通该支路的回线开关。对于一些航天器，在控温阈值范围内采用开关控制，在控温阈值内采用 PID 比例控制方式进行更加精确的温度控制；对于 PID 控制，需要根据比例控温系数，控温阈值和温度传感器的测温值，计算控温周期内的加热时间，即控温占空比，发送控制指令调节加热器通断的时间。同时，在一个控温周期内对多组加热器进行分时控制。

热控管理进程的执行过程如下：

```
void frmTaskAppTh(void)
{
    status_t result = OK;
    uint8_t left_msg_cnt = 0;
    uint32_t msglen = 0;
    uint16_t subject_id = 0;
    uint16_t source_apid = 0;
    uint8_t packet_buffer[MAX_PACKET_STORE_LEN] = {0};

    while(1)
    {
        do
        {
        /* 获取本进程消息 */
        left_msg_cnt = mtsMsgGet(APID_CTU_TH,g_mts_th_obj_p,packet_buffer,MAX_PACKET_STORE_LEN,&msglen,&subject_id,&source_apid);
            if(msglen > 0)
            {
                if(spPacketTypeGet(packet_buffer) == SPACE_PACKET_TYPE_TC)
```

```
        {
            /* 根据遥控包业务类型分类处理*/
            result = thTcPktHandle(packet_buffer,msglen);
            if(result!=OK)
                报告错误状态；
        }
        else
        {
            报告错误状态；
        }
    }
}while(left_msg_cnt >0);
/* 调用设备数据池业务构件的读取采集数据接口获取采集的温度传感器遥测参数 */
    result = g_ddps_com.ddpsSampleRead_funcp(&g_ddps_com,g_order_thermal.order_id,g_order_thermal.acquis_history,data_buffer,status_buffer,&data_len,&param_num,time_code);
    /* 调用热控管理专用构件进行热控闭环控制 */
    result = thControl();
    定时 TASK_PERIOD_APP_TH(100ms)触发下一次调度；
    }
}
```

12.7 扩展应用进程

在中间件的支持下，综合电子软件可以方便地扩展功能。当需要新增一项功能应用时，仅需要调用操作系统接口新建一个进程，在中间件业务构件的支持下，完成其功能。这里以实现能源管理功能为例说明在综合电子软件中新增能源管理功能。

（1）调用操作系统接口，创建扩展管理进程，由定时器周期性触发运行。

（2）通过消息传输构件的消息获取接口 mtsMsgGet 获取本进程的消息（非阻塞方式调用）。若有消息，则依据消息的类型如遥控和遥测分别进行处理。

①若为遥控包类型，则根据遥控业务类型调用相应业务构件的遥控处理接口进行处理，根据 ACK 产生遥控确认的执行结果报告遥测包。

②若为遥测包类型，则根据遥控业务类型调用相应业务构件的处理接口进行处理。

（3）调用相应业务构件进行处理。

可以看出，航天器综合电子系统软件已将航天器标准业务和协议通过软件构件实现，且其能通过组合满足不同的需求，可以重复使用已有的应用管理层软件和下层软件构件，只需开发航天器特殊需求相关的软件构件和扩展应用进程即可实现扩展应用功能。

参 考 文 献

[1] 赵和平，何熊文，刘崇华，等. 空间数据系统［M］. 北京：北京理工大学出版社，2018.

第 13 章
软件可靠性设计

13.1 影响航天器软件的可靠性因素

航天任务的特殊性,要求航天器软件不仅能够对正常情况下的系统资源进行有效管理,当系统发生异常情况时仍需要保持可靠运行。根据航天器软件运行的特点,影响航天器软件的可靠性的主要因素有以下几种。

1. 空间辐照环境影响

根据影响方式不同,空间辐照环境影响分为单粒子效应和总剂量累积效应两大类。

单粒子效应(SEE)是指高能粒子与半导体材料撞击时会产生电子空穴对,如果没有电场存在的情况下,电子空穴对会在一段时间内复合,从而使器件恢复原来的特性,但如果存在电场,电子和空穴会向电场的两极漂移,形成电流,会在器件的节点处显示出电压的变化。根据发生机理不同,单粒子效应可以分为单粒子闩锁(Single Event Latch – up,SEL)、单粒子烧毁(Single Event Burnout,SEB)、单粒子翻转(Single Event Upset,SEU)等,其类型和特征见表13 – 1。

表 13 – 1 单粒子效应类型和特征

类型	特征
单粒子翻转(SEU)	存储单元逻辑状态改变
单粒子多位翻转(SEMU)	存储单元多个位状态改变

续表

类型	特征
单粒子瞬态脉冲（SET）	瞬态电流在逻辑电路传播产生瞬时脉冲
单粒子扰动（SED）	存储单元逻辑状态瞬时改变
单粒子功能中断（SEFI）	控制模块状态出错引起器件功能中断
单粒子闩锁（SEL）	PNPN 结构中的大电流再生状态
单粒子烧毁（SEB）	大电流导致器件烧毁
单粒子栅穿（SEGR）	栅介质因大电流流过而击穿
单粒子位移损伤（SPDD）	因位移效应造成的永久损伤

单粒子效应引发的错误类型如图 13-1 所示，包括硬错误和软错误两种不同类型的错误。硬错误是重新写入或重新启动不可恢复正常，对电路造成的永久性的伤害，如单粒子闩锁、单粒子烧毁等。软错误是可通过重新写入或重新启动恢

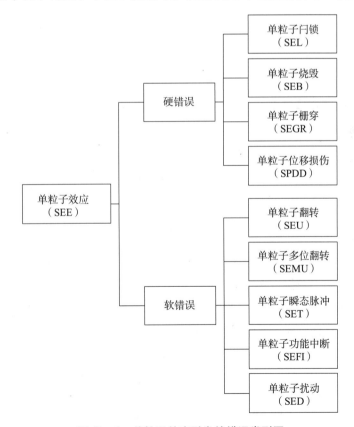

图 13-1　单粒子效应引发的错误类型图

复正常的瞬时性错误,并不会影响电路本身的特性,如单粒子翻转、单粒子瞬态脉冲等。硬错误的出现需要极高的能量,而软错误随着集成电路工艺尺寸的不断改进,出现的概率大幅提高,因此软错误已成为航天器设计中需要重点考虑的因素。

一般来说,SEL 和 SEB 难以通过软件的方法解决,需要采用系统重启甚至启用备份系统才能使系统继续工作。SEU 和 SEMU 产生的是瞬时故障,是导致处理器、可编程逻辑器件和存储器等大规模集成电路发生软错误的主要方式,单粒子瞬态脉冲和单粒子扰动等产生的瞬时改变在持续一定时间后也会发生位翻转。因此使用软件容错方法可以很大程度上减少单粒子效应对星载计算机系统的影响。

空间辐照环境影响的另一种方式是总剂量累积效应(TID),总剂量效应是大量单个粒子事件的累积结果,是电子设备长期处于辐射环境下的累积效应,可以对电子系统及其器件造成许多不良影响,比如增加信号传播延时、减少时钟频率、降低门输出驱动、降低噪声容限等,从而导致系统性能缓慢但不可逆的退化,最终使得设备彻底毁坏,无法工作。总剂量效应引发的电路反应,是一种硬错误。

2. 长期不断电连续运行

部分航天器在轨寿命长达十几年,根据任务要求,星载计算机及其软件系统要求不断电连续运行。在长期运行期间,航天器软件可能处理大量的遥控数据注入和指令,也可能发生地面未出现的错误或者异常,系统功能也可能需要变更或升级,这些都要求航天器软件能够正确处理这些事件,如果出现故障,或者需要功能升级,能够通过在轨维护功能更改软件。

3. 硬件复杂多样对软件影响

航天器软件中有很多程序是与硬件设备相关的,星载硬件接口复杂多样,硬件与 FPGA 操作时序不同,要求软件人员熟悉各种硬件体系结构和硬件设备特性,包括软硬件接口和软件硬件时序操作,如果操作不正确,将导致系统错误。

4. 软件自身设计问题

航天器软件中往往面临较为复杂的资源竞争问题、时序冲突问题,这些问题是由任务之间、中断之间、任务与中断之间对各类资源并发访问引起的,对系统的可靠性产生很大影响。还有一些对航天器软件运行产生不确定影响的问题,比如数组越界问题、软件异常跑飞问题、变量未初始化导致不确定的问题、软件未对接收的数据长度正确性判断导致缓冲区溢出等问题。

地面对在轨运行的航天器可干预手段较少,这就要求航天器软件重点考虑可靠性设计,不仅能够在单粒子效应广泛存在的空间辐照环境中稳定运行,而且具备可靠性设计方法,有一定的容错能力,保证星载计算机长寿命运行。本章从操作系统层、中间件层和应用管理层分别给出针对航天器软件的可靠性设计方法。

13.2 操作系统层可靠性设计措施

操作系统除了为航天器软件中间件和上层应用提供任务管理、内存管理、中断管理、时钟管理和任务间通信管理等基础功能外,最重要的是需要提供稳定可靠的运行环境。例如在星载计算机上电启动时,能够正确加载程序,在系统运行过程中,当 CPU 发生 Trap 时,能够正确接管并处理。航天器综合电子系统操作系统层可靠性设计措施见表 13-2。

表 13-2 操作系统层可靠性设计措施

出错时机	错误源	错误说明	可靠性设计措施
上电启动	ROM/FLASH	系统启动过程中,ROM 或 FLASH 出错导致无法正确引导程序	设置多个逻辑分区,每个分区固化三份软件映像,进行三取二校验,如果出错则加载其他分区内的软件映像
上电启动	RAM	RAM 永久性损坏,无法加载程序到 RAM 区	方法一:RAM 错误检测,用正确的 RAM 片替换出错的 RAM 片 方法二:存储多份软件映像,某 RAM 区出错后,搬移到下一个 RAM 区
软件运行中		单粒子翻转导致的单比特错或双比特错,无法读取正确的数据	周期性读 RAM,发生单比特错后回写,发生双比特错后复位消除错误,消除空间辐照环境导致的单粒子错误
软件运行中	处理器发生 Trap	上层软件发生异常导致处理器进入 Trap 异常	保存异常信息,根据 Trap 类型,对于普通异常,清除 CPU 错误状态,对于无法恢复的异常,进行复位处理

续表

出错时机	错误源	错误说明	可靠性设计措施
软件运行中	上层软件	上层软件内存分配造成内存泄漏	上层软件完成初始化后操作系统只提供静态内存分配的方式,对于确实需要动态分配的,操作系统通过固定缓冲池管理实现特定区域的内存动态分配和释放
软件运行中	上层软件	上层软件进程运行超时	如果超出最长运行时间片门限,某应用进程仍然没有执行完,操作系统停止该进程调度并记录状态
软件运行中	上层软件	上层软件进程访问其他进程地址空间	设计分区地址空间保护,预先对不同的进程分配地址空间,当本进程的地址空间由于某种原因被其他进程非法访问时,记录本次访问状态并报告,以此进行地址空间保护
软件运行中	中断服务程序	中断服务程序与任务运行时序错误	需要重点关注中断服务程序嵌套和执行时间、出现阻塞操作、使用非中断语句返回等操作

1. ROM/FLASH 上电检测与错误处理

星载计算机 ROM 或 FLASH 中存储了星载计算机中运行的程序与数据,如果 ROM 或 FLASH 出现错误,星载计算机系统将无法正常启动运行,导致星载计算机单机功能丧失,对航天器任务带来很大损失,因此有必要设计针对 ROM/FLASH 出错的可靠性措施。

将 ROM/FLASH 分为几个逻辑分区,本书以 FLASH 划分为两个逻辑分区 FLASH1 和 FLASH2 为例说明。将 FLASH1 和 FLASH2 中分别固化三份星载计算机软件映像,每份映像首部存储有映像大小、校验和等信息。星载计算机上电后默认加载 FLASH1 中固化的软件映像,加载过程如下。

(1) 获取 FLASH1 中的三份软件映像,进行三取二校验,将三取二校验后获取的软件映像读入到 RAM 中。

(2) 对 RAM 中的软件映像进行校验,如果校验正确则执行 RAM 中的软件,如果校验错误则加载 FLASH2 中固化的软件映像。

(3) 读取 FLASH2 中的三份软件映像,重复执行上述过程。

2. RAM 上电检测与错误处理

在空间辐照环境影响下,星载计算机 RAM 的错误一般有两种原因。一种是 RAM 永久性损坏,另一种是瞬时故障如由于单粒子翻转导致的单比特错或双比特错。

针对 RAM 永久性损坏,有两种处理方法。第一种方法是硬件和软件配合处理。硬件可设计有多片 RAM,上电后操作系统启动程序需对 RAM 进行检测。检测方法为向 RAM 各区域写某个特定的值(如先写 0xAAAAAAAA 再写 0x55555555),再读回进行比较。当发现某片 RAM 有错,可以用其他正确的 RAM 片代替该片 RAM。以 TSC695F 处理器为例,其 RAM 可设计为 8MB,分 4 片,每片 2MB,只使用前 3 片,最后一片为备份。当上电后软件检测到某片 RAM 有错,通过配置 CPU 的内存配置寄存器,可以使用最后一片 RAM 替换该错误 RAM。替换后的 RAM 地址空间仍然是连续的。

第二种方法是编译多份软件映像,每份软件映像设置不同的 RAM 运行地址。星载计算机上电后默认从第一区的软件映像搬移到对应的 RAM 区,如果 RAM 检测出错,则搬移下一个区的软件映像到其对应的 RAM 区。如图 13 - 2 所示,ROM/FLASH 划分为两个区,每个区存储三份软件映像(三取二),每个软件映像可以被搬移到不同的 RAM 区中,一旦某 RAM 区出错无法使用,则将使用下一个区的软件映像,并搬移到下一个 RAM 区中运行,跳过出错的 RAM 区。

图 13 - 2　软件映像搬移到对应的 RAM 区

3. RAM 周期性检测与错误处理

对于单粒子翻转导致的单比特错或双比特错,硬件具备 EDAC 保护功能,软件每隔一定时间（如每 2 s）读取 RAM 一定长度（如 1 KB）数据，从起始位置一直到结束位置，读完后再循环。当读到 RAM 数据出现单比特错或双比特错（RAM 区 2 bit 及以上出错时发生）时会通知 CPU 出错的 RAM 地址。如果是单比特错，软件将 RAM 地址的数据读出并重新写入该地址（读出时，EDAC 已自动纠错），并记录单比特错误次数下传地面。如果是双比特错，则记录出错的地址和错误类型后，进行系统复位，从多位错误中恢复正常。

4. 处理器 Trap 接管与处理

当异常事件发生时，CPU 能够捕获异常并转入异常处理代码执行。以 TSC695F 和 BM3803 处理器为例，操作系统能够管理所有 256 级 Trap，除 15 个中断和少数 Trap（包括下溢、上溢、软指令关闭 Trap）需要特殊处理外，其他异常均采用统一的方式进行处理。

对于不同的 CPU 处理器，其内部一般设计有错误检测机制，如非法指令、除 0 错、非法地址访问等，并在检测到错误时通过 Trap 告知处理器。以 TSC695F 和 BM3803 处理器为例，操作系统需对不同的 Trap 进行相应的处理。

针对处理器 Trap 分两个层次进行处理：内核层异常处理和用户层异常处理，将用户层异常处理挂接在内核层异常处理的末端。内核层异常处理是后台程序，对发生异常时的系统状态进行保存和恢复。

用户层异常处理可以分两步。第一，以故障日志记录的形式保存异常信息，读取出错时 CPU 寄存器的值，生成一个异常记录结构（包括异常计数、异常源、异常类型、错误地址、PC 寄存器值、处理器状态寄存器值、发生错误的任务 ID），并且将这些信息保存到特定的存储区域。第二，保存完异常信息后，根据异常类型（Trap 号）分别进行处理：如果是严重错误（无法恢复的异常），包括除零错、非法指令、内存不对齐错误、数据访问错误，则进行 CPU 复位处理；如果是普通错误，则清除错误状态后继续执行。

对于航天器在轨运行而言，由于不能直接看到处理器输出的信息，所以一种做法是将错误信息记录在特定的存储器中，如 1553B 芯片 RAM 区特定地址或 EEPROM 中。由应用软件将故障日志记录读出并通过遥测下传地面，即使硬件复位仍可保存完好并下传地面，极大提高了星载计算机故障定位效率和准确性。

5. 内存分配与固定缓冲池管理

由于动态内存分配带来较大的不可预见性，而且有可能造成内存泄露，出错后难以分析和恢复，所以星载计算机内存大多采用初始时动态内存分配、运行时静态内存分配的方法。在初始化时，例如进程创建、消息队列创建、信号量创建等系统调用采用动态内存分配，在初始化完成后，航天器软件不再动态分配内存。对于确实需要动态分配内存的功能，操作系统层提供缓冲池管理组件，采用缓冲区固定区域分配和释放的方式，预先分配固定大小的缓冲区，并维护一个空闲缓冲区的列表，需要使用时搜索该空闲缓冲区的列表，找到一块空闲内存区，使用完成后再释放到该预留缓冲区中。

6. 应用进程运行超时检测及处理机制

对于采用固定时间片调度的操作系统，可以设计一种进程运行超时检测及处理机制。操作系统设置进程最长运行时间片阈值，每次调度中，如果应用进程在时间片内没有运行完本时间片的进程，操作系统在接下来几个时间片内继续对余下的进程进行调度。如果超出最长运行时间片阈值，某应用进程仍然没有执行完，操作系统停止该进程调度并记录状态。

7. 地址空间保护机制

如果硬件有 MMU 支持，则操作系统可以设计分区地址空间保护，即预先对不同的进程分配地址空间，当本进程的地址空间由于某种原因被其他进程非法访问时，则记录本次访问状态并报告，以此进行地址空间保护。

8. 中断服务程序可靠设计

航天器软件的深层次问题往往是由中断服务程序导致，因此应特别注意中断服务程序的设计，中断服务程序设计需要注意以下事项。

（1）中断服务程序执行时间尽可能短，尽量将无关紧要的操作放在中断服务程序之外。如果中断服务程序耗时较多，CPU 长时间被中断，则会导致其他中断或任务得不到及时响应，从而产生丢中断而漏处理外部事件的情况。

（2）不能使用会引起阻塞的操作，如执行时间较长的 IO 读/写操作或调用操作系统函数。不可以获得信号量或调用任何可能获得信号量的函数，不能调用任何用于系统资源（任务控制块、内存、信号量、消息队列、定时器）创建或删除的函数。

（3）中断服务程序中不能使用非中断语句返回，如使用跳转语句跳转到程序的其他位置导致操作系统软件未能进行中断现场的恢复。

（4）对系统中可能发生的中断嵌套和中断最长处理时间进行分析和测试，防止出现中断处理时间过长导致其他中断未及时响应、中断处理时间超出中断的最小间隔时间、中断间存在资源互斥而无法退出或者状态被其他中断改写等问题。

13.3 中间件层可靠性设计措施

中间件层在运行过程中可能出现的故障包括如下几方面。

（1）硬件故障导致的中间件层软件构件故障，如1553B总线故障、时钟故障、遥控接口故障、遥测接口故障等。

（2）软件构件接口输入和运行逻辑错误，如数据输入错误导致的系统功能错误，设计缺陷导致的内存溢出、进入死循环等。

（3）操作失误如注入了错误的指令等。

针对上述故障，中间件层软件采用以下的可靠性设计方法进行故障检测和容错处理。

1. 构件错误码设计

为了在软件调试、测试和在轨运行过程中软件出现故障后能够快速定位和判断故障出现的原因，设计了统一的错误日志机制，在每个软件构件设计了错误码，如果构件执行出现异常或者进入非正常的逻辑，则采用事件报告的机制将错误码通过遥测数据下传到地面，以便进行错误分析与定位。

2. 1553B 总线容错管理

1553B总线本身设计为双冗余的总线，具备出错重发机制。软件相应的设计方法为初始化时对寄存器进行配置，设定出错重发机制（重发次数、先从A总线重发还是B总线重发、什么情况下重发）。在发送总线消息时可以由软件根据消息类别决定是否重试，一般的设计方法为重要数据、指令需使能重试，而对于常规性的遥测数据或非重要数据则不需重试。此外，软件周期性对A、B总线进行检测（通过发送方式字的方式），并记录总线 A、B 总线的在线状态；一方面作为下次发送首选总线的依据；另一方面通过遥测下传地面。

3. 时钟故障切换

星载时钟是整星时间的基准，也是软件进行调度的依据。为防止时钟故障影响软件正常运行，应用软件周期性对时钟进行检测。共有两种检测方法：第一种为周期性采集当前时间，采集三次后进行比较，如果三次秒计数均与之前相同则认为时钟出错；第二种为硬件设计有时钟故障检测电路，软件可以通过读取寄存器获知时钟是否故障。处理方式分为两种：第一种适用于有内部时钟的处理器，在外部时钟故障时可以将时钟切换为内部时钟；第二种适用于无内部时钟的处理器，出错时进行切机处理。

4. 遥控接口故障处理

遥控接口分为两种，一种为热备，即两路硬件接口同时给星载计算机，另一种为冷备，即只有一路给星载计算机。对于热备的方式，则软件需接收两路数据并分别进行数据有效性检验，当数据有效性正确且与之前接收的数据不完全相同时才进行进一步处理和分发，否则记录错误并丢弃。对于冷备的方式，则只接收一路数据并分别进行数据有效性检验。

而软件对于遥控接口的操作，需针对不同的硬件接口设计方法采取相应的容错设计。目前一种实现方法是硬件将数据接收并放入 FIFO，将接收数据的长度保存在寄存器中，接收完一帧后通过中断通知 CPU。软件在接收到中断后先读寄存器得到长度，再根据长度从 FIFO 中读取指定长度的数据。此过程中一种可能的错误是寄存器给出的长度小于硬件 FIFO 中实际接收的数据，软件读取后，实际上 FIFO 中仍有数据，于是每次上行遥控数据都将出错。对于此种错误的避免方法是每次软件读取 FIFO 后都需将 FIFO 清空。此外，刚上电时也需将 FIFO 清空并清遥控中断。

5. 遥测接口故障处理

遥测接口目前一种设计方式是硬件固定周期（如 500 ms）产生遥测中断，软件一次性将数据写入到遥测 FIFO，硬件按照一定的速率向外输出 PCM 数据。此过程的一种错误是软件写入到 FIFO 前 FIFO 中数据尚未传完，如此可能导致后续帧全部混乱，此时一种避错方法是每次向 FIFO 写数据前将 FIFO 清空。

6. 未用资源防护

在软件设计时，经常会出现硬件上存在，但是软件并没有使用的资源，这部分资源不会直接对软件的运行状态产生影响，但是有可能会在软件遭遇单粒子效应或者软件跑飞时，间接的对软件以及系统运行的安全性产生影响，因此必须对这部分资源进行保护，具体的方式有以下几种。

（1）未用存储器资源防护：对 ROM 存储区应在固化时对未使用资源进行填充软件陷阱（可为跳转指令）的操作，对 RAM 应在上电时对未使用资源进行填充软件陷阱的操作，当软件由于单粒子效应跑飞到未用的 ROM 或 RAM 区域中时系统能及时恢复。

（2）未用中断资源防护：对于未使用中断，软件中仍需设计其对应的中断保护函数。当程序由于异常导致其误入未使用中断时，该中断保护函数能够正常的引导程序退出该中断保护函数，并设置寄存器屏蔽该未用中断。

7. 入口参数检查

对中间件层构件的所有入口参数进行检查，对所有带返回参数的函数返回值进行检查，当出现错误时记录出错的进程、函数号以及错误类别，并下传地面。采用这种方法可以检测到可能的内存溢出导致的输入参数异常，可以在地面测试阶段提前发现错误并快速定位，在轨运行时也可给地面更详细的故障诊断信息。

8. 指令码距设计

对于不同的指令，需设计有一定的码距。一般采用码距为 2 或 2 以上的码字表示不同的指令。一旦地面用户由于误操作注入了错误的指令或由于信道误码产生错误的指令，可通过该方法进行检测。

9. 简化设计

程序越复杂，其出错的概率越高。因此，应合理设计程序体系结构，使得模块具有高内聚和低耦合特性。尽可能地采用简单的算法实现程序功能，降低模块的圈复杂度和基本复杂度。

13.4 应用管理层可靠性设计措施

应用管理层包含以下四类可靠性设计措施，其中共享资源可靠设计和抗单粒子翻转特殊设计也适用于中间件层可靠性设计。

13.4.1 共享资源可靠设计

航天器软件任务与任务之间、任务与中断之间的数据交互方法主要包括共享内存和消息队列。

（1）共享内存：会引起数据访问冲突，但可以传递大量的数据，节约内存和CPU，如果系统资源非常紧张而且需要传递大量的数据，推荐使用。

（2）消息队列：提供了数据异步传输机制，降低了任务间的耦合程度，在系统资源不紧张的情况下，尽量使用。

当多个任务或者任务与中断之间使用共享内存（包括公共全局变量）时，要对共享数据区进行互斥保护，保护的方法包括：

1. 中断锁

对任务抢占和中断抢占均有效，可以避免中断抢占并且不进行任务调度，从而保护共享数据区。相对于其他两种互斥方法，如果需要在任务和中断间保护共享数据，或者在多个中断间保护共享数据，只能使用中断锁。在中断锁调用中间，建议不要进行操作系统调用。中断锁函数需成对使用，其使用方法如下：

关中断；

/*禁止中断的操作部分*/

开中断；

2. 任务锁

对任务抢占有效，可以避免高优先级的任务抢占低优先级的任务，当某个任务使用任务锁后，除中断之外，任何任务都无法抢占资源。需成对使用，其使用方法如下：

关闭任务抢占；

/*禁止任务抢占的操作部分*/

开启任务抢占；

3. 信号量

仅对使用该信号量的任务有效，不影响其他任务抢占和中断抢占，包括互斥信号量、二值信号量和计数信号量。其使用方法如下：

获取信号量；

/＊共享数据区操作＊/

释放信号量；

13.4.2 在轨维护设计

由于软件是在轨运行的，一旦软件运行出现错误，或者由于需求考虑的疏漏需要对软件功能进行增减，就需要提供一种在轨维护手段。目前，一般的在轨维护方法包括整体软件维护、进程维护、函数维护、参数修改等。

（1）整体软件维护方法为通过在轨注入替换 EEPROM、FLASH 或 RAM 原有程序，然后再执行新注入的程序。

（2）进程维护包括进程的创建、挂起、删除等，主要在操作系统的支持下通过遥控注入实现。

（3）函数维护可通过定义函数指针的方式，即对函数的调用都通过函数指针完成，当需替换某函数时可以新注入一个函数，然后通过内存修改更换函数指针，使其指向新函数的位置即可。

（4）参数修改通过在轨注入内存修改指令的方式，可以对任意公共参数的值进行修改，并且可以通过内存下传的方式查看修改是否成功。

13.4.3 系统功能重置设计

1. 进程运行状态检测

软件由于某种原因跑飞，将在一段时间内无法恢复系统功能，甚至导致误触发指令对航天器运行带来安全隐患。应用管理层软件结合进程运行计数与看门狗功能实现软件跑飞后故障恢复。看门狗电路是应对软件跑飞的有效方式，看门狗电路实际上就是一个硬件的"定时器"电路。在软件正常运行期间，会周期向看门狗电路输出"喂狗"信号（写看门狗寄存器），看门狗电路收到"喂狗"信号后，会自行将"定时器"电路中定时值清零。在给定周期内如果软件没有进行"喂狗"操作，则硬件会狗咬复位。应用管理层软件周期性判断重要进程的运行次数，只有不断增加时才"喂狗"，否则不"喂狗"，等待狗咬复位，星载计算机复位，软件功能重新恢复。

2. 重要数据保存与恢复

为防止 CPU 复位或切机导致当前运行状态丢失，星载计算机需周期性或在重要数据发生变化时将自身重要数据保存在固态存储器或其他分系统终端中。当上电复位或切机时，软件从固态存储器或其他分系统终端中将重要数据取回，对重要数据进行正确性校验；当效验正确时，恢复之前的工作状态。此外，为防止保存重要数据的终端出现问题，一般将重要数据分别保存在多个终端中，恢复时分别从各终端取重要数据，选择校验正确的数据进行恢复。

3. 任务迁移

任务迁移的机理是星载计算机之间发送心跳信息，根据心跳信息以及自身设备标识进行系统工作模式的初始设置，通过对周期性心跳信息的监控实现系统工作模式的自主切换以及任务的动态分配和创建。通过该方法，各星载计算机可重新根据工作模式以及自身标识启动工作任务，并支持创建和启动扩展任务，增加系统处理任务数量的能力，系统灵活性强，支持航天器在轨运行期间根据任务需要动态扩展星载计算机的软件功能，提升系统的计算能力和可靠性。

13.4.4 抗单粒子翻转特殊设计

1. 代码编写防护

对软件程序代码的编写是最基本的增强软件抗单粒子翻转的方式，为此在代码设计中必须遵循以下的设计原则：

（1）尽量减少使用有符号数和布尔数，尤其是在重要的程序判断比较、输入/输出控制操作中尽可能不要使用，如果必须使用时，应使用三取二表决后的结果进行后续操作。

（2）对于影响软件流程、系统状态的重要变量（如上电/复位标志、系统工作模式字、系统状态字等），不采用"位定义"的方式，即用 1 位来表示一个变量，要求至少使用一个字节（8 位）来定义一个重要变量。

（3）当用一个变量表示多种状态时，必须保证状态间有 2 位以上码距，不会因为错码而误操作，使用 0xAAAA、0x5555、0xEB90 等码距较大的数值定义重要变量的状态。

（4）根据判断条件的正常预期值、正反条件的安全性、0/1 翻转率、码距等因素，区分强条件和弱条件判断，在判断条件出现单粒子错误时，将程序引入相对安全的运行分支。

2. 数据编码防护

数据编码是最常用的防止数据出错的应用方式，通常采用的数据编码方式包含以下几种。

（1）累加和编码：对收到的数据进行累加和计算，并将结果和收到的累加和进行比较，如比对一致，则代表数据正常，对数据进行后续处理，否则放弃本次收到的数据。

（2）奇偶校验编码：对收到的数据中 1 的个数进行判断，当采用奇校验时，则收到数据中 1 的个数应为奇数个；当采用偶校验，则收到数据中 1 的个数应为偶数个。

（3）EDAC 编码：当 RAM、EEPROM、FLASH 中的关键数据有一位发生翻转且硬件无自动纠正功能，则软件能够及时通过 EDAC 功能读出正确数据后写入错误单元，如果 ROM 中的关键数据有 1 位发生翻转，则软件仍旧能够通过 EDAC 功能读出正确数据作为操作数继续运行。

3. 冗余容错防护

在软件设计中，冗余容错方式主要是指针对重要的或关键的参数进行多份存储，防止单份数据因单粒子翻转导致的数据出错而影响软件的运行状态。在软件设计中采用冗余容错方式主要是三模冗余方式。

对于影响系统运行分支或重要运算结果的关键数据，存储在物理上不连续的三个地址中，使用时采取三取二表决的方式读取，并使用三取二后的结果进行后续操作。三取二表决方法如图 13 – 3 所示。

图 13 – 3 中与或计算的具体方法为 $d = (a \& b) | (a \& c) | (b \& c)$，其中 a、b、c 分别表示三模冗余存储的关键变量在三个区域的值，d 表示"与或计算"的最终结果。

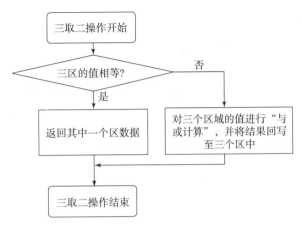

图 13-3 三取二表决

参 考 文 献

[1] Edward Petersen. 空间单粒子效应-影响航天电子系统的危险因素 [M]. 北京：电子工业出版社，2016.

[2] Doron A，Peled. 软件可靠性方法 [M]. 北京：机械工业出版社，2012.

[3] 王跃科. 空间电子仪器单粒子效应防护技术 [M]. 北京：国防工业出版社，2010.

[4] 陆民燕. 软件可靠性工程 [M]. 北京：国防工业出版社，2011.

[5] 詹盼盼，郭坚，何熊文，等. 一种面向航天的可靠实时操作系统设计 [J]. 空间控制技术与应用，2016，42（5）：47-52.

第 14 章
SEDS 在软件体系结构中的应用

14.1 概述

在 SOIS 体系结构中，EDS（Electronic Data Sheet）主要的用途是对设备信息以及业务接口信息进行描述，称为 SOIS EDS（简称 SEDS），它是 SOIS 领域目前研究工作的重点。SEDS 是一种标准化的交换格式，是为航天行业的特定需求而开发的。电子数据表单本质上是设备、软件构件或协议纸质接口文件的计算机可读的 XML 电子表单。其目的是提供一种定义信息的标准化方法，以便将当前手动执行的许多任务自动化。

目前，在国际领域最先展开 SEDS 应用的是 NASA 和 ESA。NASA 的戈达德飞行中心在其 cFS（核心飞行系统）软件体系结构中实现了 SEDS 应用；目前 ESA 也正在开发工具用于支持 SEDS 的生成和解析。

NASA 的 cFS 软件体系结构已用于多个型号，基于软件总线进行各软件构件之间的消息通信，不仅用于航天器。在 NASA 的 cFS 软件体系结构中，采用了 SEDS 的技术自动生成软件配置信息，方便软件的按需配置和组装。SEDS 可以定义设备的接口也可以定义所有软件构件的接口。通过工具扫描代码头文件辅助生成 SEDS，对 SEDS 进行修改后可再生成新的代码，同时可通过 SEDS 生成测试用的遥控指令并解析遥测数据。NASA 已经开发出一款工具，该工具将软件构件 SEDS 和任务配置文件作为输入然后生成 C 语言的头文件。头文件包含消息定义和工程单元转换。目前，该工具集成在 cFS 配套工具链中，被 NASA 多个中心使用。

欧洲 SCISYS 公司作为 ESA 的软件供应商，已经研究 SEDS 多年，正在开发工具支持 SEDS 的生成和解析。该工具采用 Java 开发，可以根据 SEDS 自动生成软件代码。SEDS 的生成及使用过程为：在开发初期，通过设备的参数生成 SEDS 文件，通过工具 SEDS 文件可生成参数、验证相关的文档，此时生成的 SEDS 文件通过工具可以生成软件部分构件，如设备驱动，还可以生成用于仿真的输入。然后在项目开发过程中，当新增设备或设备参数改变时可直接更新 SEDS；系统的模型或者数据也可生成 SEDS，当系统数据或者设备数据变化时它们之间互相影响都可以通过 SEDS 对数据进行修改，修改后的 SEDS 文件通过工具对文档自动进行更新。在综合测试时，SEDS 直接可作为其输入，因为 SEDS 中直接包含了其所有的文档数据。

SEDS 所描述数据在任务生命周期的各种活动中无处不在，如果被成功的广泛采用，其好处将贯穿整个任务生命周期。SEDS 取代设备附带的传统接口控制文件和专有数据表单，这些文件和数据表单对于设备的操作以及如何与设备通信是必需的。SEDS 还可用于多种用途，同时确保信息的一致性和完整性，主要内容如下：

（1）自动生成文档；

（2）规定设备的接口；

（3）自动生成实现设备航天器软件相关部分的软件；

（4）自动生成用于测试或设备模拟软件的设备接口模拟软件；

（5）将设备功能接口转换为远程命令和遥测，以便于星载和地面上的命令和数据处理系统进行处理；

（6）为航天器数据库获取数据及接口信息。

14.2　SEDS 标准

CCSDS 编写了三份主要标准给 SEDS 的应用提供指南，分别是《航天器设备和构件的电子数据表单及通用术语字典》《航天器接口业务—SEDS 的 XML 规范》《航天器接口业务—SEDS 的术语字典规范》,其关系如图 14-1 所示。

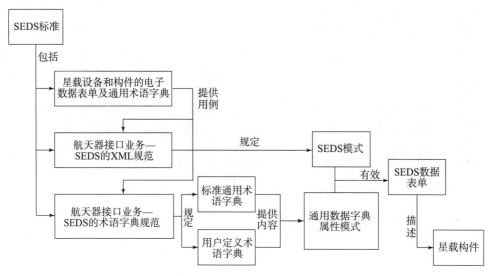

图 14-1　SEDS 标准关系

《航天器设备和构件的电子数据表单及通用术语字典》作为 SEDS 和通用数据字典 (DoT, Dictionary of Terms) 的手册,提供了 SEDS 的基本原理、概述和工作示例。主要是帮助读者理解电子数据表单上的航天器接口业务、航天器设备和构件的通用术语。术语字典,用于描述电子数据表单功能接口中数据的工程配置文件的术语本体。电子数据表单是对设备、软件构件或标准细节的电子描述。该标准主要描述了电子数据表单的要求和用例,电子数据表单提供了航天器上设备和软件数据接口的可互换描述,包括通过通用术语字典提供语义信息。

《航天器接口业务—SEDS 的 XML 规范》标准规定了空间任务用于描述航天器航天器设备数据接口的 XML 模式和相关约束。SEDS 的 XML 规范用于航天器设备,与该设备通信的数据链路或协议的类型无关。标准具体说明了为支持应用而提供符合 SOIS 的服务。定义了航天器设备 SEDS 的 XML 规范。包含 SEDS XML 模式结构和符合 SEDS XML 规范的实例性描述;航天器设备构件的 SEDS 实例的规范性说明,规定了模式的要求和约束,以及管理信息、定义和参考等。

《航天器接口业务—SEDS 的术语字典规范》规定了 SEDS 中使用的术语的规范,DoT 提供了以电子方式定义设备、参数和软件构件的词汇表,描述了用于表示各种数据的词汇表的基本结构,以便在实现 SEDS 定义的数据系统之间实现工具链的兼容性和数据的可移植性。

14.2.1 SEDS 结构

SOIS 电子数据表单的本质是一组 XML 文件,描述参数、接口和构件。参数描述各类数据;接口描述航天器业务之间的数据通信;构件可以描述硬件或软件构件,构件一般包括对外提供的接口和需要的外部接口,这些接口以及构件间通信的行为均可以用 SEDS 进行描述,主要内容如下:

(1) 设备参数和配置参数;
(2) 软件体系结构各层之间进行双向数据交换的接口;
(3) 构成此类接口的命令和参数;
(4) 构成实现两组接口之间映射服务的构件;
(5) 构成这些构件的状态机、变量和活动;
(6) 上述任何一种引用的类型、范围、编码和语义术语。

一个 SEDS 数据表单包含元数据(Metadata)元素和多个包(Package)元素,元数据元素指数值类型的数据,包元素主要含有以下部分。

(1) 定义各种数据类型:
①单个变量数据类型,可限制范围;
②数组类型,包含重复的相似元素;
③容器类型,包含一系列变量或者数组等。
(2) 声明引用这些类型的接口。
(3) 指定这些接口之间行为映射的构件。

构件由一组状态机定义,控制一系列活动的执行。数据表单的选定关键元素和抽象类型如图 14-2 所示。

SEDS 的根元素应为数据表单(DataSheet)和包文件(PackageFile)元素之一。数据表单和包文件的结构如图 14-3 所示。

数据表单应仅包含一个设备(Device)元素,该元素代表 SEDS 文档中描述的设备,数据表单元素应包含一个或多个包元素;包文件元素应仅包含一个包元素。

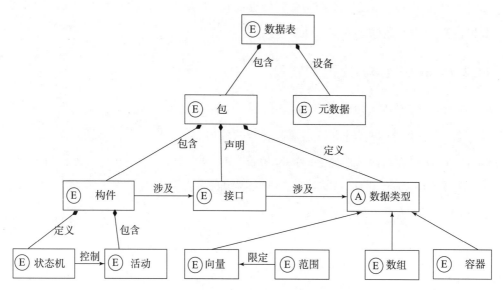

图 14-2　数据表单的选定关键元素和抽象类型

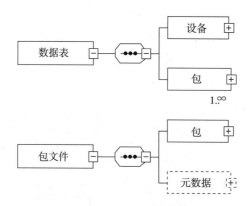

图 14-3　数据表单和包文件

设备和包文件元素应包含一个或多个元数据元素。

1. 元数据元素

元数据 Metadata 元素用于描述 SEDS 实例的配置管理信息、设备型号和序列号、可配置的任务和平台参数等。元数据元素应指定恒定数据值类别（Category）的分层集合，如图 14-4 所示。

类别元素应包含零个或一个语义元素以及一个或多个子元素，每个子元素都

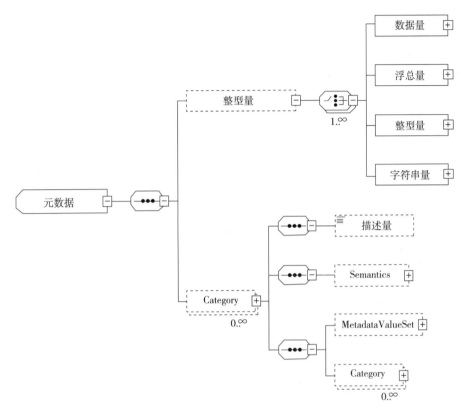

图 14-4 元数据元素

是类别元素或 MetadataValueSet 元素。

元数据量集元素应包含一个或多个子元素，每个子元素可以是数据量元素、浮总量元素、整型量元素或字符串量元素。数据量和字符串量元素应该包含一个值属性。浮总量和整型量元素可以包含一个值属性，如果浮总量或整型量元素不包含值属性，则元素主体应指定一个运算操作元素或一个条件元素，以描述应如何计算该值。

2. 包元素

包元素描述数据类型、接口和软件构件。数据表单中声明的每个包元素的名称应是唯一的。一个包可包含 LongDescription 属性，用于描述该包的功能或其他说明。包元素结构如图 14-5 所示。

包元素按顺序描述包括以下类型：

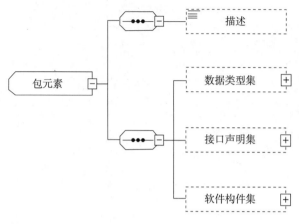

图 14-5 包元素

(1) 数据类型集（DataTypeSet）；
(2) 接口声明集（DeclaredInterfaceSet）；
(3) 软件构件集（ComponentSet）。

14.2.2 SEDS 数据类型

包或软件构件中包含的数据类型集元素应包含以下一个或多个元素：数组类型（ArrayDataType）、二进制类型（BinaryDataType）、布尔类型（BooleanDataType）、容器类型（ContainerDataType）、枚举类型（EnumeratedDataType）、浮点类型（FloatDataType）、整数类型（IntegerDataType）、字符串类型（StringDataType）和子范围数据类型（SubRangeDataType）。DataTypeSet 元素的每个子元素的名称在包中应是唯一的。禁止在同一个包中定义名称重复的类型。数据类型结构如图 14-6 所示。

1. 标量数据类型

"标量"数据类型是单值数据类型，与数组或容器等结构化类型不同。包括布尔类型（BooleanDataType）、枚举类型（EnumeratedDataType）、浮点类型（FloatDataType）、整数类型（IntegerDataType）、字符串类型（StringDataType）或子范围数据类型（SubRangeDataType）。其中"数值"数据类型是 IntegerDataType 和 FloatDataType。标量类型可以指定如何对其进行编码，所有编码规范都应该被

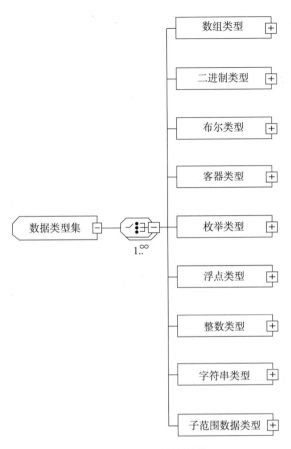

图 14-6　数据类型结构

认为是完整和独立的，没有继承机制。数值标量数据类型可以指定一系列可表示的值。

（1）EnumeratedDataType、FloatDataType、IntegerDataType、SubRangeDataType 元素应包含对应类型的单个范围元素。

（2）StringDataType 必须带有长度属性，该属性定义字符串的最大可能长度（以字节为单位）。StringDataType 可能带有固定长度属性，如果该属性为"false"，则表示该字符串可以短于长度属性指定的值。

（3）EnumeratedDataType 应包含枚举序列元素，由一个或多个枚举元素的列表组成。每个枚举元素都有必需的标签和值属性，值属性用于给定标签对应的整数值。

（4）SubRangeDataType 元素应包含一个基本类型属性，指的是定义除范围之外的所有属性的数值或枚举标量类型。

2. 数组类型

数组类型数组类型提供了指定相同类型数据的相邻重复的方法，这些数据的元素可以通过索引访问。

（1）ArrayDataType 元素应包含数据类型定义属性，该属性表示数组中元素的类型。应包含带有一个或多个维度子元素的维度列表元素。

（2）维度元素决定数组维度的长度（以元素为单位），并且应该具有直接指示最大长度的属性大小，或者具有指示用于索引数组的整数数据类型的属性索引类型定义。索引类型定义属性引用的类型具有最大和最小合法值，因此数组的大小为 1 加上最大合法值减去最小合法值。当使用大小属性时，索引是基于零的；使用 indexTypeRef 时，数组第一个元素的索引将按索引类型的最小合法值进行索引。

（3）具有多个维度元素的数组在其定义中只能使用第一个维度元素，其余维度在元素类型中指定。

3. 容器类型

ContainerDataType 容器类型是具有命名条目的聚合数据类型，每一种都可以是任何类型。

（1）ContainerDataType 元素可能带有一个可选的抽象属性，如果该属性设置为"真"，则表示该容器不能直接使用，只能作为其他容器的基类型引用。ContainerDataType 元素应包括零个或一个容器集元素和零个或一个容器序列元素。

（2）ContainerDataType 元素的容器集元素应包含一个或多个子元素，可以是范围约束、类型约束或值约束中的一个。范围约束元素应包含任何类型范围的子元素，该范围适用于受约束条目的类型。TypeConstraint 元素应具有属性类型，该属性类型应引用一个数值类型，该数值类型的范围包含在受约束条目的类型中。ValueConstraint 元素应具有一个属性值，该属性值应包含一个与受约束条目类型对应的值。

（3）ContainerDataType 元素的条目序列元素应包含一个或多个条目、固定值条目、理论条目、键表条目、长度条目和错误检测条目子元素。EntryList 中的每个条目都位于紧跟在前一个条目之后的位偏移处。FixedValueEntry、ListEntry、LengthEntry 和 ErrorControlEntry 元素应具有与外部字段关联的属性和子元素，FixedValueEntry、ListEntry、LengthEntry 和 ErrorControlEntry 元素都应有一个在该容器中唯一的名称。FixedValueEntry 条目应具有固定值属性，该属性指定容器条目应固定的值。因此，容器条目具有常量值，并且实际上是只读的。这用于报告 ID、命令代码等。容器中的 PaddingEntry 元素应具有属性比特大小，用于指定连续字段的位置。容器中的 ListEntry 元素应指定一个属性条目长度域，该属性包含同一容器的另一个元素的名称，该元素的值。容器中的长度条目元素应指定一个条目，该条目的值根据其所在容器的长度进行约束或派生。

14.2.3　SEDS 接口

包或软件构件中包含的 InterfaceDeclarationSet 接口声明集元素应包含一个或多个接口元素。InterfaceDeclarationSet 元素的每个接口子元素的名称应是唯一的。接口元素可能有一个可选的属性抽象，如果为 true，则表示该接口不被构件直接使用。接口元素必须具有属性级别其值取自下表，指示了其操作的系统级别，具体数值可自行定义。SEDS 接口的级别见表 14-1。

表 14-1　SEDS 接口的级别

名称	描述
应用接口	与设备原始数据没有直接关系，对应应用管理层
功能接口	设备数据的高层抽象，对应应用支持层
访问接口	设备数据的底层规范，对应传递层
亚网接口	设备的直接通信接口，对应亚网层

接口元素应包含引用一个或多个接口元素的零或一个基础接口集元素、零或一个 GenericTypeSet 元素、包含一个或多个参数元素的零或一个 ParameterSet 元素，以及包含一个或多个命令元素的零或一个 CommandSet 元素（图 14-7）。

BaseInterfaceSet 元素的每个接口子元素应标识一个现有接口类型，该接口类型应用作该接口类型的父类型。GenericTypeSet 元素的每个 GenericType 子元素指定接口要使用的泛型类型。GenericTypeSet 元素的每个 GenericType 子元素的名称

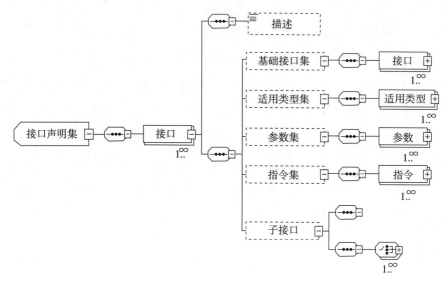

图 14-7 接口

都应该是唯一的。每个 GenericType 元素都可以携带一个 baseType 属性，该属性指定一个现有类型。

ParameterSet 元素的每个参数子元素的名称在可访问的接口集中应是唯一的。参数元素的模式属性的有效值应为"sync"（默认值）或"async"。只读属性的有效值应为"false"（默认值）或"true"。CommandSet 元素的每个命令子元素的名称在接口集中应是唯一的。CommandSet 元素应包含零个或多个参数元素，每个元素标识命令的参数。命令参数可以有一个属性 defaultValue，表示调用时如果未指定参数的默认值。命令参数可能有一个属性 dataUnit，表示它是一个服务数据单元，表示用于向设备传递或从设备传递数据信息。SubnetInterface 元素即直接获取的硬通道参数接口。

14.2.4 SEDS 构件

构件描述了具有接口和计算行为的实体。ComponentSet 元素的每个构件子元素的名称在包中应是唯一的，构件结构如图 14-8 所示。

构件应按顺序包含以下子集，顺序如下：

（1）提供的接口集（ProvidedInterfaceSet）；

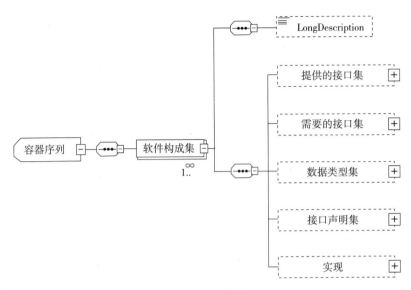

图 14-8 构件

（2）需要的接口集（RequiredInterfaceSet）；

（3）数据类型集（DataTypeSet）；

（4）接口声明集（DeclaredInterfaceSet）；

（5）实现（Implementation）。

ProvidedInterfaceSet 和 RequiredInterfaceSet 元素（如果存在）应分别包含一个或多个接口元素，每个元素分别标识提供的或所需的接口。ProvideInterfaceSet 或 RequiredInterfaceSet 元素的每个接口子元素的名称在所包含的构件中应是唯一的。每个接口元素都应带有用于标识接口类型的属性。

（1）DataTypeSet 子元素应定义构件的私有类型，并且不能在其外部引用。

（2）DeclaredInterfaceSet 子元素应定义构件私有的接口声明，并且不能在其外部引用。

（3）构件元素的 DataTypeSet 和 DeclaredInterfaceSet 子元素中声明的类型和接口只能对构件元素的子元素可见。

构件的实现元素如图 14-9 所示。

构件元素的实现子元素应包含以下元素中的零个或一个，其顺序如下：

（1）可变集（VariableSet）；

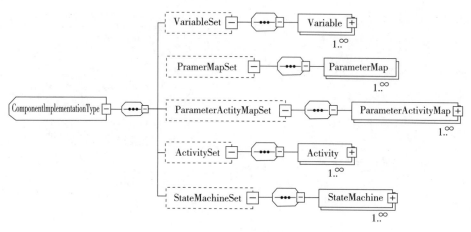

图 14-9　构件的实现元素

（2）参数集（ParameterMapSet）；

（3）活动性参数集（ParameterActivityMapSet）；

（4）活动集（ActivitySet）；

（5）状态机集（StateMachineSet）。

VariableSet 可变集元素应包含一个或多个变量元素。每个变量元素应具有相关的属性和子元素，并添加一个可选的 initialValue 属性（标识变量的初始值）和一个可选的只读属性。VariableSet 元素的每个变量子元素的名称应是唯一的。initialValue 属性用于指定变量的初始值，该值应与变量类型匹配。变量的只读属性类型为布尔类型，如果为 true，表示该变量必须具有初始值，并且随后不会再给其进行分配值。

ParameterMapSet 参数集元素应包含一个或多个 ParameterMap 元素。ParameterMap 元素应带有一个 parameterRef 属性和一个 variableRef 属性。parameterRef 属性指构件类型提供或需要的接口上的参数。variableRef 属性指由构件类型声明的变量。parameterRef 和 variableRef 属性所指的元素类型应匹配。

ParameterActivityMapSet 活动性参数集包含一个或多个 ParameterActivityMap 元素。

每个 ParameterActivityMap 元素通过使用活动将提供接口上的参数映射到所需接口上的参数。ParameterActivityMap 元素应包含提供的元素和需要的元素，每个元素都带有一个 name 属性和一个 interfaceParameterRef 属性。这些元素使接口参数使用局部变量名称在活动范围内可用。ParameterActivityMap 中所提供和所需要的元素引用的接口参数应具有与属性模式相同的值。如果 ParameterActivityMap 的 Required 元素引用的接口参数的 readOnly 属性设置为 true，则所提供元素引用的接口参数也必须设置为 true。

ActivitySet 活动集元素应包含一个或多个活动 Activity 元素，活动是一组可执行语句，其调用由一个或多个状态机控制。ActivitySet 元素的每个 Activity 子元素的名称应是唯一的。每个活动元素应包含零个或多个参数元素和一个主体元素。活动元素的每个参数子元素的名称应是唯一的。活动元素的主体子元素应包含以下一个或多个元素：发送参数原语 SendParameterPrimitive、发送命令原语 SendCommandPrimitive、校准 Calibration、算法 MathOperation、赋值 Assignment、条件 Conditional、迭代 Iteration 或调用 Call。

StateMachineSet 状态机集元素，每个 StateMachine 元素都可带有一个 defaultEntryState 属性，即开始的默认状态。每个状态机元素应包括以下一个或多个元素：EntryState、ExitState、State 和 Transition。状态机元素的每个子元素都应带有一个名称属性，标识该元素的名称。状态机元素的每个子元素的名称在状态机中应是唯一的。每个状态元素应包括零个或以下元素之一：OnEntry、OnExit。OnEntry、OnExit 和 Do 元素应分别使用 activity 属性指定活动的名称，在进入状态、退出状态之前以及在状态之间执行转换时调用。OnEntry、OnExit 和 Do 元素应分别包含零个或多个 ArgumentValue 元素，每个元素依次携带一个 name 属性，标识活动参数的名称，并包含一个 Value 元素，指定与命名活动参数关联的值，或一个 VariableRef 元素，指定与命名活动参数关联的构件变量。

14.2.5　SEDS 术语字典

为了能够将数据表单的元素与物理概念联系起来，并促进标准化和互操作性，SOIS 提供了一个术语字典规范。这些核心语义术语有效地构成了用于编写 SEDS 的语言的一部分。DoT 以本体语法存储信息，便于术语管理。该信息以 xml 的形式提取，然后被 SEDS 模式包含。这些语义术语有效地构成了用于编写 SOIS 电子数据表单的语言的一部分。

SEDS 支持使用语义属性来描述电子数据表单的元素如下：

（1）接口；

（2）命令；

（3）参数；

（4）构件；

（5）元数据。

如果 DoT 提供的语义不充分，数据表单作者可以使用扩展的用户定义 DoT，该 DoT 必须与数据表单一起提供，称为扩展本体。DoT 为计算机可读的语义提供了一种标准、灵活且可扩展的机制。扩展本体将通过同义词映射集成到 DoT 中，扩展本体的使用降低了 SEDS 的可移植性。因此在开发扩展本体的项目中应与工具链兼容，为了在原始项目之外真正可移植，有必要将扩展本体吸收到 DoT 本体中，并调整 SEDS 以使用新 DoT 本体的术语。DoT 可以为 SEDS 的未来扩展提供强大的机制，在这种情况下，可以通过向 SEDS 模式中已经存在的结构添加术语来获得扩展。

DoT 是一个基于模型的词汇表。这种想法是基于模型的工程思想的一种变体，在这种思想中，DoT 位于一个可集中访问的位置，工具链软件可在该位置使用它来解释 SOIS 电子数据表单。

在航天器软件设计期间，可以将所需接口的视为提供接口的构件的搜索参数。软件构件可能具有所需的接口，其类型不超过数据类型范围，且它们可具有各种度量单位相匹配。度量单位数据项的语义属性可能被误用。例如，SEDS 作者可以指定给定数据项的数量类型为"长度"，度量单位为"度"，这里的错误是对于给定的数量类型，只有某些度量单位是可能的。作者必须将数量类型更改为"角度"，或选择测量长度的测量单位，如"米"。术语的模型应包含此类信息，模型将包含数量种类与其有意义的度量单位之间的关联。

SOIS 提供的 DoT 规范，以便在实现 SEDS 定义的数据系统之间实现工具链的兼容性和数据的可移植性，为支持应用而提供符合 SOIS 的服务。

14.3 SEDS 应用设计

在综合电子系统软件体系结构中使用 SEDS 描述设备的参数、系统的配置参数、业务的配置参数,将体系结构中原本概念性的通信管理转化为通过 SEDS 描述各层业务配置以及连接关系的实体。在体系结构中使用 SEDS 的最终目标是描述以上数据后,可以通过工具自动生成这一部分的代码。对于已存在的构件主要用于生成配置代码,而对于新的构件可生成业务构件本身以及配置代码。

14.3.1 顶层设计

电子数据表单本质上是用计算机可读的 XML 电子表,用于描述设备、软件构件或协议等。它包括航天器设计师可能从行业目录中选择设备、自动生成软件或硬件接口和协议实现,以及直接导入描述特定航天器或任务内容的航天器相关数据库。它同样适用于飞行系统和地面系统。图 14 - 10 显示了设备和软件 SEDS 如何在整个任务生命周期(从任务定义到在轨维护)内支持不同的任务开发和操作功能的简化视图。SOIS EDS 是所有这些功能的输入源,如下所述,它将在使用 SOIS 堆栈直至设备虚拟化服务的设备的狭义上、下文中定义。

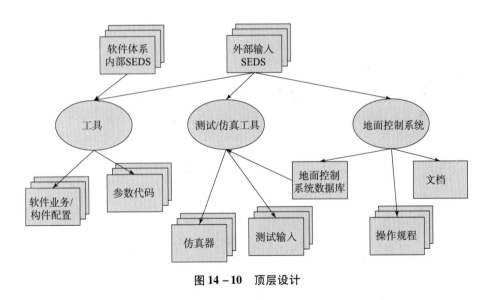

图 14 - 10 顶层设计

14.3.2 系统设计

基于 SOIS 的软件体系结构是一种分层的体系结构,图 14 - 11 左侧显示了航天器综合电子系统软件体系结构,包括应用管理层、应用支持层、传递层、亚网层、操作系统层和硬件层。这是必须映射到物理通信的体系结构。本质上，SOIS试图将所有航天器固有的通信基础设施分解为一组定义的服务，这些服务通常是所有任务所需的。每一层包含了多种业务及协议。它一方面将 SOIS 标准的业务和协议映射为可重用的软件构件，另一方面将软件构件统一划分为中间件层，与操作系统层、应用管理层一起共同组成整个软件。系统模型由设备数据表单组成，并将在未来的版本中扩展到包括部署描述。通用术语字典提供了跨模型和跨项目的一致术语。数据表单描述了这些服务提供了设备的数据接口，供应用程序使用。软件系统中软件体系结构（产品或模型）、软件构件（产品或模型）形成架构、构件库，架构、构件库用于软件开发及 SEDS 生成的支撑；数据字典主要包含语义、类型、结构等按约束进行的描述；SEDS 库则是基于架构、构件库以及数据字典对设备、参数、接口等信息进行的描述。

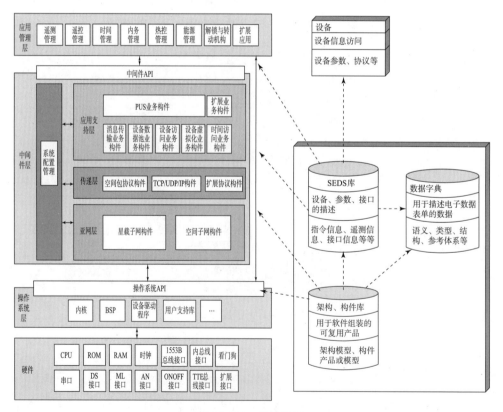

图 14-11 系统设计

（1）硬件及操作系统。硬件及操作系统是软件运行的基础，在这一层 SEDS 可以描述设备信息、操作系统的接口以及驱动程序的接口等。

（2）中间件层。中间件层包含亚网层、传递层、应用支持层，在该层中 SEDS 主要用于对构件、接口的描述以及相关配置参数表的描述等。

（3）应用管理层。在应用管理层，SEDS 主要用于描述指令参数、遥测参数等，这些参数一经描述后，后续可用于代码自动生成、开发方测试、系统测试甚至地面系统。

14.3.3 具体设计

SEDS 具体设计是以航天器软件中遥测采集功能为例，如图 14 - 12 所示，由左向右，依次对应星载综合电子系统的硬件、亚网层、传递层、应用支持层、应用管理层。左边 D1、D2、D3 是不同的设备，其中 D1、D2 分别通过 RS - 422 总线、DS 口与 RTU1（远置单元）连接，RTU1 通过 1553B 与星载综合电子系统中央管理单元（SMU）连接；D2 则直接通过 1553B 与 SMU 相连接。采集这些设备的遥测数据，首先通过 1553B 和串口汇聚协议完成遥测采集和组织，形成空间包，通过空间包协议将包发送至应用支持层，消息传输业务的消息发送原语将遥测发送至应用管理层的遥测管理进程，遥测数据经过处理后，通过空间链路下传至地面。

在此过程中，SEDS 描述始于设备，由于不同的设备支持不同的数据，所以设备描述的 SEDS 包括设备的访问接口、设备的功能接口、设备的访问协议、设备虚拟控制规程、亚网层的使用信息等，如 SEDS1、SEDS2、SEDS3。随着综合电子系统结构分层，越靠上层，设备 SEDS 聚合度越高，数量也越少，如 SEDS5 它汇聚了 SEDS1 和 SEDS2 的相关信息后，又加入了 1553B 汇聚的访问接口，而 SEDS 描述业务接口，主要描述业务之间的双向数据交换接口，包含业务/构件的参数（可以是输入或者输出）、命令、业务原语、三者的映射关系以及表示业务之间关系的状态机。

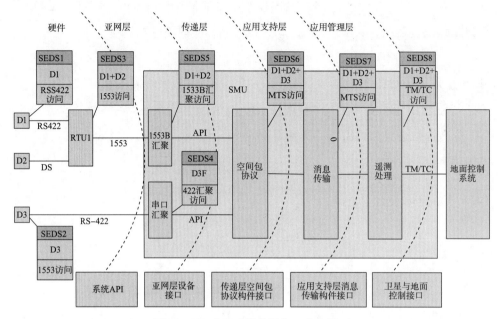

图 14-12　SEDS 描述设备、业务接口

14.4　SEDS 应用示例

在目前软件体系结构中,我们从中选取了一个 ML 指令发送的典型实例来阐述 SEDS 的应用,它贯穿了体系结构的各个层,如图 14-13 所示。ML 的指令发送涉及的业务或协议如下:

(1) 应用支持层的设备访问业务;
(2) 传递层的空间包协议;
(3) 亚网层的包业务和 ML 汇聚业务。

14.4.1　指令发送过程

ML 指令发送,从应用管理层贯穿至数据链路层,具体发送过程如下。

(1) 应用管理层:智能节点的设备访问业务对简单智能节点进行访问。

(2) 应用支持层:配置非智能节点 3 的设备标识和参数值标识:device id = 0x8,value id = 0x0。在设备访问业务中,通过设备标识 device id = 0x8,查询表

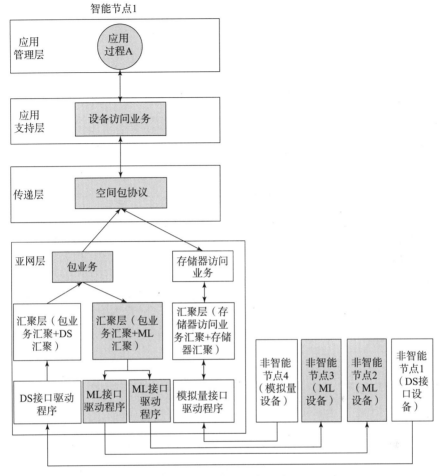

图 14-13 ML 指令发送

14-2 设备访问类型表（device_type_table）得出非智能节点 3 设备访问类型为向设备发包 DAP。之后通过设备标识 device id 以及参数值标识 value id 查询表 14-3 设备和参数值标识解析表（device_value_table）查得其网络地址 apid，之后将命令与数据封装成空间包，发往传递层的空间包协议。

表 14-2 设备访问类型表

设备名称	设备标识（2B）	对应设备访问类型 DAP（2B）
ML 接口 1	0x8	向设备发包 DAP
ML 接口 2	0x9	向设备发包 DAP

表 14 - 3　设备和参数值标识解析表

设备标识（2B）	参数值标（2B）	网络地址（2B）	起始地（4B）	长度（2B）
0x8	0x0	0x7（DEVICE_ID_DEV_3）	0	1000

（3）传递层：在传递层空间包协议中，通过网络地址 apid = 0x7 查询路由表，得到底层业务为亚网层包业务，链路标识为 LINK_ML（子网链路标识），之后将其发往亚网层的包业务（表 14 - 4）。

表 14 - 4　路由表

网络地址（2B）	掩码（2B）	下一跳子网链路标识（2B）	下一跳网地址（2B）	辅助路由参数（4B）
APID_OBC_A（0x420）	0x7E0	LINK_LOCAL（0x0）	0	0
DEVICE_ID_DEV_3（0x7）	0x7FF	LINK_ML（0x6）	0	0

（4）亚网层：根据子网链路标识，查得链路类型和构件实例，根据链路类型和构件实例调用其对外提供的接口，将指令发出（表 14 - 5）。

表 14 - 5　ML 链路配置信息表

链路	链路标识（2B）	链路类型（2B）	驱动程序主设备号（4B）	驱动程序从设备号（4B）
ML1	6	0	3	1
ML2	7	0	3	2

14.4.2　需要描述的参数及接口

在指令发送过程中，参数配置及接口如下。

1. 参数配置

需要描述的参数配置见表 14 - 2 ~ 表 14 - 5。参数 SEDS 描述如下：

```
<?xml version="1.0" encoding="UTF-8"?>
<DataSheet xmlns="http://www.ccsds.org/schema/sois/seds" xmlns:xi="http://www.w3.org/2001/XInclud
<!-- Include the CCSDS SOIS Subnetwork Service definitions -->
<!-- Note that the XPointer scheme used here (element) is quite restrictive, but it parses prop
using XMLSpy). It should also parse OK with most other tools (I know it works with JAXB). -->
<xi:include href="ccsds.sois.subnetwork.xml" xpointer="element(/1/1)"/>
<!-- All the types that are necessary for this device are in a specific namespace to help separ
<Namespace name="DemoML">
```

```xml
<!-- This is the set of all parameter types which are used in the public interfaces to the co
this namespace -->
<DataTypeSet>
    <!-- DAS types from here on -->
    <BooleanDataType name="bool"/>
    <IntegerDataType name="uint8_t">
        <Range>
            <MinMaxRange max="0" min="255" rangeType="inclusiveMinInclusiveMax"/>
        </Range>
    </IntegerDataType>
    <IntegerDataType name="uint16_t">
        <Range>
            <MinMaxRange min="0" max="65535" rangeType="inclusiveMinInclusiveMax"/>
        </Range>
    </IntegerDataType>
    <IntegerDataType name="uint32_t">
        <Range>
            <MinMaxRange min="0" max="4294967295" rangeType="inclusiveMinInclusiveMax"/>
        </Range>
    </IntegerDataType>
    <IntegerDataType name="uint8_t*">
        <LongDescription>it is  a address which length is 8 bit</LongDescription>
        <Range>
            <MinMaxRange max="0" min="255" rangeType="inclusiveMinInclusiveMax"/>
        </Range>
    </IntegerDataType>

<ArrayDataType dataTypeRef="device_type_table" name="Array_device_type_table">
    <EntryList>
        <Entry size="2"/>
    </EntryList>
</ArrayDataType>
<ArrayDataType dataTypeRef="device_value_table" name="Array_device_value_table">
    <EntryList>
        <Entry size="1"/>
    </EntryList>
</ArrayDataType>
<ArrayDataType dataTypeRef="routing_table" name="Array_routing_table">
    <EntryList>
        <Entry size="2"/>
    </EntryList>
</ArrayDataType>
<ArrayDataType dataTypeRef="ml_link_table" name="Array_ml_link_table">
    <EntryList>
        <Entry size="2"/>
    </EntryList>
</ArrayDataType>
```

```xml
<ContainerDataType name="device_access_type_table_1">
    <EntryList>
        <FixedValueEntry fixedValue="8" name="device_id" type="uint16_t"/>
        <FixedValueEntry fixedValue="24" name="cor_dap" type="uint16_t"/>
    </EntryList>
</ContainerDataType>
<ContainerDataType name="device_access_type_table_2">
    <EntryList>
        <FixedValueEntry fixedValue="9" name="device_id" type="uint16_t"/>
        <FixedValueEntry fixedValue="24" name="cor_dap" type="uint16_t"/>
    </EntryList>
</ContainerDataType>

<ContainerDataType name="device_value_table">
    <EntryList>
        <FixedValueEntry fixedValue="8" name="device_id" type="uint16_t"/>
        <FixedValueEntry fixedValue="0" name="value_id" type="uint16_t"/>
        <FixedValueEntry fixedValue="7" name="net_addr" type="uint16_t"/>
        <FixedValueEntry fixedValue="0" name="start_addr" type="uint32_t"/>
        <FixedValueEntry fixedValue="1000" name="dv_length" type="uint16_t"/>
    </EntryList>
</ContainerDataType>
```

```xml
<ContainerDataType name="routing_table_1">
    <EntryList>
        <FixedValueEntry fixedValue="0x420" name="net_addr" type="uint16_t"/>
        <FixedValueEntry fixedValue="0x7e0" name="ro_mask" type="uint16_t"/>
        <FixedValueEntry fixedValue="0" name="next_subnet_id" type="uint16_t"/>
        <FixedValueEntry fixedValue="0" name="next_subnet_addr" type="uint16_t"/>
        <FixedValueEntry fixedValue="0" name="ass_parameter" type="uint32_t"/>
    </EntryList>
</ContainerDataType>
<ContainerDataType name="routing_table_2">
    <EntryList>
        <FixedValueEntry fixedValue="0x8" name="net_addr" type="uint16_t"/>
        <FixedValueEntry fixedValue="0x7ff" name="ro_mask" type="uint16_t"/>
        <FixedValueEntry fixedValue="6" name="next_subnet_id" type="uint16_t"/>
        <FixedValueEntry fixedValue="0" name="next_subne_addr" type="uint16_t"/>
        <FixedValueEntry fixedValue="0" name="ass_parameter" type="uint32_t"/>
    </EntryList>
</ContainerDataType>

<ContainerDataType name="ml_link_table_1">
    <EntryList>
        <FixedValueEntry fixedValue="6" Entry name="link_id" type="uint16_t"/>
        <FixedValueEntry fixedValue="0" Entry name="link_type" type="uint16_t"/>
        <FixedValueEntry fixedValue="3" Entry name="driver_master" type="uint32_t"/>
        <FixedValueEntry fixedValue="1" Entry name="driver_slave" type="uint32_t"/>
    </EntryList>
</ContainerDataType>

<ContainerDataType name="ml_link_table_1">
    <EntryList>
        <FixedValueEntry fixedValue="7" Entry name="link_id" type="uint16_t"/>
        <FixedValueEntry fixedValue="0" Entry name="link_type" type="uint16_t"/>
        <FixedValueEntry fixedValue="3" Entry name="driver_master" type="uint32_t"/>
        <FixedValueEntry fixedValue="2" Entry name="driver_slave" type="uint32_t"/>
    </EntryList>
</ContainerDataType>
```

2. 接口

(1) 应用支持层的设备访问业务。

需要的外部接口:

```
status_t(* tpPacketSend_funcp)(uint16_t src_apid,uint16_t dest_apid,uint8_t* packet_buffer_p,uint32_t length,uint32_t qos)
```

(2) 传递层的空间包协议。

对外提供的接口:

```
status_t(* tpPacketSend_funcp)(uint16_t src_apid,uint16_t
dest_apid,uint8_t* packet_buffer_p,uint32_t length,uint32_t
qos)
```

需要的外部接口:

```
status_t(* snPacketSend_funcp)(uint8_t qos,uint8_t priori-
ty,uint8_tchannel,uint8_t next_link_id,uint8_t protocol_id,
uint8_t next_link_address,uint8_t * packet_buffer_p,uint32_t
length)
```

(3) 亚网层的包业务。

对外提供的接口:

```
status_t(* snPsSend_funcp)(uint8_t qos,uint8_t priority,
uint8_t channel,uint8_t next_link,uint32_t length,uint8_t pro-
tocol_id,uint8_t next_sn_address,uint8_t * packet_buffer_p)
```

需要的其他接口:

```
status_t(* snDclMLInterface_funcp)(dcl_ml_com_t * obj_p,
uint8_t priority,uint32_t length,uint8_t * packet_buffer_p)
```

(4) 亚网层的 ML 汇聚业务。

对外提供的接口:

```
status_t snDclMLInterface(dcl_ml_com_t * obj_p,uint8_t pro-
rity,uint32_t length,uint8_t * packet_buffer_p)
```

接口描述如下:

```xml
<!-- This is the set of all interface types used by component types in this namespace -->
<DeclaredInterfaceSet>
  <Interface name="tpPacketSend_funcp">
    <ParameterSet>
      <Parameter name="src_apid" readOnly="true" type="uint16_t" mode="async" />
      <Parameter name="dest_apid" readOnly="true" type="uint16_t" mode="async" />
      <Parameter name="packet_buffer_p" readOnly="true" type="uint8_t*" mode="async" />
      <Parameter name="length" readOnly="true" type="uint32_t" mode="async" />
      <Parameter name="config" readOnly="true" type="uint32_t" mode="async" />
      <Parameter name="qos" readOnly="true" type="uint32_t" mode="async" />
    </ParameterSet>
  </Interface>
</DeclaredInterfaceSet>
<DeclaredInterfaceSet>
  <Interface name="tpPacketSend_funcp">
    <ParameterSet>
      <Parameter name="src_apid" readOnly="true" type="uint16_t" mode="async" />
      <Parameter name="dest_apid" readOnly="true" type="uint16_t" mode="async" />
      <Parameter name="packet_buffer_p" readOnly="true" type="uint8_t*" mode="async" />
      <Parameter name="length" readOnly="true" type="uint32_t" mode="async" />
      <Parameter name="config" readOnly="true" type="uint32_t" mode="async" />
      <Parameter name="qos" readOnly="true" type="uint32_t" mode="async" />
    </ParameterSet>
  </Interface>
</DeclaredInterfaceSet>
<DeclaredInterfaceSet>
  <Interface name="snPacketSend_funcp">
    <ParameterSet>
      <Parameter name="qos" readOnly="true" type="uint8_t" mode="async" />
      <Parameter name="priority" readOnly="true" type="uint8_t" mode="async" />
      <Parameter name="channel" readOnly="true" type="uint8_t*" mode="async" />
      <Parameter name="next_link_id" readOnly="true" type="uint8_t" mode="async" />
      <Parameter name="protocol_id" readOnly="true" type="uint8_t" mode="async" />
      <Parameter name="next_link_address" readOnly="true" type="uint8_t" mode="async" />
      <Parameter name="packet_buffer_p" readOnly="true" type="uint8_t*" mode="async" />
      <Parameter name="length" readOnly="true" type="uint32_t" mode="async" />
    </ParameterSet>
  </Interface>
</DeclaredInterfaceSet>
```

```xml
<!-- This is the set of all interface types used by component types in this namespace -->
<DeclaredInterfaceSet>
  <Interface name="tpPacketSend_funcp">
    <ParameterSet>
      <Parameter name="src_apid" readOnly="true" type="uint16_t" mode="async" />
      <Parameter name="dest_apid" readOnly="true" type="uint16_t" mode="async" />
      <Parameter name="packet_buffer_p" readOnly="true" type="uint8_t*" mode="async" />
      <Parameter name="length" readOnly="true" type="uint32_t" mode="async" />
      <Parameter name="config" readOnly="true" type="uint32_t" mode="async" />
      <Parameter name="qos" readOnly="true" type="uint32_t" mode="async" />
    </ParameterSet>
  </Interface>
</DeclaredInterfaceSet>
<DeclaredInterfaceSet>
  <Interface name="tpPacketSend_funcp">
    <ParameterSet>
      <Parameter name="src_apid" readOnly="true" type="uint16_t" mode="async" />
      <Parameter name="dest_apid" readOnly="true" type="uint16_t" mode="async" />
      <Parameter name="packet_buffer_p" readOnly="true" type="uint8_t*" mode="async" />
      <Parameter name="length" readOnly="true" type="uint32_t" mode="async" />
      <Parameter name="config" readOnly="true" type="uint32_t" mode="async" />
      <Parameter name="qos" readOnly="true" type="uint32_t" mode="async" />
    </ParameterSet>
  </Interface>
</DeclaredInterfaceSet>
<DeclaredInterfaceSet>
```

```xml
<Interface name="snPacketSend_funcp">
  <ParameterSet>
    <Parameter name="qos" readOnly="true" type="uint8_t" mode="async" />
    <Parameter name="priority" readOnly="true" type="uint8_t" mode="async" />
    <Parameter name="channel" readOnly="true" type="uint8_t*" mode="async" />
    <Parameter name="next_link_id" readOnly="true" type="uint8_t" mode="async" />
    <Parameter name="protocol_id" readOnly="true" type="uint8_t" mode="async" />
    <Parameter name="next_link_address" readOnly="true" type="uint8_t" mode="async" />
    <Parameter name="packet_buffer_p" readOnly="true" type="uint8_t*" mode="async" />
    <Parameter name="length" readOnly="true" type="uint32_t" mode="async" />
  </ParameterSet>
</Interface>
</DeclaredInterfaceSet>
```

SEDS 用于描述设备，实现设备的即插即用；用于描述业务间的连接关系、业务的配置参数、系统的配置参数，将体系结构中原本概念性的通信管理转化为通过 SEDS 描述各层业务配置以及连接关系的实体。通过描述数以万计的外部输入参数，使它们以标准化的形式存在于系统中，在软件设计实现、开发方测试、整星测试、在轨飞行各个阶段得以准确应用，避免各阶段对照文档通过手工配置出现的错误和不一致等问题；通过描述构件接口、构件之间的映射关系、交互数据的电子数据表单实现软件构件的自动组装，消除目前占用工程师大量精力的构件集成。而且这种非重复性的工程工作可以通过软件工具来实现，这些工具可以在软件的整个生命周期中发挥作用。SEDS 引入了一个生态系统，在这个生态系统中，利用工具产生的电子数据表单来降低设计、集成和测试以及运行成本。SEDS 的应用不仅能够实现有效的信息交换（简化其可维护性、加强一致性等），还能够实现开发过程的部分自动化。这种自动化降低开发成本的同时还可以降低手动编码错误相关的重新验证成本。

参 考 文 献

[1] Spacecraft Onboard Interface Services. Issue 2. Recommendation for Space Data System Standards（Green Book）. CCSDS 850.0-G-2. Washington，D. C.：CCSDS，December 2013.

[2] 赵和平，何熊文，刘崇华，等. 空间数据系统［M］. 北京：北京理工大学出版社，2018.

[3] "Spacecraft Onboard Interface Services Electronic Data Sheets and Dictionary of Terms." Space Assigned Numbers Authority. http：//sanaregistry.org/r/sois/.

[4] CCSDS SOIS Electronic Data Sheets and Dictionary of Terms for Onboard Devices and Components. Draft Report Concerning Space Data System Standards (Draft Green Book), CCSDS 870.0 - G - 0. Washington D. C.: CCSDS, June 2017.

[5] Spacecraft Onboard Interface Services—Specification for Dictionary of Terms for Electronic Data Sheets for Onboard Components. Recommendation for Space Data System Practices (Blue Book), CCSDS 876.0 - B - 1. Washington, D. C.: CCSDS, April 2019.

[6] Spacecraft Onboard Interface Services—XML Specification forElectronic Data Sheets. Recommendation for Space Data System Practices (Blue Book), CCSDS 876.0 - B - 1. Washington, D. C.: CCSDS, April 2019.

第 15 章
综合电子系统软件体系结构的应用

15.1 概述

按照目前航天器发展的趋势，整器需要为用户提供的功能越来越多，例如智能信息处理、自主任务规划、星间互联互操作、天地一体化组网等，这对航天器综合电子系统和软件系统的设计都提出了更高的要求，未来的航天器综合电子系统和软件系统必然会越来越复杂。

为了满足日益复杂的航天器功能需求，着眼于未来，航天器综合电子系统软件体系结构从标准化、模块化和层次化等几个方面展开了设计，参考 IETF 协议栈的分层结构，依据 CCSDS 等国际标准和协议，设计统一的软件构件接口等，完成了相应的软件构件研制和原理样机测试。

为了对航天器综合电子系统软件体系结构及软件进行进一步工程应用验证，本章将重点描述在试点型号任务中，如何基于已有的航天器综合电子系统软件体系结构和软件构件完成型号航天器软件的设计与研制工作，主要包括型号特定综合电子系统需求分析、型号特定综合电子系统软件体系结构设计、型号特定综合电子系统软件配置及测试验证等内容。

15.2 典型应用

针对典型的航天器综合电子系统组成，综合电子系统软件体系结构可以应用于系统管理单元（SMU）和数据接口单元（SDIU）等设备，根据不同设备的角色和功能不同，配置不同的软件构件，一般而言，系统管理单元是核心，接口类型多，涉及的通信协议类型也多，软件体系结构涉及的软件构件类型多，而数据接口单元需要配置部分软件构件即可。典型航天器综合电子设备的软件构件配置见表 15-1 和表 15-2。

表 15-1 SMU 构件选用

序号	所处业务分层	构件分类	软件构件产品名称
1	操作系统层	操作系统内核	内核调用库
2		用户支持库	数学函数库
3			字符串操作函数库
4			双向链表管理构件
5			循环缓冲区管理构件
6		板级支持包	BM3803 板级支持包
7			ERC32 板级支持包
8		设备驱动程序	串口驱动程序
9			时钟接口驱动构件
10			存储器驱动程序
11			1553B 总线驱动程序
12	亚网层	空间子网类	TC 空间数据链路协议构件
13			AOS 空间数据链路协议构件
14		星载子网类	包业务构件
15			存储器访问业务构件
16			同步业务构件
17			1553B 汇聚构件
18	传递层	网络协议类	空间包协议构件
19	应用支持层	命令与数据获取类	设备访问业务构件
20			设备虚拟化业务构件
21			设备数据池业务构件
22		消息管理类	消息传输业务构件
23		时间访问类	时间访问业务构件

续表

序号	所处业务分层	构件分类	软件构件产品名称
24	应用支持层	通用应用处理类	遥控确认业务构件
25			设备命令分发业务构件
26			常规/诊断参数报告业务构件
27			参数统计报告业务构件
28			事件报告业务构件
29			存储器管理业务构件
30			功能管理业务构件
31			时间管理业务构件
32			包传送控制业务构件
33			在轨作业定时计划业务构件
34			在轨监视业务构件
35			在轨存储和回收业务构件
36			事件动作业务构件
37			在轨作业程序业务
38		专用应用处理类	热控管理专用业务构件
39			能源管理专用业务构件
40			解锁与转动机构专用业务构件
41			内务管理专用业务构件

表 15-2 SDIU 构件选用

序号	所处业务分层	构件分类	软件构件产品名称
1	操作系统层	操作系统内核	内核调用库
2		用户支持库	数学函数库
3			字符串操作函数库
4			双向链表管理构件
5			循环缓冲区管理构件
6		板级支持包	BM3803 板级支持包
7			ERC32 板级支持包
8		设备驱动程序	电压模拟量接口驱动程序

续表

序号	所处业务分层	构件分类	软件构件产品名称
9	操作系统层	设备驱动程序	数字量接口驱动程序
10			串行加载指令驱动程序
11			开关指令接口驱动程序
12			串口驱动程序
13			时钟接口驱动构件
14			存储器驱动程序
15			ARINC659 总线驱动程序
16			CPCI 总线驱动程序
17			1553B 总线驱动程序
18	亚网层	星载子网类	包业务构件
19			存储器访问业务构件
20			1553B 汇聚构件
21	传递层	网络协议类	空间包协议构件

15.3 型号特定应用

15.3.1 型号特定综合电子系统需求分析

该阶段以综合电子系统的软件用户需求为输入，对用户提出的需求进行分析、分解，完成协议体系结构中通用业务和协议的选择，此外，还需要完成用户需求中专项功能的需求分析。

1. 功能需求分析

试点型号遥感领域的单星系统，对综合电子系统的中央处理单元 CTU 软件提出了传统的平台数据管理的需求和特定的任务相关需求，需保证星地通信和星内分系统/设备间的通信正常。

传统的平台数据管理需求包括遥控管理、遥测管理、热控管理、能源管理、内务管理、时间管理、总线管理等；特定的任务相关需求包含了成像任务分析、自主展开和执行等自主任务管理。

该型号对综合电子系统 CTU 软件提出的主要功能需求见表 15-3。

表 15-3 型号功能需求

序号	功能项	说明
1	遥控管理	实现遥控帧和遥控包的接收、校验、解析;正确处理遥控包内容
2	遥测管理	实现星内各分系统遥测信息的采集;组织遥测包并进行周期性调度;组织遥测帧并按照优先级调度下行
3	热控管理	根据整星的温度参数监视和控温需求,实现自主热控(加热回路通断)管理
4	能源管理	根据整星的能源参数监视和控制需求,实现自主能源(设备加断电)管理
5	内务管理	实现存储器管理、在轨维护、重要数据保存与恢复等
6	时间管理	实现星地和星内设备时间同步,包括集中校时、均匀校时、GPS 校时、时间发布等
7	总线管理	实现 CAN 总线各 RT 设备的在线状态监视、主/备通道自主切换、总线指令发送和各 RT 遥测数据接收等
8	程控管理	根据在轨运行的各阶段,监视不同的分系统/设备参数,自主完成程控指令的自组织和发送等
9	自主任务管理	根据地面上注的任务块信息,自主解析、生成任务执行相关的指令序列

2. 性能需求分析

性能需求,一般为对软件处理某项事件时的数据存储量、数据传输时效性等需求,性能需求往往决定了软件中任务的运行周期、语句的执行耗时、中断的处理耗时等信息。

本型号的性能需求包含时间性能、遥测性能和遥控性能,性能需求示例见表 15-4。

表 15 – 4　型号性能需求

序号	分类	说明
1	时间性能	CTU 接收 GPS 整秒时刻后，200 ms 内在 CAN 总线上进行广播
2	时间性能	CTU 广播星时周期为 1 s，通过 CAN 总线 A、B 通道交替进行，广播误差不大于 250 μs
3	时间性能	CTU 与 GPS 时间同步精度偏差小于 50 μs/s
4	遥测性能	遥测模式转换时间小于 2 s
5	遥测性能	遥测包下行周期前后变化小于 1 s
6	遥控性能	CTU 收到实时间接指令遥控包后，按照遥控块中的指令排列顺序在 250 ms 内发出第一条指令，相邻两条指令的执行间隔在 100 ~ 250 ms 范围内
7	遥控性能	CTU 提供至少存储 128 条实时间接指令的能力
8	遥控性能	CTU 提供至少存储 400 条延时间接指令（包括 ONOFF 指令/指令组、总线指令）的能力

3. 接口需求

软件用户需求中，除了功能需求和性能需求会影响到综合电子系统软件的设计之外，还有接口需求，该类需求会影响到软件与分系统内部硬件或设备和分系统外部设备的交互。

本型号涉及的接口需求包含看门狗、复位切机、中断、内总线、外部 CAN 总线等，接口需求见表 15 – 5。

表 15 – 5　型号接口需求

序号	分类	说明
1	看门狗	需要软件定时向指定寄存器写指定值，完成软件存活状态的反馈，在软件跑飞时能自主复位
2	复位切机	根据地面上注内务指令进行复位、切机，或在 CTU 自主切机功能使能时，进行自主切机
3	中断	软件用到的外部中断，如遥测中断、遥控中断、秒中断、串口中断等
4	内总线	一般是指 CTU 软件通过内部总线的通信接口（中断或状态位）按照内总线通信协议与分系统内部其他设备交互

续表

序号	分类	说明
5	CAN 总线	一般是指 CTU 软件通过外部总线的通信接口（中断或状态位）按照 CAN 总线通信协议与其他分系统的设备交互
6	RS422 串口	一般是指 CTU 软件通过 RS422 点对点通信接口（中断或状态位）按照 RS422 通信协议与其他分系统的设备交互

至此，通过上述需求可以分析并画出 CTU 软件与外部设备的信息交互关系，如图 15-1 所示。

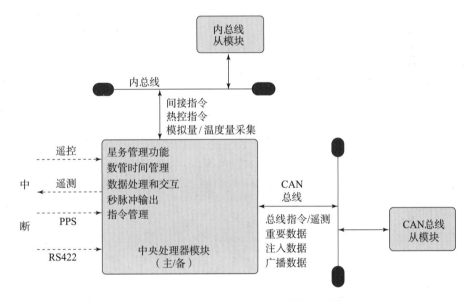

图 15-1 型号 CTU 软件交互的接口信息

4. 业务和协议选择/通用任务功能需求分析

针对本型号提出的上述功能需求和性能需求内容，以前述综合电子系统业务和协议体系结构为基础，选取适用于本型号需求的业务和协议。同时，参考型号实际的硬件接口状态，以 3.2.2 节中的表 3-1 为基础，经过业务和协议的选取、新增，形成如图 15-2 所示的适用于本型号的综合电子系统业务和协议体系结构。

业务和协议对型号应用需求的映射关系见表 15-6。

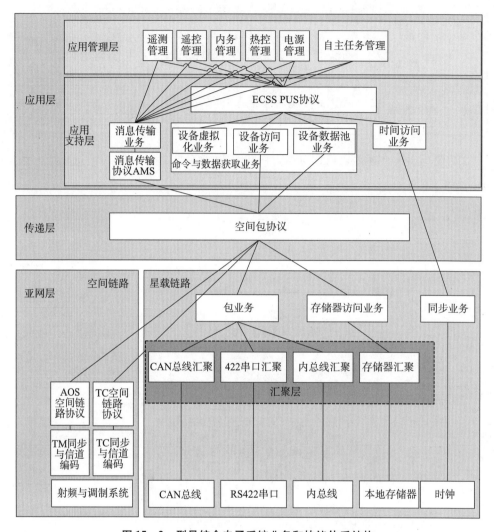

图 15-2 型号综合电子系统业务和协议体系结构

表 15-6 业务和协议对型号应用需求的映射关系

序号	需求项	业务和协议	新增业务和协议
1	遥控管理	ECSS 业务和协议（遥控确认业务、设备命令分发业务、功能管理业务、在轨作业定时计划业务） SOIS 业务和协议（消息传输业务、设备虚拟化业务、设备访问业务、包业务、存储器访问业务） SLS 业务和协议（空间包协议、TC 空间数据链路协议）	

续表

序号	需求项	业务和协议	新增业务和协议
2	遥测管理	ECSS 业务和协议（包传送控制业务） SOIS 业务和协议（消息传输业务、设备数据池业务、设备虚拟化业务、设备访问业务、存储器访问业务） SLS 业务和协议（空间包协议、AOS 空间数据链路协议）	
3	热控管理	ECSS 业务和协议（遥控确认业务、设备命令分发业务、功能管理业务、在轨作业定时计划业务） SOIS 业务和协议（消息传输业务、设备数据池业务、设备虚拟化业务、设备访问业务、存储器访问业务） SLS 业务和协议（空间包协议、AOS 空间数据链路协议）	
4	能源管理	ECSS 业务和协议（遥控确认业务、设备命令分发业务、功能管理业务、在轨作业定时计划业务） SOIS 业务和协议（消息传输业务、设备数据池业务、设备虚拟化业务、设备访问业务、存储器访问业务） SLS 业务和协议（空间包协议、AOS 空间数据链路协议）	
5	内务管理	ECSS 业务和协议（遥控确认业务、设备命令分发业务、功能管理业务、在轨作业定时计划业务、存储器管理业务） SOIS 业务和协议（消息传输业务、设备虚拟化业务、设备访问业务、存储器访问业务） SLS 业务和协议（空间包协议）	
6	时间管理	ECSS 业务和协议（时间管理业务） SOIS 业务和协议（消息传输业务、时间访问业务、存储器访问业务、同步业务）	
7	总线管理	实现 CAN 总线各 RT 设备的在线状态监视、主/备通道自主切换、总线指令发送和各 RT 遥测数据接收等	CAN 总线汇聚协议及驱动
8	程控管理	ECSS 业务和协议（遥控确认业务、设备命令分发业务、功能管理业务、在轨作业定时计划业务） SOIS 业务和协议（消息传输业务、设备数据池业务、设备虚拟化业务、设备访问业务、包业务、存储器访问业务） SLS 业务和协议（空间包协议）	
9	自主任务管理	ECSS 业务和协议（遥控确认业务、设备命令分发业务、功能管理业务、在轨作业定时计划业务） SOIS 业务和协议（消息传输业务、设备数据池业务、设备虚拟化业务、设备访问业务、包业务、存储器访问业务） SLS 业务和协议（空间包协议）	自主任务管理专用业务

续表

序号	需求项	业务和协议	新增业务和协议
10	接口	SOIS 业务和协议（存储器访问业务、同步业务、汇聚层协议、CAN 总线汇聚协议和驱动、内总线链路协议和驱动、RS-422 串口链路协议和驱动、本地 FPGA、时钟存储器操作协议和驱动）	CAN 总线汇聚协议及驱动 内总线汇聚协议及驱动 RS-422 串口汇聚协议及驱动

表 15-6 中，总线管理和接口需求中的部分业务和协议是需要在现有业务和协议体系增加的，但是，该类需求一般不会随着型号任务或型号领域的变化而改变，可以作为现有业务和协议体系中标准业务和协议的补充和完善。此外，性能需求对于业务和协议的选取没有影响，但是会对后续软件体系结构的配置有影响，该部分将在后续章节中介绍。

5. 专用任务功能需求分析

综合电子系统软件对于上述所有需求的满足，仅通过现有的标准业务和协议是无法实现的，部分需求还需要根据型号任务的实际需求，进行特定算法或逻辑的软件定制开发，例如能源管理、热控管理、自主任务管理。

此类需求往往来自其他分系统的软件需求，以自主任务管理为例。

（1）软件维持自主任务管理的使能/禁止开关。

（2）确保在地面禁止使用该功能时，该功能不影响传统的上行指令注入、检查、解析和执行功能。

（3）上注任务数据块，对数据块内容进行校验。

（4）软件根据数据块内容，以预置指令序列为模板，进行指令参数填充和指令重生成。

（5）根据时间判断指令序列是否展开，展开条件满足时，自主生成指令序列，并插入延时指令缓冲区。

（6）从任务上注到任务执行期间，实时维护任务数、待执行任务数遥测信息。

(7) 指令组支持在轨修改，包括对指令组中具体指令和时间间隔的修改。

对该需求进行分析，自主任务管理使能/禁止、任务数据块的处理、指令序列组装及展开和遥测信息的维护功能，都是与型号任务相关的特定需求，需要额外的定制软件；而序列插入延时指令缓冲区后的执行动作的功能，是与不同领域的型号任务无关的，则可以通过 ECSS 的 PUS 在轨作业定时计划业务来完成，该部分功能完全可以通过对既有软件构件进行属性或参数配置的方式来实现。其中，额外定制的软件则可以作为专用软件构件进行设计。

15.3.2 型号特定综合电子系统软件体系结构设计

该阶段以前一阶段的业务和协议体系结构作为设计输入和约束，以本型号的航天器综合电子系统业务和协议体系结构为基准，从航天器软件设计角度，重点解决业务和协议体系结构如何向软件体系结构和软件构件转变的问题，这就涉及业务和协议软件构件的设计，软件构件包含了标准或通用的业务和协议构件和专用的业务和协议构件两大类。软件构件设计得是否合理，决定了软件对型号软件需求的满足情况和使用便利性。

1. 标准或通用软件构件设计

1）软件构件选用

基于该型号的需求分析和综合电子系统软件体系结构中各构件的功能，完成构件选用，见表 15-7。

表 15-7　型号需求项与业务和协议构件映射关系

序号	需求项	业务和协议构件	新增/修改构件
1	遥控管理	TC 空间数据链路协议构件、空间包协议构件、消息传输业务构件、PUS 遥控确认业务构件、PUS 设备命令分发业务构件、SOIS 命令与数据获取业务（设备虚拟化业务、设备访问业务）构件、包业务构件、存储器访问业务构件	
2	遥测管理	AOS 空间数据链路协议构件、消息传输业务构件、设备数据池业务构件、设备访问业务构件、设备虚拟化业务构件、存储器访问业务构件、包传送控制业务构件	修改包传送控制业务构件

续表

序号	需求项	业务和协议构件	新增/修改构件
3	热控管理	消息传输业务构件、设备数据池业务构件、设备访问业务构件、设备虚拟化业务构件、存储器访问业务构件、自主热控管理进程	修改热控管理进程
4	能源管理	消息传输业务构件、设备数据池业务构件、设备访问业务构件、设备虚拟化业务构件、存储器访问业务构件、自主能源管理进程	修改能源管理进程
5	内务管理	消息传输业务构件、存储器管理业务构件、重要数据管理业务构件、功能管理业务构件	新增重要数据管理业务构件 修改功能管理业务构件
6	时间管理	消息传输业务构件、时间管理业务构件、时间访问业务构件、空间包协议构件、同步业务构件、CAN总线汇聚协议构件、CAN总线驱动构件	新增CAN总线汇聚协议及驱动（其他与CAN总线相关的功能与此相同，无新增叠加）
7	总线管理	CAN总线汇聚协议构件、CAN总线驱动构件	同上
8	程控管理	消息传输业务构件、设备数据池业务构件、设备访问业务构件、设备虚拟化业务构件、存储器访问业务构件、空间包协议构件、在轨作业定时计划业务构件、包业务构件、CAN总线汇聚协议构件、CAN总线驱动构件、内总线汇聚协议构件、内总线驱动构件	新增内总线汇聚协议和驱动（其他与内总线相关的功能与此相同，无新增叠加）
9	自主任务管理	消息传输业务构件、空间包协议构件、在轨作业定时计划业务构件、包业务构件、内总线汇聚协议构件、内总线驱动构件、自主任务管理构件	新增自主任务管理进程
10	接口	存储器访问业务、同步业务、汇聚层协议、CAN总线汇聚协议和驱动、内总线汇聚协议和驱动、RS-422串口汇聚协议和驱动、本地存储器驱动、时钟汇聚协议和驱动	新增RS-422串口协议和驱动

表中包传送控制业务增加了遥测包订阅分发子功能和遥测包周期调度子功能，热控管理进程修改了控温电阻信息数据结构、加热回路控制信息数据结构、温度量遥测数据结构、控温周期等，能源管理进程修改了电压遥测信息数据结

构、控制周期、电压阈值等，功能管理业务修改了 FPGA 特殊操作的功能。新增的构件和程序按照统一接口进行设计，新增的应用进程结构设计与遥控管理、遥测管理等进程一致。

2) 标准或通用软件构件设计

此处的软件构件设计，是指在当前航天器综合电子系统软件体系结构中没有，但是有标准通信协议作为依据或参考的，按照型号需求，新设计的软件构件。新的软件构件，同样按照标准通信协议和依据前述章节中构件概要设计的标准步骤进行标准化设计，标准化设计后，该构件便可以适用于其他领域的型号应用。

在本型号中，需要新设计的标准软件构件位于软件协议体系结构中亚网层的星载子网，包括：CAN 总线汇聚协议构件及驱动，RS-422 串口汇聚协议构件及驱动、内总线汇聚协议构件及驱动，这些构件都有相应的通信协议作为约束。

以 CAN 总线汇聚协议构件的设计为例，描述新构件的设计过程。该部分工作的输入为软件用户需求和 CAN 总线通信协议。

(1) 处理过程。首先将构件中数据流对应的处理过程进行分类和层次化调用设计，形成诸多处理函数如下：

snDclCANInit：初始化构件；

snDclCANInterface：上层业务和协议构件向本构件插入空间包；

snDclCANSendMain：向 CAN 总线发送空间包；

snDclCANReceiveMain：从 CAN 总线接收空间包；

snDclCANTimeBroadcast：通过 CAN 总线周期性广播星时；

snDclCANTimingInterface：通过 CAN 总线校时；

snDclCANAliveTest：通过 CAN 总线监视各 RT 在线状态；

snDclCANGetBroadcastSecond：通过 CAN 总线广播整秒时刻。

这些函数的实现均能直接或间接映射到型号需求中的功能，例如广播星时、校时、广播整秒时刻等时间管理，总线指令和遥测、在线监视等总线管理。

(2) 数据结构。主体处理过程设计完成后，构件数据流中相关的数据存储则转化为构件内部的数据结构。数据结构主要包含构件配置结构和构件主体结构，结构设计示例如下：

```
typedef struct can_config
{
    status_t(* tpPacketReceive_funcp)(uint16_t src_apid,
uint16_t dest_apid,uint8_t * packet_buffer_p,uint32_t length,
uint32_t qos);
    status_t(* busTiming_funcp)(uint8_t cmd,uint8_t * time_
p,uint32_t length);
}can_config_t;
```

该结构映射为构件配置结构,该结构的实例即为构件配置实例,在软件全局范围内是唯一的,是用户直接配置的数据结构,配置信息通过构件的初始化处理过程传入构件的主体数据结构,完成构件的配置。

```
typedef struct can_com
{
    DL_LIST    can_list_sending;     /* 待发送 CAN 消息队列 */
    SEM_ID     task_sem;             /* 任务定时信号量 */
    uint8_t    gps_obdh_interval;    /* 用于获取时差的周期 */
    uint8_t    gps_obdh_cnt;         /* 用于获取时差的计数 */
    uint8_t    current_err_addr;     /* 当前通信错误的站地址 */
    can_state_t rt_state;            /* CAN 总线终端通信状态表*/
}can_com_t;
```

该结构映射为构件主体结构,该结构的实例即为构件实例,在软件全局范围内是唯一的。这种结构类似于 C++ 中的对象实例。

3) 接口

处理过程和数据结构设计完成后,还需要将构件对外部提供的原语和需要其他构件提供的原语转化为构件对外提供的接口和所需接口,接口设计示例如下:

```
    /* 对外提供的接口 */
    status_t(* snDclCANInterface_funcp)(struct can_com * obj_
p,uint8_t qos,uint8_t priority,uint32_t length,uint8_t nest_ad-
dress,uint8_t * packet_p);/* 上层构件插入空间包接口 */
    status_t(* snDclCANInit_funcp)(struct can_com * obj_p,can_
config_t * config_p);/* 构件初始化接口 */
    status_t(* snDclCANSendMain_funcp)(struct can_com * obj_
p);/* 构件向总线发送空间包接口 */
    status_t(* snDclCANReceiveMain_funcp)(struct can_com * obj_
p,uint8_t rt_addr);/* 构件从总线接收空间包接口 */
    /* 需要的外部接口 */
    status_t(* snPsReceive_funcp)(uint8_t protocol_id,uint8_t
qos,uint8_t * packet_buffer_p,uint32_t length);/* 向上层发送空
间包接口 */
    status_t(* busTiming_funcp)(uint8_t cmd,uint8_t * time_p,
uint32_t length);/* 向上层同步业务反馈的总线校时接口 */
```

为了便于接口的统一管理，将这些接口统一纳入构件主体结构中，在航天器软件中统一由构件实例完成管理。

2. 专用软件构件设计

专用软件，即为与应用管理层中特定任务相关的软件，该类软件同样按照构件的格式要求和设计步骤进行设计，包含处理过程、数据结构和接口，设计过程与上章节的构件设计一致，此处不再赘述，唯一区别在于处理过程的内部实现。专用软件的处理过程一般都包含了特定的算法或逻辑，这些算法或逻辑的设计来源和约束，往往来自相应的技术要求或需求文档，例如热控系统对综电软件技术要求、供配电对综电软件技术要求、自主任务管理软件用户需求等。

该类软件的功能实现除了特定的算法或逻辑之外，还有一些辅助性的功能或数据，这些功能或数据，可以通过调用下层应用支持层特定的 PUS 业务来实现或采集。在本型号中，需要新设计的专用软件构件位于软件体系结构中的应用管理

层,包括热控管理、能源管理和自主任务管理。其中,热控管理和能源管理相对于已有软件体系结构的功能需要部分修改。

至此,软件构件的设计工作已完成,相应的可形成软件概要设计。经过软件构件的选用、设计,形成了适用于本型号的软件体系结构,型号软件体系结构如图 15-3 所示。

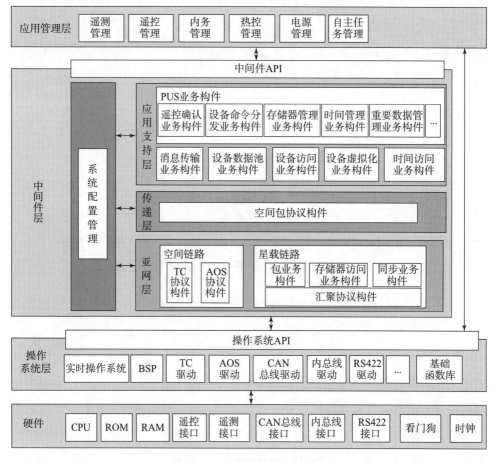

图 15-3 型号软件体系结构

图 15-3 中,系统配置管理对整个中间件层构件进行初始化属性和参数配置,该过程在软件主任务中执行;亚网层-空间链路的 TC 空间数据链路协议构件和 AOS 空间数据链路协议构件完成星地通信;亚网层-星载子网的包业务构件、存储器访问业务、同步业务构件等构件完成星内通信;传递层-空间包协议

构件完成空间包的层间路由转发；应用支持层 – PUS 业务构件和消息传输业务构件等构件完成对应用管理层各应用的支撑；应用管理层 – 遥控管理、遥测管理等应用完成整星的主要功能需求。

其中，应用管理层的自主任务管理属于新增构件；由于热控和能源与型号的特定应用有关，每个型号采用的遥测参数、指令码字、处理逻辑都有所不同。所以，本型号的热控管理、能源管理需要进行修改，属于部分修改构件；由于本型号需要对不同的遥测源包进行周期性调度，所以应用支持层的包传送控制业务构件需要增加周期性调度功能，属于部分修改构件；功能管理业务构件需要按照型号需求，完成对 FPGA 的擦除、回放等特殊操作，需要对构件进行修改，所以功能管理业务构件属于部分修改构件；重要数据管理业务构件属于新增构件；亚网层的 CAN/RS422/内总线汇聚协议构件属于新增构件；操作系统层与汇聚协议对应的设备驱动程序属于新增。

软件体系结构的形成，使得后续软件的详细设计和开发有了明确的依据。

3. 软件详细设计

该阶段以软件体系结构和软件概要设计作为设计输入和约束，对软件构件展开详细设计。软件构件的详细设计实际为对构件的内部细节进行明确，该部分内容不是本章重点，此处不做赘述。

15.3.3 型号特定综合电子系统软件配置及测试验证

软件配置，实际为软件开发周期中的一部分，在所有的软件构件都已经开发完成的基础上进行。该部分工作主要负责的是软件体系结构中软件构件的初始化配置，对应的是软件体系结构的中间件层的系统配置管理工作。软件构件配置的信息作用于软件范围内唯一的数据结构——构件配置实例，该实例是每个构件配置的唯一接口。

1. 配置原则

软件体系结构在本型号中的应用，重点涉及软件构件的配置和运行设计，而软件构件的配置必须以选用的构件为基础，以型号硬件接口为依据。

2. 配置过程

参考型号特定软件体系结构的层次化设计结构，以及体系结构中下层服务对上层应用的支撑关系，型号软件配置及初始化过程如图 15-4 所示。

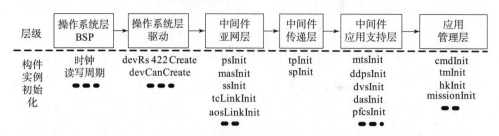

图 15-4　软件配置及初始化过程

图 15-4 中，软件配置及初始化过程采用自下而上的方式。操作系统层完成 BSP（如码速率、读写等待周期）和驱动程序（如 TC 驱动、AOS 驱动）的初始化配置，亚网层完成空间数据链路协议构件（如 TC 空间数据链路协议构件、AOS 空间数据链路协议构件）和星载子网业务和协议构件（如包业务构件、存储器访问业务构件、CAN 总线汇聚协议构件）的初始化配置，传递层完成空间包协议构件的初始化配置，应用支持层完成 PUS 业务构件（如设备命令分发业务构件、在轨作业定时计划业务构件）和 SOIS 业务构件（如消息传输业务构件、时间访问业务构件）的初始化配置，应用管理层完成各应用进程（如遥控管理进程、遥测管理进程、内务管理进程）的初始化配置。下面从各层中提取一个典型的程序或构件或进程进行配置信息的说明。

操作系统层 BSP（BM3803 处理器）部分配置信息见表 15-8。

表 15-8　TC 驱动实例配置信息

序号	配置属性/参数	数值	备注
1	外部存储器配置寄存器 1	0x10D9FA1F	用于配置 IO 等待周期等
2	外部存储器配置寄存器 2	0x11262	用于配置 RAM 等待周期等
3	GPIO 方向寄存器	0xDF0F	用于标识接口上的设备
4	时钟速率	200	用于标识每秒 200 个 tick

注：BSP 的配置信息与硬件使用手册息息相关，每个寄存器的比特的含义表征可参见使用手册。

操作系统层驱动程序以遥控接口驱动配置为例，部分配置信息见表 15-9。

表 15-9 TC 驱动实例配置信息

序号	配置属性/参数	数值	备注
1	驱动名称	"/TC/CK"	用于标识该设备名称
2	驱动主设备号	0x6	用于标识接口
3	驱动从设备号	0x1	用于标识接口上的设备
4	数据读取寄存器地址	0x26030100	用于标识硬件交互 IO 地址
5	数据读取长度寄存器地址	0x260A0000	用于标识硬件交互 IO 地址
6	上行通道源标识	0x1	用于标识上行通道

中间件亚网层空间链路以 TC 链路协议配置为例,部分配置信息见表 15-10。

表 15-10 TC 链路协议实例配置信息

序号	配置属性/参数	数值	备注
1	航天器标识符	0xEE	帧校验
2	版本号	0x0	帧校验
3	CRC 有效性校验标识	0x55	使能,软件要做校验
4	VCID	0x05	接收 TC 帧的信道
5	TC 帧长度上限值	0x400	帧校验
6	TC 帧长度下限值	0x7	帧校验
7	空间包传送接口	tpPacketReceive	向上层投递空间包
8	驱动设备主号	0x6	设备驱动创建
9	驱动设备从号	0x1	设备驱动创建
10	VCA 服务处理接口	tcVcaProcess	VCA 帧服务操作

注:此外还有 64 个虚拟信道的配置信息(服务类型、开关状态、CLCW 类型和 CLCW 信道标识),不在此表中赘述。

中间件亚网层星载子网以包业务配置为例,部分配置信息见表 15-11。

表 15-11 包业务实例配置信息

序号	链路标识	汇聚协议实例指针	链路类型
1	PS_LINK_CMD(2)	&g_2842_com	LINK_TYPE_2842(6)
2	PS_LINK_CAN(3)	&g_can_com	LINK_TYPE_CAN(7)
3	PS_LINK_RS422(4)	&g_rs422_com	LINK_TYPE_RS422(8)

中间件传递层以空间包协议配置为例,部分配置信息见表 15 - 12。

表 15 - 12 空间包协议配置信息

序号	目的 APID	掩码	下一跳 子网链路标识	下一跳 子网链路地址	辅助路由 参数
1	APID_CTU	0x7FF	0（本地）	0	0
2	APID_GND	0x7E0	1（地面）	0x7B81（GVCID）	0
3	APID_AOC	0x7E0	2（CAN 总线）	7（RT 地址）	0

中间件应用支持层以设备命令分发业务配置为例,部分配置信息见表 15 - 13。

表 15 - 13 设备命令分发业务配置信息

序号	指令代号	虚拟设备标识	虚拟参数值标识
1	TCYA001	DVS_DEVICE_ID_PAYLOAD（512）	0
2	TCYA002	DVS_DEVICE_ID_PAYLOAD（513）	1
3	TCS001	DVS_DEVICE_ID_AVIONICS（514）	0

应用管理层以遥控管理应用进程为例,部分配置信息见表 15 - 14。

表 15 - 14 遥控管理应用配置信息

序号	配置项	数值	备注
1	应用进程 APID	0x421	用于标识任务,并向 MTS 业务注册
2	消息传输业务实例	cmd_mts	用于调用消息传输业务构件接口
3	遥控确认业务实例	cmd_tvs	用于调用遥控确认业务构件接口
4	设备命令分发实例	cmd_dcds	用于调用设备命令分发业务构件接口
5	在轨作业定时计划实例	cmd_ooss	用于调用在轨作业定时计划的接口

注：由于应用管理层的应用进程需要调用底层业务的接口,所以需要声明并配置用到的 PUS 业务构件实例和 SOIS 业务构件实例。

3. 运行设计

此处主要是指软件体系结构中哪些构件设计了后台进程（软件中的任务,后文称为任务）,以及任务的运行信息,按照实际型号的设计,调整中间件内部构件已有任务的周期和增加新的任务并设定其周期,以适配型号功能需求和性能需求。本型号的任务设计信息见表 15 - 15。

表 15-15　任务设计信息

序号	层级	名称	优先级	周期	备注
1	应用管理层	遥控管理	中	100 ms	修改
2		遥测管理	低	1 s	修改
3		热控管理	低	1 s	修改
4		能源管理	低	1 s	修改
5		内务管理	低	100 ms	
6		扩展-自主任务管理	低	100 ms	新增
7	应用支持层	消息传输	低	500 ms	
8		包调度	低	1 s	新增
9		设备数据池	低	500 ms	修改
10	传递层	空间包协议	低	200 ms	
11	亚网层	TC 空间数据链路协议	低	100 ms	
12		AOS 空间数据链路协议	低	1 s	
13		存储器访问	低	50 ms	修改
14		内总线协议	高	100 ms	新增
15		RS-422 协议	低	100 ms	新增
16		CAN 总线协议	高	100 ms	新增

注：(1) 在实际型号任务研制过程中，需要根据处理器的性能和软件的体量，设计合理数量和周期的进程。(2) 遥控管理修改了任务周期、进程 APID；遥测管理修改了任务周期、进程 APID、采集遥测数据订单类型和数量、遥控确认的有效业务类型和业务子类型列表、遥测参数周期性报告功能；热控管理修改了任务周期、进程 APID、采集遥测数据订单类型和数量、遥控确认的有效业务类型和业务子类型列表、加热回路数和控温阈值、加热回路直接通断指令等；能源管理修改了任务周期、进程 APID、采集遥测数据订单类型和数量、遥控确认的有效业务类型和业务子类型列表、电压阈值、参数（指定电压值）判定周期等；设备数据池和存储器访问修改了任务周期。

为了能够更直观地了解软件构件的使用方法和层间业务和协议构件的交互，下面以 ONOFF 指令分发为例，展示数据在软件中的流向。图 15-5 中，细线表示构件之间接口调用关系，粗线箭头表示执行步骤，1，2，3…表示执行步骤的代号，S 表示该步骤在源端执行。

与本应用示例相关的构件包括：TC 驱动程序、TC 链路协议构件、空间包协议构件、消息传输业务构件、遥控管理应用进程、遥控确认业务构件、设备命令

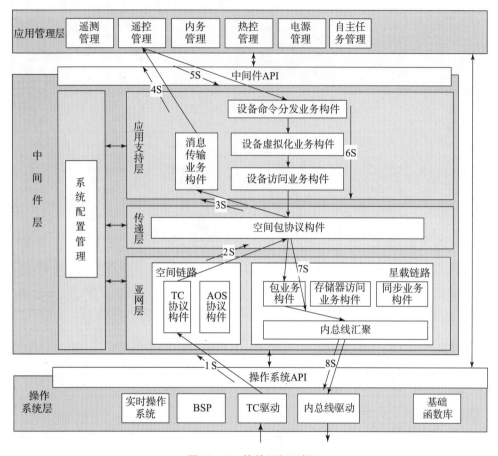

图 15-5　软件运行示例

分发业务构件、设备虚拟化业务构件、设备访问业务构件、包业务构件、内总线汇聚协议构件、内总线驱动程序。与软件其他功能需求相关的构件使用，与本示例基本相同，唯一区别在于涉及的构件类型、层次和数量不同。

4. 测试验证

软件测试属于软件交付前的一个关键环节，测试人员基于设计并研制完成的软件版本，进行测试用例的设计与测试实施，以验证软件设计是否能满足型号的软件功能需求。

本型号采用了综合电子系统软件体系结构和标准化的软件构件，所以型号软件不需要再针对每个构件的每项子功能进行测试用例的设计和测试，而只需要依据软件功能需求进行功能项测试用例的设计和测试即可。下面以间接开关

（ONOFF）指令分发功能为例进行描述。

ONOFF 指令分发涉及的构件包括：TC 协议构件、空间包协议构件、消息传输业务构件、遥控管理进程、设备命令分发业务构件等，而 TC 协议构件、空间包协议构件、设备命令分发业务构件决定了遥控上注的指令格式。根据三个构件的格式要求设计的遥控上注指令即可，指令上注后通过实时遥测参数查看指令计数是否按照预期变化。

15.3.4 应用场景

综合电子系统软件设计、开发和配置完成后，需要对当前的航天器软件进行实验测试，通过测试大纲中设计的测试用例，完成对航天器软件各项功能的测试和验证。软件的测试验证，可采用型号的桌面联试环境作为应用场景，本型号应用场景中设备的拓扑连接关系示例如图 15-6 所示。

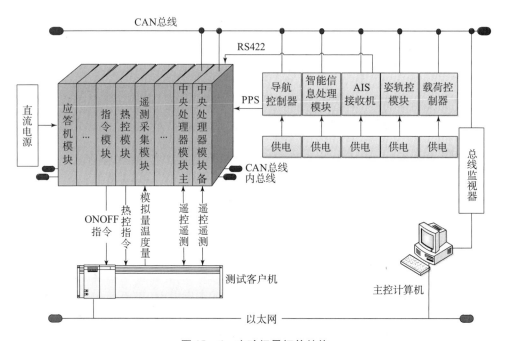

图 15-6 实验场景拓扑结构

图 15-6 中，综合电子系统软件运行在中央处理器模块中。直流电源给航天器设备统一供电，航天器设备包括中央处理器模块主/备、应答机模块、指令模块、热控模块、遥测采集模块。航天器设备通过背板总线（内总线、CAN 总线）

互联互通。中央处理器模块通过外部CAN总线与导航控制器、智能信息处理模块、AIS接收机、姿轨控模块和载荷控制器互联互通,进行总线指令发送和遥测数据的收集。测试客户机通过专用电缆与部分航天器设备连接,用于模拟遥控指令的信宿和遥测数据采集的信源,对中央处理器模块的部分功能进行辅助性验证,其中,中央处理器模块从测试客户机接收上行遥控指令,向测试客户机下传遥测数据;中央处理器模块通过指令模块向测试客户机发送ONOFF指令;中央处理器模块通过热控模块向测试客户机发送热控指令;中央处理器模块通过遥测采集模块从测试客户机采集模拟量和温度量信息。主控计算机通过以太网与测试客户机连接,用于产生遥控指令并向测试客户机发送上行遥控指令,从测试客户机接收遥测帧并解析遥测包内容,便于用户对已发送指令的正确性进行验证。此外,主控计算机还通过总线监视器对CAN总线上传输的所有数据内容进行监视。

15.3.5 应用案例分析

基于上述应用场景、软件设计、遥控指令格式和遥测大纲,在软件测试阶段完成型号软件测试用例的设计,测试用例的设计必须完全覆盖软件需求功能项。测试用例设计包含自主任务管理、遥测采集和组织下传、间接指令发送、总线指令发送、RT上注数据、CTU在轨维护、CTU自主能源、CTU自主热控、地面和CTU自主校时、CTU内存修改和下卸、延时指令上注和发送等,所有测试用例的功能实现,都涉及了软件协议体系结构中SOIS、SLS、SIS、ECSS的业务和协议,还有部分总线或接口通信协议,与此同时,软件体系结构中的各层业务和协议软件构件也都得到了验证。

为了展示综合电子系统软件体系结构的灵活性、扩展性和可靠性,该章通过三个典型的案例,描述在当前软件体系结构中是如何利用软件构件的修改替换、层间软件构件的交互以及PUS业务和SOIS业务灵活组合来满足应用管理层各应用功能需求的,应用案例描述如下。

1. 自主任务管理–AIS引导SAR成像

案例描述:

地面上注任务信息,使能AIS引导SAR成像功能。AIS接收机接收来自地面的AIS帧数据后,通过RS422接口传送至中央处理器模块,中央处理器模块将

AIS 帧转发至智能信息处理模块，智能信息处理模块根据 AIS 帧内容计算得出成像时间和成像参数，回传至中央处理器模块，中央处理器模块将地面上注的任务信息与规划结果发送至载荷控制器，最终由载荷控制器执行成像任务。案例涉及了软件体系结构中的 TC 驱动、CAN 驱动等驱动程序，包业务构件、空间包协议构件、SOIS 消息传输业务构件、SOIS 设备虚拟化业务构件、PUS 遥控确认业务构件、PUS 设备命令分发业务构件等中间件层业务和协议构件，遥控管理、自主任务管理等应用进程。

案例流程：

（1）CTU 软件遥控管理应用通过消息传输业务构件订阅自主任务管理应用的定时序列指令包。

（2）地面通过主控计算机上注包含 AIS 引导 SAR 载荷成像任务数据块的遥控指令，指令通过 TC 驱动程序、TC 空间数据链路协议构件、空间包协议构件、消息传输业务构件进入应用管理层的自主任务管理应用进程。

（3）自主任务管理应用进程对指令遥控包进行接收、校验确认和解析，将任务数据块内容提取并加载到在轨作业定时计划业务构件的指令模板中，形成按时执行的指令定时序列，并将定时序列指令包通过消息传输业务构件发送至遥控管理应用进程，后者验证指令包后将定时序列插入到在轨作业定时计划业务构件中，等待指令执行。

（4）任务执行时间到达时，在轨作业定时计划业务构件按照序列中的指令间隔将指令通过消息传输业务构件、空间包协议构件、包业务构件、CAN 总线汇聚协议构件和 CAN 驱动程序发送至 CAN 总线，最终到达 AIS 接收机。

（5）当 AIS 接收机加电后，开始接收地面的 AIS 帧，AIS 接收机通过 RS422 接口将 AIS 帧原始数据传送至 CTU 软件。

（6）CTU 软件通过 RS-422 驱动程序按照通信协议，接收 AIS 帧原始数据后，在 RS422 汇聚协议构件进行空间包封装，空间包通过包业务构件、空间包协议构件、消息传输业务构件，传送至自主任务管理应用进程。

（7）自主任务管理应用进程接收 AIS 空间包后，触发任务部分逻辑，再将 AIS 包通过消息传输业务构件、空间包协议构件、包业务构件、CAN 总线汇聚协议和驱动程序发送至 CAN 总线，最终到达智能信息处理模块，智能信息处理模块根据 AIS 信息规划出结果数据后，通过 CAN 总线发回 CTU 软件。

（8）CTU 软件通过 CAN 驱动程序、CAN 总线汇聚协议构件、空间包协议构件和消息传输业务构件传送至自主任务管理应用进程。

（9）自主任务管理应用进程校验成像规划结果空间包后，提取成像规划结果数据，插入已存储的指令包中，形成指令定时序列，再通过消息传输业务构件传送指令至遥控管理进程，遥控管理进程插入在轨作业定时计划业务构件，到达时间限定后，执行指令序列将指令向下层构件传送最终通过 CAN 总线发送至载荷控制器。

2. 程控管理

案例描述：型号程控流程为星载 CTU 软件连续三次检测到星箭分离，启动入轨加电指令序列；加电后判定指定温度量遥测，连续三次满足温度条件时，启动消旋指令序列；消旋后，监测姿轨控指定遥测数据，连续三次满足条件时，启动太阳翼展开指令序列；启动太阳翼展开指令序列的同时，开始监测电源分系统的指定电压遥测，连续三次满足条件时，启动平台加电指令序列。案例涉及了软件体系结构中的存储器驱动、内总线驱动等驱动程序，包业务构件、存储器访问业务构件、空间包协议构件、SOIS 消息传输业务构件、SOIS 设备数据池业务构件、SOIS 设备虚拟化业务构件、PUS 遥控确认业务构件等中间件层业务和协议构件，遥控管理、遥测管理、热控管理、能源管理等应用进程。

案例流程：

（1）CTU 软件遥控管理、遥测管理和热控管理应用进程分别向消息传输业务构件注册本地 APID 信息。

（2）遥控管理应用进程、遥测管理应用进程和热控管理应用进程按照程控功能需求，各自预置在轨作业定时计划业务构件的延时指令，自定义程控的先后处理逻辑。

（3）遥控管理应用进程、遥测管理应用进程和热控管理应用进程分别通过设备数据池业务构件添加指定遥测数据采集的订单，设备数据池业务构件通过设备虚拟化业务构件、设备访问业务构件、空间包协议构件、包业务构件、存储器访问业务构件、本地存储器汇聚协议构件及驱动、CAN 总线汇聚协议构件及驱动和内总线汇聚协议构件及驱动从不同设备采集到需要的遥测数据，并按照设备数据池业务构件的初始配置信息置于数据池中。

（4）遥控管理应用进程、遥测管理应用进程和热控管理应用进程分别按照各自进程周期进行参数有效性判断。

（5）遥控管理应用进程触发程控指令时，将对应的指令组织为遥控包，直接调用在轨作业定时计划业务构件接口，触发指令序列的发送；遥测管理应用进程和热控管理应用进程触发程控指令时，将对应的指令组织为遥控包，并通过消息传输业务构件传送至遥控管理应用，由后者对指令包进行确认后，将指令传入在轨作业定时计划业务构件，触发指令序列的发送。

（6）由于在轨作业定时计划业务构件中的指令包含了间接指令、热控指令和总线指令等多类指令，所以，指令向下层构件传送时，又可通过设备虚拟化业务构件、设备访问业务构件、空间包协议构件、包业务构件、存储器访问业务构件、CAN 总线汇聚协议及驱动、内总线汇聚协议及驱动发往 CAN 总线和内总线，直至指令负载。

3. 遥测管理

案例描述：

平台加电后，星载 CTU 软件按照遥测大纲指定的各分系统的遥测源包及调度周期，从其他分系统和自身分系统采集规定内容的不同长度的遥测源包，按照源包的多路周期进行调度。案例涉及了软件体系结构中的存储器驱动、内总线驱动等驱动程序，包业务构件、存储器访问业务构件、空间包协议构件、SOIS 消息传输业务构件、SOIS 设备数据池业务构件、SOIS 设备虚拟化业务构件、PUS 遥控确认业务构件和 PUS 包传送控制业务构件等中间件层业务和协议构件，遥测管理、热控管理、能源管理等应用进程。

案例流程：

（1）CTU 软件预置系统中下传遥测用到的遥测参数代号，代号按照分系统标识进行分类编码，例如 TMS001、TMYA010、TMR003 等。

（2）遥测管理应用进程通过设备数据池业务构件和遥测参数代号，向设备数据池业务构件按照遥测包的设计格式，添加多组遥测采集订单。

（3）设备数据池业务构件周期性地通过设备虚拟化业务构件、设备访问业务构件、空间包协议构件、包业务构件、存储器访问业务构件、CAN 总线汇聚协议及驱动、内总线汇聚协议及驱动、本地存储器汇聚协议及驱动,分别获取CAN总线各 RT 的遥测源包、内总线遥测采集模块的模拟量和温度量、本地存储器的 FPGA 遥测等数据。

(4) 遥测管理应用进程按照遥测大纲将遥测原始数据组织为遥测源包,经过包传送控制业务构件存储于调度区;包传送控制业务构件按照用户指定的源包调度周期从调度区获取到时的遥测源包,并通过空间包协议构件路由转发至 AOS 空间数据链路协议构件。

(5) AOS 空间数据链路协议构件通过调度算法,完成对不同虚拟信道中源包的调度并组织为遥测帧,通过 AOS 驱动程序完成下传。

软件经过测试验证后,下一步工作即为交付软件至整星测试和后续维护。

15.3.6 应用总结

至此,基于软件构件的综合电子系统软件开发方法的型号应用过程结束,通过型号需求分析、业务和协议的选配,形成了型号业务和协议体系结构;通过软件构件的选取、修改和新增设计,形成了适用于型号的软件体系结构;通过软件构件的配置过程分析和运行设计示例,展示了软件构件的交互过程;最后通过典型的应用案例设计与分析,说明通过软件构件的灵活组合应用可以很好地支撑型号系统功能的实现。

通过基于软件构件的综合电子系统软件开发方法及配套软件构件在当前型号中的应用情况可以看出,该方法在型号工程应用方面是可行的,在满足了型号任务各项需求的同时,也对星载综合电子软件体系结构进行了验证、扩充与完善。

15.4 应用效果

15.4.1 系统功能的增强

应用基于软件构件的综合电子系统软件开发方法,按照领域工程步骤完成了型号综合电子系统分层软件体系结构的设计,应用基于动态数据流分析的构件设计方法新开发了部分软件构件和驱动程序,经过案例分析和验证,基于软件构件的综合电子系统软件开发方法及配套软件构件的应用，可明显增强型号软件系统的功能，主要体现在以下几个方面。

1. 数据传输机制更为灵活

传统航天器通过串行数据接口传输的数据格式多种多样，软件需要做各种适配进行定制化处理，且进行数据传送时，其传送的数据长度、传送目的地大都是固定的，难以灵活变化。

在型号综合电子系统软件体系结构中应用了 CCSDS 的空间包协议、SOIS 亚网层包业务以及汇聚层协议后，系统支持串行数据接口传送的数据长度以及目的地实现按需传送。平台和载荷设备可通过任一串行数据接口接入，数据格式可以是原始数据或者空间包格式数据。当数据为原始数据格式时，系统可通过预先配置，将原始数据进行打包处理然后再进行路由，例如本型号中的 AIS 接收机通过 RS422 接口传送给 CTU 软件的数据格式为 AIS 原始数据格式，CTU 软件接收后进行空间包格式化封装再路由。当数据为标准的空间包格式数据时，用户可以设置合适的包长度，以及不同的目的地（目的 APID），系统可根据空间包的目的 APID 进行自动识别，并根据系统的路由策略将数据路由到其目的地，例如本型号中作为 CAN 总线 RT 的 AIS 接收机、智能信息处理模块、导航控制器、姿轨控模块、载荷控制器等航天器设备，传输的是不同长度不用源 APID 和目的 APID 的遥测包，CTU 软件直接对遥测包进行路由。上述机制可极大提高系统的灵活性、可扩展性。

2. 支持接口更换不影响上层应用软件

传统航天器通过某个接口进行数据传送时，如果更换了接口，星上一般需要针对新型接口进行软件的修改，重新进行数据的设置，修改范围涵盖了底层驱动、链路协议，以及上层软件，影响面较大。

在综合电子系统软件体系结构中应用了 SOIS 亚网层包业务以及汇聚层协议后，用户可以通过不同的接口接入系统。即使用户改变接入接口，如本型号总线传输由 1553B 总线接口变为 CAN 总线接口、659 总线接口变为内总线接口等。此时，只需设计相应的接口驱动及汇聚协议构件即可，而包业务是可以完成不同汇聚协议适配的。由此可见，接口的修改对亚网层包业务等业务构件及上层软件构件不会产生影响。该机制相当于即插即用的初级阶段，在后续加入设备自动识别机制后，可进一步提升即插即用的能力。

3. 支持业务组合实现系统功能

在综合电子系统软件体系结构的应用管理层中各应用进程的功能可以通过底层 PUS 业务和 SOIS 业务的组合予以实现。例如本型号的热控管理功能，可以通过设备数据池业务、设备访问业务或设备虚拟化业务等业务构件，获取设备的遥测数据，也可以调用消息传输业务、设备虚拟化业务等业务构件，发送加热器开关的控制指令，以此完成热控管理功能。遥测管理功能中产生遥测包后调用包传送控制业务等业务构件，完成遥测包的周期性调度及下传。自主任务管理，既可以调用遥控确认业务构件实现遥控指令的确认，也可以调用在轨作业定时计划业务构件，完成延时指令的发送。中间件的各类业务构件和协议构件为系统级应用功能的开发提供极大的便利，未来智能化、网络化等应用功能也可基于中间件的业务和协议构件进行扩展开发，从而减轻软件设计师的开发工作量。

15.4.2 软件开发模式的变革

由于应用了 CCSDS 的大量标准并将其采用软件构件的方式予以实现，软件的整个开发模式将发生根本性的变革，从传统模式转化为基于软件体系结构和软件构件的组装开发模式，大幅提高软件开发效率，提升软件的可靠性，主要体现在以下几个方面。

1. 软件需求分析阶段

重点根据型号在功能需求、性能需求、硬件接口配置方面的通用需求和特殊需求，从业务和协议体系结构中选择了所需的业务和协议，并提出了型号专用的业务和协议。

该阶段由于使用了基于 CCSDS 标准的业务和协议，减少了需求定义的活动，使得型号的软件需求分析更聚焦于与应用特殊需求相关的内容。

2. 软件设计阶段

重点依据软件需求分析的结果，对软件体系结构中的各业务和协议软件构件和驱动程序进行选择，裁剪掉不需要的软件构件，增加相关的专用软件构件并设计与其他通用构件间的接口，形成型号软件体系结构。

本型号在软件体系结构设计开发以及使用过程中，主要的工作从软件程序的设计、更改转变为对各项标准业务的参数的设计和配置。每一项 CCSDS 业务和协议都包含有大量对属性和运行规则的描述参数。在全局命名规则的统一设定下，根据型号的功能需求、性能需求和硬件环境（接口）等实际要求，对各项通用软件构件以及专用软件构件进行了组装和初始化参数配置。

由于软件设计是基于标准的综合电子系统软件体系结构进行的，所以本型号只重点关注了标准软件构件的参数配置以及组装，未进行重复的软件设计和研制，通过分层设计、层间交互的统一设计以及对标准业务和协议的重复使用，降低了软件系统设计的复杂度。

3. 软件实现阶段

由于已经将 CCSDS 标准业务和协议通过软件构件实现，且其能通过组合满足不同的需求。因此，在本型号中重复使用了已有的软件构件，基于需求只开发了与本型号新需求相关的少量软件构件。

本型号继承/复用了软件体系结构中的 33 个软件构件，软件构件重用率达到 70%，大幅缩短了软件设计与研制周期。

4. 软件测试阶段

本型号软件测试人员在测试用例设计时，复用了软件构件对应的测试用例，只针对型号新的功能需求新设计了部分测试用例，而且继承复用的软件构件内部测试项目未进行重复测试，测试工作量大为减少。

5. 软件维护阶段

由于本软件体系结构采用了分层模式，不同层应用了相应的标准业务和协议，针对本型号的特定需求，只设计了新的构件对当前构件进行了替换（如 CAN 总线汇聚构件替换 1553B 总线汇聚构件），未对其他层的软件功能造成影响，方便了软件的继承使用和升级维护。

15.5 展望

15.5.1 应用推广

基于 CCSDS 标准构建的综合电子系统软件体系结构，与传统的航天器软件系统相比，其功能得到大幅增强，而且在标准化、灵活性、扩展性和可靠性方面有明显的提升。

（1）标准化：实现各层次功能的软硬件功能由一系列标准的业务或协议进行定义。业务或协议的定义应用了 CCSDS 和 ECSS 的大量标准，软件构件大多是针对标准进行设计和实现，由于这些标准可以在各领域航天器中应用，相应的构件也可在不同领域中进行重用。能重用的软件构件数量越多，在整个软件中的比重越大，则软件的开发效率越高；同时，还具备先进性，在满足未来应用需求的同时便于交流合作与共同发展。

（2）灵活性：由于采用了分层的协议以及软件体系结构，系统支持设备通过 CTU 的任一接口接入并传输数据。以 RS422 接口为例，传输的数据类型包括原始数据和包数据两种，对于原始数据，通过接口构件的配置，实现数据目的地址的预先配置，构件在收到数据后按照预先配置的地址提交上层进行路由；对于包数据，接口构件直接提交上层，由上层根据包内目的地址进行路由。此种方式可以通过构件参数配置以适应不同类型的接口设备而不用更改软件。若设备需要发送数据到不同的目的地址，只需将包内数据的目的地址进行变更即可，系统可自行将数据路由到正确目的。

（3）扩展性：通过对构件接口的封装性设计，可对接口进行更换、扩充。例如，将设备接入接口由 1553B 总线更换为 CAN 总线时，只需将原有的 1553B 总线汇聚协议构件替换为 CAN 总线汇聚协议构件即可，星载子网包业务构件的接口保持不变。需要新增一个接口如内总线接口时，可以增加一个内总线汇聚协议构件的实例，并在路由表项中增加一个新的表项即可实现。这些变化对于上层而言并不可见，也不影响上层的应用。

（4）可靠性：一方面由于应用了基于动态数据流的设计方法贯穿于软件构件开发的整个过程，从需求到设计以及编码都有相应的验证方法，而通过软硬件联合设计的方法，软件可实现任务迁移以及系统重构，提升系统的整体可靠性；另一方面通过分层以及对标准业务和协议的测试以及重复使用，可降低系统验证的复杂度，并持续提升可靠性。

基于 CCSDS 标准构建的综合电子系统软件体系结构及其配套软件构件现已在试点型号任务中得到了验证和成功应用，证明该软件体系结构具有很强的适用性和应用推广的必要性。相信随着综合电子系统软件体系结构和软件构件的不断完善和推广应用，必将促使我国未来航天型号软件的设计和研制节省越来越多的时间、人力和物力，也必将促成未来不同领域航天器之间的互联互通和协同操作。

15.5.2 基于模型的航天器软件设计

目前，基于模型的系统工程（MBSE）已经在我国航天领域得到了大力的推广、研究和试点应用，为了加快航天器设计与研制的进程，已经应用 MBSE 方法开展了电、机构等专业领域的工程设计，并具备了一定的研究基础和积累了型号成功应用经验。由于航天器上信息数据的传输和处理与软件是密不可分的，而且 MBSE 方法在信息专业领域的研究和应用才刚刚起步，所以，在信息专业领域开展基于模型的航天器软件设计研究是必不可少的一个环节。

本书提出的基于软件构件的综合电子系统软件体系结构经过型号应用，其标准化程度高、灵活性强、扩展性强和可靠性高的优势已经得到验证，而得益于该架构良好的层次化和标准化设计，使得基于模型的航天器软件设计成为可能。

以型号软件设计与研制过程为依托，基于模型的航天器软件设计可以分为以下几个部分。

（1）分析客户需求。以客户需求为输入，可以利用 SysML 明确客户需求、系统需求，并通过 SysML 的相关模型（需求图、活动图、块定义图等），明确需求之间的关系、需求追溯路径、利益相关方的需要等内容。

（2）设计业务和协议体系。基于客户需求和系统需求的分解，可以明确满足需求所需要的业务和协议；从综合电子系统业务和协议模型库中选取对应的业务和协议模型，可以形成业务和协议体系结构模型。

（3）设计软件体系结构。以业务和协议体系结构模型为依据，从软件构件模型库中，按照功能选取对应的构件模型，并按照层间和构件间的交互关系，形成软件体系结构模型，该模型具备了仿真能力。

（4）仿真验证。完成软件体系结构设计后，可以通过对模型展示出来的配置属性及参数进行配置，通过仿真验证平台对软件模型的支撑能力，运行仿真时，设计人员可以直观的实时查看数据在不同层次构件模型之间的流转和实时分析；仿真结束后，设计人员可以对模型的仿真结果进行离线分析验证。

（5）半实物联合仿真验证。在建立了灵活可配的软件模型基础上，对仿真验证平台进行二次开发，可以实现软件模型对外部 SEDS/EDS 系统和测试系统无缝连接，既支持外部实物系统向模型系统的正向导入集成，也支持模型系统向外部实物系统的反向验证，通过这种半实物联合仿真验证的方式，可以实现软件系统的快速设计与验证，提高设计效率和可靠性。

（6）支撑信息流设计与验证。航天器信息流的设计涵盖了信息需求分析、信息网络设计、信息处理设计、传输协议设计等内容，这些内容与软件息息相关，在具备了通用化软件模型库的基础上，设计并研制设备/单机模型、链路模型、分系统模型、航天器模型、器地器间网络模型，通过模型的快速配置，也能能够提高航天器信息流的设计效率与可靠性。

由此可见，基于模型的航天器软件设计有很大的研究空间和很高的研究价值，随着基于模型的航天器软件设计的深入研究，软件模型的扩充、完善和部署应用，必将加快我国航天器信息专业领域的设计进程，提升航天器软件设计效率和可靠性。

参 考 文 献

[1] 赵和平，何熊文，刘崇华，等．空间数据系统［M］．北京：北京理工大学出版社，2018．

[2] CCSDS. CCSDS 811.1 - O - 1, CAST Flight Software as a CCSDS onboard Reference Architecture, 2021.

[3] CCSDS. CCSDS 130.0 - G - 3, Overview of Space Communications Protocols [S]. Washington, D. C., USA：CCSDS Secretariat, 2014.

[4] CCSDS. CCSDS 133.0 - B - 1, Space Packet Protocol [S]. Washington, D. C., USA：CCSDS Secretariat, 2003.

[5] CCSDS. CCSDS 232.0 - B - 3, TC Space Data Link Protocol [S]. Washington, D. C., USA：CCSDS Secretariat, 2015.

[6] CCSDS. CCSDS 732.0-B-3, AOS Space Data Link Protocol [S]. Washington, D. C., USA: CCSDS Secretariat, 2015.

[7] CCSDS. CCSDS 850.0-G-2, Spacecraft Onboard Interface Services [S]. Washington, D. C., USA: CCSDS, 2013.

[8] CCSDS. CCSDS 871.0-M-1-S, Spacecraft Onboard Interface Services – Device Access Service [S]. Washington, D. C., USA: CCSDS Secretariat, 2013.

[9] CCSDS. CCSDS 871.1-M-1-S, Spacecraft Onboard Interface Services – Device Data Pooling Service [S]. Washington, D. C., USA: CCSDS Secretariat, 2012.

[10] CCSDS. CCSDS 871.2-M-1-S, Spacecraft Onboard Interface Services – Device Virtualization Service [S]. Washington, D. C., USA: CCSDS Secretariat, 2014.

[11] CCSDS. CCSDS 872.0-M-1-S, Spacecraft Onboard Interface Services – Time Access Service [S]. Washington, D. C., USA: CCSDS Secretariat, 2011.

[12] CCSDS. CCSDS 875.0-M-1-S, Spacecraft Onboard Interface Services – Message Transfer Service [S]. Washington, D. C., USA: CCSDS Secretariat, 2012.

[13] CCSDS. CCSDS 851.0-B-1, Spacecraft Onboard Interface Services – Subnetwork Packet Service [S]. Washington, D. C., USA: CCSDS Secretariat, 2009.

[14] CCSDS. CCSDS 852.0-B-1, Spacecraft Onboard Interface Services – Subnetwork Memory Access Service [S]. Washington, D. C., USA: CCSDS Secretariat, 2009.

[15] CCSDS. CCSDS 853.0-B-1, Spacecraft Onboard Interface Services – Subnetwork Synchronisation Service [S]. Washington, D. C., USA: CCSDS Secretariat, 2009.

[16] 韩凤宇,林益明,范海涛. 基于模型的系统工程在航天器研制中的研究与实践 [J]. 航天器工程, 2014, 23 (3): 119-125.

[17] 卢志昂,刘霞,毛寅轩,等. 基于模型的系统工程方法在卫星总体设计中的应用实践 [J]. 航天器工程,2018,27 (3):7 – 16.

[18] 周书华,曹悦,张政,等. 基于 SysML 和 Modelica 的复杂机电产品系统设计与仿真集成 [J]. 计算机辅助设计与图形学学报,2018,30 (4):728 – 738.

附　录

缩略语

缩略语	英文	中文含义
AIS	Automatic Identification System	自动识别系统
AMS	Asynchronous Message Service	异步消息传输服务
API	Application Programming Interface	应用编程接口
APID	Application Process Identifier	应用过程标识符
AN	Analogue	模拟量
BSP	Board Support Packages	板级支持包
CAN	Controller Area Network	控制局域网
CAST	China Academy of Space Technology	中国空间技术研究院
CCSDS	Consultative Committee for Space Data Systems	空间数据系统咨询委员会
CFDP	CCSDS File Delivery Protocol	CCSDS 文件传输协议
CTU	Central Terminal Unit	中央单元
DACP	Device Abstraction Control Procedure	设备抽象控制规程
DAP	Device-specific Access Protocol	设备特定访问协议
DAS	Device Access Service	设备访问业务
DDPS	Device Data Pooling Service	设备数据池业务
DES	Device Enumeration Service	设备枚举业务
DoT	Dictionary of Terms	术语词典
DVS	Device Virtualisation Service	设备虚拟化业务
DS	Digital Serial	数字串行量

续表

缩略语	英文	中文含义
ECSS	European Cooperation for Space Standardization	欧洲空间标准化组织
EDS	Electronic Data Sheet	电子数据表单
ESA	European Space Agency	欧洲航天局
GPS	Global Position System	全球定位系统
GVCID	Global Virtual Channel Identifier	全局虚拟信道标识
MAPP	Multiplexer Access Point Packet	多路访问点包
MBSE	Model Based System Engineering	基于模型的系统工程
MIB	Management Information Base	管理信息库
ML	Memory Load	存储器加载
MTS	Message Transfer Service	消息传输业务
NASA	National Aeronautics and Space Administration	（美国）国家航空航天局
PDU	Protocol Data Unit	协议数据单元
PUS	Packet Utilization Standard	包应用标准
QoS	Quality of Service	服务质量
RT	Remote Terminal	远程终端
SAP	Service Access Point	服务接入点
SAR	Synthetic Aperture Radar	合成孔径雷达
SCPS－TP	Space Communications Protocol Standards－Transport Protocol	空间通信协议规范－传输协议
SEDS	SOIS Electronic Data Sheet	SOIS 电子数据表单
SEB	Single Event Burnout	单粒子烧毁
SEE	Single Event Effect	单粒子效应
SEL	Single Event Latch－up	单粒子闩锁
SEU	Single Event Upset	单粒子翻转
SIS	Space Internetworking Services	空间网络互联业务
SLS	Space Link Services	空间链路业务
SDIU	Spacecraft Data Interface Unit	航天器数据接口单元
SDU	Service Data Unit	业务数据单元
SMU	System Management Unit	系统管理单元

续表

缩略语	英文	中文含义
SOIS	Spacecraft Onboard Interface Services	航天器接口业务
SysML	System Modeling Language	系统建模语言
TAS	Time Access Service	时间访问业务
TC	Telecommand	遥控
TCP	Transmission Control Protocol	传输控制协议
TM	Telemetry	遥测
UDP	User Datagram Protocol	用户数据报协议
XML	eXtensible Markup Language	可扩展标记语言

索 引

0~9（数字）

1553B 225~228、236、490
    地址转换表数据结构 232
    发送接口模块伪代码 236
    接收接口模块伪代码 236
    协议模块结构（图） 227
    总线容错管理 490
1553B 汇聚初始化接口 229、235
    snDcl1553Init 的定义 229
    模块伪代码 235
1553B 汇聚构件 225、237、238
    结果处理过程伪代码 237
    使用过程 238
    数据接收过程伪代码 237
1553B 汇聚接口 229、235
    snDcl1553BInterface 的定义 229
    模块伪代码 235

A~Z，I~Ⅳ

ACK 实际使用情况（表） 375
ActivitySet 活动集元素 511

AIS 引导 SAR 成像 548
AOS 包发送接口的定义 174
AOS 标准中规定的包传送相关原语 171
AOS 空间数据链路协议构件 169
AOS 空间数据链路协议构件 169、173、174、
    176、178、181、188
    初始化接口 174
    初始化接口模块伪代码 178
    后台进程实现过程 188
    接口与标准原语的对应关系（表） 176
    模块组成（图） 173
    前台任务实现过程 181
    设计 169
AOS 空间数据链路协议提供的业务特征
    （表） 169
AOS 数据链路层业务处理流程（图） 170
AOS 数据帧格式（图） 177
APP 动态加载 21
BM3803 处理器 113、129、130
    配置和初始化过程（图） 113
    异常类型（表） 130
    中断触发过程（图） 129

中断列表（表） 129

BSP 配置和初始化 112

CCSDS 标准 5

CCSDS 高级在轨系统空间数据链路协议 169

CCSDS 建议书 7、8

    类型（表） 8

    体系（图） 7

CCSDS 空间通信协议体系 8

CCSDS 六大技术领域关系（图） 7

CCSDS 在空间数据系统中的典型应用 10

CCSDS 组织架构（图） 6

cFS 各构件之间的关系（图） 17

cFS 架构（图） 16

CPU 和编译器接口移植 269

DAP 内部数据缓冲区 322

    数据结构（表） 322

dasReqIo 接口示例 330

DDPS 构件的两级数据池结构（图） 343

DTN 配置（图） 12

ECSS 标准 12、12（图）、15

    软件相关流程（图） 15

EDS 用途 498

ESA 的 SAVOIR 架构 17

ESA 软件标准 15

IETF 标准 13

Integrity-178B 105、106

    操作系统结构（图） 106

    特点 106

IP 配置（图） 11

LWIP 258、270

    操作系统模拟层接口（表） 270

MEMORY_ACCESS_RESULT. indication 包数据部

分数据结构 215、215（表）

ML 链路配置信息（表） 518

ML 指令发送（图） 517

Module 构件 308~311

    对主题订阅处理过程 310

    发布消息时的处理过程 311

    运行使用 308

    注册运行过程 308

NASA 的 cFS 架构 16

NASA 软件标准 14、15

    体系 15

Netconn 接口 263（表）、274

    发送 UDP 数据的代码 274

    使用过程 274

ParameterMapSet 参数集元素 510

PPQA 过程域 35

PUS 标准 13、372、374

    服务（表） 13

PUS 协议 52

PUS 业务 56、373、374

    构件在软件体系结构中的位置（图） 373

    务类型与业务名称定义（表） 374

    与 SOIS 业务关系 56

RAM 487

    电检测与错误处理 487

    周期性检测与错误处理 487

ROM/FLASH 上电检测与错误处理 486

RTEMS 107、108

    操作系统结构（图） 108

    操作系统特点 107

RTOS 101

SAVOIR 架构 17、18（图）

SDIU 构件选用（表）　527
SEDS 标准　499、500
　　标准关系（图）　500
SEDS 构件　508
SEDS 接口　507
　　级别（表）　507
SEDS 结构　501、515
　　具体设计　515
SEDS 描述设备、业务接口（图）　516
SEDS 数据类型　504
SEDS 术语字典　511
SEDS 应用　498、512、516
　　设计　512
　　示例　516
　　在软件体系结构中的应用　498
SMU 构件选用（表）　526
Socket 接口（表）　264
SOIS　55~58
　　应用支持层提供的业务用法　55
　　与 PUS 业务关系　55
　　与 SIS 协议关系　58
　　与 SLS 协议关系　58
SOIS 业务　55、59、64、65
　　各业务之间联系　59
　　与其他标准关系　55
　　与硬件间接口　64
　　与硬件相关的主要业务　65
StateMachineSet 状态机集元素　511
TCP/IP　13、259、260
　　通过 1553B 总线的处理过程（图）　260
　　通过 TTE 总线的处理过程（图）　259
TCP/UDP/IP 构件　256、261、266

Socket 接口与 Netconn 接口对应关系（表）　266
　　模块结构设计（图）　261
TCP 和 IP 处理　261
TCP 控制块数据结构 tcp_pcb 包含的元素（表）　267
TC 空间数据链路协议　159、167、543
　　服务　159
　　后台进程实现过程　167
　　实例配置信息（表）　543
TC 空间数据链路协议构件　157、161、163
　　接口与标准原语的对应关系（表）　163
　　结构（图）　161
　　设计　157
TC 驱动实例配置信息（表）　542、543
ttenetif_init 接口和 ttenetif_iput 接口的实现过程　271
TTE 底层总线驱动需要实现的接口　271
UDP 和 IP 处理　262
UDP 控制块数据结构 udp_pcb 包含的元素（表）　269
VxWorks　102、103
　　操作系统结构（图）　103
VxWorks 653　104、105
　　体系结构（图）　105
　　体系结构特点　104
VxWorks 7　104
Ⅰ类软件　29
Ⅱ类软件　29
Ⅲ类软件　29
Ⅳ类软件　29

索 引

A ~ B

案例流程 549~551

案例描述 548、550、551

包发送错误结构设计（表） 251

包副导头作用 374

包数据域 374、381

    校验接口 checkDataField_funcp 的定义 381

    作用 374

包文件（图） 502

包业务 191~196、199~202、233、543

    PDU 数据结构 233、233（表）

    初始化接口 snPsInit 的定义 195

    初始化接口模块伪代码 199

    发送接口模块伪代码 200

    接收接口 snPsReceive 的定义 196

    接收接口模块伪代码 202

    结果处理接口 status_t_snPsSendResultHandle 的定义 196

    结果处理接口模块伪代码 202

    模块结构（图） 194

    实例配置信息（表） 543

    执行过程 193

    主要功能和特点 192

包业务构件 191、194、195、203

    接口设计 195

    使用过程 203

    在软件中的使用示例 203

包应用标准 372

包元素 501、503、504（图）

报告定义信息（图） 398

背景 75

本地模块间访问 71

本地使用路由表结构（表） 250

标量数据类型 504

标准化 556

标准或通用软件构件设计 535、537

标准接口设计 144

标准业务和协议分析与选择 50

标准原语与构件接口的对应关系（表） 198、231

表项结构（表） 389

C

采集样本数据结构 356、356（表）

参数 SEDS 描述 518

参数标识 57、353

    划分（表） 57

    转换表结构 353、353（表）

参数配置 518

参数偏移表数据结构 356、356（表）

参数偏移数据结构 355、355（表）

参数统计报告业务构件 402、408、410、411

    初始化接口处理过程 408

    核心接口处理过程 410

    在软件中的使用过程 411

参数统计指令处理接口 psrsTcHandle_funcp 的定义 405

操作系统 16、112、116、270

    抽象层 16

    接口移植 270

    内核功能 116

    运行过程 112

操作系统层 78、86、485

接口　86

可靠性设计措施　485、485（表）

测试验证　546

查询与回复缓存　289

　　数据结构（表）　289

常规/诊断参数报告业务构件　56、392、399 ~ 401

　　初始化接口处理过程　399

　　核心接口处理过程　400

　　与设备数据池业务的原语交互过程　56

　　在软件中的使用过程　401

常规参数报告指令处理接口 hddrsTcHandle_funcp 的定义　395

长期不断电连续运行　484

成熟度等级　35

程控管理　550

程序并发执行　117

初始化接口 dcdsInit 的定义　387

初始化接口 dvsInit 的定义　334

初始化接口 eosInit 的定义　429

初始化接口 ersInit 的定义　422

初始化接口 hddrsInit 的定义　395

初始化接口 psrsInit 的定义　405

初始化接口 scmsInit 定义　414

初始化接口 tvsInit 的定义　379

初始化片上寄存器。　114

初始配置结构体　439、448

处理器 Trap 接管与处理　488

传递层　51、54、64、79、86、88、241、242、327

　　构件动态数据流（图）　88

　　接口　86

接收到设备主动发包的处理过程　327

与亚网层业务关系　64

在软件体系结构中的位置（图）　242

传递层空间包　447、520

　　接收接口的定义　447

　　协议　520

传输层　258

传送过程结果处理接口 spPacketSendResultHandle_funcp 的定义　246

传统航天器软件开发过程　38

存储器访问　209、213 ~ 215

　　初始化接口 snMasInit 的定义　209

　　读/修改/写命令数据部分格式　214、215（表）

　　读命令数据部分数据结构　213、213（表）

　　接口 snMasPacketHandle 的定义　209

　　写命令数据部分数据结构　214、214（表）

存储器访问业务　206、210、217、218

　　标准原语与构件接口的对应关系（表）　210

　　操作　206

　　初始化接口模块伪代码　217

　　接口模块伪代码　218

存储器访问业务构件　205 ~ 207、220

　　模块结构（图）　207

　　使用过程　220

存储器管理业务　444 ~ 446、449

　　PUS 遥控接收接口的定义　446

　　初始化接口的定义　446

　　构件　444

　　模块结构（图）　445

　　指令的处理过程　449

存储区结构（表）　397

索 引 569

D

代码编写防护 495

待传/已发送消息队列数据结构 232

待传消息队列数据结构（表） 233

待执行命令列表 439

单粒子效应 482、483

    类型和特征（表） 482

    引发的错误类型 483、483（图）

底层总线驱动接口移植 271

地址空间保护机制 489

地址转换表数据结构（表） 232

第一代星载操作系统 108

第二代星载操作系统 108

第二阶段软件体系结构（图） 4

第三代星载操作系统 109

第三阶段软件体系结构（图） 5

典型的航天器综合电子系统组成（图） 2

典型应用 525

调用按时间删除模块的过程 440

顶层设计 513、513（图）

订单控制结构 354、354（表）

订单数据结构 353、354（表）

动态内存分配方式 126

读命令执行结果报告空间包数据部分数据结构 213、213（表）

读取采集数据接口 ddpsSampleRead_funcp 的定义 348

对外提供的接口 195、208、229、245、290、318、334、346、379、387、395、404、414、422、429、437、446、520、521

多核与分时分区调度 136

多路访问点包服务 159

多路访问点访问服务 160

E ~ F

二进制信号量 123

访问点配置接口 spSapInit_funcp 的定义 247

非智能节点 65、69、70

    访问方法 69

    协议配置（图） 70

分段标识含义（表） 217

分类型设备访问处理说明（表） 325

分区调度器 137

分区隔离 21

分时分区调度过程示意（图） 137

附录 561

G

高可靠性 24

《高可靠性实时嵌入式软件设计指南》 36

高实时性 25

各层接口 86

功能需求分析 528

共享资源可靠设计 493

构件（图） 509

构件编码与测试 92

构件查询接口 mtsQuery 的定义 295

构件错误码设计 490

构件订阅接口 mtsSubscrib 的定义 293

构件对外提供的接口 162、174、222、367

构件发布消息接口 mtsPublish 的定义 294

构件发送消息接口 mtsSend 的定义 292

构件分类 80、80（表）

构件概述 157、169、191、205、221、225、241、256、277、314、331、340、366、377、385、392、402、412、420、427、435、444

构件概要设计 89

构件核心数据结构设计 164、176、198、213、232、249、266、285、321、335、353、382、389、397、407、416、424、431、439、448

构件回复接口 mtsReply 的定义 296

构件获取 294~297

    查询接口 mtsQueryGet 的定义 295

    回复接口 mtsReplyGet 的定义 297

    消息接口 mtsMsgGet 的定义 294

构件接口 86、90、297

    侧面 90

    与业务原语对应关系 297

构件接口设计 162、174、195、208、222、229、245、262、289、318、333、346、366、379、387、395、404、414、422、429、437、446

构件节点注册接口 mtsRegister 的定义 290

构件节点注册接口 mtsUnRegister 的定义 291

构件模块结构（图） 332、378、387、394、404、413、422、428

构件模块结构设计 161、172、193、206、221、226、243、260、281、315、332、342、366、378、386、393、403、413、421、428、436、445

构件配置实例 538

构件取消 291、293

    订阅接口 mtsUnSubscrib 的定义 293

    邀请接口 mtsUnInvite 的定义 291

构件实现元素（图） 510

构件数据结构设计 224、369

构件提供的 Netconn 接口（表） 263

构件提供的 Socket 接口（表） 264

构件通告消息接口 mtsAnnounce 的定义 292

构件详细设计 91

构件性能与使用约束 313、450

构件需求分析 87

构件需要的外部接口 163、175、223、368

构件邀请接口 mtsInvite 的定义 291

构件运行设计 165、177、199、217、224、234、252、269、305、324、337、357、370、382、389、399、408、417、424、431、440、449

固定缓冲池管理 489

挂起态 118

关键控制变量采用非布尔量 492

管理信息表结构设计（表） 251

过程与产品质量保证 35

过滤信息包含的内容（图） 398

H

航天器间、空间网络与地面网络通信协议处理过程（图） 258

《航天器接口业务—SEDS 的 XML 规范》 500

《航天器接口业务—SEDS 的术语字典规范》 500

航天器内部通信协议体系（图） 10

航天器软件 2、557

    设计 557

    特殊功能 2

航天器数据管理功能 4

航天器协议发展趋势 18

航天器研制过程　23

航天器研制阶段航天器软件研制主要任务
（表）　24

航天器中通信节点　65

航天器综合电子系统　1、2、49

　　业务和协议体系结构设计　49

　　组成（图）　2

航天器综合电子系统软件　1～5、42

　　发展和演变　3

　　发展历程　3

　　开发方法　42

　　相关研究　5

　　主要功能　1

航天器综合电子系统软件体系结构　49、
75、93

　　运行过程（图）　93

　　设计　75

《航天软件产品质量保证要求》　38

《航天型号软件测试规范》　37

《航天型号软件工程化要求》　36

《航天型号软件可靠性与安全性要求》　38

《航天型号软件配置管理实施细则》　36

《航天型号软件文档管理要求》　36

《航天型号软件系统分析与设计要求》　36

《航天型号软件验证与确认指南》　37

核心数据结构　224、369

后台处理执行过程　187

互斥信号量　123

获取参数长度接口 ddpsValIdLenGet_funcp 的定
义　349

获取设备 ID 参数值 ID 接口 ddpsDevIdValIdGet_
funcp 的定义　349

获取设备业务类型接口 ddpsDevTypeGet_funcp
的定义　350

J

基于 DTN 的配置（图）　12

基于 IP 的配置（图）　11

基于 IP 的天基网络和地面网络拓扑示意
（图）　257

基于构件的航天器综合电子系统软件开发方
法　42

基于构件的软件开发方法　43

基于空间包/封装业务的配置（图）　11

基于模型的航天器软件设计　557

基于软件构件的航天器综合电子系统软件开发
44～46

　　方法　44

　　过程（图）　46

基于体系结构和构件组装的开发方法　43

计数信号量：　123

简单智能节点　65、68

　　访问方法　68

　　各层协议配置（图）　68

简化设计　493

接口　25、194、206、508（图）、520、522、
530、538、553

　　更换　553

　　功能描述　194、206

　　描述　522

　　需求　530、530（表）

　　与时序　25

接口设计　86、538

　　示例　538

结构设计示例 537

结构体内容配置 328

节点信息库 286

 数据结构（表） 286

进程运行状态检测 494

就绪态 118

具体设计 515

绝对时间码获取接口 tasAbsGetTime 的定义 367

《军用软件能力成熟度模型》 35

K

开发方法 41、43、44

开发与测试周期 25

抗单粒子翻转特殊设计 495

可靠性 556

空间包 241

空间包发送接口 spPacketSend_funcp 的定义 246

空间包发送接口 spPacketSend 实现过程 254

空间包/封装业务的配置（图） 11

空间包接口和传递层接口关系（表） 248

空间包接收接口 spPacketReceive_funcp 的定义 246

空间包路由后台进程接口 spRouteTaskMain_funcp 的定义 245

空间包数据结构（图） 251

空间包协议构件 241~245、252~255

 初始化接口 spInit 的定义 245

 初始化接口 spInit 实现过程 252

 发送功能使用过程 254

 结构（图） 244

 使用示例 255

 提供的原语 242

 主要功能 241

空间包协议配置信息（表） 544

空间辐照环境影响 482

空间数据链路协议 58

空间通信协议（图） 8、9

 构成（图） 8

 连接关系（图） 9

空间组网 20

扩展性 556

L~M

链路标识与汇聚层处理对应表数据结构 198、199

 定义（表） 199

链路选择功能模块伪代码 200

灵活性 556

路径侧面 90

路由（表） 518

命令解析模块伪代码 219

命令与数据获取业务与下层业务关系 61

命名层次关系（图） 60

命名机制 59

模块功能描述 333

模块间存储器访问命令执行接口 snMasHandleMain 的定义 209

模块间存储器访问命令执行模块伪代码 219

模块间访问 216、448

 记录 448

 命令执行队列数据结构 216、216（表）

模块内访问 71

模拟量访问 DAP　62

N

内部远程读结果 PDU 格式数据结构（表）　323、324

内部远程读命令 PDU 格式数据结构（表）　323

内部远程命令 PDU　323

内部远程写命令 PDU 格式数据结构（表）　323

内存分配与固定缓冲池管理　489

内存管理　125

内核层　111、128

 异常管理模块　128

内核初始化及执行过程　115、116（图）

内务管理进程　468、470、473

 初始化过程　470

 初始化过程示例　470

 执行过程示例　473

 功能和软件构件对应关系（表）　470

P~Q

配置过程　541

配置原则　541

瀑布模型　39、39（图）

其他接口：　521

前台访问过程　180

嵌入式实时操作系统　101

驱动程序　143、147、149

 程序表　143

 管理和实现流程（图）　149

 注册接口　147

R

热控管理进程　475、476、479

 初始化过程示例　476

 功能和软件构件对应关系（表）　476

 执行过程　479

任务调度　118

任务管理　116

任务间互斥应用（图）　123

任务间同步应用（图）　124

任务间同步与通信管理　122

任务迁移　495

任务设计信息（表）　545

任务锁　493

任务状态转换情况（图）　119

容器类型　506

冗余容错防护　496

入口参数检查　492

软件标准研究　14

软件测试阶段　555

软件测试类标准　37

软件承制方主要职责　27

软件定时器　131

软件工程　14、16

 标准　16

软件构件　87、90、535

 接口设计（图）　90

 开发　87

 选用　535

软件管理类标准　35

软件规模增长趋势　25

软件交办方主要职责　26

软件开发类标准 36

软件开发模式变革 554

软件可靠性设计 482

软件配置及初始化过程（图） 542

软件配置项研制阶段 28

软件评测机构主要职责 27

软件设计阶段 554

软件实现阶段 555

软件顺序执行和中断的运行流程（图） 3

软件体系结构 76、92、93

 设计 76

 应用和运行设计 92

 运行过程 93

软件维护阶段 555

软件系统分析与设计阶段主要工作 27

软件详细设计 541

软件需求分析阶段 554

软件研制组织与职责 26

软件验证方法 87

软件映像搬移到对应的 RAM 区（图） 487

软件运行示例（图） 546

软件质量保证类标准 38

软件自身设计问题 484

S

三取二表决（图） 497

删除采集订单接口 ddpsOrderRemove_funcp 的定义 347

上层处理构件注册接口 snPsSapInit 的定义 197

设备参数值数据结构 353、353（表）

设备创建接口 144

设备打开接口 144

设备读接口 145

设备访问 320~324、517

 初始配置参数说明（表） 324

 构件接口与业务原语的对应关系（表） 320

 类型（表） 517

 类型表 321

 类型表数据结构（表） 321

设备访问业务 61、62、314~319

 初始化接口 dasInit 的定义 318

 功能原语 314

 构件 314

 构件访问 IO 接口的定义 319

 模块结构（图） 316

 与底层关系 62

 主要功能 61

设备关闭接口 146

设备和参数值 321、322、548

 标识解析（表） 518

 解析表 321

 解析表数据结构（表） 322

设备和虚拟参数值标识解析表 336

 结构（表） 336

设备缓冲区数据结构 354、355（表）

设备结构体定义（图） 142

设备列表 143、149（图）

 示例（图） 149

设备命令分发业务构件 385、389~391

 初始化接口处理过程 389

 核心接口处理过程 390

 在软件中的使用过程 391

设备命令分发业务配置信息（表） 544

设备命令分发指令处理接口 dcdsTcHandle_funcp

的定义　388

设备配置接口　146

设备驱动程序　140~142

　　功能　140

　　体系结构（图）　142

　　需要维护的核心数据结构　141

设备驱动程序设计　140

　　需要解决的主要问题　140

设备驱动管理和实现过程　148

设备删除接口　146

设备数据池构件初始化接口 ddpsInit 的定义　346

设备数据池业务　56、341

　　提供原语　341

设备数据池业务构件　340~345、350、357、363、364

　　初始化接口实现过程　357

　　接口与设备数据池业务原语的对应关系（表）　350

　　使用过程　363

　　使用示例　364

　　功能　341

　　模块功能描述　344

　　模块结构（图）　345

　　设计　342

设备锁定/开放状态表数据结构　217、217（表）

设备写接口　145

设备虚拟化访问接口 dvsReqIoHandle_funcp 的定义　334

设备虚拟化业务构件　331、337、338、340

　　初始化接口处理过程　337

　　核心接口处理过程　338

　　在软件中的使用过程　340

设备注册接口　147

实时多处理器系统　107

实验场景拓扑结构（图）　547

时间访问构件接口与时间访问业务原语的对应关系（表）　369

时间访问业务　63、366、367

　　构件　366

　　模块结构（图）　367

　　软件　366

　　与下层业务关系　63

时间获取接口 ssGetTime 的定义　223

时间码获取的访问过程　224

时间码设置接口 tasSetTime 的定义　368

时间设置接口 ssSetTime 的定义　223

时钟故障切换　491

时钟管理　131

事件报告接口 ersEventReport_funcp 的定义　423

事件报告结构（表）　424

事件报告业务构件　420、424~426

　　初始化接口处理过程　424

　　核心接口处理过程　425

　　在软件中的使用过程　426

事件动作触发接口 eosEventTrig_funcp 的定义　430

事件动作信息（表）　431

事件动作业务构件　427、432~434

　　初始化接口处理过程　432

　　核心接口处理过程　433

　　在软件中的使用过程　434

事件动作指令处理接口 eosTcHandle_funcp 的定

义 429

适应性修改软件 29、33、34

    研制流程 33、33（图）

    研制流程补充工作阶段 34

首次适应算法 126

输出包队列设计（表） 250

数据编码防护 496

数据表单 501、502

    选定关键元素和抽象类型（图） 502

数据表单和包文件（图） 502

数据长度需要设置使用的数据类型在本地的基本类型 269

数据传输机制 553

数据接口单元软件功能 2

数据结构设计 141

数据结构与主要软件模块之间的功能关系（图） 286

数据类型结构（图） 505

数据冗余设计 492

数组类型 506

数组元素结构（表） 382

缩略语（表） 561

T

天基网络和地面网络拓扑示意（图） 257

调试和测试环境 25

停止采集订单接口 ddpsOrderStop_funcp 的定义 348

通过消息队列进行双向通信（图） 125

通信操作规程管理服务 160

通用存储器访问 DAP 62

通用功能对业务以及协议的需求映射（表） 52

通用任务功能需求分析 531

同步读写方式 150

同步构件初始化接口 ssInit 的定义 222

同步构件初始化接口 tasInit 的定义 367

同步构件接口与同步业务原语对应关系（表） 223

同步业务构件 221、222

    结构（图） 222

同步异常 127

统计参数列表存储区结构（表） 407、416

W ~ X

外部接口 520、521

外地转发路由表结构（表） 249

网络层 258

网络连接数据结构 netconn 包含的元素（表） 267

未来航天器综合电子软件发展趋势 18

未来空间任务对航天器综合电子系统软件主要需求 19

未用资源防护 492

系统功能 494、552

    重置设计 494

    增强 552

系统设计 513、514（图）

系统资源共享 117

相对时间码获取接口 tasRelativeGetTime 的定义 368

相关软件标准研究 14

相关协议标准研究 5

消息传输后台进程运行使用 305

消息传输机制说明（表） 279

消息传输节点功能在应用任务内部安排示意
（图） 313

消息传输业务 63、277~279、304、305

 后台周期性运行过程 305

 使用 UDP/IP 接口说明（表） 304

 与下层业务关系 63

 主要原语 279

消息传输业务构件 276、277、279、282、
290、304

 初始化接口 mtsInit 的定义 290

 模块结构（图） 282

 使用 UDP/IP 传输对接口影响 304

消息队列 124、125

 双向通信（图） 125

 运行示意（图） 125

消息接收缓存 288

 数据结构（表） 288

协议标识与传递层处理函数的对应关系表数据
结构 199

协议标准研究 5

协议选择 50

新研软件 29、30

 研制流程 29、30（图）

 研制流程各阶段工作要求 30

信号量 122、494

 机制 122

星内高速组网 20

星上遥控接收处理流程（图） 159

星载 APP 动态加载 138

星载操作系统 101、102、108~111、118、
121、131、132

 产生背景（图） 101

 发展 101

 国内发展情况 108

 国外发展情况 102

 结构（图） 111

 任务调度示意（图） 121

 任务状态 118

 提供的接口 131、132（表）

 需要满足需求 110

 主要目标和作用 102

星载操作系统设计 101、109、110

 思路 110

星载分时分区操作系统 134、135

 结构设计（图） 135

 设计思路 134

航天器软件 16、23、24、39、482

 具体研制过程 39

 可靠性影响因素 482

 体系结构研究 16

 运行硬件环境 24

航天器软件系统 27、28

 研制流程（图） 28

航天器软件研制 23~29、35、37

 标准 35

 过程与规范 23

 阶段测试要求（表） 37

 类型 28

 流程 27

 主要任务 23

 主要特点 24

《航天器设备和构件的电子数据表单及通用术语字典》 500

型号 CTU 软件交互的接口信息（图） 531

型号功能需求（表） 529

型号接口需求（表） 530

型号软件 45、540
    工程管理 45
    体系结构（图） 540

型号特定应用 528

型号特定综合电子系统 45、46、528、535、541
    软件配置及测试验证 541
    软件体系结构设计 535
    软件体系结构设计及构件组装、仿真验证 46
    需求分析 45、528
    业务和协议选择 45

型号性能需求（表） 530

型号需求项与业务和协议构件映射关系（表） 535

型号综合电子系统业务和协议体系结构（图） 532

性能侧面 91

性能需求分析 529

虚拟信道包服务 160

虚拟信道访问服务 160

虚拟信道帧服务 160

需求分析 140

需要的外部接口 197、210、231、247、304、321、334、350、380、388、396、406、415、423、430、438、447

需要描述的参数及接口 518

序列标识含义（表） 234

绪论 1

寻址机制 61

循环首次适应算法 126

Y

亚网层 51、55、78、86、157、158、190、191、234、521
    ML 汇聚业务 521
    包业务 521
    回执结构（表） 234
    回执数据结构 234
    接口 86
    空间数据链路协议运行环境（图） 158
    空间子网构件 157
    星载子网构件 190
    星载子网构件在软件体系结构层次关系中的位置（图） 191

亚网业务参数定义（表） 250

延迟态 118

沿用软件 29~32
    研制流程 31、32（图）

研制单位 26

研制进度要求 26

研制协作关系 26

遥测包发送接口 tvsTmPacketHandle_funcp 的定义 381

遥测包副导头格式 376、376（图）

遥测管理 551

遥测管理进程 455~459
    初始化过程 456
    初始化过程示例 457

执行过程示例 459

功能和软件构件对应关系（表） 456

遥测接口故障处理 491

遥控包发送接口 pusTcPacketHandle_funcp 的定义 430

遥控包副导头格式 374、375（图）

遥控初始化接口模块伪代码 166

遥控传送帧标准数据格式（图） 164

遥控管理进程 462、463、466

    初始化过程 463

    初始化过程示例 463

    执行过程示例 466

    功能和软件构件对应关系（表） 463

遥控管理应用配置信息（表） 544

遥控接口故障处理 491

遥控接收确认接口 tvsTcReceiveVerification_funcp 的定义 380

遥控确认业务构件 377、382~385

    初始化接口处理过程 382

    核心接口处理过程 383

    在软件中的使用过程 385

遥控执行确认接口 tvsTcExecVerification_funcp 的定义 380

业务和协议对型号应用需求映射关系（表） 532

业务和协议体系结构设计 50、52

    总体设计 50

业务和协议选择 50

业务和协议选择/通用任务功能需求分析 531

业务子类型与构件对外接口关系（表） 381、388、397、407、416、423、431、438、447

业务组合实现系统功能 554

异步异常 127

异常/中断管理处理过程（图） 128

异常管理 127、128

应用层 51、53

    协议 51

应用领域工程方法 44

应用案例分析 548

应用场景 547

应用管理层 53、79、452~454、493

    初始化模块 453

    初始化模块处理过程 454

    初始化与任务设计 453

    进程划分和设计（表） 454

    可靠性设计措施 493

    软件功能 452

    软件设计 452

    软件在软件体系结构中的位置（图） 453

应用进程扩展 480

应用进程运行超时检测及处理机制 489

应用数据池 344、356

    结构（表） 344（图）、356

应用推广 555

应用效果 552

应用支持层 51、54、79、86、276、277、372、520

    PUS 构件设计 372

    SOIS 构件设计 276

    构件在系统结构中的位置关系（图） 277

    接口 86

    软件构件 276

    设备访问业务 520

应用总结 552

硬件抽象层 110

硬件复杂性多样对软件影响 484

用户访问 IO 数据结构 dvs_io_t 335

用户访问 IO 数据结构（表） 336

用户接口层 112

与型号软件工程的结合方法 45

域信息表 287

    数据结构（表） 287

元数据元素 501~503、503（图）

原型开发方法和步骤 41

原型开发模型 41、42（图）

原语和构件对外接口对应关系（表） 335

原语和构件接口对应关系（表） 248、298

源端前台执行过程 89

远程访问 70

运行设计 544

运行态 118

Z

在轨监视接口 scmsMonitor_funcp 415

在轨监视业务构件 412、417~420

    初始化接口处理过程 417

    核心接口处理过程 418

    在软件中的使用过程 420

在轨监视指令处理接口 scmsTcHandle_funcp 的定义 414

在轨维护设计 494

在轨作业定时计划业务 435~437

    初始化接口的定义 437

    构件 435

    模块组成（图） 436

早期航天器 3

增量式模型 40、40（图）

展望 555

支持多核的星载分时分区操作系统 133、135

    结构设计（图） 135

执行中队列数据结构 216、216（表）

执行中命令队列 322

指令码距设计 492

指令发送过程 516

智能化航天器综合电子系统组成（图） 19

智能节点 65~67

    访问方法 66

    协议配置（图） 67

智能自主管理 19

中断服务程序可靠设计 489

中断管理 128

中断锁 493

中断与异常管理 127

中国星载操作系统的研制和应用 108

中间件 - 传递层构件 241

中间件 - 亚网层空间子网构件设计 157

中间件 - 亚网层星载子网构件设计 190

中间件 - 应用支持层 PUS 构件设计 372

中间件 - 应用支持层 SOIS 构件设计 276

中间件层 78、95、490

    进程划分和设计（表） 95

    可靠性设计措施 490

    在运行过程中可能出现的故障 490

重要数据保存与恢复 495

周期性采集数据接口 ddpsDataAquisMain_funcp 的定义 349

周期性采集数据接口实现过程 359

周期性参数采集接口 psrsParaPeriodicalDataSampling_funcp，接口定义 405

周期性数据发送接口 snDcl1553BSendMain 的定义 230

周期性数据接收接口 snDcl1553BReceiveMain 的定义 230

主题队列 287、288

    数据结构（表） 288

主信道帧服务 160

主要业务关系以及寻址机制 61

专门开发工具 25

专用任务功能需求分析 534

专用软件构件设计 539

装订参数修改软件 29、32、33

    研制流程 32、32（图）

    研制流程补充工作阶段 33

子调度表 439

自主任务管理 548

综合电子系统 1、44、45、54

    管理和控制功能 1

    领域软件体系结构设计 45

    领域需求分析 44

业务和协议体系结构（图） 54

综合电子系统软件 5、49

    通用需求 49

    研究 5

综合电子系统软件体系结构 44、76、78、525、555

    领域工程方法 44

    设计目的 76

    设计原则 76

    应用 525

    运行硬件 78

综合电子系统硬件节点 65、66

    对象分析 65

    访问方法 66

总体方案设计 140

总体结构 76

阻塞态 118

最佳适应算法 126

（王彦祥、毋栋、张若舒 编制）